工业和信息化部"十四五"规划教材

无人机集群技术
——智能组网与协同

○ 主　编　雷　磊　宋晓勤
○ 副主编　王成华　蔡圣所　朱晓浪

中国教育出版传媒集团

高等教育出版社·北京

内容简介

　　无人机集群技术是"航空"与"信息"高度交叉融合的前沿技术，对跨专业人才培养的需求非常迫切。目前，无人机集群是各类无人系统中发展速度最快、实际应用最广的一类无人平台，无论是在军事还是民用领域，利用多无人机群智涌现的能力，执行多样化和复杂性任务，已成为无人机集群重要的发展趋势。

　　全书按照"网络化"和"智能化"两条主线，分别阐述无人机集群间的高效组网和无人机集群智能协同控制。书中的内容紧密围绕产业发展的最新动态，紧扣人才专业技能和综合能力培养的迫切需求，在推动教学教法创新和强化虚拟仿真实践教学等方面实现升维。本书在编写中还注重内容的先进性和实用性，使读者不仅能增强对无人机集群最新技术的理解，还能提升解决实际工程应用问题的能力。

　　本书为新形态教材，全书一体化设计，将各章节关键知识点的教学视频和每章的习题答案制作成二维码，读者通过扫描即可实现在线学习。同时配套数字课程资源网站，制作了与主教材配套的电子教案以及每章习题答案，以方便教师授课和学生自学。

　　本书兼顾了深度和广度，适用于电子信息类专业、航空航天类专业及其他相关专业的本科生，也可以作为研究生教材。本书对于相关工程技术人员也是一本实用的参考书。

图书在版编目（ＣＩＰ）数据

　　无人机集群技术 ：智能组网与协同 ／ 雷磊，宋晓勤主编 ； 王成华，蔡圣所，朱晓浪副主编. -- 北京 ： 高等教育出版社，2023.10

　　ISBN 978-7-04-060599-0

　　Ⅰ. ①无… Ⅱ. ①雷… ②宋… ③王… ④蔡… ⑤朱… Ⅲ. ①无人驾驶飞机-编队飞行-教材 Ⅳ. ①V279 ②V323.18

　　中国国家版本馆CIP数据核字(2023)第099192号

Wurenji Jiqun Jishu——Zhineng Zuwang yu Xietong

策划编辑	杨　晨	责任编辑	杨　晨	封面设计	王　洋	版式设计	张　杰
责任绘图	于　博	责任校对	张　然	责任印制	刁　毅		

出版发行	高等教育出版社	网　址	http://www.hep.edu.cn
社　址	北京市西城区德外大街 4 号		http://www.hep.com.cn
邮政编码	100120	网上订购	http://www.hepmall.com.cn
印　刷	北京市大天乐投资管理有限公司		http://www.hepmall.com
开　本	787 mm×1092 mm　1/16		http://www.hepmall.cn
印　张	19.25		
字　数	460 千字	版　次	2023 年 10 月第 1 版
购书热线	010-58581118	印　次	2023 年 10 月第 1 次印刷
咨询电话	400-810-0598	定　价	48.90 元

本书如有缺页、倒页、脱页等质量问题，请到所购图书销售部门联系调换
版权所有　侵权必究
物 料 号　60599-00

无人机集群技术
——智能组网与协同

主 编　雷　磊
　　　　宋晓勤
副主编　王成华
　　　　蔡圣所
　　　　朱晓浪

1 计算机访问 http://abook.hep.com.cn/1263522，或手机扫描二维码，下载并安装 Abook 应用。

2 注册并登录，进入"我的课程"。

3 输入封底数字课程账号（20位密码，刮开涂层可见），或通过 Abook 应用扫描封底数字课程账号二维码，完成课程绑定。

4 单击"进入课程"按钮，开始本数字课程的学习。

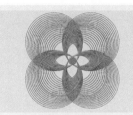

无人机集群技术
——智能组网与协同

主　编　雷　磊　宋晓勤
副主编　王成华　蔡圣所　朱晓浪

本数字课程资源网站提供了与主教材配套的电子课件和每章的习题答案，使教材表现形式和教学内容的载体更加丰富，既方便教师授课，也方便学生线上学习。

课程绑定后一年为数字课程使用有效期。受硬件限制，部分内容无法在手机端显示，请按提示通过计算机访问学习。

如有使用问题，请发邮件至 abook@hep.com.cn。

扫描二维码
下载 Abook 应用

http://abook.hep.com.cn/1263522

　　无人机集群技术涉及飞行器设计与工程、电子信息工程、自动化和电子与计算机工程等传统工科专业,是"航空"与"信息"高度交叉融合的科技前沿。近年来,无人机集群已成为各大军事强国竞相发展的热点领域,对培养具备实践能力的跨专业人才的需求非常迫切,也符合新工科专业建设的发展方向。

　　目前,在无人机集群组网与协同控制的教学方面,相关的专业课程及教材还非常缺乏。而通信工程专业的"通信网络""通信原理"等课程,自动化专业的"人工智能""智能系统控制"等课程,虽然会涉及部分相关知识点,但内容较为分散,也不是专门针对无人机集群领域编写的。因此,将通信组网与协同控制这些分布在不同学科和专业课程中的内容进行梳理,形成完整的无人机集群技术领域的理论体系和实现方法,不仅能够完善现有飞行器设计与工程、电子信息工程和自动化等专业的课程体系,更好地为人才培养服务,而且能够为该领域的深入研究打下良好的基础,推动该研究方向的进一步发展。

　　为此,南京航空航天大学于 2019 年起,面向全校工科专业开设了"无人机集群技术"课程,与课程配套的实验已于 2020 年入选首批国家级虚拟仿真实验教学一流课程,本书的出版为该课程提供配套教材。本书紧密围绕产业发展需求,紧扣人才的专业技能和综合能力培养,力争在推动教学教法创新和强化实践教学等方面实现升维。

　　本书紧密结合无人机集群技术最新发展趋势,按照该领域"网联化"与"智能化"发展的两条主线来组织教材的内容。"网联化"需要合适的组网协议做支撑,"智能化"需要协同优化控制技术为保证。网络体系结构的分层模型是无人机集群组网的设计思想;协同控制结构决定了无人机集群协同控制的基本模式。本书将这两部分内容的知识体系在教材中最先呈现,作为后续学习组网协议与集群算法的基础。无人机集群的组网技术按照网络的层次结构分成物理层关键技术、数据链路层信道接入技术和网络层路由技术,协议的设计均结合无人机集群系统自身的特点。集群协同优化控制分为无人机集群航迹规划、协同搜索和任务分配三部分,充分体现群体智能和协同的特点。

　　本书的主要特色与创新之处如下。

　　1. 现代信息技术赋能,打造多维度扩展教材:充分利用互联网信息化教育教学优势,学生通过扫描二维码,可获得重要知识点的视频讲解等内容。电子资源可根据技术的发展及科研产出不断进行更新与维护,有效地扩大教材的外延,延长生命期。

　　2. 虚实结合以虚利实,践行探究式人才培养:专为课程定制开发了虚拟仿真实验平台,并一直持续改进。以此为抓手,培养学生探究式的思维方式和解决复杂问题的综合能力。通过逼真的实验场景和实际动手操作,激发学生的学习兴趣,加深对所学理论知识的理解。

　　3. 紧密围绕产业需求,贯穿多元融合新思想:课程组长期围绕无人机集群技术展开研究,已承担国防基础科研重点项目等各类项目 40 余项,并持续将科研成果向教学转化。书中的大量素材来源于课程组的科学研究成果,并将其深入浅出地进行阐述,真正做到理论与实际结合。注重培养学生的创新意识、发现问题和解决问题的能力,养成勤于思考和自主学习的习惯。

4. 深耕专业细分领域,填补同类教材的空白:当今社会是一个以网络为核心的信息化社会。本教材不是宽泛地介绍通用的组网与控制技术,而是聚焦于无人机集群这一细分领域。目前,尚无将无人机集群组网和控制技术合二为一的教材或专著。本教材的编写与出版将填补此类教材的空白,也解决了课程缺乏配套教材的问题。

本书共分为八章,详细内容如下。

第1章首先从无人机的概念和分类说起,引出无人机集群的起源。然后,结合国内外关于无人机集群的公开研究项目,介绍无人机集群的发展现状及其在军事和民用领域的典型应用案例。接着,从无人机集群的基本能力和控制架构的角度,介绍无人机集群设计的基本要素,并简要描述无人机集群组网与协同控制的关键技术。

第2章分别从无人机集群网络体系结构和协同控制架构两方面进行介绍。根据实际条件构建适当的网络体系结构,是保证无人机集群系统正常运转的重点和关键所在。而高效的无人机集群协同控制架构是保证无人机集群系统在复杂多变的环境中协作完成任务的关键因素。

第3章讲述无人机集群通信物理层技术。从本质上来说,无人机集群通信的物理层仍然属于数字通信系统的范畴,其组成原理符合数字通信系统的基本模型。本章的主要内容包括:通信系统组成模型、通信的基本方式和复用方式、信息及其度量、通信系统关键组成部分的工作原理与实现方法(数字调制、信道编码)和无线链路预算等无人机集群通信物理层的基础理论与关键技术。

第4章主要讲述无人机集群信道接入控制协议的设计思想、常见类型与应用实例。具体内容包括:介质接入控制(MAC)协议的基本功能、协议设计的关键问题、协议的主要性能指标和协议的分类;分别介绍了无人机集群中典型的竞争类、分配类和混合类协议。

第5章首先介绍无人机集群路由协议的设计特点与需求,并描述了几种传统的路由选择算法。接着针对节点稀疏型无人机集群网络,讨论了时延容忍网络及其路由技术,为间歇性连接的无人机集群网络提供一种替代的解决方案。最后阐述了有关网络拓扑重构方面的相关知识,并说明在网络拓扑结构动态变化时,保证网络连通性、覆盖性和生存性的具体要求。

第6章首先对无人机集群航迹规划技术进行综述性的介绍,分类的同时列举了一些当今最常见的现代智能算法。接着对无人机集群航迹规划的基础——集群编队问题进行分析。然后分别具体地介绍了两种航迹规划算法。最后对无人机集群协同避障的方法进行详细的阐述。

第7章首先概述了无人机集群协同搜索任务,包括协同搜索分类与性能评价指标。接着对集群协同搜索问题任务进行描述,包括搜索区域环境模型、传感器探测模型以及状态空间模型。然后介绍了无人机集群协同搜索的三种典型控制系统结构。最后详细地介绍了几种典型的无人机集群协同搜索算法。

第8章从无人机集群任务分配的基本理论、无人机集群任务分配的模型和控制结构以及不同任务环境下无人机集群的任务分配算法等方面对无人机集群任务分配展开介绍与分析。首先概述了无人机集群任务,包括任务类型和任务分配过程。接着对集群任务分配问题的求解进行描述,包括无人机集群任务分配模型、集群控制结构。然后介绍了集中式无人机集群动态任务分配方法。最后详细地介绍了分布式无人机集群动态任务分配方法。

雷磊和宋晓勤统编了全书,在本书的编写过程中,得到了上海交通大学、东南大学、国防科技大学、南京航空航天大学、中国航天科工集团八五一一研究所和中国运载火箭技术研究院等高校及科研院所同行专家的悉心指导;离不开南京航空航天大学空天通信网络实验室曹盼、刘小姣、张昕婷、徐博文、陈志江、白文祥、李婉婷、姜书瑞、王书墨、王合伟、沈高青、李志林、叶昌奥、张文静、千雪映、喻春妮、缪雨祺、刘力瑞、张魏和范明秋等博士研究生和硕士研究生的鼎力协助;也获得了工业和信息化部、高等教育出版社和南京航空航天大学等单位各级领导及职能部门的大力支持,在此一并表示感谢! 限于作者水平,书中难免存在一些错误和疏漏之处,殷切期望广大读者不吝指正! 编者邮箱:leilei@nuaa.edu.cn。

编 者
2023 年 3 月

自古以来,人类就有飞天的梦想。明朝的"万户飞天"是人类首次征服天空的尝试;莱特兄弟的"飞行者 1 号"开启了人类动力飞行的新篇章。作为一种"平台无人,系统有人"的无人驾驶飞行器,无人机打破了传统飞行器必须依赖人类操控的格局,为航空飞行器提供了更多的可能。近年来,随着多无人机协同控制和群体智能技术的逐步成熟,由大量小型化无人机组成的无人机集群系统逐渐成为一种新型体系,在军事和民用领域得到了广泛应用。

本章首先从无人机的概念和分类说起,引出无人机集群的起源。然后,结合国内外关于无人机集群的公开研究项目,介绍无人机集群的发展现状及其在军事和民用领域的典型应用案例。接着,从无人机集群的基本能力和控制架构的角度,介绍无人机集群设计的基本要素,并简要描述无人机集群组网与协同控制的关键技术。

1.1 无人机及无人机集群的背景

1.1.1 无人机的概念及分类

无人驾驶飞行器简称无人机(unmanned aerial vehicle, UAV),是一种由动力驱动、高度可控并可重复使用的航空飞行器。相比于有人机,无人机可以在枯燥、恶劣、危险和纵深的环境下执行特定任务,在减小人员伤亡和降低成本等方面比有人机更具优势。无人机已成为现代军事体系中不可或缺的重要组成部分。

无人机的概念最早由英国的两位将军卡尔德和皮切尔于 1914 年在向英国军事航空学会的建议中提出,他们希望可以研制一款由无线电远程操纵代替人员驾驶,并且能够装载炸弹对敌实施攻击的小型飞机。1927 年"喉"式单翼无人机的成功试飞在全世界引发了巨大的轰动。伴随着无人机技术的日益成熟,无人机在军事领域的应用范畴不断拓展,开始应用于态势侦察、远程监控和电子干扰等多种军事任务。进入 21 世纪后,军用无人机尺寸逐渐小型化,且性能趋于稳定,也催生了无人机在民用领域的规模化应用。2006 年,致力于无人机飞行控制系统研发和无人机解决方案的企业大疆创新在中国成立并迅速发展壮大,标志着民用无人机市场的正式兴起。目前,民用无人机的应用范围已逐渐扩展到环境监测、资源勘探和农业喷洒等多个领域。

最常见的无人机分类方法是按无人机的物理构型进行分类,可分为固定翼无人机、多旋翼无人机、无人直升机、无人飞艇、伞翼无人机和扑翼式微型无人机等,如图 1.1 所示。

固定翼无人机的飞行动力来源于螺旋桨或涡轮发动机产生的推力,依赖机翼和空气之间的相对运动提供升力。其具有飞行速度快、运载能力强、飞行过程安全性高和飞行航程大

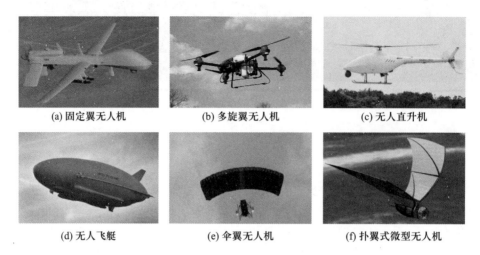

(a) 固定翼无人机   (b) 多旋翼无人机   (c) 无人直升机

(d) 无人飞艇   (e) 伞翼无人机   (f) 扑翼式微型无人机

图 1.1   按飞行平台构型划分的无人机

等特点,是自稳定的飞行平台,可广泛应用于军用领域和工业领域。但固定翼无人机无法实现空中悬停,且对起降平台有较高的要求。特别是固定翼无人机的平稳降落存在困难,无论是选择伞降、撞网还是滑跑的降落方式,都存在较高的事故率,且会对无人机产生一定程度的损伤。

多旋翼无人机采用多个螺旋桨的结构,又称多轴无人机。根据无人机螺旋桨的数量不同,又可分为四旋翼、六旋翼和八旋翼等。多旋翼无人机的螺旋桨又分为正桨和反桨,通过控制螺旋桨的转数产生相应的升力,以此来维持无人机的平衡和飞行姿态。多旋翼无人机具有体积相对较小、灵活轻便和成本较低等优点。此外,它能实现垂直起降,且可在飞行过程中实现空中悬停,因而对起降场地要求不高。目前,多旋翼无人机被广泛用于各个领域,例如无人机喷洒农药、无人机航拍、无人机物流、无人机灯光秀和无人机电力巡检等。但多旋翼无人机也存在缺点,主要是续航能力和自稳定能力较差。由于多旋翼结构本身效率低,使得动力系统占比大,故受限于电池的重量和电能储备,此类无人机的续航时间多在一小时以内。而多旋翼的结构决定了无人机不能自稳定,也不能全维度控制自己的动作。

无人直升机在各类机型中机动性最佳,相较于多旋翼无人机,无人直升机在负载能力、最大飞行速度与航程和抗风性能方面都有较大的提高。无人直升机的主要优点是起落简单、航速适中、能够实现随时悬停且载荷续航能力都比较好,甚至还能够实现大于 20 km 半径内的侦察飞行。例如,作为植保无人机,当开展植物药剂喷洒作业时,无人直升机旋翼的气流就能够直接把植物药剂吹到植株的背面,效果比较好。相比于多旋翼无人机,无人直升机的调试和操作要复杂得多。这类机型一般应用于较专业的领域,对无人机操控员(简称飞手)的操控技术要求极高。

无人飞艇通过将比空气比重低的气体,如氢气和氦气等充入气囊,使得其比空气轻。与热气球最大的区别在于,无人飞艇内置了一个能控制其飞行状态的装置。因此,无人飞艇可用于空中巡逻、通信中继、地质勘测、摄影航拍、广告投放和电力架线等场景。

伞翼无人机是利用柔性伞翼提供升力的无人机。所谓柔性伞翼是指翼面由特制的纺织品制成,具有一定的柔性,方便折叠。常见的形状为三角形和矩形,便于利用迎面气流产生升力实现起飞。伞翼无人机起降滑跑需要长度约为百米的跑道,这个要求相对来说比较容易满足。它可用于短途运输、近距离通信、科学探测、救援搜寻和低空侦察等场景。

扑翼式微型无人机的设计灵感来自仿生学,给无人机装上和鸟类一样小巧灵活的翼翅,使得其飞行更加机动。扑翼式微型无人机驱动器的运行原理主要是模仿鸟类飞行时的肌肉运动,并结合不稳定气流的空气动力学理论。该类无人机在战场上执行任务时,由于其外形非常小巧而不容易引起敌方的注意,具有更好的隐蔽性。此外,它还可应用于探测核生化污染、搜寻灾难幸存者和监视犯罪团伙等场景。

除了以上介绍的各种按照物理构型进行分类之外,无人机还有其他不同角度的分类方法。

按使用场景分类,无人机可分为军事无人机与民用无人机两种类型。军事无人机可用来侦察、充当诱饵、电子对抗、通信中继、战斗等;而民用无人机可用来巡查或者监视、勘探、测绘、农药喷洒和观测气象等。

按质量轻重分类,无人机可分为微型无人机、轻型无人机、小型无人机以及大型无人机。其中,微型无人机满足空机质量≤7 kg;轻型无人机满足7 kg< 空机质量≤116 kg,且最大校正空速小于100 km/h,最大平飞高度小于3 000 m;小型无人机满足116 kg< 空机质量≤5 700 kg;大型无人机的空机质量>5 700 kg。

按活动半径分类,无人机可分为超近程无人机(活动半径≤15 km)、近程无人机(15 km< 活动半径≤50 km)、短程无人机(50 km< 活动半径≤200 km)、中程无人机(200 km< 活动半径≤800 km)和远程无人机(活动半径 >800 km)。

按飞行任务高度分类,无人机可以分为超低空无人机(任务高度≤100 m)、低空无人机(100 m< 任务高度≤1 000 m)、中空无人机(1 000 m< 任务高度≤7 000 m)、高空无人机(7 000 m< 任务高度≤18 000 m)和超高空无人机(任务高度 >18 000 m)。

随着无人机应用场景复杂度和功能需求的不断提高,单架无人机的弊端逐渐暴露。例如,由于能源、体积和质量的限制,单架无人机无法造成实质性杀伤。机载传感器的单一性以及通信设备的小型化也对单架无人机执行多维度、大范围覆盖任务构成诸多限制。当自身发生故障或者受到外界攻击时,单架无人机将无法完成既定任务。因此,在瞬息万变的信息化战场环境下,单架无人机有限的探测范围及杀伤力制约了作战效能的发挥。

专家提出无人机应以集群的方式自组织协同工作来弥补单架无人机的局限性。集群是指由具有共同目标的实体组成的群组。自组织是集群获得或试图获得目标时产生的协同行为。这些行为不需要或极少需要控制中心的授权。它们会根据每架无人机的具体任务和环境的变化进行动态调整。无人机集群是由多个型号相同或不同的无人机组成的多无人机系统,共同完成任务。这样,既可以充分发挥无人机的优势,又可以避免单架无人机的局限性带来的不良后果,任务的执行效能大大提高。同时,无人机集群还可以开拓多样的任务执行方式,从而提升系统稳定性。

人类对集群的研究受自然界生物集群行为的启发。例如,单只蚂蚁的结构和行为方式都非常简单,但由无数个体组成的蚁群却拥有高度结构化的社会组织特征,能够完成远超个体能力的复杂任务。研究显示,蚁群拥有一套由视觉、声音及其他特定信息素构成的信息交互系统。蚁群可以基于此交互系统,选择大规模集群的出现机制,从而实现个体简单行为之间的相互协调,体现出高度智能的集群行为。例如,蚁群的觅食活动就是这种集群智能的典型体现。

目前,通过模拟蚁群、鸟群、蜂群、鱼群等生物群体的行为,逐渐形成了一种实现多平台分布式自组织控制的集群智能方法。采用自下而上的数据驱动和建模策略,使简单对象形成一个大集合,通过简单智能主体的聚合与协作实现全局智能行为。这类方法具有计算简单、鲁棒性好等优点。

无人机集群技术受自组织机制的启发,使得多架自身能力有限的无人机通过信息交互机制,在不需要集中指挥的情况下产生整体效果,实现高度的自主协同,从而在尽可能少的人员干预下完成预期的任务目标。集群技术可以使集群中的无人机避免冲突,并根据不同的任务或请求选择最佳的无人机完成指定的任务。

无人机集群作战是指一组具有部分自主性的无人机系统在高级操作员的监督下,借助有人/无人操作设备完成作战任务的过程。基于高速机间链路和无人自组织网络技术,实现无人机与操作员之间的无缝连接,操作员可以监控单机或集群。集群中的无人机自动飞往任务区(如指定的坐标或目标),同时避免与其他无人机碰撞。该集群可以自动处理任务需求或请求,并使用人工智能、图像处理等手段检测威胁和定位目标。例如,假设有一个海上大规模目标杀伤任务,数架弹载无人机可采用"群"策略,利用数据网获取攻击目标的位置等信息,形成能覆盖一定空域的火力群,完成对海上大规模目标的垂直杀伤。

1.1.2　无人机集群的国内外研究现状

无人机集群以多个无人机系统为研究对象。在高度非结构化和未知的环境中,无人机集群在没有或较少人工干预的情况下,以集中/分布式的方式,通过调度多个混合平台达成一个共同目标,通过合作,使无人机集群获得比单独设计无人机控制算法更有效的工作能力。

国内外研究现状扩展阅读

多无人机协同是无人机集群发展的初级阶段,其优势主要来自信息融合和资源互补。在多个无人机并行执行任务的过程中,单机获取的信息是其所在位置的局部信息。将无人机集群中所有单机的信息融合为全局态势信息,无人机系统中的决策系统根据全局态势信息对任务进行划分和调整,以保证任务的高效率执行。当一个成员出现故障时,系统会及时更新成员信息,动态调整每个成员的执行状态,以实现系统的高可靠性和容错率,达到资源和功能互补的效果。

研究无人机集群协同控制的各项关键技术具有深远意义,因此,受到了国内外科研工作者的广泛关注。常用的研究思路主要有自顶向下和自底向上。自顶向下的研究方法主要基于分层求解的思想,可以降低问题求解的难度,是目前的主流方法。将多无人机的自主协同控制问题分为航迹规划、协同搜索和任务分配等多个层次。然后,结合无人机的系统特点和任务需求,针对每一级建立子问题的数学模型,研究相应的解决方法,并进行子问题间的协调。自底向上的研究方法主要采用基于多智能体的自主协同控制策略,强调个体对环境的感知、判断、决策和动态响应,以及多智能体之间基于规则的行为协调。但由于飞行控制的非线性、任务的不确定性和环境的复杂性,对控制技术要求较高,目前无人机集群协同控制技术尚处于初步研究阶段,离实际应用还有一定距离。

1.2　无人机集群的应用领域

1.2.1　无人机集群在军事领域的应用

面对战场环境的瞬息万变以及由高度对抗性导致的各种未知因素,无人机的作战方式逐渐从单平台作战发展到多平台集群作战。一方面,未来战场的动态性不断增强,单机的有限任务能力对其生存造成威胁,多无人机协同作战可以通过优势互补和任务协调,扩大单无人机的任务能力,对整体作战效能的提升具有重要意义;另一方面,无人机的自主能力也在不断发展,将逐步从简单的远程控制和程序控制模式发展到人机智能交互式控制乃至全自主控制模式。无人机将具备集群协同任务执行能力。

与常规无人机作战相比,无人机集群作战具有许多显著优势,如图1.2所示。首先,无人机集群具有更强的自主性。无人机集群可以基于环境和任务,通过装备不同功能模块,自主编队,以完成任务。集群内的无人机通过在感知、计算、机动、火力等方面的优势以及多样化的功能用途,进行灵活结合,自主识别,拓展行动范围,有效提升集群内部无人机的自主协同控制能力。其次,无人机集群的功能更多。在配备不同作战模块后,无人机集群编队可以同时具备侦察监视、软硬打击、作战评估等多重功能。小型无人机还可充当诱饵消耗对方高价值攻击武器。同时,无人机集群还兼顾了抗毁性和经济性。小型无人机具有造价低廉、目标小、抗冲击过载性能强、飞行噪音小、战场隐蔽性高等优势。无人机集群在作战过程中,无须作战人员亲临一线战场,单架无人机的损毁不影响其他无人机的任务,彼此独立,安全性高,系统鲁棒性强。

图1.2 典型无人机集群作战样式

综上所述,无人机集群作战将成为未来战争体系的重要作战形态之一。无人机集群的作战样式可归纳为以下几点。

(1) 实施全域攻击

全域攻击的基本方式是使用无人机集群平台搭载大量的单个无人机。在作战过程中,通过平台作为作战集群发射部署,实现数据共享、飞行控制、态势感知和智能决策,灵活应对战场突发事件,执行集群侦察、对抗、攻击等多种作战任务。集群设备的攻击空间将是陆、海、空、天、电磁、网络等全领域空间;攻击行动包括侦察、控制、打击、通信、导航、电磁和网络攻击与防御;攻击方式和手段也将以多种形式并存,如机器辅助攻击、人机协同攻击、设备独立攻击等。无人机集群可以在整个区域内攻击敌人,以较小的代价摧毁敌人的跨域联合能力,达到作战目的。

(2) 进行战术骗扰

无人机集群通过各种战术迷惑敌军,以达到保护我军的效果。一是充当诱饵。在没有完全掌握敌军作战情报之前,我军可发挥无人机群低成本的优势,通过在敌军上空投放大量低成本无人机,诱使敌军雷达和防空火力作出空袭的错误判断,然后暴露其位置。在作战中,可以通过派遣大量无人机吸引敌军火力,转移其对我军重要目标的注意力,以减少我军的伤亡和损失。二是充当掩护。可将无人机集群组成电磁作战编队,对敌军探测装备和火力系统实施电磁干扰,使其武器和指挥系统瘫痪,为后续作战力量开辟安全通道,提供安全可靠的掩护。

(3) 侦察探测敌情

通过发挥无人机在空中的速度优势,让装备不同任务负载的无人机集群执行情报侦察、电磁干扰、通信中继等任务,为后续作战行动提供保障。可以在无人机上安装各种传感器和探测仪,深入敌方机要区域进行情报侦察,并通过内部通信网络将信息传回,实时掌握敌方动态。

(4) 智能协同联合

智能协同联合的基本模式是有人平台和无人平台的混合编组,两者相互配合,共同协作。一是人机联合。为了保留有生力量及降低作战成本,有人平台仅在后方负责指挥无人机集群,而让大量造价便宜的无人机组成作战编队,进而完成复杂和高风险的作战任务;或者飞行员可以指挥无人机编队作战,保障其自身安全。二是机群联合。无人机集群可按照具体任务的要求,自由组合集群内各功能模块,如信息探测、火力打击等,从而实现侦察、干扰、打击一体化;还可以让分别具备情报侦察及火力打击功能的多个无人机集群组成大规模突击编队,深入敌军,对重点目标或高风险目标进行实时侦察和攻击,实现战略作战目标。

1.2.2　无人机集群在民用领域的应用

随着无人机技术不断智能化,无人机集群的优点在民用领域也逐步体现,如当下火爆的无人机编队表演就涉及集群的应用。除此之外,无人机集群在农业植保、快递运输、灾后救援等方面均具有开阔的市场前景,如图 1.3 所示。

编队表演:无人机集群编队表演是目前大众对无人机集群技术应用最熟悉的领域。通过将这项技术与艺术结合,代替传统的烟花表演,让冰冷的机械科技变得有温度。而其独有的环保安全、可定制化、可塑性强且自带传播话题性等特点,让无人机集群编队表演的市场前景被十分看好。在南京航空航天大学七十周年校庆上,2 022 架无人机组成无人机编队带来了一场令人震撼的视觉盛宴。

农业植保:用无人机集群喷药防治病虫害的方式,每亩费用与雇佣人工成本相当,这种方式不仅能使喷洒更加均匀、节省农药,而且作业速度快,提高了喷洒的安全性。中国自2007 年开始探索如何将植保无人机进行产业化的问题,到 2010 年,随着第一架商用植保无人机投入市场并使用,我国的植保无人机正式进入产业化阶段。

快递运输:多架无人机可以通过遥控或者自身程序控制协同运载包裹。只需在系统中输入目的地的地址,无人机就可自动飞往目的地。它可以实现无接触配送以及解决因交通

(a) 编队表演应用

(b) 农业植保应用

(c) 快递运输应用

(d) 灾后救援应用

图 1.3 无人机集群在民用领域的典型应用场景

不便配送难等问题,在降低人工成本、提高配送效率等方面有着显著优势。目前,国内外快递和电商企业的无人机编队快递服务处于试点阶段。

灾后救援:无人机集群反应敏捷,相较于救援车,可更快到达救援地点,对于分秒必争的救灾抢险工作具有重要意义。无人机集群部署时间短,针对大范围的搜索救援工作,多无人机协同有着更直接的优势。此外,无人机集群可以确保救援工作在安全的前提下开展,通过机载摄像机对目标区域进行航拍,从而能够有效避开潜在塌方区域,对救援力量及资源的分配、重点救灾区域的划分、救援路线的规划等具有十分重要的参考价值。

1.3 无人机集群的基本要素

1.3.1 无人机集群的基本能力

无人机集群执行任务的过程包含飞向目标点和目标跟踪,因此无人机集群需要具备的基本能力包括:环境感知能力、通信能力、编队控制能力、航迹规划能力、任务规划能力、群体智能能力等。

环境感知能力:无人机应能利用各种传感器对所处环境的信息进行收集。多架无人机在一定空间和时间领域进行合作时,不可避免地会相互干扰,在资源使用方面容易发生冲突。必要的环境感知能力是保证无人机正常飞行、智能决策的前提。当无人机自身出现突发状况或者遭遇突发危险后,能采取相应的应急措施进行紧急处理,并能将情况反映给地面控制站。

通信能力:如何安全、高速且有效地进行数据传输,实现无人机之间的信息交流,是无人机之间合作的基础。通信能力的加强,便于无人机对一些复杂问题进行信息共享,协作完成复杂任务。

编队控制能力:当无人机在空中受到干扰时能保持姿态与航迹的稳定,以及接收地面控制站的指令和领航无人机的指令,改变飞机的姿态与航迹。

航迹规划能力:根据已经掌握的情报信息,从起点到终点,规划出一条综合指标最优的航迹。在此基础上,还需协调处理各个无人机航迹之间的互相关系,包括空间协调关系、时间协调关系和任务协调关系,使得无人机集群系统能够在相同的任务空域内有效执行任务并保证安全飞行。

任务规划能力:在满足资源、平台以及时间等约束条件下,将合适的任务在合适的时间分配给合适的无人机,并且使得多无人机系统的某项性能指标或整体任务效能达到最优。

群体智能能力:无人机集群通过自组织网技术实现在集群内的高速信息资源共享,使无人机集群具备较高的生存能力、更高的自愈能力和更高效率的信息资源共享能力。即使多架无人机发生故障或任务负载遭受严重影响和损毁,但无人机集群的总体功能和任务能力基本不受影响。无人机集群可以在飞行过程中自主管理和控制,省去人工环节。所有无人机之间彼此独立,互不控制,自身飞行状态会根据周围无人机的状态信息进行相应调整,以确保集群的编队和飞行安全。

此外,无人机集群利用信息网络获取目标、环境及各无人机状态信息,并在无人机之间进行交互,具备识别环境、适应环境、侦察目标、任务决策和自主行为的能力,这些能力的外在体现就是集群行为。按运行层次及参与无人机个数,集群行为可分为独立行为、交互行为、协同行为、系统行为。按对系统行为调控和自组织特性的贡献,集群行为可分为调控行为和自组织行为。

1.3.2 无人机集群的控制架构

无人机集群控制架构旨在刻画各无人机之间的连接,揭示多无人机系统中的信息和控制关系,反映系统中信息的存储、共享方式以及问题求解能力的分布模式等。无人机集群的基本控制架构有集中式控制架构、分布式控制架构和集散式控制架构。

(1) 集中式控制架构

在集中式控制架构下,系统的任务指派、调度和协调等均由控制中心完成,无人机只负责执行具体任务。控制中心会将无人机自身状态和获取到的信息进行分析,并将处理后的数据交由控制与决策系统进行决策规划,之后再将最终任务部署发送至各个无人机,最终由无人机负责执行。

由于控制中心的存在,集中式控制架构存在鲁棒性差、灵活性差和适应性差等不足。因为无人机不能自主决策,所以需要将自身信息通过通信网络发送给控制中心。无人机集群与通信平台时刻连接,当通信量较大时,有可能会造成信息的丢失,最终对形势作出误判。通信平台综合这些信息的速度较慢,导致决策较慢,实时性差。

由于控制中心的唯一性,一旦其因为某些因素发生故障甚至遭到破坏,无人机集群将无法获得决策结果。同时,当某些无人机发生意外或者发现新的任务目标,任务的再分配过程也相当复杂。

(2) 分布式控制架构

在分布式控制架构中,各个成员之间互相平等,采用自主协调的方式代替控制中心共同完成全局任务。首先,复杂任务通过系统分解成若干子问题,各个成员通过协商解决这些问题,再将这些子问题向整个系统的无人机寻求解决方案并发布协商信息,最终多架无人机之间通过分布式的方式共同解决全局任务。

分布式架构具有计算代价小、实时性强、鲁棒性与容错性好、通信要求较低和系统设计灵活等优点。但由于对全局性能考虑不足,一般只能获得次优可行解。当任务间存在复杂的强耦合关系时,性能可能会受到影响。

(3) 集散式控制架构

为了更好地解决多任务控制问题,将集中式控制架构和分布式控制架构有机地结合起来,弥补彼此的缺点,突出双方的优点成为一种发展趋势,于是出现了集散式控制架构。

集群中有若干控制中心,如空中预警机、地面控制中心、舰载指控中心等,这些中心进行信息交互并组成协同决策核心;与此同时,各控制中心又分别控制着若干由多架异构无人机得到的无人机子群,无人机子群个体之间的协作和控制模式类似于上述的分布式控制。这样就组成了无人机集群的核心决策层(各控制中心)、分布式协作层(各无人机子群)和任务执行层(各集群个体)的多层分布式任务规划和执行框架。

集散式控制架构既有全局性考量,又对计算负荷、通信负荷、集群鲁棒性和生存力有所考量。但由于多控制中心和多无人机子群的存在,集散式框架也需要合适的协同机制;否则,集群任务规划与执行将无从谈起,甚至会相互冲突。

1.4　无人机集群组网与协同控制关键技术

1.4.1　无人机集群组网关键技术概述

集群中的无人机需要有编组和协同作战的能力。无人机之间组网形成无人机集群网络,在集群成员间准确、可靠、按需地传输信息,确保对集群中无人机的任务分配、指挥和控制的正确实施。无人机集群应选择合适的组网方式建立信息网络,确保平台协同过程中信息的按需和无冲突交互。满足以上应用需求的组网方式应具有高度的动态性和鲁棒性,组网过程应具有快速性和简易性,网络结构应具有分布性和灵活性。还要考虑航空环境的约束和要求,包括物理网络特性和由移动性引起的动态拓扑。

无人机集群组网的目的可以概括为:提高无人机协同能力、提高工作效率、增强可控性、提高可靠性及抗毁能力、提高战场态势感知和交战能力、提高抗干扰能力、扩大无人机适用范围。

基于自组织网络技术提出的飞行自组织网(flying ad-hoc network,FANET),是移动自组织网(mobile ad-hoc network,MANET)在空天领域的思想体现,能够使多机之间的网络通信变得高效可靠,以便多无人机之间可以快速协同完成各种任务。FANET 由 MANET 发展而来,因此具有相同的网络特点,但 FANET 还具有高节点移动速度、低节点密度、快变的拓扑结构等独有特点。由于无人机集群通信的特殊性,FANET 在通信传输相关技术上需要满足下列性能指标。

低时延需求:时延是网络设计中的重要考虑因素之一,FANET 是面向任务的网络,其时延要求取决于无人机应用场景,但大多数应用要求传输时延应尽可能低,如搜索救援工作、灾害监测等。

　　网络自适应需求:无人机在飞行过程中存在多种不断变化且对 FANET 产生影响的因素。首先,由于无人机位置的改变会使节点在网络中的位置发生变化,造成节点之间的通信距离延长或缩短,引起网络拓扑结构的快速变化;其次,FANET 是基于任务的应用,不同的任务,无人机数量、飞行路线也会不同;再次,飞行环境的变化,如建筑物、山体等障碍物将导致无人机链路质量的变化,部分无人机链路可能失效,导致拓扑结构的变化;最后,由于故障等原因,会使无人机之间不断发生更替。因此,在设计通信协议时,需要关注网络自适应需求。

　　高可靠性需求:系统的接入及负载能力受网络可靠性的影响。在军事和监视应用中,由于其敏感性,要求 FANET 进行可靠稳定的数据传输。需要通过无人机建立一个足够可靠的传输网络,即使在一些无人机的传输链路被破坏后,传输网络仍可通过其他无人机正常运行。

　　网络可扩展性需求:无人机的数量随任务的多样化而不同。不同的任务对应着不同的网络规模。任务和地形复杂度的提高直接导致无人机的数量骤增。在许多情况下,无人机的数量决定了任务的完成与否,例如,相比于少量无人机,大规模无人机集群可以更加快速地完成搜索和勘探任务。因此,自组织网通信协议的设计要满足网络的可扩展性需求。

　　高带宽需求:多数 FANET 应用的目的是从外界收集数据,并且将数据传递给地面控制台。目前,对低时延传输高质量的图像和视频的迫切要求,使得无人机需要高带宽来进行数据传输。然而,无人机的通信带宽受信道容量、飞行速度等因素的限制。为了满足高实时图像或视频的传输要求,网络必须有相应的带宽容量与之匹配。

　　低网络开销需求:无人机网络带宽的限制决定了其网络开销不能过高。在微型和小型无人机网络中,无人机的能量是有限的。网络开销的减少能有效降低能源消耗,提高无人机和网络的工作时间,以及无人机正常工作的概率。因此,在保障网络良好性能的前提下减少网络开销是必要的。

　　无人机集群自组织网的体系结构自下而上可分为 4 层:物理层、数据链路层、网络层和应用层。物理层采用先进的调制解调技术、信号处理技术、功率控制技术以及天线技术实现信号的发送和接收,以低功耗、低传输损耗、高链路质量为设计目标。数据链路层控制无线信道中通信节点的接入,实现对共享无线信道的访问控制,以此对多用户间的共享无线信道资源进行分配。网络层提供网络层数据服务、路由、网间互链、服务质量(quality of service,QoS)支持及相应的路由安全保证,主要功能包括邻居发现、路由管理和分组转发等。应用层主要功能是提供面向用户的各种应用服务。

　　由于无人机集群网络的节点密度大,单位节点可用信道资源有限,如何有效提升信道资源利用率对于保障无人机集群通信具有重要意义。信道接入技术和路由技术等对信道资源的充分利用、节点间的有效通信起着重要的作用。介质接入控制(medium access control,MAC)协议和路由协议的优劣直接影响网络的性能。合理的协议设计是高效共享信道资源和可靠数据传输的重要基础。

　　(1) MAC 协议

　　无人机集群自组织网络的 MAC 协议是以无线通信网络 MAC 协议为基础,针对网络无中心、分布式控制、节点移动等特点提出的适应性 MAC 协议。

由于无人机集群网络特殊的多跳通信模式,MAC 协议的设计面临着很多具有挑战性的问题。这些问题可以归纳为:隐藏终端问题和暴露终端问题、时延和空间复用效率问题、无线信道的脆弱性问题、捕获效应问题、通信方式问题、信息流的多跳信道接入问题和 QoS 保障问题。

无人机集群网络的 MAC 协议包括三类:竞争类协议、分配类协议、混合类协议。这三类协议的区别在于各自的信道接入策略不同。目前无人机集群网络信道接入技术大多采用基于竞争策略的 MAC 协议。然而,其突出的问题是当网络规模较大时,信道接入冲突迅速增加,网络性能急剧下降,甚至不能保证及时的通信。基于时分多址接入(time division multiple access,TDMA)的时隙分配类协议允许节点在通信过程中单独占用分配给自己的信道资源,使得整个网络中节点可以无冲突地进行通信。分配类 MAC 协议中,网络中每个节点平等地传输数据,数据帧的平均传输时延比较固定,而且抖动较小,稳定性好。但当无人机集群网络中频繁出现新节点的加入和节点的退出时,由于大量的时间耗费在时隙的重分配上,也会导致网络性能急剧下降。混合 MAC 协议吸纳竞争类与分配类接入协议的优点。当传输载荷轻时,混合类协议的性能与竞争类协议相似;当传输载荷重时,其性能接近分配类协议。

支持 QoS 的规模可扩展动态时分多址接入协议(dynamic TDMA–based MAC protocol,DT–MAC)是针对单跳无人机集群网络特点而提出的分配类协议,该协议可以有效支持新节点入网和节点退网,从而满足网络规模动态变化的需求。基于自组织时隙选取的拓扑透明时分接入协议(self-organized TDMA,STDMA)是针对多跳无人机集群网络节点移动速度快,网络拓扑变化频繁的特性,提出的一种时分协议。该协议具有时隙自组织选取和拓扑透明的优势。

(2) 路由协议

根据是否使用节点位置信息,无人机集群自组织网络的路由协议可以分为拓扑依赖型和地理信息依赖型两大类。

拓扑依赖型路由协议按设计原理分为先应式、反应式和混合式三种。先应式路由协议又称表驱动路由协议,按照路由维护原理可分为基于距离向量和基于链路状态两类。基于距离向量的路由协议通过维护反映到目的节点代价的表来维护网络拓扑。基于链路状态的路由协议通过周期性交换链路状态信息来维护网络拓扑。反应式路由协议又称按需驱动路由协议,该类路由协议的工作过程分为路由发现和路由维护两阶段,特点是只维护在用链路。在混合式路由协议中,路由区域被划分为域内和域间两个层次。域内使用先应式策略维护节点最新路由信息,域间根据反应式路由请求应答机制进行路由查找。

地理信息依赖型路由协议是在拓扑依赖型路由维护算法基础上利用节点位置信息改进的路由协议,按照有无寻路过程分为位置信息辅助的路由协议和基于位置的路由协议。具有代表性的位置信息辅助的路由协议有位置辅助路由(location-aided routing,LAR)和距离路由效应迁移算法(distance routing effect algorithm for mobility,DREAM)。LAR 协议是基于洪泛的按需驱动路由协议的改进版本,其路由查询范围主要受到源端和目的端的位置信息控制,路由请求效率的提高是通过限制路由请求过程中被影响的节点数目实现的。DREAM 协议的思路和 LAR 协议的思路基本一致,即使用位置信息控制分组的洪泛方向。基于位置信息的路由协议直接利用节点获取的位置信息进行路由选择和数据转发,代表协议为地理位置信息路由协议(greedy perimeter stateless routing,GPSR),其特点是结合贪婪转发机制传输数据。

根据网络拓扑结构,无人机集群路由协议又可划分为平面路由协议和分级路由协议。在平面路由协议中,所有节点的优先级是相同的,完全分布式控制,无网络瓶颈效应,有利于负载均衡。然而随着网络规模的增大,每个节点要维护的路由信息也会增多,进而整个网络都会充满路由信息报文。分级路由的出现有效地解决了上述问题,分级路由认为网络的逻辑视图是层次性的,每层的群组由群首和群成员组成,通过群首不断向上汇聚形成高层级,以提高网络的拓展性。

1.4.2　无人机集群协同控制关键技术概述

无人机集群协同控制技术主要研究多机协同飞行以及协同完成特定任务,涉及编队队形控制、协同飞行控制、航迹规划、威胁规避等技术问题。无人机集群协同控制主要包括以下几个关键技术:协同航迹规划、协同搜索、协同任务分配等。

协同航迹规划是指根据已经掌握的情报和地形信息,从出发点到目标点,寻找一条综合指标最优的飞行路线。航迹规划中的关键环节是地形信息和敌情信息的获取,只有将获得的信息添加到数据库中,计算机才能完成航迹的规划。为使无人机以最大生存概率成功完成任务,需要对威胁进行分析和建模。航迹规划算法是航迹规划的核心,在规划静态航迹时,采用何种算法决定了所生成航迹的合理性与可靠性;在规划动态航迹时,采用何种算法决定了规划的实时性与有效性。多无人机巡航编队飞行是无人机集群活动中的重要环节,巡航编队飞行控制策略的优劣将是多无人机能否顺利到达目标区域,以及能否在任务执行完毕后顺利返航的决定性因素。巡航编队控制是指多无人机在巡航过程中既能保持一定的良好编队,又能适应恶劣环境的控制技术。主要是控制整个编队保持飞行稳定,并可根据任务要求调整编队和避开障碍物。目前,最成熟的控制方法是跟随先导法,其基本思想是,领航者往往是编队中的第一架无人机,剩下的则是跟随者。在整个任务飞行过程中,领航者会遵循既定航迹飞行,跟随者将其与领航者无人机之间的相对位置作为参照飞行。

协同搜索是无人机集群协同控制的重要能力之一,在侦察打击、船只跟踪监测、搜索与救援和边境巡逻等复杂应用场景中有广泛的应用前景。协同搜索是集群无人机依靠传感器探测任务区域,然后通过机间或空地通信网络交互环境感知信息,不断加强对任务环境的认知,最终快速、准确地搜索到目标。然而,大规模集群协同搜索具有很大挑战,一方面,决策难度随着无人机数量的增加呈几何增长趋势;另一方面,搜索任务的高动态性和不确定性使得搜索过程变得非常困难。因此,如何设计高效的搜索决策方法,保证无人机集群系统在尽可能短的时间内降低对搜索区域的不确定程度,发现各种未知目标,是协同搜索面临的关键问题。协同搜索算法主要分为传统优化和人工智能两大类:传统优化算法通常是基于规划的,主要考虑任务区域的几何形状、无人机的感知范围以及无人机的可用数量等;人工智能算法主要包括群智优化和机器学习算法,群智优化算法借鉴生物群体的智能行为,为解决无人机集群协同搜索问题提供了切实可行的途径。在机器学习算法中,深度强化学习算法通过结合深度学习特征表达和强化学习策略、学习能力,在解决动态未知环境下的集群协同搜索问题时具有一定优势。

无人机集群协同任务分配是指在满足任务类型、时间序列、无人机作战能力和有效载荷等各种约束条件下,以整体作战效能最优或次优为目标,合理分配有效的任务序列给无人机,同时确保无人机集群在执行多任务过程中的协同性。它直接决定了无人机之间如何分配工作任务,以及每个无人机如何执行,从而在各种复杂因素的影响下实现系统效率的最大化。集中计算系统用于从单一类型的无人机收集信息并分配多个任务,所有无人机可分为一种类型的无人机和多种类型的无人机。但集中式系统存在中央服务器计算量大、鲁棒性差的缺陷,为了充分利用无人机平台的自主解决能力,学术界逐渐将焦点转移到分布式任务分配上。无人机集群协同任务分配的研究工作主要包括问题建模和求解算法。其中,常用的分配模型包括动态网络流优化模型、多旅行商问题模型、车辆路径问题模型、混合整数线性规划模型等。代表性的求解算法有遗传算法、粒子群算法、合同网算法、拍卖算法等,近年来,基于深度强化学习的算法在协同任务分配场景中也得到了应用。

1.5　本章小结

　　无人机是基于无线遥控和自主飞行平台控制的不载人航空器,可根据平台构型、用途、尺寸、任务高度、活动半径等进行分类。随着无人机应用场景复杂度和功能需求的不断提高,由于其自身软硬件条件的限制,单架无人机存在部分局限性。为弥补单架无人机的局限性,专家提出无人机应以集群的方式协同工作,无人机集群的概念由此产生。针对无人机集群协同侦察、协同搜索、目标跟踪以及编队控制等背景,国内外已经开展了大量多无人机协同控制方面的研究,有效促进了无人机集群技术的发展。

　　无人机集群在军用和民用等领域均有着广泛应用。在军用领域,无人机集群可应用于实施全域攻击、进行战术骗扰、侦察探测敌情和智能协同联合等;在民用领域,无人机集群可用于编队表演、农业植保、快递运输和灾后救援等。

　　无人机集群需要具备的基本能力包括:环境感知能力、通信能力、编队控制能力、航迹规划能力、任务规划能力、群体智能能力等。无人机集群的体系结构主要分为集中式控制架构、分布式控制架构和集散式控制架构。集中式控制架构适用于强耦合、多约束、多任务的分配场景;分布式控制架构具有更高的可靠性和灵活性;集散式控制架构结合集中式和分布式的特点而形成。

　　无人机集群组网是无人机集群协同控制的前提,无人机集群组网的需求有低时延、网络自适应、高可靠性、网络可扩展性、高带宽和低网络开销,关键技术包括信道接入技术和路由技术等。无人机集群协同控制包括协同航迹规划、协同搜索和协同任务分配等。

第 1 章习题

1. 按无人机物理构型分类,无人机可以分成哪几类? 简述各个种类的特点。
2. 简述无人机集群在执行任务中所需具备的基本能力。
3. 简述无人机集群组网的目的。
4. 无人机集群的控制构架可分为哪几类? 各个类型的优势和不足是什么?
5. 结合实例,分析协同控制关键技术在无人机集群中的作用。

第 1 章
习题答案

第2章 无人机集群网络体系结构与协同控制架构

无人机集群网络体系结构是指集群中各无人机之间、无人机与地面/空中控制站之间传送数据时,在逻辑上与物理上的层次结构模型,它是各层的网络通信协议以及层与层之间接口的集合。网络体系结构作为无人机集群组织、协调、规划、控制、执行和学习等功能得以实现的基础,对无人机集群能力的发挥起着举足轻重的作用。

无人机集群的协同控制架构是指无人机之间、无人机和控制系统之间的逻辑关系和交互形式,体现了行为、智能、信息等要素在集群系统中的时空分布模式,确定了任务分配与规划等的全局运行机制,为无人机集群行为和通信交流搭建框架。

根据实际条件构建适当的网络体系结构,是保证无人机集群系统正常运转的重点和关键所在,也是研究构建无人机集群协作所面临的首要问题。而高效的无人机集群协同控制架构是保证无人机集群系统在复杂多变的环境中协作完成任务的关键因素。本章将分别从无人机集群网络体系结构和协同控制架构两方面进行介绍。

2.1 网络体系结构的分层设计

网络体系
结构的分
层设计

网络体系结构是一种概念上的蓝图,定义了整个网络的层次结构和基本的数据通信规则,描述了整个网络中两个节点间实现有效通信的完整过程。

2.1.1 网络分层的形成

20世纪60年代末,随着分组交换式计算机网络的诞生,出现了网络体系结构的雏形。ARPANET网络率先提出"通信子网"和"资源子网"的概念,其中,通信子网负责网内的信息传输和通信处理,通常由通信设备和网络介质组成;资源子网为用户提供数据处理功能和网络业务服务,主要由网络资源设备构成。

尽管已划分出两个子网,但由于缺少统一的网络体系结构和协议标准,不同公司的网络设备之间难以实现互联互通。为了整顿网络市场中各设备厂商各自为政的局面,国际标准化组织(International Organization for Standardization,ISO)于20世纪80年代推出了第一个计算机网络体系结构的国际标准,这个模型名为开放系统互连参考模型(open system interconnection reference model,OSI/RM)。各国政府机构和大公司也纷纷表示支持OSI/RM。因此,OSI/RM逐渐成为当时公认的计算机网络体系结构。

OSI/RM定义的七层结构网络互连模型如图2.1所示,自底向上分别是物理层、数据链路层、网络层、传输层、会话层、表示层和应用层。该网络体系结构具体规定了每层的含义和功能,提高了开放系统环境中的互通性和可扩展性,大大简化了网络设备之间互联互通的复杂度。

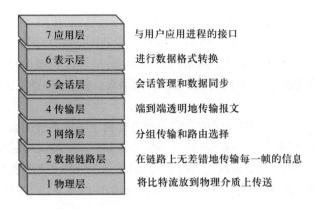

图 2.1　OSI/RM 七层结构网络互连模型

与此同时,一种著名的协议,即传输控制协议/网际协议(transmission control protocol/ internet protocol,TCP/IP)出现在互联网领域中。如图 2.2(b)所示,TCP/IP 体系结构也采用分层结构,自底向上划分出四层,分别为:网络接口层、网际层、传输层和应用层。

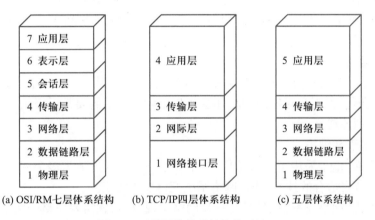

图 2.2　三种网络体系结构的对比

在 20 世纪 80 年代末,虽然适用于 OSI/RM 的整套国际标准已经制定完成,但由于业界基于 TCP/IP 的设备已率先在全球范围大规模成功运行,而市面上却找不到符合 OSI/RM 标准的商用产品。因此,虽然法律上的国际标准是 OSI/RM,但事实上运行的国际标准是 TCP/IP。

从技术角度而言,OSI/RM 与 TCP/IP 各有优缺点。OSI/RM 能够帮助技术人员完整地理解网络协议内部的运行机制,其核心贡献是提出了分层模型,并清晰地定义了协议、接口和服务的概念。但 OSI/RM 过于强调细节,实际应用显得非常复杂。

TCP/IP 协议体系结构更精简,主要体现在两个方面:一是 TCP/IP 协议体系结构使用网络接口层实现了 OSI/RM 中"物理层"和"数据链路层"的功能;二是用"应用层"包含了 OSI/RM 中最高的三层。OSI/RM 模型中的"表示层"和"会话层"各自的功能结构都较为单一,TCP/IP 将这两个层合并到了"应用层"中。对于 OSI/RM 模型中的"传输层"和"网络层"而言,TCP/IP 协议与 OSI/RM 协议的"传输层"功能划分是一致的,而且 TCP/IP 协议的"网际层" 与 OSI/RM 的 "网络层" 也是如此, 虽然名称不同但功能相同。值得注意的是, 这里仅从分层功能划分上来比较, 在这两个体系结构的实现上还是存在相当大的差异。因为 OSI/RM 是开放的标准, 适用于所有类型网络的设计参考, 只要保持层间接口一致就能互联互通; 而 TCP/IP 协议体系结构是专门针对 TCP/IP 网络设计的, 各种通信协议和功能实现都更加具体。

总体而言, TCP/IP 体系结构这样精简的设计更有利于网络系统的设计。但其最底层 "网络接口层" 仅是个接口, 本身并不是实际的一层, 将 OSI/RM 中最底两层功能合并在一层里, 并不是很合适。因此, 在对网络协议进行研究时, 通常采用如图 2.2(c) 所示的五层体系结构, 它结合了 OSI/RM 协议体系结构和 TCP/IP 协议体系结构的优点, 同时克服了这两种体系结构的不足, 更为科学合理。

2.1.2 分层结构的优势与设计原则

分层网络体系结构的优势主要表现在以下几个方面。

(1) 独立性强

层次结构中的每一层相对独立, 每一个层次只需要通过接口使用其下层提供的服务来完成本层功能, 而对于下层具体是采用何种方法来实现相应功能的, 上层并不关心, 也没有必要知道。

(2) 灵活度高

采用分层结构后, 只要层间接口关系不发生变动, 就算某一层的功能实现采用了其他技术, 或者发生变化, 也不会对该层的相邻层产生影响。在不需要某层提供服务的情况下, 甚至可以直接取消该层。

(3) 易于实现和维护

在实现方面, 由于采用了分层结构, 一个庞杂的系统被拆解为多个相对独立的子系统, 各层都可采用各自适合的技术, 使得网络系统变得易于实现。

在维护方面, 如果没有分层结构, 一旦网络出现故障, 就需要对整个网络进行故障分析和排除, 耗时耗力; 而有了分层结构后, 就可以根据故障现象, 结合不同层的功能和实现原理, 专门针对某一层或少数几层进行对应的故障分析和排除, 这样就比较容易定位。

(4) 促进标准化

由于每一层的功能及其提供的服务都有了明确的定义, 各开发商的设计标准得到统一, 进而可以协同开发, 并允许不同厂家的产品相互通信, 这样极大地促进了网络的发展。

通常, 网络中所要具备的功能主要包括: 编址机制、数据传输、顺序控制、差错控制、拥塞控制、流量控制、拆分与重组、复用与解复用和路由选择等。表 2.1 给出了各主要功能的描述。从网络分层的角度, 每一层所要完成的功能可以只包括表 2.1 中的一种功能, 也可以包括多种。此外, 某些功能会重复出现在不同层中, 比如差错控制功能有可能会在物理层、数据链路层、网络层和传输层等多个层中出现。因此, 分层会造成额外的开销, 这是分层的不足之处。

网络体系结构的分层设计需要遵守以下几点原则。

表 2.1 网络的主要功能

功能	描述
编址机制	每一个节点需要拥有全网唯一的地址,发送方才可以定位它。网络中有多种地址共存,比如 MAC 地址、IP 地址、端口号和域名等
数据传输	完成数据传输的准备、协调、控制、发送和接收等操作
顺序控制	需考虑报文是否丢失,报文是否重发,报文顺序是否正确
差错控制	包括差错检测和纠正。每一层的实体或进程需给上层提交正确的信息,差错控制是每一层都可能面临的问题
拥塞控制	用于防止路由器或链路过载,维护整个网络的性能
流量控制	解决发送方和接收方处理能力不匹配的问题。通信之前要通过收发双方的握手,以两者之中低的速率传输
拆分与重组	数据单元的长度要适中,不宜过长或过短。不同网络、不同网络层次对数据最大传输单元(maximum transmission unit,MTU)的长度限制是不一样的。因此,发送方的数据就可能要分段,在接收方则需要重组
复用与解复用	多个用户可以通过复用的方式共享网络资源。在发送方实现多路复用,在接收方则需要解复用
路由选择	发送方和接收方之间建立一条多跳的点到点链路

① 每一层的功能要非常明确,同一层中的各网络节点都具有同样的功能。

② 相邻层之间通过清晰的接口进行通信,跨越接口的信息尽可能少。

③ 选择适中的层数。若层数过多,使得结构变得复杂,会在综合各层功能时较为困难;而层数过少,功能划分可能就不够明晰,同一层内需要实现多种功能,导致协议变得太复杂。

④ 区分开通信管理程序和应用程序。

2.2 网络体系结构的常用术语

网络体系
结构的常
用术语

2.2.1 实体与协议

实体指的是层中的活动元素,任何能够收发信息的硬件 / 软件进程都可以称为实体。在同一网络中,位于不同节点中同一层次的实体就称为对等实体。

实体之间只有遵守先前约定好的规则,才能井然有序地交换数据。这种事先约定好、能够控制两个或多个对等实体之间进行通信的所有规约的集合,就称为网络协议,简称协议。协议是千差万别的,但都包含了语义、语法和语序三个要素。简单地说,"语义"用来解决"要做什么"的问题,"语法"用来解决"要怎么做"的问题,"语序"用来解决"做的顺序"的问题。下面分别加以具体说明。

(1)语义(semantics)

语义包括需要发出何种控制信息,完成何种动作,以及做出何种应答。例如,数据链路层进行差错控制时,语义规定在进行差错校验时,一旦发现了错误,需要发出什么信息,是本地处理还是向发端反馈,如何进行应答,是否进行数据的重传等。

(2) 语法(syntax)

语法规定传输过程中的信息格式,包括数据和控制信息的格式、编码及信号电平等。比如,语法定义传输的数据帧和控制帧的格式,如源地址和目的地址的位置和位数,数据内容和起始标志等。

(3) 语序(timing)

语序详细说明了事件实现的先后次序,定义了按照什么样的步骤以及用多快的速率进行发送等。从定时的角度而言,可以采用同步传输,也可以采用异步传输。

在进行设计协议的时候,要将协议设计得尽可能高效、完备和合理。这就要求不能仅考虑正常情况和理想状态,而忽略可能出现的异常情况和不利条件。举一个日常生活中的例子,两人先前约定周日上午 9 点在体育馆门口见面,为了确保两个人能够见面,两个人还相约"不见不散"。在这个约定中规定了时间、地点、人物和事件,而且为了保证事件成功,还附加了一个条件,即"不见不散"。但这个附加条件是不合理的,因为缺乏了对突发状况的考虑。试想如果一方临时有事,但又无法通知到对方时,那么若另一方信守诺言,就需要一直等待下去。因此,评判一个网络协议的合理性,不能只考虑正常情况下可能出现的状态,还必须尽可能多地去考量其能否应对异常情况。

2.2.2　服务与服务访问点

在协议的控制下,两个对等实体之间的通信使得第 n 层能够向第 $n+1$ 层提供服务;而要实现第 n 层协议,还需要使用第 $n-1$ 层所提供的服务。

服务与协议是网络中非常重要的两个概念,它们之间既有密切的联系,又存在着本质上的区别。

两者的联系是:某一层协议的实现是为了保证能够向上一层提供服务。使用服务的实体只能看见服务而无法看见下层的协议,即下层的协议对上层的实体是透明的。

两者的区别是:协议是"水平的",是对等实体之间的通信规则;服务是"垂直的",是下层通过层间接口向其上一层提供的。

值得注意的是,服务只包含一部分第 n 层实现的功能,并不是全部,只有那些能被第 $n+1$ 层实体"看见"的功能,也就是能被高一层调用的功能,才能称为服务。在网络节点中,上层通过使用服务原语来使用下层所提供的服务。相邻两层的实体之间通过服务访问点(service access point, SAP)进行信息交换。

图 2.3 概括了任何相邻两层之间的关系。同处第 n 层的两个"实体(n)"之间通过"协议(n)"进行通信,而第 $n+1$ 层的两个"实体($n+1$)"之间则通过"协议($n+1$)"进行通信。网络节点的每一层使用的都是不同的协议。实际上,第 n 层向上面的第 $n+1$ 层所提供的服务已经包括了第 n 层以下各层所提供的服务。第 n 层的实体是第 $n+1$ 层的实体的服务提供者。位于服务提供者上一层的实体使用的是下层服务提供者所提供的服务,故又称为"服务用户"。

2.2.3　数据单元

层与层之间交换数据的单位称为服务数据单元(service data unit, SDU),对等层次之

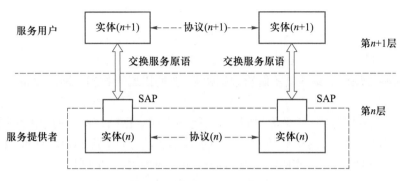

图 2.3 相邻两层之间的关系

间的数据单元称为该层的协议数据单元（protocol data unit,PDU）。以五层网络结构为例,各层的数据传输单位如图 2.4 所示。

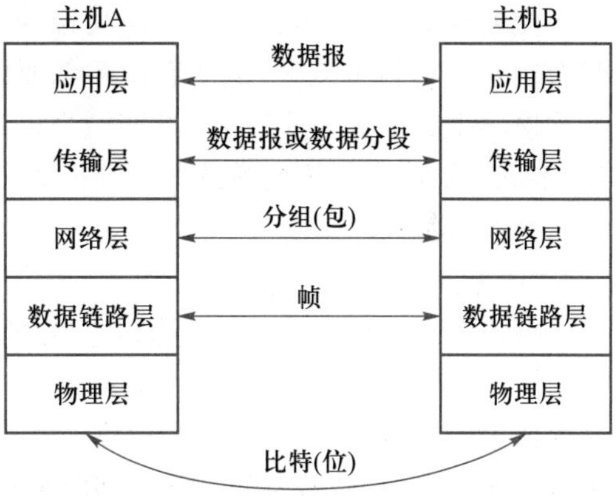

各层的数据传输最小单位如下。

① 物理层以最原始的"比特"(bit)流格式传输,一个比特即一个二进制位(**0** 或 **1**),物理层的数据传输单位就是"比特"。

② 数据链路层的传输单位是"帧"(frame)。多个比特构成一个帧,帧的大小可依据不同协议而定,但每个帧的大小必须是一个整数字节(1 字节 =8 bit)。

③ 网络层以"分组"或者"包"(packet)
为一个传输单位。不同协议的分组大小不一,分组的大小取决于所包括的帧数。

④ 传输层比较特殊,在 OSI/RM 体系结构中是直接以传输协议数据单元为单位。而在 TPC/IP 协议体系结构中,包括了传输控制协议(transmission control protocol,TCP)和用户数据报协议(user datagram protocol,UDP),其中 TCP 的数据传输单位是"数据段"(segment),UDP 的数据传输单位为"数据报"(datagram)。

⑤ 应用层的 PDU 是具体的数据报文。

其他网络体系结构的协议数据单元与五层网络体系结构各层上传输的数据格式是类似的,如 TCP/IP 协议体系结构和 OSI/RM 体系结构等,不同的只是增减了一些层次。

2.2.4 中间设备

将网络互相连接起来要使用一些中间设备。根据中间设备所在的层次,可以有以下几种不同的中间设备。

(1) 中继器

中继器工作在物理层,通过信号的复制、调整和放大功能完成两个节点间的信息传递。信号的传输过程中存在路径损耗,使得信号功率逐渐衰减,直至信号失真,导致接收错误。中继器在比特级别对信号进行再生和转发,从而使信号获得更长的传输距离,以此扩大网络的范围。

图 2.4 网络各层的数据传输单位

(2) 集线器

集线器又称为"多端口中继器",是一种比普通中继器提供更多端口服务的、特殊的中继器。集线器对接收到的信号进行再生放大,使得信号在复杂的干扰环境下传输更远的距离,从而扩大网络规模。集线器不解析数据帧结构,所以属于物理层网络设备。

(3) 网桥

网桥工作在数据链路层,又称"桥接器",能够完成数据帧在两个局域网络段间的转发。当有数据帧到达网桥时,网桥先在网桥表中查找是否有该帧的源 MAC 地址,如果没有,则将该帧的 MAC 地址及其对应的网桥端口信息加入网桥表;如果网桥表中找不到目标地址,则按扩散的方式,将该数据帧转发给除了发送该数据的网段之外,与网桥连接的所有网段。

(4) 交换机

交换机又称"交换式集线器",可以使计算机之间进行高速且独享带宽的通信。集线器只对信号进行再生放大,但所有设备都要依靠同一传输介质进行通信,此时,设备间的通信必须遵循载波侦听多址接入 / 冲突检测(carrier sense multiple access with collision detection,CSMA/CD)。但交换机能够读取数据中的 MAC 地址信息,并根据该地址信息进行数据交换,且每个端口都独享带宽。

(5) 路由器

路由器可以连接多个在逻辑上分开的电路,属于网络层的中间设备。由路由器之间的接力转发完成数据包在网络上的传输。当某个路由器接收到数据包后,需要做的就是将本站的数据包按最优路径转发,所有路由器都做当前的最优选择,一站一站地接力将数据包送到目的地。然而,倘若事先制定了路由策略,数据包通过的路径就不一定会是最佳路径。

(6) 网关

网关是工作在网络层及网络层以上层级的设备,又称"网间连接器"或"协议转换器"。网关能够实现完全不同的网络间的互联,可以是使用了不同协议的网络,可以是不同操作系统间的网络,也可以是局域网和远程网。即使两个网络的硬件结构不同,通信协议不同,甚至数据类型也不同,网关都可以实现它们之间的通信。

2.2.5　IP 地址与硬件地址

在日常生活中,每家每户都有一个地址,这个地址由国家、省、市、区、街道、小区、单元、门牌号这样的层次组成,且没有重复。

类似地,在网络世界里,同一网络中的每一个节点也拥有独一无二的地址,即 IP 地址。下面以 TCP/IP 协议中的编址方法为例,说明 IP 地址的编制方法。

互联网作为目前全球最大的网络,连接的节点数量巨大且不断增加。在 TCP/IP 协议中,早期定义的 IP 地址编址方法无法满足用户数增长的需求,因此,其编址方式也持续更新,先后经历了三次重大变革。

① 分类的 IP 地址:1981 年颁布的标准中的编址方案。

② 子网的划分:1985 年的标准中扩展的编址方案。

③ 构成超网:1993 年提出的编址方案。

本节介绍最基本的 IP 地址编址方法,采用一个 32 位二进制数来表示 IP 地址。为了更加直观地表示这一串二进制数,将二进制数每 8 位分成一组,每组二进制数转换成对应的十进制数值,采用以圆点".'分隔的 4 个十进制数表示,如将 **11000000 10101000 00001010 00010100** 表示为 192.168.10.20。这种表示方法又称为点分十进制法。

将 IP 地址划分出几大类,每一类又由网络号(net-id)和主机号(host-id)两个固定长度的字段组成。两级的 IP 地址可以记为

$$\text{IP 地址} := \{< 网络号 >, < 主机号 >\} \tag{2.1}$$

其中的符号": ="表示"定义为"。

分类的方法如图 2.5 所示,A 类($n=8$)、B 类($n=16$)和 C 类($n=24$)都属于单播地址,使用的范围最广;D 类地址可用作一对多通信,属于多播地址;E 类是保留地址。如果给出一个二进制数表示的 IP 单播地址,那么就可以很容易知道是哪类地址,并且也能看出这个二进制数表示的网络号和主机号。

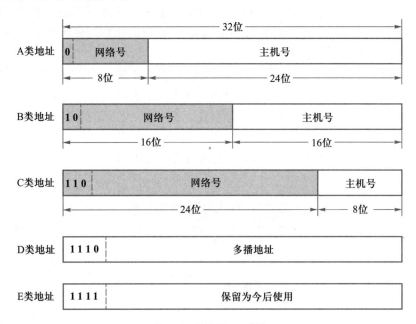

图 2.5   分类的 IP 地址

A 类地址的第一位固定为 **0**,网络号字段长为 8 bit。主机号占 3 个字节,但一般不指派全 **0** 和全 **1** 的主机号。

B 类地址的网络号字段有 2 个字节,因此可指派的网络数为 2^{14}。B 类地址的每一个网络上的最大主机数是 $2^{16}-2$(减 2 是因为要扣除全 **0** 和全 **1** 的主机号)。

C 类地址的网络号字段有 3 个字节,因此 C 类地址可指派的网络数是 2^{21}。每一个 C 类地址的最大主机数是 $2^{8}-2$。

在网络中,除了给每一个节点分配 IP 地址之外,每一个节点所连接链路的适配器还有链路层地址,也就是硬件地址,又称为"物理地址"或"介质接入控制(MAC)地址"。

IEEE 802 标准规定这种全球地址的长度为 6 字节,一般以十六进制的形式表示,例如 00–40–33–25–85–BB。MAC 地址对每个设备是独有的,在设备制造时烧录,并永久地存储在适配器的只读存储器(read-only memory,ROM)中。

IEEE 的注册管理机构 RA(Registration Authority)负责分配硬件地址的前 3 个字节(即

高位 24 位),由这 3 个字节构成的号就是组织唯一标识符(organizationally unique identifier, OUI),每个生产适配器的厂家都必须向 IEEE 购买 OUI。地址字段中的后 3 个字节(即低位 24 位)称为扩展标识符(extended identifier),由厂家自行指派,只要保证该厂生产出的适配器 没有重复地址即可。购买一个 OUI 可以生成 2^{24} 个不同的 6 字节(48 位)MAC 地址,所以 这种地址又称为 EUI-48,其中,EUI 表示扩展的唯一标识符(extended unique identifier)。当 这种适配器嵌入到某架无人机后,适配器上的标识符 EUI-48 就成为这台无人机的 MAC 地 址了。

IEEE 规定硬件地址第一字节的最低有效位为 I/G(individual/group)位。当 I/G 位为 **0** 时, 地址字段表示一个单个站地址。当 I/G 位为 **1** 时,地址字段表示组地址,可以用来进行多播。

但也存在有人并不愿意购买 OUI 的情况。为此,IEEE 把硬件地址第一字节的最低第 二位规定为 G/L(global/local)位。当 G/L 位为 **0** 时是全球管理,厂商向 IEEE 购买的 OUI 都属于全球管理。当地址字段的 G/L 位为 **1** 时是本地管理,用户可任意分配网络上的地址。 采用 2 字节地址字段时全都是本地管理。

当 I/G 和 G/L 位都为 **0** 时,对每一个站的地址都可用 46 位的二进制数字来表示。46 位二进制数组成的地址空间可以有 2^{46} 个地址,虽然不是无限大,但已经超过 70 万亿,给全 球每一个适配器分配一个唯一的地址已经够用。据测算,至少在近期还不需要考虑 MAC 地址耗尽的问题。

从层次的角度看,MAC 地址和 IP 地址服务于不同的层级,图 2.6 阐述了这两种地址的 联系与区别。

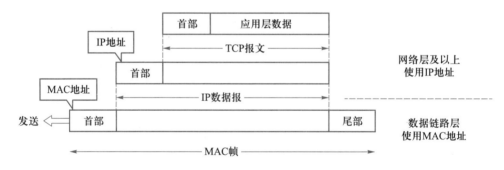

图 2.6　MAC 地址与 IP 地址的联系与区别

IP 数据报的首部包含源 IP 地址和目的 IP 地址,IP 数据报在数据链路层被封装成 MAC 帧。MAC 帧的首部写有 MAC 地址,包括传输中所需要的源地址和目的地址。

连接在通信链路上的主机或路由器等设备在收到 MAC 帧后,根据 MAC 帧首部中的 MAC 地址决定收下或丢弃。IP 数据报被封装在 MAC 帧内,只有把 MAC 帧剥去首部和尾 部后剩下的数据上交给网络层后,网络层才能得到 IP 数据报中的信息,并找到源 IP 地址和 目的 IP 地址。

总之,IP 数据报的首部中存放着 IP 地址,MAC 帧的首部则存放着硬件地址。网络层和 网络层以上使用的是 IP 地址,数据链路层及以下使用的是 MAC 地址。当 IP 数据报被封装 在 MAC 帧中以后,整个的 IP 数据报就成为 MAC 帧的数据,所以在数据链路层中看不见数 据报的 IP 地址。

2.3 无人机集群网络体系结构

无人机集群网络体系结构

网络的各层和协议共同构建出无人机集群网络体系结构。需要强调的是,所有网络体系结构的分层都是按照每一层所实现的网络服务功能来划分的,而不是按照具体的设备或软件。因为每一层所代表的是一组网络功能,而实现某一个功能又可以有许多不同的软件 / 硬件方案,所以不能按照具体的设备或软件将网络体系结构分层。

2.3.1 无人机集群网络

无人机集群系统是一种无人机能够自主运动和完成任务,且有网络保证和上层算法控制的一种系统。通常,无人机通信依靠地面控制站或者卫星等通信基础设施建立通信链接。然而,就中小型无人机的集群而言,终端定位和数据交换都会有些困难。首先,机载能力限制了续航能力,有限的电池容量难以保证无线通信长时间进行;其次,高速飞行的特性使得无人机与地基难以建立稳定的通信网;再者,如果缺乏卫星导航系统的精确定位,集群也无法依靠星基搭建起通信网。

为了解决这些问题,无线自组织网络的理念被引入了无人机集群系统。

先简要介绍无线自组织网络,即 Ad Hoc 网络。Ad Hoc 源自希腊语,意思是"为某种目的特别设置的"。它是一种多跳的、无中心的网络,每个节点既可以是一个终端,同时也发挥着路由器的功能。虽然每一节点的无线覆盖范围有限,但可以借助其他节点进行路由转发,进而建立通信。

无人机集群网络一般由无人机机群和基站组成,其基本思想是:每一驾无人机作为一个网络节点,同时具备收发信息和路由转发的功能,在不完全依赖于地基或星基的情况下,将感知到的周围态势等数据信息进行多跳转发,通过自组织的方式建立集群内部的连接,从而组成一个移动的、自组织式的无人机网络。

Ad Hoc 网络所特有的网络形式使其具有以下显著特性。

① 网络拓扑结构动态变化,具有灵活的移动特性。

② 所有节点的地位相同,是一种无中心的自治网络。

③ 节点分布随机,由源节点到目的节点可以存在多条可行路径。

④ 节点的能量有限。

⑤ 网络的带宽有限,并且节点的不断移动造成无线链路质量很不稳定。

⑥ 移动 Ad Hoc 网络具有自愈性,它不是一个固定不变的网络系统,而是可以根据区域和节点自身情况动态变化的。

Ad Hoc 网络的这些特性,使得它非常适合应用到中小型无人机的集群系统中去。但是在实际应用过程中,由于无人机集群环境的特殊性,无人机集群网络与 Ad Hoc 网络之间也存在着差异。首先,与其他 Ad Hoc 网络相比,无人机集群网络节点的移动度更高,拓扑变化更加频繁;其次,无人机节点间的距离比其他无线自组织网络要长得多,这也就要求无人机要有更长的通信距离,同时对硬件电路、物理层和无线电链路的要求更高。

在无人机集群网络中,每架无人机终端都携带有无线通信模块来接收和发送数据码包。图 2.7 是无人机集群网络系统模型示意图。图中的无人机节点可以任意移动,自由加入或离开网络。当无人机节点 N_1 传输数据给节点 N_8 时,可以选择 N_1—N_4—N_8 的路径逐跳广播转发;也可以选择 N_1—N_5—N_6—N_8 或 N_1—N_2—N_3—N_7—N_8 等不同多跳路径。如果节点 N_4 离开使广播链路断开,可以切换到 N_1—N_5—N_6—N_8,保证正常通信,增强网络的稳定性。由此得知,中小型无人机的集群网络具有灵活的自适应多跳转发能力。无人机集群网络具有分布式操作、高移动性、拓扑变化频繁和链路质量不稳定等特点,因此,在网络设计时需要从不同角度来设计以保证网络的可靠性和稳定性。

与一般无线移动网络相比,无人机集群网络工作的环境比较特殊,因此,在组网技术方面也存在着一些差异,最直接的体现就是网络体系结构的不同。

一般的无线网络通常采用五层协议体系结构:物理层、数据链路层、网络层、传输层和应用层。无人机集群网络旨在完成无人机之间复杂的协同以及集群行动,这就对无人机间信息交互的稳定性和安全性提出了更高的要求,因此在设计无人机集群网络时必须要考虑复杂的网络层组网问题。无人机集群网络的关键是实现多个节点之间的组网通信,因此不能简单考虑传统通信方式,必须将其复杂化,通过更高层次的网络协议来实现。此外,无人机节点的高速移动和动态拓扑变化会引起链路质量不稳定,传输层出现丢包率和误码率增加的问题,同时也会带来更大的网络控制开销。

为了更好地解决这些问题,无人机集群网络采用如图 2.8 所示的四层协议体系结构,自下而上依次是物理层、数据链路层、网络层和应用层。

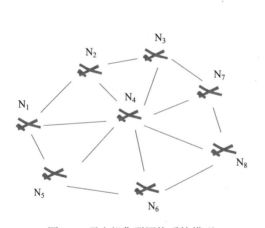

图 2.7 无人机集群网络系统模型

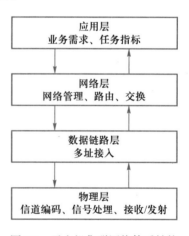

图 2.8 无人机集群网络体系结构

2.3.2 物理层

物理层(physical layer,PL)建立在传输介质之上,为数据传输提供物理通信线路。需要强调的是,虽然数据比特流的实际传输必须依赖于物理媒体和传输设备,但物理层并不是指信号实际传输的物理媒体或者具体的物理传输设备,而是指在传输介质上为数据链路层提供一个透明的原始比特流传输的物理连接。换句话说,物理层设计时考虑的是如何在传输媒体上传输数据比特流。

由于网络中存在各式各样的硬件设备和传输介质,并且各种通信技术间也存在着差异,物理层要做的就是尽可能地屏蔽掉这些传输媒质和通信手段的差异,确保原始数据可以在各种物理媒体上传输,并且使其上一层感受不到这些差异。进而,数据链路层需要考虑的只有如何完成本层的服务和协议,而不用考虑用了什么传输介质。数据链路层实体通过与物理层的接口将数据传送给物理层,物理层按照比特流的顺序将信号传输到另外一个数据链路层实体。

物理层的设计需要考虑的有物理层接口的机械、电气、功能和过程特性,描述如下。

(1) 机械特性

规定了线缆与网络接口卡的连接头形状、几何尺寸、引脚线数、引线排列方式、锁定装置等一系列外形特征。

(2) 电气特性

指明了电气连接方式、信号电平、信号波形和参数、同步方式等。例如,传输过程中多少伏的电压代表 **1**,多少伏的电压代表 **0**。

(3) 功能特性

规定了连接双方每个连接线的作用。接口信号线按功能一般可分为接地信号线、控制信号线、定时信号线、数据信号线和次信道信号线。

(4) 过程特征

指明了接口电路信号发出的时序、应答关系和操作过程。例如,单工通信还是全双工通信,如何建立和解除物理层连接。

无线信号传播的多径效应以及环境之间的干扰特性会造成节点间的互相干扰,降低无人机集群网络传输链路的带宽容量。物理层的设计目标是以较低的能量消耗,克服无线媒体的传输损耗,获得较大链路容量,其关键技术包括调制解调、信道编码、多天线、自适应功率控制、适应干扰抵消、自适应速率控制等。

2.3.3 数据链路层

物理层只负责发送和接收二进制数据流,物理线路传输数据信号可能会因为传输中的干扰出现差错,这不满足网络的数据通信要求,所以必须对物理线路采取差错控制技术。设计数据链路层(data link layer,DLL)的主要目的就是在"有差错"的物理线路基础上,采取一些检测和控制的方法,将"有差错"的物理线路改进成逻辑上"无差错"的数据链路,向网络层提供透明且可靠的数据,图 2.9 展示了物理链路与逻辑链路的关系。

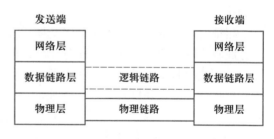

图 2.9 物理链路与逻辑链路的关系

数据链路层作为无人机节点间通信的主要负责区域,主要负责相邻节点之间的链路建立和数据传输。数据链路层的作用可以理解为"市内道路 + 交通法规"。之所以理解为"市内道路",是因为各个网络中的数据链路层间的通信仅可以在同一网段内进行;理解为"交通法规",是因为数据链路层是在物理线路基础之上,通过数据链路层协议(相当于市内交通法规)构建的逻辑链路,而不再是单纯的物理线路。就如同修好了路,还得制定交通法规,路上行驶的车辆按照一定的规则行驶,到达车站("车站"相当于"网络层")时能有序进、出站,降低了出现交通事故的概率。

数据链路层包括介质接入控制层和逻辑链路层两个子层的功能。它既要对无线信道进行管理,包括信道划分、分配和能量控制;又要负责向网络层提供统一的服务,屏蔽底层不同的信道控制方法,实现数据流复用、拥塞控制优先级排队、帧检测、分组发送和确认、差错控制和流量控制等。

数据链路层将网络层下发的分组进行封装,以数据帧的形式通过两节点间建立的数据链路进行传输。在帧结构中设有数据区域,包含对通信有用和必需的信息以便更好地实现可靠网络通信,如地址信息、差错控制和同步信息等。除此之外,数据链路层还要对无线信道进行合理分配,保证网络中各无人机节点可以公平接入共享信道,同时满足信道低碰撞、低时延的传输需要。

2.3.4　网络层

网络层的功能是为通信节点间建立、保持和终止网络连接,提供网络层数据服务、路由、网间互链、QoS 支持以及相应的路由安全保证。

网络层首先将上层的业务数据进行封装,整理成各种数据分组,之后主要负责路由过程,也就是在不同节点(路由器)之间寻找最合适的路径。面对节点的移动性和信道高速变化的情况,无人机集群网络的网络层还应当具备更新和维护路由的功能。除了路由功能之外,网络层还负责网络管理工作,比如对各节点进行分簇和进退网管理,以及负责系统网络同步和网络安全的工作。

如果将数据链路层比作提供了"市内道路",那么网络层可以理解为去外地旅行时,连接不同城市的中转站,如交通网络中的车站、机场和码头等。通过网络层地址(如 IP 地址)把数据分组转发到目的节点。需要注意的是,网络层仅起到在不同网络间转发数据分组的作用,最终数据还是要在目的网络的数据链路层进行传输。

网络层的数据交换技术主要是指网络中间节点所提供的数据交换功能,中间节点只是提供交换设备,把数据从一个节点转发到另一个节点,而不用在意数据的具体内容,直至数据到达目的端。

目前最常用的交换技术是分组交换,路由器先把接收的数据存储起来,将其中过长的报文分成较小的单位,等路由器分配资源后,再通过分组的方式把数据转发出去。

分组交换技术又可细分出两大类,一类是目前广泛使用的路由技术,即数据报服务。根据数据报的源节点和目的节点的 IP 地址,来选择哪条路径到达下一个路由节点或目的网络。这就像到达另一个城市时并不清楚该市的交通路线,所以只能在中转车站查看对应的交通路线来查找一个到达你要去目的地的路线。路由选择又称路径选择,是根据一定的原则和路由选择算法在多个节点的通信子网中选择一条到达目的节点的最佳路径的过程。确定路由选择的策略称为路由算法。选择不同的路由,在性能、成本上都可能存在差异。在网络层需要根据某种优化目标和策略,进行路由选择。这就如同想要到某地旅行,到了车站、机场或码头后,要选择乘坐哪趟车、哪班飞机或哪艘轮船。如果选择不同的交通工具,或者不同线路旅行时,效率和成本是不同的。

第二类是不需要依靠路由的虚电路服务。在进行数据分组转发前,先在源节点和目的节点间的所有路由器间,建立一条虚拟的通信信道,然后再把数据分组从这个虚拟通道中转发到目的节点。这就像坐专车直达目的地一样,根本无须选择旅行的路线。

根据是否面向连接,可将网络层为传输层提供的服务分为两种。数据报服务是无连接的网络服务,不提供可靠的数据传送。虚电路服务面向连接,属于可靠的数据传送方式,能够使所有数据分组按顺序到达目的节点。

2.3.5 应用层

应用层是无人机集群网络体系的最高层,它直接面向无人机通信系统的应用,它会结合不同的作战任务和功能需求,为无人机终端提供具有实际意义的对应业务数据,主要包括遥控、遥测、监控图像等数据信息。应用层属于协议栈中的需求侧,因此要针对应用层不同业务等级、网络条件的需要,统一协调各层之间的协作工作。

应用层接受用户各种网络应用进程的调用,只要网络用户有需要,就可以通过相应的网络应用软件发出相应的指令,然后通过应用层相关的通信协议来接收,并向它的下面各层依次传达,使其执行具体的网络应用指令,进而完成整个网络应用任务。相当于车站、机场和码头等地方的负责人负责安排乘客运输的调度,确定具体班次的发送时间和任务。负责人一声令下,下面的所有相关工作人员都得围绕他的指令进行准备。

每个应用层协议的存在都是为了解决某一类应用问题,想要解决问题就不能只依靠单独的一个主机,而需要靠不同主机中多个应用进程的通信和协作。应用进程之间的通信必须遵循严格的规则,应用层的作用就是精确定义这些通信规则。应用层协议应当定义如下。

① 应用进程交换的报文类型。例如请求报文,响应报文。

② 各种报文类型的语法。例如字段长度和具体描述。

③ 字段的语义,即包含在字段中信息的含义。

④ 进程何时、如何发送报文,以及对报文进行响应的规则。

2.4 无人机集群协同控制架构

"集群协同"概念的提出受到自然界的启发,在自然界中生物群体行为随处可见,常见的有鸟群集体迁徙、狼群协作捕猎、牛群抵御天敌等。以鸟群集体迁徙为例,鸟群保持队形、降低能耗以及协同对抗天敌,而无人机集群进行编队飞行、集群攻击、协作防御等都与生物集群行为有着大量相似之处。"无人机集群"由一定数量的单功能和多功能无人航空飞行器组成,集群拥有着共同目标,各节点在通信网络的支撑下进行信息交互与反馈、激励与响应等交感行为。

无人机协同控制

"无人机集群协同控制架构"主要研究如何组织和控制无人机个体来实现整个无人机系统所需实现的功能。因此,针对不同的协同任务,协同控制架构也是需要调整的。它的选择受到诸多因素的影响,例如,无人机本身、任务性质以及环境。合理的体系架构可以使多无人机之间进行有效的合作。无人机集群协同控制架构可分为集中式、分布式、集散式三大类,其中分布式又可细分为分散式和分层式。

2.4.1 集中式架构

集中式最显著的特点是存在控制中心,这个控制中心可以是地面控制中心[图2.10(a)]、海基平台或空中的预警机[图2.10(b)],也可以是集群中功能更加完善的领航无人机。集群中的无人机个体接受一个或多个中心控制,直接和控制中心进行联系,而与其他非控制中心的无人机互不通信。各无人机将其探测到的环境信息和自身状态发送给控制中心,控制

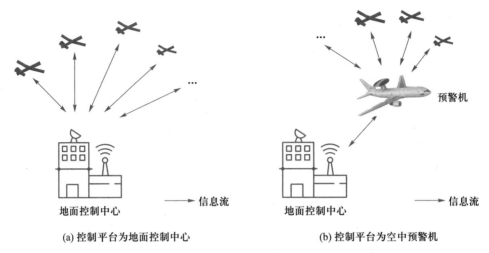

(a) 控制平台为地面控制中心　　　　　　　　(b) 控制平台为空中预警机

图 2.10　集中式协同控制架构

中心运用其强大的数据分析、控制与决策系统进行信息处理,然后将决策结果发送给各无人机,各无人机在接收到指令后开始执行任务。可以理解为,控制中心是整个系统的指挥控制中枢,相当于人类的大脑,而各无人机个体则相当于人类的手、眼、足等执行部分。

　　集中式协同控制架构作为最早得到关注的一种协同控制方法,理论背景清晰,实现起来较为直观,且是当前最直接、最成熟的集群架构模式。控制中心的存在使得该架构全局性强,协调效率比较高,适合系统架构简单和集群整体行为要求较高的无人机集群。对于小规模无人机集群而言,在涉及强耦合、多约束、多任务的分配问题时,集中式协同控制架构易获得全局最优解。

　　但正是由于控制中心的存在,集中式协同控制架构也有明显的不足之处,如鲁棒性差、灵活性差和适应性差等。集中式协同控制十分依赖无人机与控制中心之间可靠的数据通信,这对控制系统的设计提出了极其苛刻的要求,如果一个无人机与控制中心失去了联系,得不到控制中心的控制信息,那么它将无法继续执行任务。并且随着无人机数量的增加,同时受到通信带宽的瓶颈限制,当大量信息需要交互时,控制中心的通信负荷、计算负荷很高,容易受到干扰,易出现通信拥塞和中心反应迟滞的问题,不利于实时控制与决策。在大规模无人机集群、动态任务规划时尤其如此。

2.4.2　分布式架构

　　如图 2.11 所示,分布式协同控制架构与集中式协同控制架构最显著的区别是不需要一个控制中心。在分布式架构中,无人机个体之间是平等的,没有从属关系,可将分布式集群看成一个多智能体(multi-agent)系统。在集群局部信息的基础之上,每架无人机要把自身的位置、速度、姿态和运动目标等信息传递给集群中的其他无人机,也要接收来自其他无人机的信息。每架无人机都是具有独自决策能力的智能体。

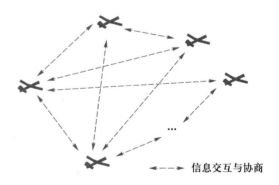

图 2.11　分布式协同控制架构

　　分布式协同控制架构摆脱了无人机对控制中心的依赖,单架无人机在失去与中心站的通信时,它可以通过与附近同伴的通信来确定自己的位置以及下一步的飞行目标,这种控制极大地提高了协同飞行控制系统的安全性与可靠性,使控制的灵活性大大提升。

　　根据节点数和节点类型的异构性,又可将分布式架构细分为分散式和分层式,如表2.2所示。每架无人机装配有相对独立的控制器,具有刺激响应能力和协商决策功能,在共同的目标激励下,它们采用自治协商的方法共同完成全局任务。

　　分布式协同控制系统的特征是,控制站之间不达成完全协调,只交换部分信息,使得通信成本变低,同时系统的可靠性和灵活性得到提高。理论上已经证明,和许多生物集群的自组织行为相似,集群无人机不需要长机带领。在无人机集群分布式协同控制体系中,集群中的无人机分别根据自身状态和探测得到的信息进行自主决策和控制,每个无人机个体根据自身接收和测得的数据计算确定自己的运动轨迹和姿态,外界的指令处于次要和补充地位。

　　在工程实现方面,无论是考虑技术难度还是考虑设计制造成本,分布式协同控制都是无人机集群控制方式的首选。因为,当集群无人机数量相当多的时候,面对庞大的计算量和通信能力的限制,分布式协同控制将是无人机集群控制的唯一选择。

　　分布式相对于集中式来说,在鲁棒性、通信和决策实时性等方面性能更优。但也存在着不足之处,其一,分布式协同控制方式对任务的全局性考虑不足,在应对复杂强耦合关系任务时表现不佳,难以得到全局最优解;其二,分布式协同控制方式的任务完成效率较低,难以充分发挥集群优势;再者,该架构是一种朝着"完全自主"方向发展的构型,使得无人机之间交互信息量大,对协同能力的要求高。

表2.2　分布式架构分类

分布式	分散式	单层＋单组	 地面站	适合数量少、同构无人机
		单层＋多组	 地面站	适合数量多、同构无人机

续表

分布式	分层式	多层	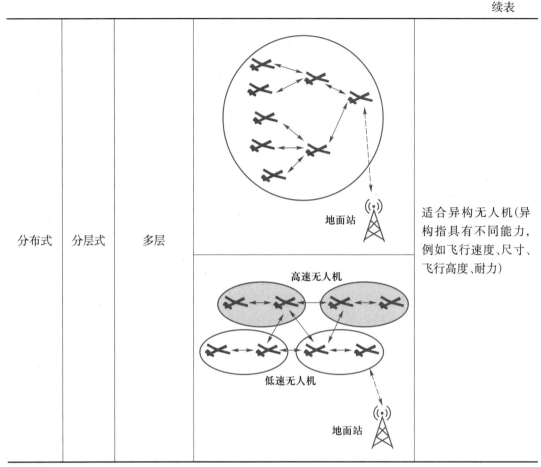	适合异构无人机(异构指具有不同能力,例如飞行速度、尺寸、飞行高度、耐力)

对于无人机集群协作控制问题的研究仍存在以下困难。首先是通信的复杂性。动态环境的复杂性会造成各种通信干扰以及通信时延,无法保证每架无人机都能及时获得控制信息,故不能保证相互之间能够进行实时有效的通信。其次是环境的不确定性。无人机集群面临多变的复杂空域环境,有着太多的不确定因素,这其中包括建模的不准确、通信的不确定及目标的多变性等,这些因素给无人机集群分布式协同控制增加了难度。

2.4.3　集散式架构

实际上,无人机集群控制通常采用的是有限集中式控制下的分布式控制,也称为"集散式"或"分层分布式"。集散式协同控制架构(如图 2.12 所示)属于一种组合混合式的系统形式,集群中有若干控制中心,如空中预警机、地面控制中心、舰载指控中心等,这些中心进行信息交互,组成协同决策核心;与此同时,各控制中心又分别控制着若干由多架异构无人机组成的无人机子群,无人机子群个体之间的协作和控制模式类似于上述的分布式协同控制。这样就组成了无人机集群包括核心决策层(各控制中心)、分布式协作层(各无人机子群)和任务执行层(各集群个体)的多层集散式任务规划和执行框架。

集散式任务规划和执行框架结合了集中式控制与分布式控制两者的特点及突出优势,既有全局性考量,又有对计算负荷、通信负荷、集群鲁棒性和生存力的考量。但由于多控制

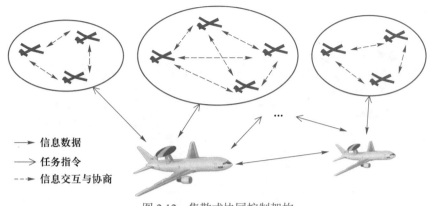

图 2.12 集散式协同控制架构

中心和多无人机子群的存在,集散式框架也需要合适的协调机制;否则,集群任务的规划与执行将无从谈起,甚至会相互冲突。

2.5 基于图论的无人机集群协同控制方法

如何根据无人机间的通信网络,来研究无人机集群的协同控制,这就涉及如何生成无人机集群协同控制架构的问题。并且因为无人机协同编队飞行受到环境影响和自身条件的限制,当无人机受到攻击或者遇到突发故障时,怎样生成新的控制架构也是值得考虑的问题。图可以很好地展示架构框架,因此本节将引入图论的相关方法,介绍无人机集群控制架构的生成和重构,以及多机连通性的分析。

基于图论的无人机集群协同控制方法

2.5.1 图论的概念

概念 1:图

一个图 G 可用三元组 (V, E, φ) 来表示,其中 V 称为顶点集(vertex-set),E 称为边集(edge-set),φ 称为关联函数(incidence function)。$V=\{v_1, v_2, \cdots, v_n\}$ 中的元素称为顶点(vertex)或点(point);$E=\{e_1, e_2, \cdots, e_m\}$ 中的元素称为边(edge);φ 刻画了边与顶点之间的关联关系。每一条边都是集合 V 的二元子集 $\{v_i, v_j\}$,其中集合 $V(G)$ 的基数 n 表示图的阶数,集合 $E(G)$ 的基数 m 表示图的规模,当集合中的节点 v_i 和 v_j 组成 $\{v_i, v_j\} \in E(G)$,或者说当 $\{v_i, v_j\}$ 是图 G 的边时,称节点 v_i 和 v_j 邻接,否则称 v_i 和 v_j 节点不邻接。图 2.13 为将无人机集群的拓扑结构抽象为图的示意图。

概念 2:有向图

如图 2.14 所示,当一个图 G 的边集是由不同节点组成的有序对构成时,该图就称为有向图(digraph)。

概念 3:连通图

如果图 $G(V, E)$ 中任意两个顶点都能通过边连通,则称 G 为连通图(connected graph),否则称为非连通图。如果图中任何两点之间至少有两条不同的路,则称该图为 2– 连通图,否则仅为 1– 连通图。同理若图中任何两点之间至少有 k 条不同的路,则称该图为 k– 连通图。

图 2.15 展示的是一个无向连通图。

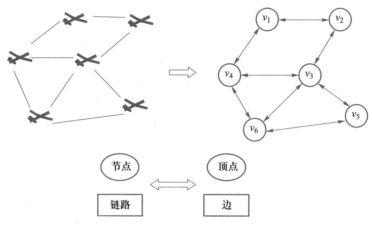

图 2.13   拓扑结构抽象为图

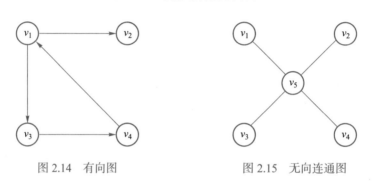

图 2.14   有向图   图 2.15   无向连通图

概念 4:路

路是指一个节点到另一节点通信上所经过的路径。在确定信道中,路所包含的边是确定的;在衰落信道中,则用链路函数来对边进行描述。

概念 5:度

与点 v 相连的边的条数称为点 v 的度,记作 $d(v)$。在有向图中 $d_+(v)$ 表示离开或从 v 射出的边数,$d_-(v)$ 表示进入或射入 v 的边数。在一个有 n 个点、m 条边的图中,必有

$$\sum_{i=1}^{n} d(v_i) = 2m \tag{2.2}$$

即各点的度数之和为边数的 2 倍。

概念 6:邻居节点

对于点 v,与其有边的所有节点称为 v 的邻居节点。

概念 7:孤立节点

如果某节点与图中任何节点没有边,则该节点为孤立节点。图 2.16 中 v_1 与 v_2,v_3,v_4 都没有边连接,故 v_1 就是孤立节点。有孤立节点的图必定不是连通图,但没有孤立节点的不一定是连通图。

概念 8:全连通图

任何两点间都有边的图,称为全连通图。如图 2.17 所示,全连通图一般为无向图。无重边和自环的全连通图,其边 m 和点数 n 之间的关系为 $m=n(n-1)/2$。全连通图是连通性最

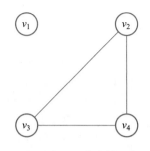

图 2.16　有孤立节点的无向图

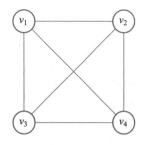

图 2.17　全连通图

好的图,它的稳定性最高,无论哪一个点出问题,网络都可以正常工作。

概念 9:割点

如果删除图中某点以及它所连接的边后,该图的连通分支的数目增加,则被删除的点称为图的割点。

概念 10:树

如果一个图的任何子图都不是圈,则称此图为无圈图。连通无圈图称为树(tree)。

概念 11:生成树

假定图 $G(V,E)$ 是一个连通图,当从图中的任一顶点出发遍历图 G 时,会将边集 $E(G)$ 分成两个集合 $A(G)$ 和 $B(G)$,其中 $A(G)$ 是遍历图时所经过边的集合,$B(G)$ 是遍历图时未经过边的集合,则 $G(V,E)$ 是连通图的生成树(spanning tree)。

2.5.2　基于图论的多机链路连通性分析

2.5.1 节介绍了图论中与连通性有关的概念,本节将介绍图的相关表示方法。图的两种常用的表示方法是邻接表和邻接矩阵,分别采用链表和数组两种存储类型,不同的表示方法适用于不同的图的应用。

(1) 邻接矩阵

采用二维数组时,行、列的数目为图中节点数目,第 i 行、j 列的值为

$$num\,(v_iv_j)=\begin{cases}1, & v_i \text{和} v_j \text{之间有边} \\ 0, & v_i \text{和} v_j \text{之间没有边}\end{cases} \tag{2.3}$$

假定无人机的通信系统构成一个通信网络图 G,那么 $G=(V,E)$ 是一个有向图。其中,边 $V=\{v_1,v_2,\cdots,v_n\}$ 表示协同的无人机,$E=\{e_1,e_2,\cdots,e_m\}$ 则表示无人机之间的通信关系,$\{v_i,v_j\}$ 表示无人机 i 与无人机 j 之间有信息传输,箭头的指向是信息的传输方向。图 2.18(b)为图 2.18(a)的邻接矩阵。

(2) 邻接表

邻接表所采用的存储结构是链式的。链式存储结构给图中每个点建立了一个单链表,链表的每个点包括两部分:图中点名称和指向下一个点的指针。其中下一个点指的是和表头节点有边的点,显然,若图中有 n 个节点、m 条边,则需要 n 个头节点和 $2m$ 个表节点。图 2.19 是按照以上规则得到的图 2.15 的邻接表。

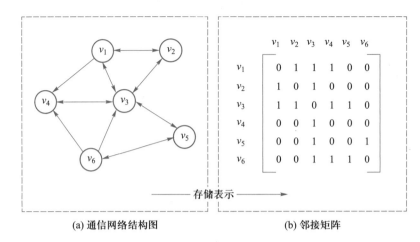

(a) 通信网络结构图   (b) 邻接矩阵

图 2.18 通信网络结构图的邻接矩阵

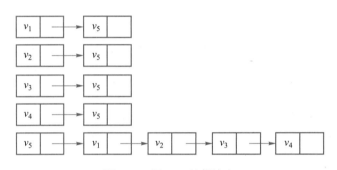

图 2.19 图 2.15 的邻接表

2.5.3 控制关系树的生成和重构

无人机的协同控制结构一般会采用分层结构,而树是表示分层结构的一种较好的选择,所以多无人机之间的控制关系可以用树来表示,即通过无人机控制关系树来描述无人机之间的控制关系。一般情况下,树的结构可以通过双链表方式描述,如图 2.20 所示。

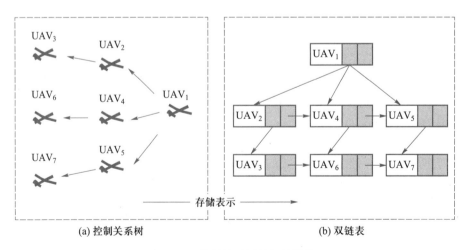

(a) 控制关系树   (b) 双链表

图 2.20 控制关系树的存储结构

因为无人机通信网络图是已知的,所以可以通过该图生成无人机控制关系树,从而确定每架无人机相对运动控制的参考点。有了每架无人机相对运动控制的参考点,就可以确定各无人机之间的控制关系,即可以实现从两机协同控制向多机协同控制的扩展,具体如图 2.21 所示。

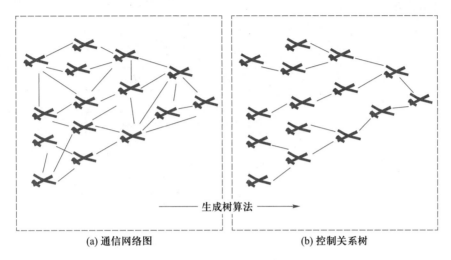

(a) 通信网络图　　　　　　　　(b) 控制关系树

图 2.21　控制关系树生成

当参加协同任务的无人机出现异常时,控制关系树一般会发生变化,这时可以通过重构控制关系树来重新设计协同控制架构,具体如图 2.22 所示。因此,通过通信网络图生成控制关系树也是分析多机控制的一种方法。

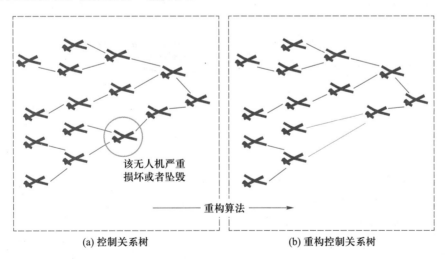

(a) 控制关系树　　　　　　　　(b) 重构控制关系树

图 2.22　控制关系树重构

从上面的图和生成树的概念来看,通信网络图有大量的生成树。也就是说,无人机协同编队可以生成很多种控制结构关系,而控制关系树的生成和重构算法是实现控制关系的关键。

生成树不是唯一的,通过宽度优先和广度优先搜索法分别进行遍历,可以得到两种生成树,分别称为宽度优先生成树和广度优先生成树。对于无人机协同来说,最简洁的控制关系应该是宽度优先的,这样层次清楚,结构符合实际编队过程,所以接下来采用宽度优先生成树算法,进行从无人机协同的通信关系向控制关系的转化。

宽度优先生成树算法是按照接近起始节点的程度来依次扩展节点的,该算法只有在搜索完本层的所有节点之后,才会对下一层的节点开始搜索。该算法下的控制关系树生成流程如图 2.23 所示。

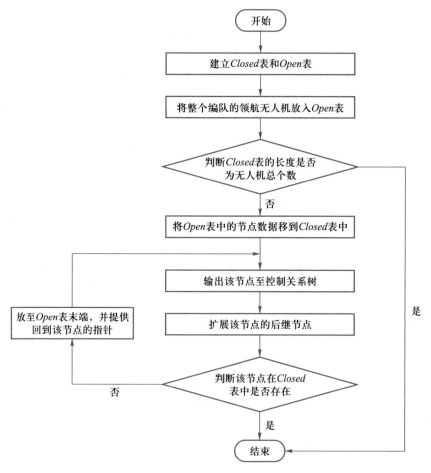

图 2.23　控制关系树生成流程

具体算法如下。

第 1 步:首先建立两个链表,并命名为 Open 和 Closed,其中 Open 表示节点还未被扩展,Closed 表示节点已经被扩展。

第 2 步:将整个协同编队的领航无人机作为起始节点,并作为控制关系树的根。

第 3 步:将该节点放入 Open 表中。

第 4 步:判断 Closed 表的长度是否为无人机的个数,如果是,则终止。

第 5 步:将 Open 表中的节点数据移到 Closed 表中,将该节点作为控制关系树的节点,其指针指向节点的下一层节点,即子节点。

第 6 步:扩展该节点的后继节点,若 Closed 表中已经有该节点,则不扩展后继节点;若 Closed 表中没有该节点,则对后继节点进行扩展,将其放在 Open 表末端,并提供回到原节点的指针。

第 7 步:回到第 4 步。

当其中的某架无人机出现故障或者被摧毁时,重构控制关系树是非常有必要的。无人机在控制体系中所处的位置不一样,重构方法也会不一样。例如,整个协同编队中的领航无人机出现损坏,和位于控制关系树末端的无人机出现损坏,其重构方法肯定是不一样的。

所以可对不同位置的无人机损坏采取不同的处理方法,具体的处理方法如下。

① 当整个编队的领航无人机出现损坏时,必须重新选定领航无人机,并调用上述算法重构控制关系树。

② 当处于控制关系树顶端或中间层的某架无人机出现故障时,则迅速找到能与故障无人机子节点的无人机通信的无人机,并将该无人机作为子节点无人机的通信节点,以实现快速重构。如果找不到与之通信的无人机,那么只有通过上面的生成树算法重新生成控制关系树。

③ 当处于控制关系树底层的无人机出现损坏时,因为不影响现有控制关系树,所以不需要进行处理。

2.6 本章小结

本章主要介绍两方面的内容,其中,2.1~2.3 节说明无人机集群的网络体系结构,2.4 和 2.5 节阐述无人机集群的协同控制架构。

本章首先讲解了网络体系结构的分层设计思想,并介绍了网络体系结构中的常用术语。根据无人机集群的独有特性(如高速移动性、资源动态稀缺性等),2.3 节具体介绍了无人机集群网络体系结构中各层的主要功能,将无人机集群的协同控制架构分为三类,分别是集中式、分布式和集散式,并在 2.4 节里具体分析了这三种控制架构。最后,基于图论知识分析了多机链路连通性,并讲解无人机集群控制关系树的生成与重构。后续章节将分层介绍无人机集群网络的功能实现并详细描述无人机集群航迹规划、协同搜索和任务分配等三大集群协同控制技术。

第 2 章习题

第 2 章
习题答案

1. 简述协议与服务的联系与区别。

2. 简述网络分层的优势。

3. 网络协议的要素有哪些? 说说它们的含义。

4. IP 地址与硬件地址有什么区别?

5. 为什么一个网络协议必须把各种不利的情况都要考虑到?

6. 试述无人机集群网络体系结构的要点,包括各层次的主要功能。

7. 无人机集群协同控制架构有哪些? 各有什么优缺点?

8. 分布式协同控制架构与分散式协同控制架构、分层式协同控制架构之间有什么联系?

9. 试计算习题 9 图中无人机集群的链路连通度。

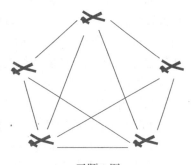

习题 9 图

第3章 无人机集群通信物理层技术

近年来,随着无人机在军事和民用领域应用范畴的不断延伸,单架无人机作业的效能和智能化水平已无法满足复杂任务需求。无人机集群通过控制站与无人机之间、多架无人机之间的协同交互,使集群系统在自主性、智能化和多任务等方面呈现出强大的优势,具备群智涌现的能力。基于先进开放的无线通信组网技术,无人机集群系统能高效快捷地完成多种任务,并拥有功能分布式执行和系统抗毁性强等特点。

在无人机集群的多种应用场景中,通信系统作为整个无人机集群网络的物理层,承担着保障稳定可靠的信息交互以及有效降低通信时延的数据传输任务。在无人机集群系统执行任务时,由于单架无人机节点存在高移动性和易损毁的特点,使得无人机集群网络的拓扑结构经常发生变化且通信链路生存时间短。这对满足无人机集群网络机间正常通信提出了较高的要求。此外,无人机集群网络还必须具备与地面/空中指挥控制系统进行交互的能力。

本章讲述无人机集群通信物理层技术。目前,无人机集群通信系统虽然没有统一的标准,而且在实际应用中具体的通信系统组成形式也多种多样,但从本质上来说,无人机集群通信的物理层仍然属于数字通信系统的范畴,其组成原理符合数字通信系统的基本模型。本章的主要内容包括:通信系统组成模型、通信的基本方式和复用方式、信息及其度量、通信系统关键组成部分的工作原理与实现方法和无线链路预算方法等无人机集群通信物理层的基础理论与关键技术。

通信系统
组成模型

3.1 通信系统组成模型

3.1.1 通信系统的一般模型

通信又称信息传输,是指将信息从一地传输到另一地的过程,即完成信息传输与交换。自古以来,人类通过广泛地获取信息、传播信息和利用信息不断地认识世界和改造世界。在当今高度信息化的时代,通信技术已逐渐呈现出万物智联、移动互联和泛在融合的新趋势。伴随着计算机、人工智能和微电子等领域的技术突破,通信系统正向着智能化、高速化、宽带化、移动化和个人化的方向蓬勃发展。可以预见,未来的通信必将对人们的生产生活、经济发展和政治军事等方方面面产生更加重大的影响和深远的意义。

消息、信息和信号是在通信系统中经常用到的三个术语。

消息(message)是信息的一种外在表现形式,是通信系统需要传输的对象。在不同的通信系统中,同样的信息可以用不同类型的消息表现。例如,消息可以是话音、文字、音乐、视频、图像和符号等多种不同的形式。根据消息的状态空间取值是否可数,可以将消息分成模拟消息和数字消息两大类。模拟消息指的是消息的状态是不可数的(无穷多个),数字消息则指的是消息的状态是可数的(有限多个)。例如,语音是典型的模拟消息,因为它有无限多个可能的取值;而文字属于数字消息,因为它的数量是有限的。

信息(information)是消息中有意义的部分,是信息传输的有效内容。信息与消息之间的关系可以理解为:消息是信息外在的物理表现形式,而信息则是消息内在的有价值内涵。例如,播音员播报天气预报,那么语音(消息)是天气情况(信息)的表现形式,而天气情况(信息)是语音(消息)的内涵。同样的信息往往可以采用多种不同的表现形式,即信息可用多种消息来表现。例如,可以用语音、文字、图像和符号等不同形式的消息来表示某个城市某天的气温(信息)。如今,信息已经成为现代社会中最宝贵的资源之一,而如何能够有效并可靠地传输信息,一直是通信领域研究的重点。

信号(signal)是传输各类消息的物理载体。电信号和光信号是现代通信系统中最常见的两类信号。无人机集群系统之间是通过电磁波进行组网通信的,因此采用的是电信号。由于信源(各种消息)往往是非电信号,为了能通过电信线路进行传输,首先要将原始的消息转变成电压、电流或电磁波等电信号,也就是把消息载荷到电信号的某个控制参量上。以正弦波作为载波时,可控制载波的幅度、频率或相位随着消息的变化而变化;以脉冲波作为载波时,可控参量为脉幅、脉宽及脉位等。通信中需要传输的消息种类繁多,但大部分消息都不是电信号。因此,要在发端先将消息转换为电信号,在接收端再将电信号恢复成信宿能接收的消息,这些变换工作都是通过各类传感器来完成的。比如,人说话时产生的声波通过声音传感器可转变成音频的电信号;测量的环境温度通过热电偶温度传感器转变成温度的电信号;摄像机拍摄到的图像通过视频传感器转变成视频的电信号等等。因为可以根据状态空间的取值情况而将消息分成模拟消息和数字消息,所以相应地也可将信号分为模拟信号与数字信号两个类别。需要强调的是:判断一个信号究竟是模拟的还是数字的,其核心是看携带信息的参量取值是否可数,而与信号波形在时间上是否连续无必然关联,也就是与时间连续或离散无关。

综上所述,消息、信息和信号之间的关系可以归纳为:
① 消息是信息的物理形式;
② 信息是消息的有效内容;
③ 信号是消息的传输载体。

基于上述理解,可将电通信表述为:利用电信号的参量取值变化来传输消息中包含的信息。因此,从信息传输(通信)的角度而言,消息、信息和信号三者是等同的。

通信又称信息传输,它是通过通信设备把信息从信源发送到一个或多个目的地的过程,其目的是进行信息的交互。譬如将信息从甲地传送到乙地,那么甲地为信息的来源,称为信源;从甲地到乙地的通道为信息传递的媒质,称为信道;乙地是信息的归宿,称为信宿。这样就完成了一次信息的传递。因此,信源、信道和信宿这三个缺一不可的部分就构成了一个最简单的通信系统。

对于电通信而言,原始的消息是不能直接进行传输的,需要通过输入变换器将消息转变成电信号。为了能让变换器转变产生的电信号满足信道传输的要求,在发送端还应配备发送设备。而在接收端则要完成相反的过程,利用接收设备接收和处理信号,并使用输出变换器对信号进行处理转换,恢复出信宿能够理解的消息。

图 3.1 给出了通信系统的一般模型,从发送端到接收端依次为:信源和输入变换器、发送设备、信道、接收设备以及输出变换器和信宿共 5 个部分。实际的通信系统虽然形式多样,但基本组成都包括了上述这 5 部分。此外,图 3.1 的模型中还包含了噪声源。与其他部分不同,由于噪声是自然界中广泛存在的,即便噪声源并不是被人为引入系统中的,它在信息传输过程中也无法避免。需要说明的是:在通信系统中,噪声并不仅仅存在于信道中,在发送设备、信道和接收设备中都不可避免地会引入噪声。但是为了分析起来更加方便,通常把通信系统各个部分所产生的所有噪声,作为等效噪声源从信道中加入。

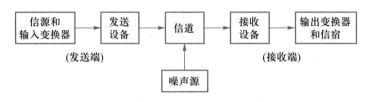

图 3.1　通信系统一般模型

实际通信系统的具体实现方式和所需完成的功能各不相同,因而存在形式各异的通信系统。但从通信系统的基本组成来说,均满足图 3.1 所示的通用模型。下面分别对通信系统中的各个组成部分进行详细说明。

(1) 信源和输入变换器

信息的来源简称为信源。信源是由自然界或人为产生的各种消息,按照信源所产生的消息特征,可分为输出模拟消息的模拟信源和输出数字消息的数字信源。由于绝大多数消息都是非电信号,因此必须通过输入变换器进行转换,然后利用各类传感器把消息转变成某个参量随时间变化的电信号。由于这类转换后的电信号频谱通常具有低通特性,因此又称为低通信号或基带信号。另外,根据通信信道中需要传输的信号类型,还要进行模拟信号与数字信号之间的转换。例如,如果一个模拟电信号要在数字通信系统中进行传输,那么需要完成模 / 数转换,即输入变换器要具备模拟信号数字化的能力。

(2) 发送设备

发送设备需要完成多种信号加工工作,主要包括:将信号的频谱特性或波形进行一定变换,从而让它符合在某种信道中传输的条件;使信号具有更好的抗信道干扰和噪声的能力,能与传输信道特性相匹配;具有信号功率放大的能力,使之能满足不同传输距离的需要。因此,发送设备主要包括波形 / 码型变换、信源 / 信道编码、信号放大滤波和调制等。对于多路或多址传输系统,发送设备还需要具备多路信号复用的能力。

为了实现远距离传输,大多数通信系统都需要采用带通传输的方式,这样更有利于利用天线辐射信号。带通传输又称频带传输,该类通信系统先将信号进行上变频形成带通型信号后,再进行传输。与带通传输系统不同,基带信号不经过调制直接在信道中进行传输的通信系统称为基带传输系统。对于带通传输系统,发送设备最重要的工作就是调制。各种数字调制方式将在 3.5 节中详细介绍。调制的主要作用包括:调制可将基带信号变成波长较短的带通信号,故能减小天线尺寸,有效地辐射电磁波;调制可根据信道所分配的频带范围,将基带信号的频谱搬移到信道所允许的信道频带内;调制能改变信号的某些特性,使其与信道的特点相匹配;一些现代调制方式,如扩频和跳频等技术,还能通过扩展频谱宽度有效提升通信系统的抗干扰能力。

(3) 信道

信道,顾名思义就是在发送设备与接收设备之间的信息传输通道,它是一种物理媒质。通信信道的类型多种多样,若按照通信收发两端之间是否需要搭建一条有形的传输媒质作为传输通道的分类方法,可以分为有线信道和无线信道两类。无线信道是指各类电磁波(无线电波)通过自由空间进行传输,它不需要专门搭建信道。无线信道根据工作频率从高到低,或者说根据波长从短到长,可分为太赫兹通信、毫米波通信、微波通信、短波通信、中波通信和长波通信等。而有线信道需要铺设专门的物理通道,属于有形的信道,常见的有线信道包括双绞线、架空明线、同轴电缆和光纤等多种有形的物理媒质。信道虽然给信号提供了信息传输的通路,但是由于信道受其固有特性的影响,往往会引入干扰与噪声,给通信质量带来不利的影响。特别是无线信道,当其受到大尺度衰落和小尺度衰落的多重因素影响时,会使得信道特性更为不稳定。其中,大尺度衰落主要是由阴影效应及路径损耗引起的,而小尺度衰落包括多径效应及多普勒频移等。

(4) 接收设备

接收设备需根据发送设备和信道的情况,从受到噪声和干扰影响而减损的接收信号中正确恢复出原始的电信号。接收设备主要完成包括放大、滤波、解调和译码等工作。对于多路或多址传输系统,接收设备还要具有解复用能力,以便把之前复用的信号正确分路。虽然从总体上来说,接收设备是完成与发送设备相反的变换,如接收端的解调是发送设备调制的逆过程,接收端的信源译码和信道译码分别是发送端信源编码和信道编码的反变换,但由于存在噪声和干扰的影响,有用信号会发生畸变,故接收机需要采用适当的信道均衡等技术有效地克服和减小噪声及干扰对信号的影响。因此,接收设备往往比发送设备要复杂得多,包含了各种信号处理算法。

(5) 输出变换器和信宿

信宿是信息的归宿,它是信息达到的目的地和最终接收者。信宿的功能是将经过接收设备处理的信号变换成最终接收者能够接收的信息。比如,常见的话音业务,发送端的信源传送的是语言信息,而接收者是用耳朵听声音的,那么就需要将传输来的电信号转换成人耳能接收的声波振动,这种设备就是输出变换器。输出变换器有许多种,如耳机、扬声器、屏幕、磁带记录仪和打印机等,都是比较典型的输出变换器。

(6) 噪声源

噪声源与上述通信系统模型中的其他组成部分不同,它不是人为设计与制造的,而是通信系统中各种收发设备以及信道中所固有的。通信系统中的噪声与干扰的来源分为两类:通信系统中各组成部件所产生的内部噪声和自然界中广泛存在的外部噪声。噪声与干扰具有随机性、时变性和多样性,而接收端需要采用各种方法来消减噪声对通信系统的影响。在通信系统中,接收机的性能通常用信噪比来衡量。在某些时刻,瞬时信噪比较高,噪声对信号的影响可以忽略;在另一些时刻,瞬时信噪比较低,可能出现信号淹没在噪声中无法识别的情况,而低信噪比将严重降低通信系统的性能。因此,通信系统设计的主要任务之一就是降低噪声的影响,提高信息传输的可靠性。由于信道,特别是远距离传输的无线信道对传输信号有衰减,因此信道输出端的信号常常被减弱。加之外部噪声叠加上内部噪声,会对接收机的性能产生严重的影响。为了方便分析噪声和干扰对通信系统性能的影响,将各个部分和各种原因所产生的噪声抽象为等效噪声源,全部从信道中加入。

3.1.2　通信系统的分类

随着现代通信技术日新月异,通信的内涵和外延都不断扩展。通信系统常见的分类标准包括:按照信道类型划分、按调制与否划分和按信号特征划分等。

① 按信道类型划分,可分为有线通信和无线通信。判断标准是看收发双方之间是否存在一条有形的物理线路相连接,若存在,即为有线通信;反之,为无线通信。

② 按调制与否划分,可分为基带传输和频带传输。如果信号没有经过调制就在信道上直接传送,就属于基带传输;如果信号经过调制之后成为了已调带通信号,再在信道上进行传送,就属于频带传输。

③ 按信号特征划分,可分为数字通信系统和模拟通信系统。在信道中传输的信号如果是数字的,就是数字通信系统;如果是模拟的,就是模拟通信系统。

前两种分类方法较为直观,为了搞清第三种分类方式,先要说明模拟信号与数字信号的区别。模拟信号往往能够直接与载荷的消息一一对应,所以其信号参量取值有无穷多个,或者说是不可数的。例如,图 3.2(a) 是一个时间连续的信号,它反映了话音信号电压值随时间变化的情况。由于该信号的幅度有无穷多个可能的取值,且其信号值的大小与话音的强弱是一一对应的,所以它属于模拟信号。虽然模拟信号有时也被称连续信号,但需要明确的是:这里的“连续”并非意味着模拟信号一定是时间上连续的波形,而意味着载荷信息的某一个信息参量(如幅度、频率或者相位)在某一值域的范围内可以取无穷多个值,也就意味着其取值是连续变化的。如图 3.2(b) 中所示的等间隔抽样信号,虽然在时间上表现出它是离散的,但它仍然属于模拟信号,这是因为信号在经过抽样之后在振幅上仍然会有无限个取值。

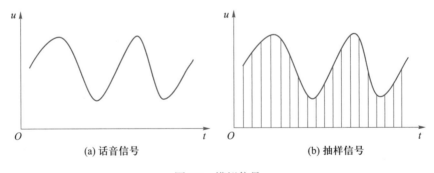

(a) 话音信号　　　　　　　(b) 抽样信号

图 3.2　模拟信号

数字信号载荷消息的信号参量的取值是有限的,二进制信号是最简单的数字信号,它只有 0 和 1 两种不同的取值。如计算机输出的信号就是典型的二进制数字信号。图 3.3(a) 中的二电平信号用正电平和负电平两种不同的方波,分别表示数字信号 0 码和 1 码的电波形。如图 3.3(a) 所示,一个符号所占用的时长(码元间隔)称为码元宽度。图 3.3(b) 所示是二相位信号,从时间上看,虽然信号的幅度是随时间连续变化的,但因为信号的参量为相位,而这种信号的相位只有两个取值,因此它是数字信号。

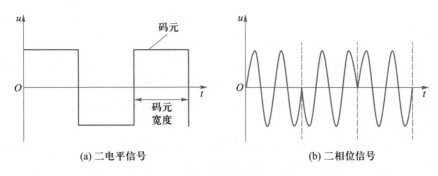

图 3.3 数字信号

由此可见,载荷消息的信号参量取值数量是否可数是区分模拟信号与数字信号的唯一判别标准。若取值数量为无限个,且能与消息一一对应,则为模拟信号;若取值数量为有限个,不能与消息一一对应,则为数字信号。

此外,由于通信设备与传输线路之间的连接类型是不同且多样的,所以通信系统可分为点对点通信、点对多点通信和网通信(多点通信)。其中,在网通信系统中,又可根据构成通信网络的拓扑结构不同,分为总线型、星形、树形、环形和网状等拓扑结构。

3.1.3 数字通信系统模型

在 3.1.2 节中已经指出,根据信道中传输的信号特征可将通信系统分为两种:数字通信系统和模拟通信系统。

数字通信系统模型如图 3.4 所示。与图 3.1 中的通信系统一般模型相比可以发现,两者基本形式是一致的。图 3.4 将图 3.1 中发送设备和接收设备两个方框更加具体化了,将发送设备细化为信源编码、加密、信道编码和数字调制单元。相应的接收设备则包括数字解调、信道译码、解密和信源译码。此外,在数字通信系统的接收端还需要包括同步单元。

图 3.4 数字通信系统模型

当然,图 3.4 是数字通信系统的一般模型,在实际的数字通信系统中,所有的方框不一定被全部包括,而有些系统所具备的模块并未在图中展示。例如数字基带传输系统中,不包含数字调制和数字解调两部分,一般的非保密通信系统中也没有加密与解密单元,而在一些通信系统中采用的交织和解交织模块没有在图 3.4 中画出。

下面对图 3.4 数字通信系统模型中细化的发送和接收模块具体加以说明。

(1) 信源编码与译码

信源编码是为了提高数字通信系统传输的有效性。具体地说,它包括两个基本功能:一是完成模拟信号数字化,如果是模拟信号作为信源在数字通信系统中传输,那么信源编码器可以通过模 / 数(analog to digital,A/D)转换将模拟信号转换成数字信号;二是对信源进行压缩编码,通过一些压缩编码技术降低信源信号中的冗余分量,从而减少需要发送的码元数目,提升信息传输的有效性。而信源译码是在接收端对基带信号进行恢复和转换的过程,使之成为接收端所需要的信号,比如进行数 / 模(digital to analog,D/A)转换。

(2) 加密与解密

加密与解密对于军事应用有着重要的作用。对于保密通信系统,为了确保传输信息的安全性,通信双方要预先约定好某种特定的规则对传输的数字序列添加特定的密码,这种方式又称为人工加扰,其中的规则只有收发双方知道,且不易被第三方破解。这种处理过程称为加密。加密模块的位置在信源编码之后和信道编码之前。在接收端,收方根据与发送端事先约定好的规则进行去扰,把原始信息进行恢复,就实现了对收到数字序列的解密。加密和解密并非是所有数字通信系统都需要包含的单元,例如,一般的民用通信系统就没有加解密需求。

(3) 信道编码与译码

信道编码是一种行之有效的差错控制手段。它通过有目的地增加信息的冗余度,提高系统传输信息的质量,也就是说可靠性的提高是通过增加信息冗余度,即牺牲一些有效性来换取的。

由于在数字信号的传输过程中,各类自然界、人为的或设备产生的噪声和干扰不可避免,受这些因素的影响,在传输过程中会出现一些误码。因此,如果能使码组具备一定的纠 / 检错能力,就能够解决这一问题。为此,我们可以使用信道编码器对传输过来的信息的码元进行处理,有规律地增加冗余码元,即监督码元。在发送端发送信息码元的同时,将监督码元一起发送。根据各种编码方式的不同,信道编码的纠 / 检错能力也会随之不同。接收端的信道译码器可以按照相应的规则进行解码,以便在传输过程中能够发现错误或纠正错误,进而采取对应的措施,提高通信系统的可靠性。

信道编码与信源编码对比而言,虽然都是对数字基带信号进行处理,但两者的目的、实现方法以及考虑问题的出发点都是完全不同的。信源编码可以提高系统的有效性,采取了减少不规则、无意义的冗余度的方法;而信道编码可以提高系统的可靠性,采取了有目的地增加有规律的冗余度的方法。

(4) 数字调制与解调

对于大多数远距离传输的通信信道而言,无论是采用无线方式的微波信道和卫星信道等,还是采用有线方式的光缆和高频电缆等,它们共同的特点是信道具有带通特性。因此,为了使信源产生的基带信号能与带通信道相匹配,必须采用数字调制与解调技术,该系统也称为数字调制系统。

数字调制的基本原理是把数字基带信号的频谱进行搬移,在传输信道分配的频带范围内,形成能够适合在信道中传输的带通信号。根据载波信号调制参数的不同,基本的数字调制方式可以分为三类:振幅键控、频移键控和相移键控。由于相移键控可能出现相位模糊的问题,因此,除了绝对(相干)相移键控外,还有对其进行改进的相对(差分)相移键控。在接收端,通过解调的方式将数字基带信号还原。按照解调时是否需要恢复载波信号,可以分为相干解调和非相干解调这两大类,所有需要在接收端恢复出本地载波信号的解调方式,都称为相干解调,反之称为非相干解调。

数字通信系统要求各个部分在时间上保持步调一致,因此同步单元是不可缺少的。同步是保证数字通信系统收发两端的信号能够有序和正确工作的前提。按照同步的作用不同,可分为载波同步、位同步、群(帧)同步和网同步。虽然同步单元是每个数字通信系统中不可或缺的重要组成部分,但它并没有在图 3.4 中单独表示出来。这主要是由于同步的种类多种多样,它可能与图 3.4 中所画出的方框中的若干个方框有关,无法在系统模型中用单一的方框图具体表示。因此,在数字通信系统的一般模型中未将同步单元表示出来。

前面已经指出,模拟与数字通信系统的划分是由信道上传送的信号类型决定的。因为数字通信系统有很多优势,目前来说已经逐步取代模拟通信系统。但实际需要传输的大部分信源却属于模拟信源,那么数字通信系统是否能够传输模拟信号呢?如果需要传输,首先要完成模拟信号数字化的工作,也就是通过变换器将模拟信号转换成数字信号。在经过信道传输后,接收端进行一系列处理后,再进行相反的变换,恢复出模拟信号,从而能使信宿接收。当然,也存在着需要将数字信号通过模拟通信系统进行传输的情况,这时就要进行数/模转换。比如,计算机所产生的数字数据要用模拟电话系统进行传输,就需要用到各种调制解调器(modulator-demodulator,MODEM),这是一类能实现数字信号在模拟电话线中进行传输的装置。

在 20 世纪 60 年代以后,数字通信技术发展迅猛。特别是随着电子计算机和各种数据处理机的广泛应用及以互联网为代表的计算机通信网络的逐步形成,数据传输量急剧增加,对数字通信提出了更迫切的要求。数字通信能够大规模应用,主要是因为它具有以下一些优点。

① 抗干扰能力强,且噪声不积累。这种优势在带有中继的远距离传输中尤为明显。如微波中继通信,各个中继站可利用抽样判决在每个中继节点上实现数字信号的再生,可有效地消除前面一段传输路径中噪声和干扰的影响,避免了噪声的累积。

② 通过信道编码技术实现纠/检错,使得传输中的差错可控。在数字通信系统中,可通过发送具有纠/检错能力的码字,在接收端有效地降低系统的误码率。而信道编码在模拟通信系统中是无法实现的。

③ 便于通信系统与计算机进行互联。现代数字信号处理的优越性表现在能够将来自不同信源的信号通过适当的方式进行复用后,一起送入信道中,实现信道共享。对于电子计算机而言,其产生的大量多媒体信息也可以通过数字通信系统,便捷地实现互联互通。

④ 数字信息易于通过各种加解密算法进行保密通信,且实现简单,保密性好。

⑤ 数字集成电路的集成度高,使通信设备易于小型化和降低成本。特别是随着大、中规模集成电路技术日益成熟,这种优势尤为明显。

⑥ 易于和其他系统配合使用。数字通信便于将种类繁多的各类消息进行组合,构成一个灵活通用的多媒体业务信息传输网。

然而,数字通信也有美中不足。主要表现在数字通信系统的设备更复杂,需要的传输带宽更大,并且对同步的要求也更高。以话音信号为例,一路采用单边带调制的模拟电话只需要 4 kHz 的带宽,而要传输一路与模拟话音信号质量接近的二进制数字话音,则所需要的带宽在 20~60 kHz 之间。因此,可以认为数字通信的诸多优点是以增加信号频带和系统复杂度为代价而换取的。近年来,微电子领域技术的不断突破,促使数字设备的集成度大幅提升。

随着电子元器件的尺寸更小、功能更强大,数字系统复杂度大大降低。此外,各种数字压缩技术也使得带宽得以降低。相信随着技术的不断进步,未来数字通信的应用还会更加广泛。

3.2　通信的基本方式和复用方式

通信的基本方式和复用方式

3.2.1　通信的基本方式

通信方式指的是通信双方的信号传输方式或者工作方式。对于点对点通信系统而言,按消息的传递方向以及对信道的占用时间来划分,可分为单工通信、半双工通信和全双工通信这三类通信方式。

(1) 单工通信

单工通信是指通信的双方只有单个方向的信道相连接,消息只能按照同一个方向进行传输的一种通信工作方式,如图 3.5(a)所示。当双方通信时,一方只能发送信号,而另一方只能接收信号,发送方与接收方之间的信道是单向的,信号的传输方向不能改变。如广播信号。

(2) 半双工通信

半双工通信是指虽然通信双方都具备发送和接收消息的功能,但在同一时刻,通信的一方处于发送模式,而另一方则处于接收模式,任何一方不能同时进行收发,如图 3.5(b)所示。该方式通常也只有一条信道,需要使用开关切换进行收发的转换。例如,对讲机、问询及检索等数据通信系统。

(3) 全双工通信

所谓全双工通信工作方式就是通信双方可以同时收发消息,具有互不干扰的双向传输信道,如图 3.5(c)所示。目前,在三种典型的通信工作方式中,全双工通信是最为常见、应用最广泛的。全双工通信系统的双向信道实现方式又包括频分双工(frequency division duplexing,FDD)和时分双工(time division duplexing,TDD)两大模式。最常见的全双工通信系统是电话系统,无论是早期的固定电话还是后来蓬勃发展的移动电话,都采用全双工通信方式。人们在通话时,双方既可以听,同时也可以说,"听"和"说"之间互不矛盾。此外,计算机之间的高速数据通信系统也属于此类。

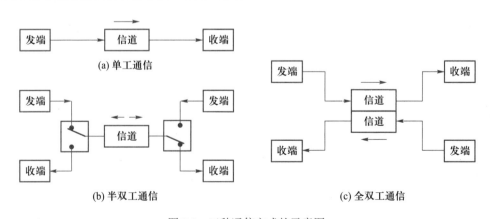

图 3.5　三种通信方式的示意图

在数字终端设备之间进行数据通信时,根据码元是分组后同时在多条信道上进行传输,还是依次在同一条信道上进行传输,可以将其分为两种通信方式:并行传输和串行传输。

(1) 并行传输

并行传输是将代表信息的数字码元序列按照信道的数量进行分组,分别分配到多条传输特性类似的信道上同时进行传输。例如,计算机送出的由 0 和 1 组成的二进制码元序列,可以每 n 个码元分为一组,在 n 条并行的信道上同时传输。例如,有 8 条并行的传输信道,那么每个字符所包含的 8 bit 就可以在一个时钟节拍内同时进行传输。在并行传输方式下,一个分组中的 n 个码元能够并行地从一个设备传输到另一个设备。

并行传输的突出优点为由于数据是通过多条线路同时进行传输的,和单一线路传输相比,可以成倍地缩短传输时间;缺点是多条传输通道同时被占据,信道的利用率较低。特别是对于有线通信系统而言,线路铺设的成本较高。因此,并行传输通常用于传输距离比较短的数据通信。

(2) 串行传输

串行传输是指在通信信道中,按照所要传输的数字码元序列的先后顺序,一个接一个地进行传输。串行传输的优点是在发送端和接收端之间只需要一个通信通道。对于有线信道而言,铺设线路所需要的成本低;对于无线信道而言,占据的信道带宽较小。缺点是与并行传输相比,串行传输的速度相对较慢。串行传输是远距离数字传输中经常采用的方式。

3.2.2 常用的复用方式

在实际应用中,如果信道作为专线,被用户所独占,那么成本和利用率都较低,因此,产生了让多路信号共享同一个信道的信道复用方式。作为通信传输的一种关键技术,信道复用有效地解决了通信资源短缺和信道利用率不高的问题。信道复用是指多路信号在同一信道上同时独立进行传输的方式。其目的是使信道中的各类资源得到充分利用,即有效地提高信道的利用率。根据信道所复用资源的类型不同,可以分为频域、时域、码域和空域四种基本的多路信号复用方式,即频分复用、时分复用、码分复用和空分复用。

(1) 频分复用

频分复用(frequency-division multiplexing,FDM)是按频率来划分信道的,把信道的频带作为分割的资源。FDM 根据每路信号所需要占据的信道带宽的大小,选择一组合适的载波频率,通过调制技术进行频谱搬移,使多路信号占据的频带(子信道)不同。FDM 不仅要求各个子信道之间的频谱互不重叠,而且要求相邻的子信道之间还留出一定带宽的保护频带。

在 FDM 方式中,每路信号通过不同的子信道传输。各个子信道之间设置保护频带(保护间隔)有两个主要目的,一是可以防止不同路信号之间频谱相互混叠,二是简化了接收端带通滤波器的设计。多路复用系统的接收端有多个带通滤波器,它们具有不同的中心频率,用于将各路信号分离,从而分别获得每一路信号。由于保护频带的存在,使得不必设计边沿十分陡峭的带通滤波器就能实现信号分离,因而降低了滤波器的阶数。

一个完整的 FDM 系统工作过程为:在发送端,首先使各路基带信号通过一个抗混叠滤波器,该滤波器具有低通滤波器(low pass filter,LPF)特性,其目的是对每一路信号的最高频率分量进行限制,抑制带外噪声。接着,分别为每一路信号选择各自的载波进行调制,这些载波频率是提前设置好的,目的是在进行频谱搬移时,能够让各路信号分别搬移到相应的频段范围内。在 FDM 系统设计过程中,应合理选择每一路信号的载频 $f_{c1}, f_{c2}, \cdots, f_{cN}$,一方面要保证各路已调信号占据所需的带宽,相邻信号之间的频谱不会发生重叠,并在相邻的信号频谱之间留有一定的保护频带。另一方面,载波频率之间的间隔(保护频带)也不宜过宽,只要能够便于分离信号即可,以免造成不必要的浪费。然后,再将合成后的多路信号送入信道传输。在接收端,采用与发送端相同的载波频率 $f_{c1}, f_{c2}, \cdots, f_{cN}$,将其作为一系列带通滤波器(band pass filter, BPF)的中心频率,并选择合适的 BPF 带宽,分离出每一路已调信号,各路信号在经过分离后,再分别进行解调,即可相应地恢复出各路基带信号。

FDM 起初用于模拟通信系统中,如模拟载波电话系统。当然,它也可用于数字通信系统中。FDM 是一种最先提出的多路复用技术,其主要优点是技术较为成熟,提高了信道的利用率,能够复用的信道数可以通过分级方式逐步增加;缺点是需要制作大量不同频带范围的带通滤波器,设备较为复杂,成本高,并且在频谱复用和调制解调过程中会不同程度地造成非线性失真,各路信号频谱之间会出现交叉重叠。

(2) 时分复用

时分复用(time division multiplexing, TDM)是按照时间来划分信道的,把信道的传输时间作为分割的信道资源。TDM 之所以能够实施,其重要的理论依据是奈奎斯特低通信号抽样定理。根据抽样定理,要想用离散抽样值完整地描述信号,只需要满足一定的抽样速率要求,并不需要知道信号每时每刻的样值。这个要求是以大于等于信号最高频率 2 倍的速率对低通信号进行抽样即可。经过抽样后的信号,在接收端通过一个低通滤波器,便可以恢复出信号。对于多路信号而言,在满足抽样速率的情况下,将各路信号的抽样绝对时间错开,即不同路的信号之间"插空"进行抽样即可。因此,可以通过脉冲幅度调制(pulse amplitude modulation, PAM)的方法,给每一路信号分配互不重叠的时间片段(时隙),以实现多路复用。

TDM 的原理如下:在发送和接收端分别设计一个同步的旋转开关,收发双方以同样的速率同步旋转。在发送端,开关每旋转 1 个周期,就可以得到各多路信号的 1 个抽样,相当于依次对多路信号完成了一次抽样。可将该旋转周期定义为一个帧的时长。各路信号经过抽样后在时间上是断续发送的。设旋转周期为 T_S,共有 N 路信号进行多路复用,其中,每路信号实际上是 PAM 调制的信号。此时在一个周期内,每路信号所占用的时间最多不能超过 T_S/N。需要说明,每一帧能容纳的多路信号数量,与抽样脉冲的宽度和信道带宽均有关系,并不是能无限制增加的。例如,根据抽样定理,一路话音信号抽样速率是 8 kHz,则要求旋转开关的旋转频率为每秒 8 000 个周期。若 10 路信号进行时分复用,则每个抽样脉冲的宽度最大不能超过 12.5 μs。在接收端需要采用与发端同样旋转频率的同步开关,则能得到相应路的抽样值。

在上述 TDM 基本原理中,保证各路抽样脉冲之间的严格同步是必不可少的,而且每一路的抽样保持时间和脉冲间隔也必须是相等的,即等间隔、等脉宽抽样。在多路复用系统中,抽样脉冲序列的严格同步实现简单,只要通过同步时钟提供统一的抽样时刻就可以完成。由于 PAM 信号属于模拟脉冲调制信号,因此,不能直接在数字通信系统中进行传输。在实际系统中,经 PAM 得到的抽样信号,还要经过量化和编码之后,才能以数字信号的形式在信道中进行传输。

与 FDM 相比,TDM 的主要优点在于:TDM 更便于在数字通信系统中实现,适用于大规模集成电路,而且制造和生产成本较低。如今,TDM 已经得到了大量的应用,甚至比 FDM 更为广泛。

(3) 码分复用

码分复用(code division multiplexing,CDM)是利用具有正交性的编码实现多路复用,基于码域实现信道分割的方法。通常采用相互正交的扩频码分别携带不同信号的信息,各码型之间不会造成干扰,在接收端可以利用正交性进行信号分离。

CDM 给每个用户都分配一个正交码,如果需要共享信道的用户数增加,那么所使用的正交码的码长也要相应增加。由于各个码型互相之间不重叠,且相互正交(内积为 0),故每个用户在同一时间可以使用同样的频带进行通信,而且相互之间不会产生干扰。因为使用了正交码,原来的单个码元被扩展成多个码片,使得 CDM 占用的频带宽度比单路信号要宽得多。CDM 技术主要用于移动扩频通信系统中。经过扩频之后的信号具有较低的传输功率,有一定的隐蔽性,对其他用户的干扰也较小。

(4) 空分复用

空分复用(space division multiplexing,SDM)是指对空间进行分割来实现多路通信的复用方式。

SDM 最早用在光纤通信系统中,指将多根光纤组合形成不同波束,或者在同一根光纤中实现复用。而在移动通信中,SDM 指通过多天线技术、智能天线技术以及波束赋形算法,使得自适应天线阵列形成不同的波束,分布在不同的方向上,从而实现对空间进行分割。这样,多个在不同空间的用户可以共享同一频段。每个波束可提供一个与其他用户之间无干扰的唯一信道。

以上对几种常用的复用方式进行了介绍。FDM 是最早出现的多路复用方式,传统的模拟通信系统中大都采用 FDM;随着通信系统逐步向数字化方向发展,采用 TDM 的通信系统得到了广泛的应用;CDM 多用于扩频通信和移动通信系统中;SDM 主要用于移动通信和光纤通信中。

在无人机集群通信系统中,往往是多种复用方式联合使用,利用各个技术的优势提升通信系统的性能。例如,可联合运用频域、时域、码域和空域的资源,给业务动态地分配不同的频率、不同的时隙和不同的正交码,并利用自适应的智能天线或大规模多入多出天线技术在空域上选择最佳的解耦方向。

3.3 信息及其度量

信息及其度量

3.3.1 信息量

在 3.1.1 节中区分了消息、信号和信息三个术语。简单地说,消息是对许多类型主体的报道,这些主体可以是人、物或者事件。信号则被称为消息的载体,也可以说它是消息的携带者。通信是通过载体携带消息的,这里的载体可以为电信号或者光信号,如利用无线电波和光波等实现消息的传递。而信息并不等同于消息,只有那些接收方不确定的消息才能被称为信息。因此,信息与消息是不同的,确定性的消息不含有信息,而信息并不是确定的,它和不确定性紧密相关。

在任何有价值(有意义)的通信中,信源要发送的信号一定具有不确定性。正如可采用"客流量"来衡量交通运输系统运送旅客的数量,传送信息的数量也是可以进行度量的,只是需要采用某种量纲。通常来说,我们采用"信息量"来衡量传输的信息数量。如果某个信息的不确定性越高,那么它的信息量就越大。接收者在接收到信号后,获取了信息,从而完成了从"未知"到"已知"的过程。如果一个符号出现的概率越低,则不确定性越大,那么信息量就越大。

假设某个包含 n 个离散符号的信源,这些信源符号都是独立的,可表示为 $S_1, S_2, \cdots, S_i, \cdots, S_q$,其中,每个符号 S_i 对应的出现概率为 $P(S_i)$。那么,单个符号 S_i 所对应的信息量记为 $I(S_i)$。某个符号的信息量也称为自信息量,定义为与概率相关的函数

$$I(S_i) = \log_2 \frac{1}{P(S_i)} = -\log_2 P(S_i) \tag{3.1}$$

其中,$0 \leqslant P(S_i) \leqslant 1$($i=1,2,\cdots,q$),并且 $\sum_{i=1}^{q} P(S_i) = 1$。信息量 $I(S_i)$ 的单位为比特(bit)。

自信息量采用式(3.1)的定义具有合理性。首先,考虑最简单的信源,即等概二元制信源。此时,信源符号仅有两个码元,分别用 **0** 和 **1** 表示。根据 $\sum_{i=1}^{2} P(S_i) = 1$ 可知,在等概情况下,**0** 和 **1** 两个码元符号对应的概率均为 $\frac{1}{2}$。根据式(3.1)自信息量的定义,有

$I(S_0) = I(S_1) = -\log_2 \frac{1}{2} = 1 \text{ bit}$,也就是说等概二元制信源每一个符号的信息量为 1 bit,这正好是信息量的单位。

等概二元制信源中有很多符号,其中每一个符号携带的信息量是 1 bit,而将它作为信息量的单位是合理的。这是因为在所有信源中,二元制信源是最简单的。若要比二元制再简单,就是一元制了。一元制仅有一种状态,状态唯一,因此具有确定性,这种信源是不包含信息的,那也就不用发送了。二元制信源在接收者没有收到符号之前,知道收到的符号只有两种可能,未知的或者说不确定的仅仅是究竟是两种符号中的哪一个被发送。而这种不确定性,只有当接收到符号后才能消除,即获得了信息。因此,将等概二元制信源的每个符号所含信息作为信息量的单位是合理的。

其次,信息量通过数学计算公式把信息的度量定义为一种与信源符号出现概率相关的对数函数,使得信息的度量与概率大小有了十分密切的联系。如果信源符号出现的概率越小,表明其不确定性越大,那么它的信息量就越大。这和人们对信息量的一般理解是相同的。比如,一个不大可能出现的事件,一旦发生了,就称为"爆炸性新闻",则说明这个事件的信息量大。

此外,信息量用对数表示能准确表达信息量的物理本质。

① 确定符号,概率为 1,取对数为 0,正好表示确定符号信息量为零。

② 根据对数这种数学运算的性质,能正确表示出当有多个符号传递时,这些符号总的信息量等于各符号信息量的和,即对数特性能准确表示信息的可加性。例如,M 个等概二元制符号的总信息量就可以表示为单个等概二元制符号的 M 倍。因为如果二元制符号有 M

个,那么可能的码元就有 2^M 种。若每种码元等概出现,那么每个码元的概率均为 $\dfrac{1}{2^M}$,由此,

可以计算出 M 个二元制符号的自信息量为 $-\log_2\dfrac{1}{2^M}=M$ bit。根据式(3.1)已经算出单个等概二元制信源每一个符号的自信息量均为 1 bit,所以,当等概二元制符号有 M 个时,它的信息总量就可以表示为每个符号信息量相加的和。

③ 信息量最小为零,不会为负。由于 $0 \leqslant P(S_i) \leqslant 1$,所以 $-\log_2 P(S_i)$ 最小为零[当 $P(S_i)=1$ 时],不可能为负数。对数的这种特性也正好反映了信息量不会为负值的特点。

当然,如果信源里各符号出现的概率是不相等的,那么根据式(3.1)计算出的各个符号所含的自信息量也会是各不相同的。如果发端先后发出的符号之间互不相关,也就是统计独立,则其信源符号平均信息量 $H(S)$ 记为

$$H(S)=\sum_{i=1}^{q}P(S_i)I(S_i)=-\sum_{i=1}^{q}P(S_i)\log_2 P(S_i) \tag{3.2}$$

$H(S)$ 又称为该信源的熵,它可以看成是每个符号自信息量 $I(S_i)$ 的加权之和。加权系数为各个符号所对应的概率,$H(S)$ 单位为 bit/符号,表示每个符号的平均信息量。

根据式(3.2)可知,熵有如下性质。

① 熵的物理概念可以表述为信源每个符号的平均信息量,单位是 bit/符号。

② 熵是非负的,最小为零。

③ 当信源符号概率相等时,熵有最大值,记为 $H_{max}(S)=\log_2 q$。式中,q 为信源符号个数。

④ 只要信源各符号不等概,则 $H(S)<H_{max}(S)$。

$$\dfrac{H_{max}(S)-H(S)}{H_{max}(S)}=1-\dfrac{H(S)}{H_{max}(S)} \tag{3.3}$$

式(3.3)称为信源冗余。只要信源各符号不是等概率的,那么就会存在信源冗余。由于信源冗余的存在,信源编码就可以压缩冗余。也就是将信源原有的概率分布进行适当改变,让它逼近或达到等概分布,这就是信源压缩编码最基本的方法之一。

信源发出的信息是以信号的形式通过信道进行传送的。信息速率 R_b 定义为在单位时间内通过信道的信息量的平均值,记为

$$R_b=\dfrac{H(S)}{T_B} \tag{3.4}$$

式中,T_B 是每个符号持续的时间;R_b 的单位是比特/秒(bit/s),或记为 bps。

当信源的熵取最大值时,信息速率也达到最大,即

$$R_{b,max}=\dfrac{H_{max}(S)}{T_B} \tag{3.5}$$

对于等概二进制信源,信息速率是每个符号持续时间 T_B 的倒数。

3.3.2 香农定理

1948 年,信息论创始人、美国数学家香农(Shannon)经过长期研究,提出并且严格证明了在加性高斯白噪声(additive white gaussian noise,AWGN)信道中信息传输速率上限的公式,即信息论中著名的香农定理

$$C = B\log_2\left(1 + \frac{S}{N}\right) \tag{3.6}$$

其中，C 表示的是信道容量，其单位是 bit/s，可以发现它与信息速率的单位是一致的；B 表示的是信道带宽；S 表示的是信号功率；N 表示的是噪声功率。香农定理指明了在具有一定信道带宽 B 的 AWGN 信道上，当信号功率与信道上起伏噪声的平均功率之比一定时（即信噪比一定时），在单位时间内能够传输信息量且为无差错传输的最大值，也就是理论极限值。根据香农定理可以得出如下内容。

① 当信道带宽 B 和信噪比 $\frac{S}{N}$ 确定时，香农定理给出了在单位时间内所能无差错传递信息量的理论上限。因此，要想以比信道容量 C 更快地进行消息的传递，就必然会出现差错。在任一实际信道上传递信息，如果要无差错地传输，传输速率都要低于 C。

② 从式 (3.6) 中可以看出，若要保持信道容量 C 为某一定值，当减小信噪比 $\frac{S}{N}$ 时，信道带宽 B 就需要加大；反之，如果降低信道带宽 B，那么就需提高 $\frac{S}{N}$。这说明，如果保持信道容量不变，那么带宽 B 和信噪比 $\frac{S}{N}$ 之间一个增加另一个会继而减小。即如果加大了信噪比，就相应地减少信道带宽来维持信道容量不变，反之亦然。

③ 香农定理仅仅表明带宽和信噪比二者是可以互换的，也给出了无差错传递信息量的理论上限，但它并没有提供能够具体实现的方法。

对于 AWGN 信道，噪声功率定义为 $N = n_0 B$，其中 n_0 为跟信道特性相关的常数，表示噪声的单边功率谱密度。因此，将噪声功率定义代入式 (3.6) 后，就得到了信道容量的另外一种表达形式

$$C = B\log_2\left(1 + \frac{S}{n_0 B}\right) \tag{3.7}$$

从式 (3.7) 可以看出，若要提高信道容量，有三种方法。

① 增大信号功率 S。由于信号功率 S 出现在式 (3.7) 的分子上，因此，在其他条件保持不变时，增大信号功率 S，就能够增加信道容量 C。根据极限的运算法则，若 S 趋于无穷大时，则 C 也趋于无穷大。

$$\lim_{S \to \infty} C = \lim_{S \to \infty} B\log_2\left(1 + \frac{S}{n_0 B}\right) \to \infty \tag{3.8}$$

② 减小噪声单边功率谱密度 n_0。由于 n_0 出现在式 (3.7) 的分母上，因此，减小 n_0 可以增加 C。根据极限的运算，当 n_0 趋于零时，C 就趋于无穷大。

$$\lim_{n_0 \to 0} C = \lim_{n_0 \to 0} B\log_2\left(1 + \frac{S}{n_0 B}\right) \to \infty \tag{3.9}$$

③ 增大信道带宽 B。信道带宽 B 出现在式 (3.7) 中的两个位置，分别是乘法的系数和分母上，增大 B 对于 C 的影响正好相反。但由于分母上的 B 出现在对数运算内部，比起对数前面的系数 B 而言，其变化相对较慢。然而，增大 B 虽然可以使得 C 变大，但并不能像前两

种方法那样使 C 增加到无穷大。根据特殊极限的公式,可以推出,信道容量 C 在 B 趋于无穷大时的极限值

$$
\begin{aligned}
\lim_{B \to \infty} C &= \lim_{B \to \infty} B \log_2 \left(1 + \frac{S}{n_0 B}\right) \\
&= \frac{S}{n_0} \lim_{B \to \infty} \frac{n_0 B}{S} \log_2 \left(1 + \frac{S}{n_0 B}\right) \\
&= \frac{S}{n_0} \log_2 e \approx 1.44 \frac{S}{n_0}
\end{aligned}
\tag{3.10}
$$

上述三种增大信道容量的方法中,第二种方法减小噪声功率谱密度是较难做到的,因为噪声单边功率谱密度与信道的特性有关,更换信道才有可能改变它的大小。在实际应用中,可根据系统是功率受限还是信道带宽受限选择合适的增加信道容量的方法。

3.4 数字调制

数字调制

前面已经指出,大部分数字基带信号都具有低通型的频谱特性,而实际的信道却多为带通型信道。因此,数字基带信号需要先进行调制后,才能在信道中进行传输。调制是数字带通传输系统需要具备的最重要的功能。

所谓调制就是在发送端把数字基带信号的频谱搬移到相应的带通型信道的频带范围内,以便信号在信道中传输。相应地,在接收端需要解调,即把已调信号还原为基带信号的过程。

基本的数字调制是用数字基带信号对高频载波的幅度、频率或相位三个参量中的某一参量进行控制,使高频载波的幅度、频率或相位能随数字基带信号(调制信号)的变化而变化,这个过程称为数字调制。数字调制系统模型如图 3.6 所示。其中,核心部件是调制器与解调器,数字调制系统也是据此进行分类的。

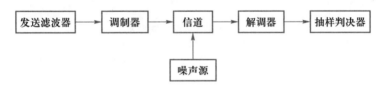

图 3.6 数字调制系统模型

3.4.1 基本的数字调制方式

由于载波信号有幅度、频率和相位三种参量,因此,用数字基带信号去控制这三个参量之一,就分别得到了三种基本形式的数字调制,即数字振幅调制、数字频率调制和数字相位调制。

数字调制与模拟调制在调制的原理上有相似之处,但也存在着许多差别,这些差异主要表现在四个方面。

第一,数字调制所产生的波形种类是有限的。这是因为数字的基带信号只允许取得有限个离散量,所以把它当作调制信号去控制载波信号中的某种参量,获得的已调数字信号在其所对应的参量上仅可能取得有限个离散值,所以对应的信息波形也是有限个。

　　第二,数字调制增加了抽样判决器。数字信号接收的任务是识别发端发送的是哪种数字波形,因此图 3.6 中抽样判决器是必备的数字信号接收模块。

　　第三,通信系统可靠性的衡量指标不同。在研究调制的性能时,模拟调制的衡量指标是信噪比的大小,而数字调制则是讨论误码率的高低。

　　第四,已调信号可用键控方法产生。图 3.7 分别给了数字振幅调制、数字频率调制和数字相位调制三种数字调制的时域波形和产生原理图,调制信号用二进制单极性全占空矩形脉冲序列表示。由于二进制全占空矩形脉冲序列就只有"有信号"和"无信号"两种状态,能用电键开关产生,故称键控信号。因此,上述的数字振幅调制、数字频率调制和数字相位调制,又可分别称为振幅键控调制、频率键控调制和相移键控调制,它们是最基本的二进制数字调制方式。

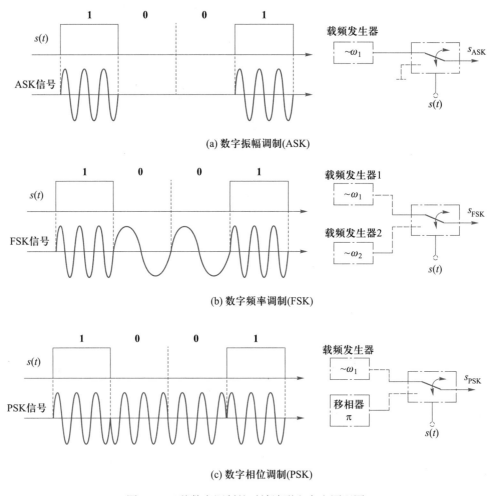

(a) 数字振幅调制(ASK)

(b) 数字频率调制(FSK)

(c) 数字相位调制(PSK)

图 3.7 　三种数字调制的时域波形和产生原理图

(1) 振幅键控

　　振幅键控(amplitude shift keying,ASK)是用数字基带信号去控制载波信号的振幅。可用开关电键去控制载频振荡器的输出,**1** 码接通,**0** 码接地,这样载波振荡器的输出就时断时续,这便是振幅键控的产生方法。由于振幅键控信号对信号幅度的变化敏感,判决门限不容易稳定在最佳值,因此,它的抗噪声性能不够理想。后来 ASK 逐步被频率键控和相移键控所代替。但近几年,在某些应用场景中,需在有限的频带内实现高速传输,使得多进制的数字振幅键控(multi-amplitude shift keying,MASK)又重新受到重视。特别是在信道传输条件较好(如恒参信道),或进行短距离视距传输时,往往优先采用 MASK 调制。下面对 2ASK 信号进行讨论,ASK 前面的数字 2 表示二进制。2ASK 有两种实现方法:用乘法器实现的模拟调制法和用开关电路实现的数字键控法。相应的调制器分别如图 3.8(a)和(b)所示。图 3.8(a)就是传统的模拟调制法实现原理,只是将原本的输入模拟信号变成了单极性二进制不归零数字信号;图 3.8(b)是一种数字键控法,其中的开关电路受数字基带信号 $s(t)$ 控制。

在图 3.8(a)中,核心部件是乘法器。乘法器的一个输入是随机信息序列,以 $\{a_k\}$ 表示。经过基带信号形成器,产生波形序列,设基带信号形成器的基本波形为 $g(t)$,则基带信号的波形序列可表示为

$$s(t) = \sum_k a_k g(t - kT_B) \tag{3.11}$$

其中,T_B 为码元宽度;a_k 是第 k 个输入随机信息。乘法器完成了频谱搬移功能。在乘法器之后,通常还有的带通滤波器 BPF,BPF 用来滤除高频谐波和低频干扰。BPF 的输出就是 2ASK 信号,用 $s_{2ASK}(t)$ 表示。

$$s_{2ASK}(t) = s(t)\cos\omega_c t = \sum_k a_k g(t - kT_B)\cos\omega_c t \tag{3.12}$$

图 3.8(b)为数字键控法产生 2ASK 调制的原理图。模拟开关的控制端接基带信号,要求基带信号为单极性电位信号,**1** 码为高电位,**0** 码为零电位,以便控制开关的通断。载波加在输入端,2ASK 信号从输出端输出。为保证 **0** 码时 2ASK 信号为 **0**,常在输出端接上泄漏电阻。若调制器负载与输出端有直流通路,则可省去泄漏电阻。

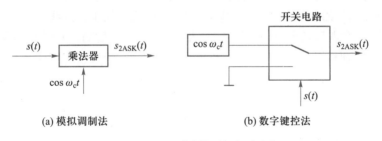

(a) 模拟调制法　　　　　　(b) 数字键控法

图 3.8　2ASK 信号调制原理框图

2ASK 信号有两种基本的解调方法:包络检波法和同步检测法,前者实现相对简单,属于非相干解调;而后者需要恢复载波信号,属于相干解调。2ASK 信号解调原理框图如图 3.9 所示。在数字信号的接收中,抽样判决器是必不可少的。

2ASK 信号包络检波法的原理如图 3.9(a)所示,$s_{2ASK}(t)$ 信号首先经过带通滤波器,其目的是使得 2ASK 信号能够通过滤波器,尽可能抑制在信号频带之外的、来自信道等部件的带外干扰。接着经过包络检波器,提取信号的包络,然后让包络检波器的输出信号通过低通滤波器,滤除高频杂波分量。最后在定时脉冲所确定的抽样时刻,抽样判决器完成抽样、判决和码元成型的工作,即可恢复出需要的数字基带序列。其中,定时脉冲提供的是码元同步信

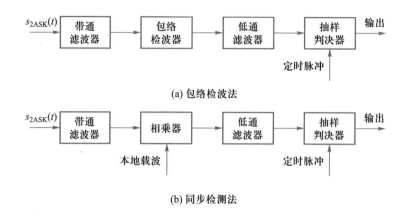

(a) 包络检波法

(b) 同步检测法

图 3.9　2ASK 信号解调原理框图

号,它由一系列窄脉冲序列组成,通常抽样时刻位于每个码元周期的中间位置,其频率与码元速率一致。

图 3.9(b)是 2ASK 信号同步检测法(相干解调器)的原理框图,$s_{2ASK}(t)$信号首先经过带通滤波器。其中,带通滤波器的作用与它在包络检波法中的作用是相同的。接着带通滤波器的输出信号与本地恢复的载波信号 $\cos(\omega_c t + \varphi)$ 相乘。其中,本地载波信号必须与接收到的 $s_{2ASK}(t)$ 信号是同频同相的,完成下变频。然后通过低通滤波器抑制乘法器所产生的高次谐波干扰,低通滤波器的输出为

$$s'(t) = \sum_k a'_k \, g(t - kT_B) \tag{3.13}$$

只有在无噪声和干扰,且本地载波严格同步的情况下,才满足 $s'(t)=s(t)$。其他情况都会存在不同程度的波形畸变。最后,通过抽样判决器对 $s'(t)$ 进行抽样判决,恢复原输入序列。设恢复的序列为 $\{a'_k\}$,当在 $s'(t)$ 失真较小,无误码的情况下,满足 $\{a'_k\}=\{a_k\}$。

对比 2ASK 信号的两种解调方法,从实现复杂度而言,同步检测法(相干解调)因为要恢复本地载波信号,实现起来比包络检波法(非相干解调)复杂度高。从误码率性能来说,当信噪比较小时,要达到相同的误码率性能,相干解调比非相干解调所要求的信噪比低,即相干解调性能优于非相干解调;而当信噪比较大时,两者性能相当。正因为如此,包络检波法的应用比较广泛。

(2) 频率键控

频率键控(frequency shift keying,FSK)是用数字基带信号去控制载波信号的频率,即以不同的载波频率来表示不同的数字基带信息。

将二进制 FSK 信号记为 2FSK 信号,它有两种产生方法,分别是采用模拟调频电路的直接调频法和用开关键控实现的频率键控法。频率键控法也称频率选择法,2FSK 信号是根据数字基带信号,在两个不同的频率之间进行选择,频率键控法产生 2FSK 信号的原理如图 3.10 所示。图中有两个独立的振荡器,振荡器的频率分别为 f_1 和 f_2。由数字基带信号去控制转换开关,以分别选择与两个不同频率的高频振荡器相连接。

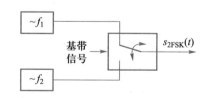

图 3.10　频率键控法产生 2FSK 信号原理框图

　　频率键控法产生 2FSK 信号的频率稳定度高,频率切换速度快。但也存在一个缺点,那就是 2FSK 信号在频率发生切换时,往往会产生相位的跳变,而相位跳变会使得信号的频谱展宽。2FSK 信号在基带信息的数字序列发生变换时,会产生电压跳变是因为两个不同频率的载波信号是由两个独立的高频振荡器提供的,在发生切换时,瞬间的电压难以保持相等。2FSK 信号相位不连续是频率键控法所特有的现象,若要产生连续相位的 2FSK 信号可采用直接调频法。

　　2FSK 信号的解调原理图如图 3.11 所示。其中,图 3.11(a) 为非相干解调的原理,类似于 2ASK 信号的包络检波法。非相干解调分为上、下两个支路,每个支路都可以看成是对 2ASK 信号进行包络检波。2ASK 信号解调中的抽样判决器换成了比较判决器,上下支路的抽样值进行比较后,得到输出结果。当 2FSK 信号输出的载波频率为 f_1 时,上支路经中心频率为 f_1 的带通滤波器输出的是信号加窄带噪声,再经包络检波器后的输出为正弦波加窄带高斯噪声的包络,服从广义瑞利分布,又称为莱斯分布;而下支路经中心频率为 f_2 的带通滤波器的输出中没有信号只有窄带噪声,因此,包络检波器的输出为窄带高斯噪声的包络,服从瑞利分布。如果 2FSK 信号输出的载波频率为 f_2 时,上支路输出的瞬时值服从瑞利分布,下支路输出的瞬时值服从莱斯分布,与载波频率为 f_1 时的概率密度分布情况刚好相反。

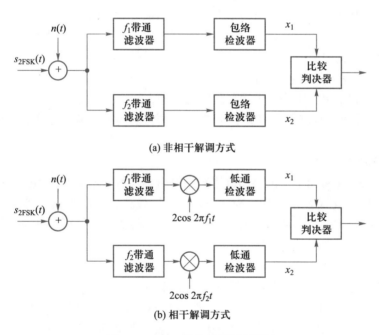

(a) 非相干解调方式

(b) 相干解调方式

图 3.11　2FSK 信号解调原理框图

　　由以上分析可知,无论 2FSK 信号输出的频率是 f_1 还是 f_2,接收端上下两个支路的包络检波器输出结果中,总有一个支路为莱斯分布,而另一个支路为瑞利分布。假设服从莱斯分布的支路输出的电压为 $v_1(t)$,抽样判决时刻 $v_1(t)$ 的瞬时值为 V_1;服从瑞利分布的支路输出电压为 $v_2(t)$,抽样判决时刻 $v_2(t)$ 的瞬时值为 V_2。2FSK 信号通过对上、下两个支路在抽样判决时刻的瞬时值进行比较,判决发送的是 **0** 码还是 **1** 码。无论 2FSK 信号当前传送的是 f_1 或 f_2 两种频率中的哪一种,当 $V_1 > V_2$ 时,判决正确;而当 $V_1 < V_2$ 时,判决错误。因此,2FSK 系

统的误码率 P_e 为 $V_1 < V_2$ 发生的概率

$$P_e = P(V_1 < V_2) \tag{3.14}$$

2FSK 信号的同步解调也可成上、下两支路,分别对两个频率进行解调。其中每个支路都与 2ASK 信号的相干解调类似,但需要把抽样判决器换为比较判决器。比较判决器将上、下两支路的抽样值直接进行比较,进而得到判决结果。因此,与 2ASK 信号的解调不同,2FSK 信号不需要设置最优判决门限值,也可以看成是判决门限值始终保持为零。因此,具体的判定准则应该与发送端对调制信号的定义方式相呼应。例如,若发送端规定用载波频率 f_1 传送 1 码,那么如果接收端在抽样时刻上支路的抽样值大于下支路,应判为 1 码;反之,判为 0 码。假定在抽样时刻,上支路的低通滤波器输出值为 x_1,而下支路的低通滤波器输出值为 x_2,则判定规则是

$$\begin{cases} x_1 - x_2 > 0 & \text{判断输入为} f_1 \text{信号} \\ x_1 - x_2 < 0 & \text{判断输入为} f_2 \text{信号} \end{cases} \tag{3.15}$$

比较 2FSK 信号两种解调方法的性能可以看出,在低信噪比时,对于给定的误码率指标,相干解调(同步解调)所需的输入信噪比相比于非相干解调(包络检波法)要低 1.5 dB 左右;而随着信噪比的增大,两种调解方式的性能逐步接近。由于包络检波的设备简单,在信噪比较高的场合会被优先采用。另外还应说明一点,2FSK 解调的比较判决器是通过上、下两支路比较大小进行判决,不需要设置一个专门的门限,这与 2ASK 信号的抽样判决器需要与预先设置的一个确定的门限电平进行比较是不同的。因此,2FSK 解调时不会存在最佳门限电平的问题,也就是说不会因为最佳门限电平值设置不当而影响误码率性能,也不会因为信号幅度值受到噪声和干扰的影响产生漂移而影响性能。

2FSK 在无线短波通信中应用得十分广泛,主要是因为这种调制方式具有较好的抗多径衰落的性能。

(3) 相移键控(PSK)

相移键控(phase shift keying,PSK)用数字基带信号控制载波的相位,使载波的相位随数字基带信号的变化而发生跳变。对于 PSK 信号,载波的幅度和频率都保持恒定。由于 PSK 信号在几种基本的数字调制方式中的频带利用率最优,又具有很好的抗噪声性能,因此它在实际系统中应用得最普遍。

根据是用数字基带信号的绝对量还是信号的前后变化情况对载波信号的相位进行调制,PSK 信号又可分为相干(绝对)相移键控(coherent phase shift keying,CPSK)和差分(相对)相移键控(differential phase shift keying,DPSK)。将二进制 CPSK 与二进制 DPSK 分别记为 2CPSK 和 2DPSK。2CPSK 是用同一载波以不同相位直接表示数字基带信号的。在 2CPSK 中,若定义已调信号与载波信号相位相反(即是载波的 π 相位),表示发送数字基带信号 0;反之,如果两者相位相同,表示发送数字基带信号为 1。那么,按照上述变化规律,2CPSK 信号可表示为

$$s_{2CPSK}(t) = \begin{cases} a\cos(2\pi f_c t + \theta_0) & \text{为1码} \\ a\cos(2\pi f_c t + \theta_0 + \pi) & \text{为0码} \end{cases} \tag{3.16}$$

式中,θ_0 为载波的初相位。

2CPSK 信号可以看成是将载波与二进制双极性不归零码相乘的结果,即

$$s_{2CPSK}(t) = s(t)a\cos(2\pi f_c t + \theta_0) \tag{3.17}$$

式中,$s(t)$为双极性全占空基带信号。

观察 2CPSK 波形的特点可以看出:2CPSK 波形的相位与载波的相位同相或反相。因此,在绘制 2CPSK 信号时,必须先有载波信号的波形,然后根据事先约定好的相位变化规律,再画出 2CPSK 的波形。特别是在码元周期与高频载波周期之间不满足整倍数关系时,必须先有载波,继而才能得到 2CPSK 波形,这点尤为重要。因为 2CPSK 的同相和反相都是在与载波信号的相位比较。如果不知道载波信号的相位,根本无法绘制 2CPSK 波形。

2CPSK 信号的调制原理如图 3.12 所示。图 3.12(a)是用模拟调制方法产生 2CPSK 信号。先将基带信号 $s(t)$ 的进行码型变换,得到双极性不归零码后,再与载波信号相乘。它与产生 2ASK 信号的区别在于,2ASK 中 $s(t)$ 是单极性不归零信号,而在 2CPSK 中 $s(t)$ 是双极性不归零信号。图 3.12(b)的键控法中增加了 180° 相移器,$s(t)$ 控制开关在两个相位间切换。

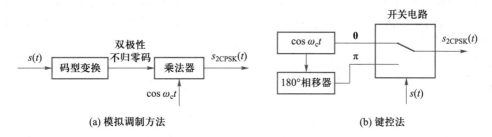

(a) 模拟调制方法 (b) 键控法

图 3.12 2CPSK 信号调制原理框图

2CPSK 信号相干解调原理如图 3.13 所示。

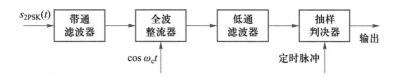

图 3.13 2CPSK 信号相干解调原理框图

2DPSK 通过前后码元之间载波相位的"变"与"不变"来代表数字基带信号。相位变化又分成向量差和相位差两种。所谓向量差是指用本码元初始相位(码元开始时的相位)与前一码元的终止相位(码元结束时的相位)进行比较是否发生了改变;而相位差是指本码元与前一码元的初始相位相比是否发生了改变。

根据以上讨论,2CPSK 信号的变化规则简单,而 2DPSK 信号产生规则相对复杂。那么有了 2CPSK 为什么还要提出 2DPSK 的概念呢? 这是由于 2CPSK 是参照已调载波的相位来代表基带信号的。因此,在解调时,必须先恢复出载波信号,然后将载波信号与 2CPSK 信号进行比较,才能恢复基带信号。但由于 2CPSK 本身不含有载波信号的分量,在接收端恢复载波信号时,常常是先进行平方处理,再进行二分频。由于用二分频电路恢复时,存在相位模糊问题,也称为"倒 π 现象"或"反相工作",即恢复出的载波有可能与发送载波是同相,但也有可能恰好反相,而且同相或反相是随机的。这种相位关系的随机性将会造成有可能出现判决器输出数字信号与发送的数字基带信号完全相反的情形,即 1 判为 0,0 判为 1。这也是 2CPSK 方式在实际中很少采用的主要原因。而 2DPSK 是用相邻两码元之间的相位改变情况来表示基带信号的,它不需要知道载波的绝对相位,不存在相位模糊的问题,即不会出现反相工作的情况。因此,实际设备中数字相位调制基本都采用 2DPSK 调制。

二进制相移键控信号(包括 2CPSK 和 2DPSK)的信号带宽与 2ASK 的带宽是相等的,均为两倍的基带信号带宽,区别仅在于 2ASK 信号有载波分量,而当发送的基带信号 **0** 码和 **1** 码等概时,即 $P(\mathbf{0}) = P(\mathbf{1}) = 1/2$ 时,二进制相移键控信号无离散谱(即无载波分量)。

3.4.2　数字调制方式的性能比较

前面已经分别介绍了主要的二进制数字调制方法,即 2ASK、2FSK、2CPSK 和 2DPSK 的调制与解调方法。下面把它们的各种性能进行简单比较。

(1) 频带宽度

若基带信号码元宽度记作 T_B,那么 2ASK、2CPSK 和 2DPSK 调制系统的频带宽度相等,且 $B_{2ASK} = B_{2CPSK} = B_{2DPSK} = 2/T_B$;而对于 2FSK 系统,$B_{2FSK} = |f_1 - f_2| + 2/T_B$。显然,2FSK 系统的频带宽度最大。因此,从频带宽度的角度,2FSK 方式最差。

(2) 对抗加性高斯白噪声的能力

表 3.1 给出了在 AWGN 信道条件下,各种二进制数字调制系统的误码率公式。

表 3.1　二进制数字调制系统的误码率公式

类型	相干解调	大信噪比($r\gg1$)时相干解调的近似式	非相干解调	条件
2ASK	$\dfrac{1}{2}erfc\left(\sqrt{\dfrac{r}{4}}\right)$	$\approx \dfrac{1}{\sqrt{\pi r}}e^{-r/4}$	$\dfrac{1}{2}e^{-r/4}$	$P(\mathbf{1}) = P(\mathbf{0})$ $b^* = a/2$
2FSK	$\dfrac{1}{2}erfc\left(\sqrt{\dfrac{r}{2}}\right)$	$\approx \dfrac{1}{\sqrt{2\pi r}}e^{-r/2}$	$\dfrac{1}{2}e^{-r/2}$	—
2CPSK	$\dfrac{1}{2}erfc\left(\sqrt{r}\right)$	$\approx \dfrac{1}{2\sqrt{\pi r}}e^{-r}$	—	$P(\mathbf{1}) = P(\mathbf{0})$ $b^* = 0$
2DPSK	$\approx erfc\left(\sqrt{r}\right)$	$\approx \dfrac{1}{\sqrt{\pi r}}e^{-r}$	$\dfrac{1}{2}e^{-r}$	

注:b^* 为最佳判决门限,$r = \dfrac{a^2}{2\sigma_n^2}$ 为解调器输入端的信噪比。其中,a 为解调器输入端信号的幅度,$\sigma_n^2 = n_0 B = n_0 \cdot \dfrac{2}{T_B}$ 为解调器输入端噪声功率。

从表 3.1 可知,各种调制系统的误码率公式均为信噪比的函数。对于同一种调制方式,采用相干解调和非相干解调两种方式,当信噪比 r 相同时,相干解调的误码率低于非相干解调的误码率;但随着 r 的增大,两者性能差异缩小,即高性噪比条件下,性能接近。

按抗噪声性能从优到劣的排列顺序是 2CPSK 相干、2DPSK 相干、2DPSK 非相干、2CPSK 非相干、2FSK 相干、2FSK 非相干、2ASK 相干和 2ASK 非相干。

对于解调方式,如都采用相干解调,那么抗 AWGN 性能从优到劣的排列顺序是 2CPSK、2DPSK、2FSK、2ASK。

在达到相同误码率 P_e 条件下,非相干解调对信噪比 r 的要求从高到低的顺序是 2ASK、2FSK 和 2DPSK,每个都相差 3 dB(即取值相差 1 倍)。

(3) 对信道特性变化的敏感性

在数字调制方式中,如果判决门限与信道特性有关,则无法始终保持在最佳门限值。

2FSK 的解调是通过比较抽样判决时刻上、下两路解调输出的大小来判决是 **0** 码还是 **1** 码,它可理解为利用两路信号之差进行判决,判决电平为零,因此对信道特性的变化不敏感;在 2CPSK、2DPSK 中,判决电平也为零,即地电位,它很稳定,并且与输入信号幅度无关,接收机总能工作于最佳判决门限状态。

然而,对于 2ASK 而言,最佳判决门限应保持在幅值的一半,因此与信号及噪声的幅度均有关。因此,当信道特性发生波动时,2ASK 方式很难保证始终工作在最佳判决门限值上,所以它对信道特性变化敏感。

(4) 设备的复杂程度

对于三种调制方法,发端设备的复杂程度相差不多,但接收端的复杂程度却和解调方式有密切关系。对于同一种调制方法,总是非相干解调的设备比相干解调的设备简单;对非相干而言,设备的繁简按 2FSK、2DPSK 和 2ASK 排列。

(5) 对抗多径时延特性的影响

从抗多径时延特征而言,2CPSK、2DPSK 信号抗多径时延性能差;而 2FSK 信号抗多径时延性能较为优越。因此,2FSK 在多径时延严重的通信信道中较为适用。

3.4.3　正交相位调制

正交相位调制(quadrature phase shift keying, QPSK)记为 QPSK 或 4PSK,是多进制的调制方法,其每个码元含有 2 bit 的信息。它的产生可采用相位选择法或正交调制法。其中,相位选择法四相调制原理框图如图 3.14 所示,四相载波发生器产生四种相位,逻辑选相电路根据串 / 并转换器的输出情况选择,完成相位的四选一。然后再送入带通滤波器滤除带外噪声。

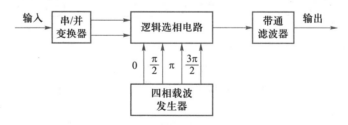

图 3.14　相位选择法四相调制原理框图

正交调制法产生 QPSK 信号的原理框图如图 3.15。该电路可以看成上、下各有一个二进制绝对调相电路,两个支路的载波信号是相互正交的。串行码元经串 / 并变换器后分成了 A 和 B 两路码元,相当于输出的码元速率为原来输入码元速率的一半。在 A 和 B 两条支路上,还需要接入单 / 双极性变换器,使得单极性信号转变为双极性信号,以便直接将该信号与载波信号相乘得到一路二进制绝对调相信号。由于上下两个支路载波信号正交,则两路信号相加后就产生了四种不同的相位。输出信号相位的矢量图也画在了图 3.15 中。

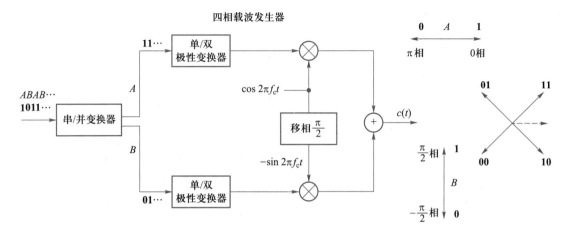

图 3.15　正交调制法产生 QPSK 信号的原理框图

与二进制相移键控相似,正交相位调制常采用相对调相,记为 4DPSK 或 QDPSK。图 3.16 是正交调制法产生 QDPSK 信号的原理框图。它与正交绝对调相 QPSK 电路相比,在 A 和 B 两支路中增加了码变换电路,其输出信号由两路相对码正交载波调制组合而成。码变换电路由逻辑电路构成,相对应的矢量图也画在了图 3.16 中。四相制相对码的逻辑关系较二进制复杂,它由相对码编码相位移动的规律、前一码元的状态及 QDPSK 合成相位真值表等共同决定,因此它可有多种组合逻辑。QDPSK 常见的解调方法有极性比较法和相位比较法。

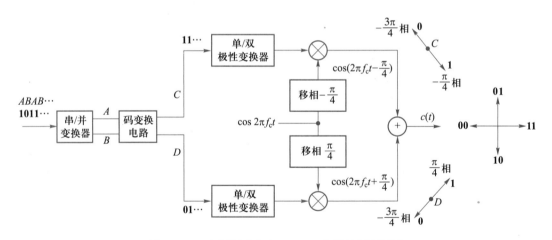

图 3.16　正交调制法产生 QDPSK 信号的原理框图

图 3.17 是这两种方法的原理框图。由于正交解调的正交特性,两路信号解调互不影响,各自恢复基带信号。极性比较法恢复的基带信号是相对码,因此还要经码变换及并 / 串变换才能输出原信息;而相位比较法根据恢复的基带信号经并 / 串变换能直接还原信息。

综上所述,可以看出多相调制有如下特点。

① 在码元速率相同时,多相调制的带宽与二相调制的带宽相同,但多相调制的信息速

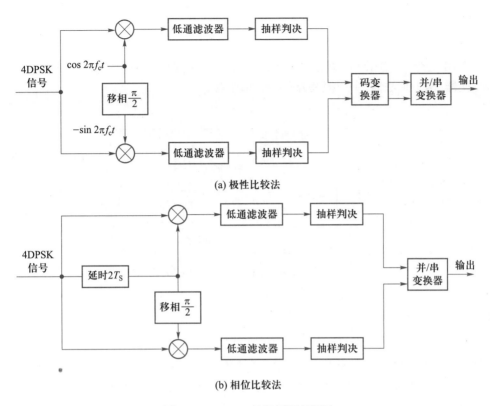

(a) 极性比较法

(b) 相位比较法

图 3.17 QDPSK 的解调原理框图

率是二相调制的 $\log_2 M$ 倍,因此多相调制的频带利用率也是二相调制的 $\log_2 M$ 倍。

② 多相调制的误码率性能随着进制数 M 的增加而降低,M 越大误码率性能越低。

③ 多相调制与多电平调制相比,带宽、信息速率及频带利用率均相同,但多相调制的功率利用率要高于多电平调制。这是因为多相调制属于恒包络调制,即发信机信号的幅度始终保持不变,发信机功率得到了充分的利用。而多电平调制的信号幅度一直在变化,使得平均功率降低。因此,多相调制的平均功率大于多电平调制,相应的误码率也比多电平调制要低。

3.4.4 正交幅度调制

随着通信业务量的不断增长,频带资源日益紧张,频带利用率成了人们考虑的要点。在前面讨论的三种基本的多进制键控方法中,多进制相移键控相比于其他两种方法在占用带宽和信噪比方面性能最优,应用最广泛。但是,在该调制方式中,随着进制数 M 的增大,在星座图中相邻相位之间的距离逐渐减小,使得噪声容限变小,容易发生差错。为了在增大 M 时尽可能地提升噪声容限,人们考虑同时利用幅度和相位的变化,发展出了正交振幅调制体制。

正交幅度调制(quadrature amplitude modulation,QAM)是一种对信号的幅度和相位两个参量进行联合调制的方法,由于它比采用单一参数调制的其他多进制调制频带利用率更高,因此,在频谱资源日益紧张的今天,受到了人们的广泛关注。下面以 8QAM 和 16QAM

为例讲述其基本原理。

（1）8QAM

图 3.18 是产生 8QAM 调制信号的原理框图。它主要包括一个串 / 并转换器、两个 2/4 电平变换器、两个乘法器、一个振荡源和一个相移器。

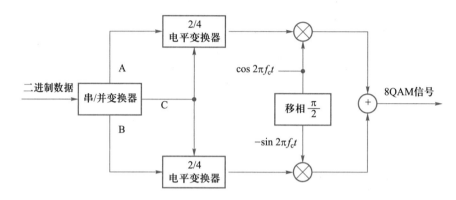

图 3.18　产生 8QAM 调制信号的原理框图

图 3.19 分别画出了 8QAM 的矢量图和星座图。从矢量图和星座图均可以看出，8QAM 已调信号存在 2 种幅度和 4 种相位，即幅度和相位都在改变。输入的二进制码流每 3 个比特分为一组。其中前 2 个比特 A、B 的组合决定了其相位，共有 4 种相位，而 C 决定了幅度，可表示两种幅度。

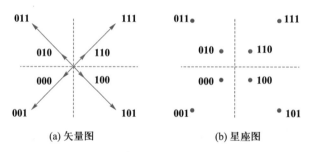

图 3.19　8QAM 的矢量图和星座图

（2）16QAM

16QAM 是 $M=16$ 的系统，产生 16QAM 调制信号的原理框图如图 3.20 所示，输入二进制数据经串 / 并变换和 2/4 变换后速率为 $f_B/4$。2/4 变换后的电平为 ±1 V 和 ±3 V 四种，它们再分别进行正交调制合成信号 $A\cos 2\pi f_c - jB\sin 2\pi f_c t$。由于 A、B 各有四种幅度，所以合成后信号有 16 个状态。

由该电路所产生的 16 个状态的星座图如图 3.21 所示。从图 3.21 可以看出 16QAM 的星座图呈方形，因此也称方形星座图。

16QAM 的星座图还可以是所有的信号点均落在两个同心圆上，如图 3.22 所示。由于它呈现出发散的射线，故称为星形星座图，16QAM 星形星座图与方形星座图进行对比，有如下特点：星形星座图中共有 2 种幅度，8 种相位；而方形星座图有 3 种幅度，12 种相位。由于星形星座图的幅度及相位数目少，因此，它在抗衰落能力上要更为优越。

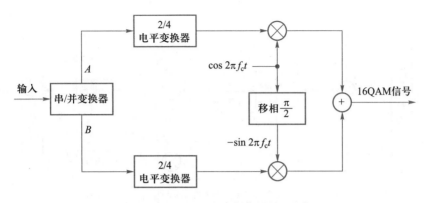

图 3.20 产生 16QAM 调制信号的原理框图

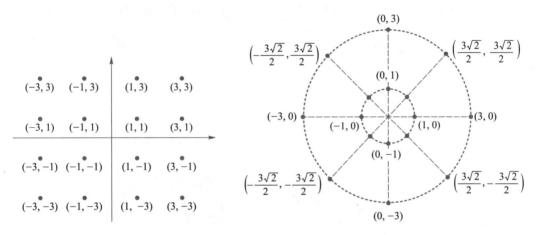

图 3.21 16QAM 方形星座图   图 3.22 16QAM 星形星座图

具有星形星座图的 16QAM 实现也比较简单,可以用串/并变换器将每 4 个二进制信息分为一组,其中前 3 个比特用于产生 8 种相位,用第 4 个比特产生 2 种幅度即可。

国际电报电话咨询委员会(Consultative Committee for International Telephone and Telegraph,CCITT)对各种进制 QAM 的星座图都给出了建议,无论是哪一种 QAM,它们都是幅度和相位双重受控的数字调制。QAM 特别适用于频带资源受限的场合。

3.4.5 正交频分复用技术

正交频分复用(orthogonal frequency division multiplexing,OFDM)技术是一种多载波调制技术,在抗多径传播和抗频率选择性衰落方面的性能较好,在高速无线通信系统中应用广泛。由于采用 OFDM 调制的多个子载波之间具有正交特性,故可以允许各个子载波之间的频谱部分相互重叠,以提高频带利用率。OFDM 的原理是将信道分解成若干个正交子信道,将串行的高速数据流并行地在这些子信道上进行传输,从而降低传输速率,减轻多径时延对系统造成的影响。在接收端,互相正交的子载波上的子信号可以通过并/串变换恢复出原始的串行数据。图 3.23 是 OFDM 技术的原理图。

串行数据流经过串/并转换器,以及经过幅度调制和相位调制后形成的 N 个子载波叠

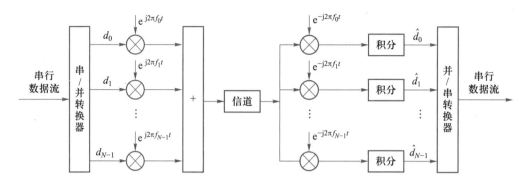

图 3.23　OFDM 技术原理图

加后构成一个 OFDM 符号,假设子信道数为 N,一个 OFDM 符号的持续时间为 T,原始数据信号是$\{d_0, d_1, \cdots, d_{N-1}\}$,$f_i$ 为不同子载波的频率。则 $t=T_S$ 的 OFDM 输出信号可表示为

$$s(t) = \begin{cases} \sum_{i=0}^{N-1} d_i rect\left(t - T_S - \frac{T}{2}\right) \exp\left[j2\pi \frac{i}{T}(t - T_S)\right] & T_S \leqslant t \leqslant T_S + T \\ 0 & t < T_S, \ t > T_S + T \end{cases} \quad (3.18)$$

其中,$rect(t) = 1, \ |t| \leqslant \dfrac{T}{2}$。

在接收端解调第 j 个子载波,然后在符号持续时间 T 内积分,得到原始信号

$$\begin{aligned} \hat{d}_j &= \frac{1}{T} \int_{T_S}^{T_S+T} \exp\left[-j2\pi \frac{j}{T}(t - T_S)\right] \sum_{i=0}^{N-1} d_i \exp\left[j2\pi \frac{i}{T}(t - T_S)\right] dt \\ &= \frac{1}{T} \sum_{i=0}^{N-1} d_i \int_{T_S}^{T_S+T} \exp\left[j2\pi \frac{i-j}{T}(t - T_S)\right] dt = d_j \end{aligned} \quad (3.19)$$

从式(3.19)中可以发现,不同子载波之间需要满足式(3.20)的条件,才能在接收端分离出不同的子载波,式(3.20)也体现了 OFDM 子载波的正交性。

$$\frac{1}{T} \int_0^T \exp(j2\pi f_n t) \exp(-j2\pi f_m t) dt = \begin{cases} 1 & m = n \\ 0 & m \neq n \end{cases} \quad (3.20)$$

这种正交性可以从频域上直观地体现出来。图 3.24 为不同子载波的频谱,可以直观地作出如下判断:当某个子载波的归一化幅值达到最大时,意味着其余子载波幅值总为零。因此,通过计算每个子载波幅值最大处所对应的信号值,就能分辨出每个子载波的符号,从而将每个子载波符号提取出来。

3.4.6　多输入多输出技术

无线通信系统根据发射端和接收端天线的数量不同,可以分为单输入单输出(single input single output,SISO)系统、单输入多输出(single input multiple output,SIMO)系统、多输入单输出(multiple input single output,MISO)系统和多输入多输出(multiple input multiple output,MIMO)系统。这里的“输入”和“输出”分别指“发射天线”和“接收天线”。

SISO 系统是指传统的发端和接端各有一根天线的无线通信系统,该系统在时域和频域对信号进行处理。根据式(3.6)给出的信道容量公式(香农定理),可以得到加性高斯白噪声

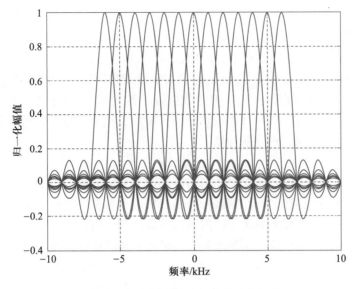

图 3.24 OFDM 系统中各子载波的频谱

信道中无差错传输的理论极限速率。香农定理说明在给定信道带宽和信噪比情况下,无论运用什么样的信道编码方法和调制方案,只能逼近系统的信道容量而无法超越它。因此,信道容量是 SISO 系统的理论上界。

    MIMO 系统在发端和收端都使用了多个天线单元,在传统的时、频域基础上,增加了空间处理域。其基本原理是在无线通信的发送端,由多根发射天线组成的阵列分别传输信号;而在接收端,则利用多根接收天线根据信号的时空特性进行合并,来提升信号增益,有效地恢复原始信息。MIMO 技术的基础是天线分集和智能天线技术,它将多天线无线传输和信号处理技术相结合,充分利用自由空间传播特性和波束成形技术,在不增加频谱、功率等其他资源的情况下,有效利用了空间复用及分集增益,使得信道容量大幅增加。

    在 MIMO 系统中采用的提高频谱利用率和信号传输质量的方法主要包括空间复用、分集增益和波束成形等三种。

(1) 空间复用

    相比于 SISO 系统,在同等功率及带宽的前提下,空间复用不仅能提升系统性能还能提升数据的信息速率。

    图 3.25 是一个 $M \times N$ 的 MIMO 空间复用系统,图中有 M 个发射天线和 N 个接收天线。即便在不知道信道信息的情况下,$\min(M, N)$ 个数据流的复用也是可行的。MIMO 系统将

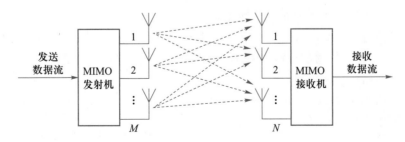

图 3.25 $M \times N$ 的 MIMO 空间复用系统示意图

数据划分为若干份,通过多根发射天线发送出去。在接收端,由于各个收发天线之间拥有独立的空间信道衰落特性,将收到的多个混合数据流进行分离,从而利用空间域的资源,实现在同一频段内传输多个数据流的目的,提高频谱利用率。

MIMO 系统虽然也有多根发射天线,但它与采用天线分集技术的多天线系统是不同的。MIMO 系统同一时刻在每根天线上发射的数据符号各不相同,而且也不会在不同的时间段重复发送同样的数据,因而,MIMO 系统可以使传输的数据速率提升。而多天线系统往往是在多根天线上重复发射同样的数据符号。

(2) 分集增益

在无线信道中,发送端和接收端之间往往存在着多径传播现象,多个接收信号合并之后的功率有时叠加增强,有时又叠加减弱,会出现幅度和相位上的快速变化,引起多径衰落。如果这些多径能够通过不相关的多天线发送或接收进行分离,就能产生相互独立的子信道,那么就可以利用多径产生天线分集的增益。如果多径能够被区分,就能够被利用,这种能够区分的多径衰落信道数目也称为分集阶数。分集增益与衰落信道的瞬时信噪比的提升有关,与地形和向量空间关系紧密。需要特别强调的是,这些能区分的多径之间必须是相互独立的,即不同路径之间不能有相关性,否则天线分集就不能有效地提高系统性能。在 MIMO 系统中,分集阶数与发射天线和接收天线之间彼此相互独立的信道数量有关,其最大值为发射天线与接收天线数目相乘的积。此时,每个收发天线对之间都是相互独立的。

(3) 波束成形

在波束成形技术中,发射机需要以信道状态信息为依据,去控制天线阵上各天线的发射功率,即根据每条路径上的信道增益情况分别设置加权系数,以便对不同路径进行优化,得到最优的信噪比合并值。而前面所讨论的空间复用和分集增益均没有这一要求。在此情形下,就需要在接收机上进行信道测量和信道估计,并且把信道状态信息用一个反馈链路传送给发射机。这些通过反馈链路回传给发射机的信道信息可以是完备的,即发射机完整地知道信道状态矩阵;也可以是不完备的,即发射机仅仅获得了一些信道状态信息的参数,例如,信道的平均衰减量或信道的统计特性。

待发射信号 $s_1, s_2, \cdots, s_n$,乘以自身加权系数 $w_1, w_2, \cdots, w_n$ 后,得到波束成形预编码器的输出 $x_1, x_2, \cdots, x_n$,这些输出信号同时从多个发射天线独立地发射数据流,写成矩阵形式为

$$\begin{bmatrix} x_1 \\ x_2 \\ \vdots \\ x_n \end{bmatrix} = \begin{bmatrix} w_1 \cdot s_1 \\ w_2 \cdot s_2 \\ \vdots \\ w_n \cdot s_n \end{bmatrix} \tag{3.21}$$

图 3.26 是带预编码的 MIMO 发射机的框架图。这种波束成形预编码方案使得发射端的发射功率得到了优化,提升了无线信道的传输效率,同时还能减少多个用户间的相互干扰。

本小节仅给出 MIMO 技术的一些基本概念,可参阅相关书籍和文献,进一步了解技术细节。

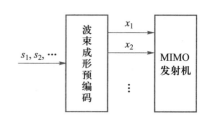

图 3.26　带预编码的 MIMO 发射机框架图

信道编码

3.5 信 道 编 码

3.5.1 信道编码的基本概念

数字信号在通过实际信道进行传输时,由于受到多种因素所产生的噪声和干扰影响,信道的传输特性往往呈现出时变的特点。这些负面因素是不可避免也无法准确预测的,其结果是会引起接收差错。要想提升数字通信的可靠性,需要从多方面进行着手。首先,在发送端应该精心设计数字基带信号的波形和码型,选择符合信道特点的调制方式以及根据传输距离和信道衰落情况选取合适的发射功率和发射天线等;其次,在接收端应采用均衡技术,包括频域或时域均衡,以消除码间串扰,尽可能减少信道的不利影响,以降低误码率。如果采用了上述措施后,误码率依然不能满足要求,则可以考虑采用信道编码方式。信道编码虽然降低了传输的有效性,但它具有纠/检错能力,能在不改变其他条件的情况下,将传输质量提高若干个数量级。与制造昂贵的高质量设备和开发复杂的信号处理算法相比,信道编码是经济而实用的。

信道编码与信源编码之间有着本质的区别,两者的目的截然不同。从编码的目的来说,信源编码需要压缩冗余度,提高数字信号有效性。通过信源编码可降码速率,有效地压缩了传输频带,如脉冲编码调制(pulse code modulation,PCM)采用非均衡量化,对抽样的绝对样值进行编码实现了比均匀量化更低的抽样率;而自适应差分脉冲编码(adaptive differential pulse code modulation,ADPCM)则采用预测编码技术,根据前面的抽样值对当前抽样值进行预测,进一步降低了抽样率。这些都是典型的信源编码实例。而信道编码之所以能够降低误码率,是通过人为增加有规律性的冗余度实现的,它的目的在于将数字通信的可靠性大幅提高。当然,信道编码可靠性的提升(即系统的误码率降低)是通过牺牲有效性(即降低信息的传输速率)来实现的。需要强调的是:信源编码降低了冗余度,而信道编码增加了冗余度。在这两个过程中,冗余度的内涵不一样。信源编码中降低的是在基带信号中没有必要的、无规律性的冗余度,压缩之后并不影响信源所包含的信息量;而信道编码所增加的是收发之间事先约定好的、经过精心设计的、有特定规则的冗余度,以便根据这种规律性在接收端完成纠/检错。

信道编码的主要任务是完成差错的检测和纠正,也可称为差错控制编码。常见的基本方式可分为四类,分别是前向纠错、自动重传请求、混合纠错和信息反馈。

在前向纠错(forward error correction,FEC)系统中,由于发送端发出的编码是具备纠错能力的,所以在接收端经过译码后,能在本地译码器中发现错误并进行纠错。其优势在于FEC系统只需要从发到收的单向信道,不必将译码结果告诉发送端,因此节省了信道资源;由于不要求发送端进行重发,降低了时延,系统具有较好的实时性。缺点是可靠性与设备复杂度之间存在矛盾,即所需的纠错能力越强,编译码设备复杂度越高;码字的纠错能力越强,相应的编码效率越低。

自动重传请求(automatic repeat request,ARQ)系统又可以叫作反馈重发或判决反馈系统。发送端发出检错码,通过前向信道送往接收端,接收端的译码器只判决是否出错并不进行纠错,并将表示判决结果的应答信号通过反馈信道送回发送端。应答信号通常采用正向应答,即对正确接收的数据帧进行应答。发送端据此判别出现的错误,并将出错信息重新发送,直至确定已经被正确接收为止。ARQ 系统的优点是译码设备相对简单,只需要判别是否出错,这种方式对突发性错误特别有效。缺点是需要双向信道,由于需要重传,系统的实时性不高。

混合纠错(hybrid error correction,HEC)系统又可以叫作混合自动重传请求(hybrid automatic repeat request,HARQ)系统。该方式充分发挥了 FEC 和 ARQ 各自的益处。在HEC 方式中,当在接收端发现错码时,如果该错误在本地就能进行自行纠正,那么就会直接完成纠错,即相当于采用了 FEC;而当错误图案超越了接收端译码器的纠错范围时,就向发送端进行反馈,即相当于采用 ARQ。即 HEC 在 FEC 和 ARQ 方案上进行了优化,获得了性能上较好的提升。但 HEC 需双向信道,且译码设备和控制系统较为复杂。

信息反馈(information feedback,IF)系统不需要进行编码,它由接收端将收到的信息维持原样地重新送回发送端,由发送端将回传信息和已发送的信息进行对比。与前三种方式所采用的接收端判别方式不同,IF 系统是由发送端来识别错误的。若发送端检测出反馈信息中有错误,则需要进行重发。IF 的优势在于无须复杂的信道编译码系统,实现原理简单。劣势是必须具备双向信道,需要至少双倍的传输功率和传输时间,功率浪费大,也无法满足实时通信的要求。

差错控制编码中有多种信道编码方式,按照不同角度分类,有以下的类型。

① 根据差错控制编码的作用不同,可以分为检错码、纠错码和纠删码。检错码指可以检测错误;纠错码指可以纠正错误;而纠删码指同时具备纠错和检错的能力,当发现错误无法纠正时,就发出错误的指示或者把它删除。

② 根据纠错码各码组信息码元和监督码元的函数关系,可以分为线性码和非线性码。如果监督码元和信息码元之间的函数是线性的,即满足一组线性方程式,则称为线性码,否则,如果监督码元和信息码元之间的函数是非线性的,则称为非线性码。

③ 根据对信息码元各码组之间的处理方式不同,可分为分组码和非分组码。分组码的监督码元只和本码组的信息码元有关,与其他码组无关。分组码中有特殊的一类,即许用码组满足移位循环的特性,称为循环码。而非分组码的典型代表是卷积码,其编码与本分组内以及之前分组中的信息码元都有关。

④ 按照码组中信息码元在编码前后是否相同可分为系统码和非系统码。如果在编码之后信息码元保持与编码之前相同,且编码后的码组信息码元在前,监督码元在后,就将其称为系统码,否则称非系统码。

⑤ 按照纠(检)错误的类型可分为纠(检)随机错误码、纠(检)突发错误码和既能纠(检)随机错误同时又能纠(检)突发错误码。

⑥ 按照每个码元的取值可分为二进制码和多进制码。

经过前面的讨论可以看出,信道编码通过引入有规律的冗余码,在被传输信息中附加了一些监督码元,并利用附加的监督码元与信息码元之间所满足的约束关系加以校验,使得信道编译码系统具备了纠 / 检错的能力。因此,这是以编码的冗余度换取的纠 / 检错能力。对于同一类信道编码而言,引入的冗余度越高,获得的纠 / 检错能力就越强。

下面以最简单的重复码为例,简述差错控制编码获得纠 / 检错能力的基本原理。例如,对于二进制系统,要表示“红”和“黑”两种颜色只需要一位编码,即 **1** 表示“红”,**0** 表示“黑”。显然,这种编码是无冗余度的,信息位被充分利用了,因而效率最高。但同时它也不具备抗干扰能力,若在传输过程中发生误码,即 **1** 错成 **0**,或 **0** 错成 **1**,则接收端无法判断收到的码元是否发生错误。因此,没有冗余度的码也无纠/检错能力。

(2,1)重复码有两个许用码组,即 **11** 和 **00**,其中 **11** 表示"红",**00** 表示"黑"。所谓重复码就是将原来的信息位进行重复来完成差错控制编码的方式,(2,1)重复码将信息位重复了 1 位。在(2,1)的记法中,第 1 个数字表示 2 位码长,第 2 个数字表示 1 位信息位。许用码组为 **11** 和 **00**。如果在传输过程中发生 1 位错误,接收码组就会变为 **10** 或 **01**,即为禁用码组,接收端可以检测到有错。但它不能纠错,因为 **11** 和 **00** 出现 1 位误码时,都可能变成 **10** 或 **01**。这种编码只能用于 ARQ 系统。

(3,1)重复码有两个许用码组,即 **111** 和 **000**,其中 **111** 表示"红",**000** 表示"黑",即将信息位重复 2 位。(3,1)表示其码长为 3,信息位仍为 1 位。则出现 1 位错码可以纠正。如接收端收到 **110**,则可认为是 **111** 出现了 1 位误码,并据此加以纠正。另外,该编码用于检错能检测 2 位错码。例如,发送"红"应为 **111**,若有 2 位出错应变为 **100**、**010** 或 **001**,则这 3 个码既不代表"红",也不代表"黑",于是接收端能发现出错,但此时不能确定错在哪里。

(5,1)重复码有两个许用码组,即 **11111** 和 **00000**,其中 **11111** 表示"红"、**00000** 表示"黑"。它增加了 4 位冗余码(即将信息位重复 4 位)。(5,1)表示其码长为 5,信息位仍为 1 位。它能纠正 2 位错误,能检测 4 位错码,或能在纠正 1 位错误的同时检测 2 位错误。

从以上的例子可以看出,增加冗余码的个数,可增加纠/检错能力。

在信道编码过程中涉及一些基本术语。

(1) 码长

码长,即码组的长度,是指构成码组(又称为码字)的码元个数。如 **111001** 的码长为 6,而 **11001** 的码长为 5。

(2) 码重

码重,即码组的重量,是指码组中 **1** 的数量。如码组 **111001** 中,**1** 的个数为 4,则码重为 4;码组 **1100100** 中,**1** 的数目为 3,则码重为 3。

(3) 编码效率

在分组码中,码组由信息位和监督位两部分组成。信息位是原始的信息码元;而监督位是监督码元,它是为了能够纠/检错而生成的。分组码中码组和信息位的情况可以记作(n,k),其中 n 表示一个码组的总码长,k 是码组中信息位的码长,那么监督位的长度为总码长与信息位之差 $r=n-k$。那么编码效率 η 可表示为

$$\eta = \frac{k}{n} \tag{3.22}$$

编码效率 η 的取值介于 0 和 1 之间,越接近于 1 表示编码效率越高。在前面介绍的重复码中,k 始终为 1。虽然纠/检错能力与码长相关,一般而言,码长变长后纠/检错能力也随之提升,但是编码效率却会因码长增加而明显下降。信道编码的一个目标是力图寻找在同等纠/检错能力的情况下,编码效率高的编码方法。

(4) 码距

码距是指两个等长码组之间的距离,又称汉明距离。计算方法是将两个等长码组逐位进行比较,统计总共有几个对应位上的数字不同。例如,码组 **111001** 和 **101101** 的码长均为 6,它们之间逐位比较后,发现有 2 个对应位数字不同,故码距为 2。码距的计算还可以先求 2

个码组的模 2 和,再计算所得码组的码重,即为原来 2 个码组的码距。如 **111001** 和 **101101** 进行模 2 相加后,得到的码组是 **010100**,该码组的码重是 2,表明 **111001** 和 **101101** 的码距是 2。这与直接比较的结果是相同的。需要注意:码长不相等的码组是无法计算码距的。

在若干个等长的许用码组中,两两之间都可以计算出一个码距,在得到的所有码距中,距离的最小值称为最小码距,记为 d_0。它是对编码纠 / 检错能力作出判断的主要参数。纠 / 检错能力和最小码距 d_0 有密切的关系,它们之间存在以下几个关系式。

① 用于检测:检测 e 个错码,要求 d_0 满足

$$d_0 \geq e+1 \tag{3.23}$$

② 用于纠错:纠正 t 个错码,要求 d_0 满足

$$d_0 \geq 2t+1 \tag{3.24}$$

③ 用于纠错和检错:纠正 t 个错码,同时检测 e 个错码,要求 d_0 满足

$$d_0 \geq e+t+1 \quad (e>t) \tag{3.25}$$

利用式 (3.23)、式 (3.24) 和式 (3.25) 可以计算出线性分组码的纠 / 检错能力。

下面还是以重复码为例子,具体说明不同码长重复码的纠 / 检错能力。

(2,1) 重复码,根据式 (3.23) 能检测 1 位错码。

(3,1) 重复码,根据式 (3.23) 能检测 2 位错码。根据式 (3.24) 可以纠正 1 位错码。

(5,1) 重复码,根据式 (3.23) 能检测 4 位错码。根据式 (3.24) 可以纠正 2 位错码。根据式 (3.25),用于 HEC 方式可以纠正 1 位错码,同时能检测 3 位错码。

(7,1) 重复码,根据式 (3.23) 能检测 6 位错码。根据式 (3.24) 可以纠正 3 位错码。根据式 (3.25),用于 HEC 方式,可以分两种情况:一是纠正 1 位错码,同时能检测 5 位错码;二是纠正 2 位错码,同时能检测 4 位错码。

由线性分组码的性质可知,最小码距 d_0 等于除全零码之外的所有许用码的码重最小值。根据这个性质,可以方便地得到线性分组码的最小码距 d_0,而不需要根据定义逐个计算两两之间的码重。

3.5.2 卷积码

卷积码是一种非分组码,它在信道编码中十分常用。一般而言,如果要确保纠 / 检错能力较强,同时保证编码效率也保持在一定大小,通常设计出来的分组码的码长会比较大。由于分组码译码器必须在完整地接收到整个码组后才能开始工作,因此,随着码长 n 增加,会造成译码的时延也随之变长,这对于实时性要求较高的场景显然不适用。而卷积码的监督位不仅可以利用当前时间段内的信息位,还可以利用其他时间段的信息位,因此,卷积码可以使得当前时间段内的信息码元位数较短,这样就可以保证较低的时延。特别是对于串行通信的应用场合,卷积码尤为适用。

卷积码与分组码最大的区别在于,卷积码所产生的 n 个码元,不仅与当前码组的 k 个信息位有关,而且可以与前面 $m=N-1$ 段码组的信息有关。因此,卷积码一个码组中的监督码元与当前和之前的共 N 个信息段有关。将 N 定义为编码的约束度,则编码的总约束长度为 nN。从误码率性能的仿真结果可以看出,随着总约束长度的增加,采用卷积码系统的误码率呈指数下降。这说明卷积码的纠 / 检错能力具有随总约束长度的增加而增大的优点,而且

系统时延远比具有相同纠/检错能力的分组码要低。可以看出,相比于分组码,卷积码的性能优越,且实现难度适中。正因为如此,卷积码在实际系统中得到了广泛的研究和应用,并写进了很多通信标准中。

(1) 卷积码的编码器

卷积码其实是纠错编码的一种,它会将原来的信息打乱,即使此时出现大面积的错误,也可以通过一定手段把错误都分散到不同的码段,而这对信道纠错的实现是十分有利的。卷积编码器就是为了实现卷积编码的电路。卷积码通常可记为(n, k, N),其中n为当前时间段输出的总码长,k为其中信息码元的个数,这与之前的分组码定义相同。卷积码的记法中增加了一个参数N,它称为编码的约束度,也就是相互关联的码组的个数,编码的总约束长度表示为nN。图 3.27 给出了一种$(2, 1, 3)$的非系统卷积码编码器的结构。所谓非系统码是指输出的编码中不包含原始的信息位。$(2, 1, 3)$卷积码编码器表示每输入 1 位码元,输出码元为 2 位,编码的约束度为 3,编码的总约束长度为 6。该编码包含了三级移位寄存器,其中第 3 级为当前输入,第 1、2 级表示当前状态。表示状态的二进制数,先输入的比特在前,后输入的比特在后。

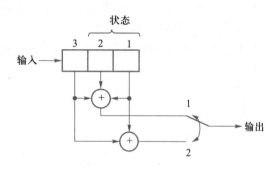

图 3.27 $(2, 1, 3)$非系统卷积码编码器结构

(2) 卷积码的网格图表示

卷积码的编码过程可以用网格图表示。在网格图中,每个节点代表一个状态。

卷积码编码器在开始工作时,要将初始状态设为全 **0**。对于图 3.27 所示的$(2, 1, 3)$卷积码编码器来说,共有 4 种可能的状态 **00**、**01**、**10** 和 **11**,初始状态要设为 **00**。根据当前状态以及当前状态下的输入比特是 **0** 或 **1**,可以计算出下一状态及输出。图 3.28 为$(2, 1, 3)$卷积码的网格图表示。图中带箭头的实线表示的是输入比特为 **0**,带箭头的虚线表示的是输入比特为 **1**。编码器的输出在图中用箭头上方或下方的数字表示。

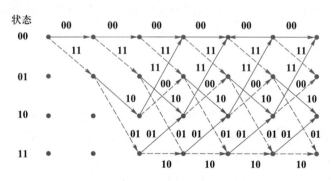

图 3.28 $(2, 1, 3)$卷积码的网格图表示

(3) 卷积码的译码器

下面分别以门限译码和维特比译码为例,介绍卷积码的译码原理。

门限译码方式虽然在性能上不如概率译码优越,但其设备简单,实现方便,还可用于一些分组码的译码,所以具有典型意义。门限译码是一种二进制择多译码器。它通过一组正交校验方程进行计算,通过择多逻辑门判决信息位是否出错,并用模 2 加电路加以纠正。所谓"正交"是指需要译出的信息位出现在每一个校验方程中,而其他码位在校验方程组中最多出现一次。门限译码的工作原理图如图 3.29 所示。

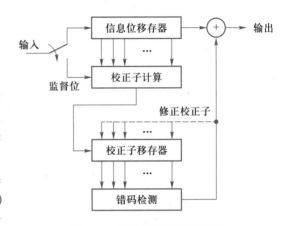

图 3.29　门限译码工作原理图

维特比(Viterbi)译码是卷积码的译码方法之一,由于它的译码效率高,而被广泛采用。基于最大似然序列估计的 Viterbi 译码属于概率译码,其译码过程是基于网格图的。图 3.27 的 $(2,1,3)$ 卷积码编码器就要基于图 3.28 的网格图进行译码。对于 (n,k,N) 的卷积码,网格图的状态共有 $2^{k(N-1)}$ 种。在网格图中,每个点都会引入 2^k 条支路,并且引出 2^k 条支路。假设初始状态为全 **0** 状态,在网格图中前 $N-1$ 级连续支路构成的路径都是互不相交的,而当接收到第 N 级时,每个节点处都会有两条路径在这里汇聚。在 Viterbi 译码算法中,分别计算汇聚在每个点上的两条支路的路径量度累加值,直接丢弃路径量度较大的支路,保留路径量度较小的路径。若出现两条支路的路径量度相同时,则任意删除其中一条支路即可。

卷积码需要在每一段信息的末尾添加 $N-1$ 个 **0**,一方面作为结束的标志,另一方面也使得编码器的状态寄存器清零。在接收端开始对全 **0** 信息进行译码,所有可能的状态中只有与全 **0** 信息一致的支路会被保留,其他的支路将会被丢弃。这样每经过一级,留存的支路就减半。当接收到第 $N-1$ 个 **0** 信息后,只留下了唯一的译码路径,这条路径就是最大似然路径。只要出现的错误不超出卷积码的纠错能力,那么,从初始状态开始的所有留存路径,在经过若干级后,总能正确合并。差错模式将决定合并所需经过的级数。在译码过程中,经多少级合并称为译码深度。在具体实现时,并不一定等到接收到结束信息才确定译码路径,而是选择一个固定的值作为译码深度。当到达译码深度时,就选取当前路径度量最小的那条路径作为译码输出。通常,译码深度选择为编码的总约束长度 nN 的若干倍。

Viterbi 译码算法原理图如图 3.30 所示,核心单元包括:支路度量计算存储、加 – 比 – 选单元和幸存路径计算存储。从上面的分析可知,Viterbi 译码的关键技术就是加 – 比 – 选单元,通过累加路径度量,比较大小,选择较小的路径。

Viterbi 译码的判决又可分为硬判决和软判决,这两者之间的区别是输入译码器的量化比特数不同。所谓硬判决是判决的数据只有 1bit,要么是 **0**,要么是 **1**。而软判决是指输入译码器的数据采用多比特量化。在软判决中,若量化比特数为 j,则对应 2^j 个量化值。硬判决在实现上比较简单,但性能上会比软判决损失 2~3 dB。

3.5.3　Turbo 码

在香农定理提出后的很长一段时间,人们一直在试图寻找能逼近香农限的实用编译码方法。在编码理论中已经证明,随机码性能优越,因此随机编码常被用来验证各种编码定理。然而,人们一直都没能找到随机码有效译码方法,这使得随机码根本无法在工

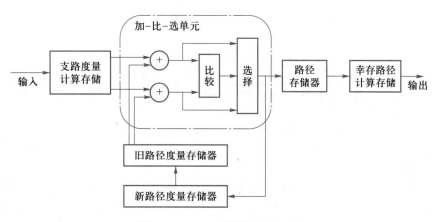

图 3.30　Viterbi 译码算法原理图

程中得到应用。1993 年,Turbo 码横空出世,才完美地解决了随机码构造和有效译码的难题。

　　Turbo 码是克劳德·贝鲁(Claude Berrou)提出的,最初的 Turbo 码成员编码器采用了卷积码,因此,Turbo 码又称并行级连卷积码(parallel concatenated convolutional codes,PCCC)。Turbo 码被认为是网格编码调制(trellis coded modulation,TCM)在 1982 年被发明之后,编码界的又一重要创新与飞跃。

　　Turbo 码的精髓在于编码时利用短码的并联来构造长码,达到了随机码的编码效果;而译码时利用循环迭代的方法,将长码又转化为短码,有效地解决了随机码译码困难的问题。最早提出的 Turbo 码编码器采用了两个码率为 1/2 的卷积码并联,并将一个随机交织器与一路卷积码级联,通过复接器输出长码,实现了随机编码。此外,Turbo 码在译码时又将长码分割为短码,采用软输出迭代译码,实现了逼近最大似然译码的结果。计算机仿真验证表明,在 AWGN 信道中,Turbo 码的误比特率(bit error ratio,BER)达到 10^{-5} 时,对应的信噪比为 0.7 dB,这非常逼近香农限中 0 dB 的理论值。正因为 Turbo 码展现出的优越性能,所以它一经提出,便引起了广泛的关注。

　　Turbo 码的诞生源于在对信道编码进行的研究中采用了一些新思路和新手段,它改变了长期以来通过理论推导探寻编码方法的历史,提供了短码并联构造好码的新思路和计算机仿真验证性能的新手段,标志着信道编码理论研究方法进入了一个全新的阶段。由于对 Turbo 码的性能分析并非来自传统的数学推导,而是通过仿真验证,这也使得编码研究从理论推导变成了实验验证。

(1) Turbo 码编码器

　　典型的 Turbo 码编码器结构如图 3.31 所示。它主要包括 1 个交织器、2 个成员编码器和 1 个删余复接器(删余矩阵和复接器)。其中,第 1 个成员编码器直接对信源的分组信息序列进行编码,第 2 个成员编码器的输入是经过交织器交织后的分组信息序列,Turbo 码编码器最终的编码输出包括最初的信息序列和由 2 个成员编码器所产生的校验序列经删余和复接后得到的信息序列。其中的主要变化在于 2 个成员编码器。它们的具体实现方式千差万别,编码器类型为卷积码或者分组码均可。根据成员编码器所采用的类型不同,Turbo 码编码器可以是卷积 Turbo 码(convolutional turbo code,CTC),也可以是分组 Turbo 码(block

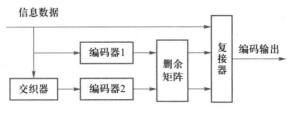

图 3.31　Turbo 码编码器结构

turbo codes，BTC）。

　　Turbo 码编码器中的交织器可以简单地理解为一种将原来的信息序列重新排列的装置。用于 Turbo 码的交织器可以为卷积交织器、行列（分组）交织器或随机交织器。其中，卷积交织器具有性能优异、实时性高和实现简单等优点，且其结构的规律性强，利于理论分析，更适合于面向流的 Turbo 码。Turbo 码编码器中的删余复接器进行删余与复接的主要目的是获得合适的码率。

　　另外，除了图 3.31 中采用并行级联的结构之外，Turbo 码还可采用串行级联的结构，成员编码器的个数也可以选择 2 个以上，可以通过多个交织器进行并行级联或串行级联而构成高维 Turbo 码；如果采用先并联再串联，或先串联再并联的方式构造 Turbo 码编码器，则构造出的码称为混合级联 Turbo 码。

　　在卷积码编码器一组数据发送结束时，需要将编码器的状态还原成已知的状态，通常采用全部清零处理，所以要加 m bit 的收尾 **0** 序列（m 为卷积码编码存储长度）。但在 Turbo 码中，因为交织器的引入，m bit 的收尾序列的收尾方案就可能存在多种。Turbo 码末状态的处理就分为归零其中一个编码器或两个编码器都归零以及两个编码器都不归零等。具体的方案有四类，如图 3.32 所示。

图 3.32　Turbo 码末状态收尾方案

（2）Turbo 码译码器

　　传统的译码方法常在译码器最后得到硬判决译码比特。然而，由于 Turbo 码编码器包含两个（还可能多个）成员编码器，并结合了交织技术对同一信息序列分别进行处理。因此，对于 Turbo 码译码算法，不应限制在其译码器中通过的只能是硬判决信息。为了更好地利用成员译码器之间的信息，译码算法所用的应当是软判决信息而不是硬判决信息。Turbo 码译码器的主要特点在于循环译码，也就是通过两个或多个子译码器间循环交换共享信息以提高译码的准确度。对于如图 3.31 所示的由 2 个成员编码器构成的 Turbo 码编码器，其译码器由与 2 个成员编码器对应的 2 个成员译码器，以及 2 个交织器与 1 个解交织器组成，如图 3.33 所示。

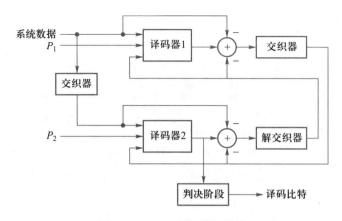

图 3.33 Turbo 码译码器结构

Turbo 码译码器的基本工作原理是将其中一个成员译码器的软输出信息作为下一个成员译码器的输入。通过多次迭代,可以获得更好的译码性能。

在图 3.33 中,成员译码器 1 完成对一个数据帧的译码并经过交织后,由成员译码器 2 进行译码,经过解交织后,再由译码器 1 完成再译码,如此反复迭代,直至正确译码或不能再纠正错误为止。Turbo 码的强大之处在于它在译码中经过多次迭代不断地逼近香农限。在整个解码过程中,信息在 2 个简单的成员译码器之间不断地循环迭代,就犹如一台强力运转的涡轮机,这也是 Turbo 码名字的由来。

Turbo 码的译码算法主要包括:软输出 Viterbi 算法(soft-output Viterbi algorithm,SOVA)和最大后验概率译码算法(maximum a posteriori,MAP)。这两种算法的区别在于路径量度的计算方法不同。下面简要介绍 SOVA 算法。

SOVA 算法是对 Viterbi 算法的改进。Viterbi 算法早已不再单纯是卷积码编码的译码算法,在通信接收机解调、译码和均衡等算法中都可以采用 Viterbi 算法的思想。比如,在 QAM 系统中,可采用基于级联 Viterbi 算法的解调器。然而级联 Viterbi 系统还存在着很多弊端,比如复杂度高,对噪声及干扰较敏感。

为了克服上述缺点,引入了 SOVA 算法,它采用软判决计算度量值以改进 Viterbi 算法硬判决的不足,且输出相应判决比特和置信度信息,它更侧重于在卷积的网格图中寻找最可能的路径。它的译码过程通俗地说就是在接收序列的控制下,在网格图上探寻编码器的路径。

图 3.34 所示的是一种 $(2,1,2)$ 码的网格图,两个编码器的生成多项式分别为 $G_1(D)=1+D+D^2$ 和 $G_2(D)=1+D^2$。网格图表示了编码器随着输入比特不同的状态转移情况。其中,$(2,1,2)$ 码的 SOVA 就是在网格图上探寻度量最大的路径。

在 SOVA 算法中,利用 Viterbi 算法在网格图中进行前向搜索。译码器选择具有最大可能性的支路而将其他支路舍弃,所选择的支路决定了最大似然路径。与经典的 Viterbi 算法相比,SOVA 译码器除了输出最大似然译码序列之外,还需产生代表译码序列中每一比特可信度的软输出量度。正是这种软输出量度的不断更新使循环译码成为可能。SOVA 算法可以分为以下几个步骤完成:

①计算路径度量与度量差;

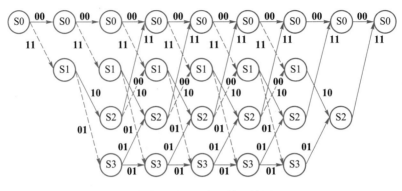

图 3.34 （2,1,2)码的网格图

② 更新可靠性度量；

③ 将内信息减除,更新下一步所需的外信息值。

执行完以上步骤后,将所更新的外信息值重新带入 SOVA 译码器中,进行下一轮迭代,如此往复,最终完成 Turbo 码的译码。虽然 SOVA 算法并非 Turbo 码译码方法中性能最优的,但由于运算复杂度低,且可以采用滑窗法提高实时性,因此更适合实际应用。

另一种 Turbo 码译码方法是 MAP 算法,它侧重于最小化错误事件的概率。MAP 算法中不拒绝网格图内的任何路径。实际上,MAP 译码器通过计算各节点前向转移和反向转移的概率来判断网格图中该级上的输出为 1 还是 0。

由于 MAP 算法中涉及许多乘法和除法运算,因此在硬件上实现的代价过大。如果把算法变换到对数域,则原来的乘除法运算相应地变成加减法运算,这大大减少了硬件实现的复杂度。这种在对数域实现的 MAP 算法就是 logMAP 算法。

在 logMAP 算法中,原有的加减法运算在对数域中计算依然十分复杂。为了解决这个问题,引入了 Max-logMAP 算法,以取较大值的方法代替加法运算。这样在算法的物理实现中,就大大减少了实现的复杂度。

综上所述,MAP 算法是 Turbo 码译码算法中性能最佳的,而 logMAP 算法与 MAP 算法具有相同的性能,因为这两种算法只是运算域不同。一般来说,SOVA 算法的误码率性能比 MAP 算法要低 1 dB 左右,而 Max-logMAP 算法性能则比 MAP 算法低 0.3 dB 左右。

(3) Turbo 码误差底线

使用 Turbo 码存在误差底线,也称平底效应,是指到达一定的误码率之后,误码率的值不会随着信噪比的增加而下降,而是到达了一个平台。对于给定的交织长度,采用不同的交织方案 Turbo 码,这个误差底线可能在 10^{-4} 到 10^{-9} 之间变化。

之所以会存在误差底线,主要原因是 Turbo 码并不是真正意义上的长随机码,而 Turbo 码编码的随机性又与交织方案的选择密不可分。在中等交织长度下,交织前后的两个序列相关性越小,则 Turbo 码越接近于随机码,对应的误差底线也就越低。除此之外,译码的次最优译码算法也是引入误差底线的一个原因。

Turbo 码的编译码算法涉及复杂的推导,可参阅专门的书籍深入了解。

3.6 无线链路预算

链路预算用来计算通信系统的最大传输距离,或者根据所需的传输距离和接收机灵敏度等参数,计算出对收发信机功率增益的要求。在通信系统中,信号从发送端传送到接收端,引起功率发生变化的情况包括发送天线增益、通信链路损耗和接收天线增益等。通过链路预算,可以为收发设备间设计合适的功率。

无线链路
预算

3.6.1 无线链路预算的计算方法

(1) 自由空间传播损耗 *LOS*

所谓自由空间传播是指无线电波在地面上空的大气层进行传播,且在传播路径上有直达径,即视距传播的情况。自由空间是各向同性的均匀传输媒质,相对磁导率 μ_r 和相对介电常数 ε_r 均为 1,且接收天线处地面的放射信号场强也可以忽略不计。

虽然在讨论电波在自由空间中的传播特性时,不必考虑电磁波的折射、反射和吸收等因素的影响,但是电磁波在传播中仍然会存在大尺度衰落,使得信号产生与传播距离相关的能量衰减,这种衰减称之为路径损耗。那么在接收天线上接收信号功率 P_r 可以表示为

$$P_r = P_t \cdot \left(\frac{\lambda}{4\pi d}\right)^2 \cdot G_t \cdot G_r \tag{3.26}$$

其中,P_t 为发射信号功率,λ 为发射信号的波长,d 为收发之间的传输距离,G_t 为发射天线的增益,G_r 为接收天线的增益。

为简便起见,设收、发天线增益 $G_r = G_t = 1$,那么式(3.26)所表示的接收信号功率 P_r 可简化为

$$P_r = P_t \cdot \left(\frac{\lambda}{4\pi d}\right)^2 \tag{3.27}$$

自由空间传播损耗 *LOS* 可定义为 P_t 和 P_r 的功率之比,由式(3.27)可得

$$LOS = \frac{P_t}{P_r} = \left(\frac{4\pi d}{\lambda}\right)^2 \tag{3.28}$$

若以分贝(dB)为单位计,得

$$
\begin{aligned}
LOS &= 10\lg\left(\frac{4\pi d}{\lambda}\right)^2 \\
&= 20\lg\frac{4\pi d}{\lambda} \\
&= 20\lg\frac{4\pi}{c} + 20\lg f + 20\lg d \\
&= 32.44 + 20\lg f + 20\lg d
\end{aligned}
\tag{3.29}
$$

其中,c 为光速,其值为 3×10^8 m/s;f 为电磁波的频率,其单位为 MHz;d 的单位为 km。

(2) 接收信号功率 P_r

接收机接收到的信号功率为

$$P_r = P_t + G_t - L_t - LOS + G_r - L_r \tag{3.30}$$

其中，L_t 为发送端损耗，L_r 为接收端总损耗。

(3) 接收机灵敏度 C

接收机灵敏度是指为保证接收设备正常工作，接收天线所需的最小接收功率。如果低于该功率值，则接收机无法正常工作。因此，接收信号功率值 P_r 应不低于接收机灵敏度 C，通常还要留有一些裕量。

接收机灵敏度与信噪比之间的关系可表示为

$$SNR = \frac{C}{n_0 \cdot W} = \frac{E_b \cdot R_b}{n_0 \cdot W} \tag{3.31}$$

其中，C 为接收机灵敏度，n_0 为噪声的功率谱密度，W 为信号带宽，E_b 为每比特信号能量，R_b 为信息速率。

将式 (3.31) 变换为 $C = \dfrac{E_b}{n_0} \cdot R_b \cdot n_0$ 的形式，并两边同时取对数得

$$\lg C = \lg \frac{E_b}{n_0} + \lg R_b + \lg n_0 \tag{3.32}$$

3.6.2 链路预算参数配置举例

下面通过一个实例，具体介绍通信系统的无线链路预算的计算过程。

假设两个节点之间的传输距离为 20 km，中心频率为 915 MHz，由式 (3.29) 可得自由空间传播损耗为

$$\begin{aligned}
LOS &= 32.44 + 20\lg f + 20\lg d \\
&= 32.44 + 20\lg 915 + 20\lg 20 \\
&= 118 \text{ dB}
\end{aligned} \tag{3.33}$$

发射信号功率为 26 dBm，单位 dBm 表示以毫瓦为单位的 dB 值，接收天线增益为 0 dB，收发端损耗各为 1 dB，接收信号功率为

$$\begin{aligned}
P_r &= P_t + G_t - L_t - LOS + G_r - L_r \\
&= 26 \text{ dBm} + 0 \text{ dB} - 1 \text{ dB} - 118 \text{ dB} + 0 \text{ dB} - 1 \text{ dB} \\
&= -4 \text{ dB} + 0 \text{ dB} - 1 \text{ dB} - 118 \text{ dB} + 0 \text{ dB} - 1 \text{ dB} \\
&= -124 \text{ dB} \\
&= -94 \text{ dBm}
\end{aligned} \tag{3.34}$$

若接收机的灵敏度为 -110 dBm，则电平储备为

$$\begin{aligned}
P &= P_r - C \\
&= -94 \text{ dBm} - (-110) \text{ dBm} \\
&= -124 \text{ dB} - (-140) \text{ dB} \\
&= (-124 + 140) \text{ dB} \\
&= 16 \text{ dB}
\end{aligned} \tag{3.35}$$

由式(3.35)可知,$P>0$ dB,说明收发之间有一定的裕量。可见,发送端和接收端之间的最大传输距离可以达到 20 km。

由发射功率、中心频率等数据可算出自由空间损耗、接收信号功率以及电平储备值。具体的参数如表 3.2 所示。

表 3.2　距离 20 km 下无线链路预算示例

参数名	符号	单位	参数值
传输距离	d	km	20
发射功率	P_t	dBm	26
中心频率	f	MHz	915
发射天线增益	G_t	dB	0
发端损耗	L_t	dB	1
自由空间损耗	LOS	dB	118
接收天线增益	G_r	dB	0
收端总损耗	L_r	dB	1
接收信号功率	P_r	dBm	−94
接收机灵敏度	C	dBm	−110
传输误码率	BER	–	10^{-5}
电平储备	P	dB	16

3.7　本章小结

通信的目的是完成信息的传输与交换。消息、信息和信号是通信中关系紧密的三个术语。它们之间的关系可表述为:消息是信息的物理表现形式,信息是消息的有效内容,信号是消息的传输载体。但从信息传输的角度而言,可以认为这三者是等价的。

通信系统的组成千差万别,但都可归纳为一般模型,从发送端到接收端依次为:信源和输入变换器、发送设备、信道、接收设备以及输出变换器和信宿这 5 个部分。

在通信系统的各种分类方法中,若按照信道中所传输的是模拟信号还是数字信号来区分,可相应地把通信系统分成模拟通信系统和数字通信系统。判别一个信号是模拟信号还是数字信号的依据是看所携带信息的参量取值是否可数。

数字通信已逐步取代模拟通信成为当前通信技术的主流。数字通信系统有很多优势,如抗干扰能力强、差错可控、处理灵活、易集成、成本低和易于加密等。但也存在缺点,如设备复杂度高、占用带宽大和对同步系统要求高等。

按消息传递的方向与时间关系,通信方式可分为单工通信、半双工通信及全双工通信。按照码元是经过分组后同时在多条信道上进行传输,还是依次在同一条信道上传输,可分为并行传输和串行传输两种通信方式。

多路复用指多路信号利用同一种信道资源同时进行独立传输。传输多路信号有四种基本复用方式,即频分复用、时分复用、码分复用和空分复用。

信息量是对消息发生的不确定性的一种度量。对于单个符号而言,符号出现的概率越低,信息量越大。该信息量也称为符号的自信息量。一个信源的平均信息量称为信源的熵,在信源等概率发送时,信源的熵能取到最大值。同时,介绍了香农定理和提高信道容量的方法。香农定理给出了信道无差错传输的最大传输速率,是一个上限值。

数字调制包括二进制调制和多进制调制。基本的二进制数字调制方式有:振幅键控、频率键控和相移键控。其中,相移键控又可分为绝对相移键控和相对相移键控两种,相对相移键控可以解决绝对相移键控中的相位模糊问题。本章介绍了基本的二进制数字调制与解调的原理,并对各类调制方式的性能进行了比较。

在多进制调制中,主要介绍了多进制的相位调制,以及幅度相位多参数联合调制。四相相位调制记为 4PSK 或 QPSK,它的产生可采用相位选择法或正交调制法。与二进制相位调制相似,四相调制也有相位模糊的问题,常采用相对调相,记为 4DPSK 或 QDPSK。多相调制与多电平调制相比,其抗噪声性能更好。

QAM 是一种将载波的幅度和相位作为两个独立的参量联合进行调制的方式,QAM 比 MPSK 的频带利用率更高。

信号在信道中进行传输时,可能会产生各种随机性或突发性错误,所以需要采用差错控制编码技术来减少或消除误码。差错控制编码技术共有四类,即 FEC、ARQ、HEC 和 IF,其中前三种差错控制编码技术都需要采用信道编码。

差错控制编码根据对信息码元各码组之间的处理方式不同,可分为分组码和非分组码两大类。重复码是一种最简单直观的分组码。非分组码中主要介绍了卷积码和 Turbo 码。

卷积码的监督码元不仅与当前分组内的信息位有关,还与前面几个分组的信息位有关。卷积码有多种译码方法,其中以维特比译码算法应用最广泛。由于卷积码性能优良,因此得到了大规模的应用。Turbo 码是目前提出的信道编码中性能优越的一种,其性能接近于香农定理能够达到的性能上限,它的发明在编码理论上具有革命性的进步。

链路预算是对整个通信系统中发送端、通信链路和接收端中等各个组成部分的功率增益或衰减进行的总体核算。通过链路预算,可以估算信号以某种功率发送时,从发送端到接收端之间的最大传输距离,或者在给定传输距离的情况下,预算出发送端需要以多大的功率发射。

第 3 章习题

1. 画出通信系统的一般模型,并说明各部分的主要功能。
2. 简述信源编码与信道编码的区别。
3. 简述数字通信系统的优点。
4. 对于点对点通信,按消息传递的方向与时间关系,通信方式可分为哪几种?
5. 简述几种常用的复用方式及各自的含义。
6. 写出香农定理的表达式,并说明提高信道容量的方法。

第 3 章
习题答案

7. 某八进制数字通信系统,传输速率为 1 200 baud,它的传信率为多少? 若保持信息速率不变,改用二进制系统传输,求该二进制系统的传输速率为多少?

8. 设有 A、B、C、D 四个消息,分别以概率 1/4、1/8、1/8、1/2 传送,假设它们的出现相互独立,试求信源熵。

9. 写出最小码距 d_0 与纠 / 检错能力之间的关系式。

10. (7,1) 重复码若用于检错,能检出几位错码? 若用于纠错,它能纠正几位错码? 若同时用于检错、纠错,它能检测、纠正几位错码?

11. 某直接调相法产生 4PSK 信号的系统,若载频 f_c = 2 GHz,输入数据为二进制不归零序列 $\{a_n\}$,a_n = ± 1,且认为它们等概、独立出现,其码元速率为 34 MB。

① 试画出直接调相法产生 4PSK 信号的原理框图;

② 若调制后未受带宽限制,请画出 4PSK 框图中各点功率谱密度(标上频率坐标);

③ 若调制后发送滤波器是最小带宽奈奎斯特滤波器,请画出在此带通滤波器后的 4PSK 信号功率谱密度;

④ 画出解调方框图。

经过前面的学习可知,信道接入控制是无人机集群网络数据链路层的重要组成部分,是实现信道共享、减少冲突的关键。如何控制无人机通信节点以共享信道的方式使用信道资源,是数据链路层中 MAC 协议的主要任务。由于无人机集群网络具有节点密度大、移动速度快、数量不确定、易损毁失效和网络拓扑结构动态变化等特点,导致传统的无线网络 MAC 协议直接应用于无人机集群网络时性能急剧下降,无法满足无人机集群组网的要求。因此,如何针对无人机集群网络的特点,设计具备分布式结构、灵活快速组网能力并兼顾节点公平性的 MAC 协议,以满足吞吐量、时延和丢包率等性能指标的要求,已成为无人机集群网络 MAC 协议设计的关键问题。

本章主要讲述无人机集群 MAC 协议的设计思想、常见类型与应用实例。具体内容包括:MAC 协议的基本功能、协议设计的关键问题、协议的主要性能指标和 MAC 协议的分类;分别介绍了无人机集群中典型的竞争类、分配类和混合类 MAC 协议。

4.1　无人机集群网络 MAC 协议概述

4.1.1　MAC 协议的基本功能

MAC 协议
的基本
功能

MAC 协议决定节点共享无线信道的方式。MAC 协议的功能主要是使各用户之间公平地使用有限的传输资源(信道或带宽等),保证各用户之间良好的通信连接,同时尽可能提高系统的吞吐量和降低时延。

那么不同用户间是通过什么来协调上述功能的呢? MAC 协议在数据链路层引入了帧的概念。帧是 MAC 协议最基本的数据处理单元,它是无人机集群网络数据链路层进行信息传输的最小单位。不同的用户之间通过交互某些特定形式的数据帧来进行资源分配信息协商,实现共享资源的公平有效分配。因此,要想理解 MAC 协议的功能,首先需要对不同类型的数据帧有一定的了解。虽然 MAC 协议有许多种,但是 MAC 帧的基本结构是一致的。因此,MAC 协议使用数据帧前需要考虑如下问题:如何封装数据帧? 如何无歧义地传输数据帧? 数据帧出现差错该怎么办? 这些问题对应了数据链路层的三个基本功能,即封装成帧、透明传输和差错控制。下面分别加以介绍。

封装成帧
和透明
传输

(1) 封装成帧

封装成帧是指在数据部分的首部和尾部主动地添加上一段特定的帧定界符。如图 4.1 所示,来自网络层的 IP 数据报作为帧的数据部分,在这段数据部分之前

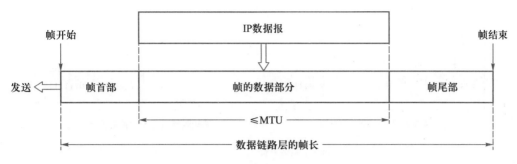

图 4.1　用帧首部和帧尾部封装成帧

和之后的位置分别添加帧首部和帧尾部,这样就构成了一个完整的帧。因此,数据链路层的帧长度等于帧首部、帧的数据部分和帧尾部的总长度。需要说明,帧的数据部分不宜过长,不能超过最大传输单元(maximum transmission unit,MTU)的长度,否则将对 IP 数据报进行分段处理,即将一个 IP 数据报分成若干帧进行传输;当然 MTU 也不宜过小,否则添加的首部和尾部信息占总帧长的比例会增加,降低了数据帧的传输效率。

　　添加帧首部和帧尾部的目的是确定每个帧的首尾界限,即完成帧定界。接收端检测帧首部和帧尾部,就知道收到的帧是否完整,这对信息的完整传输至关重要。

　　图 4.2 通过一个例子说明帧定界的概念。本例中采用相同的特定字符串 **01111110** 作为帧开始符和帧结束符,这两个字符又称为帧定界符。在帧开始符之后,是首部字段,通常包括源地址、目的地址、数据类型和帧序列号等信息。在帧结束符之前,是帧校验字段,用于验证接收到的信息是否正确。

图 4.2　用特定字符进行帧定界的方法举例

(2) 透明传输

　　透明传输是指无论发送何种比特组合的数据,这些数据都能够按照原样被接收端完整无误地接收,即不会因为比特组合中出现了与帧定界符完全相同的字符,而造成某些数据帧被接收端误认为是当前帧结束了,导致接收了不完整的帧(数据帧被错误地定界)。

　　由于帧的开始标记和结束标记使用指定的字符,因此,如果数据部分的某段二进制代码恰好和这种特定字符一样时,接收端就会误以为"找到了帧的边界",进而引起传输错误。如图 4.3 所示,假设还是采用图 4.2 中的 **01111110** 作为帧定界符,如果数据部分出现了帧结束符 **01111110**,此时,接收端误认为收到了完整的帧,就会把这部分数据收下。而在后面的这部分数据中,因为找不到帧定界起始的字符,所以丢弃了其余数据。这就导致传输不再"透明"。

　　如何才能做到"透明传输"呢? 那么就要设法使数据部分可能出现的帧定界符 **01111110** 在接收端不被解释为帧开始符或帧结束符。在本例中,可以采用一种称为比特填充(bit

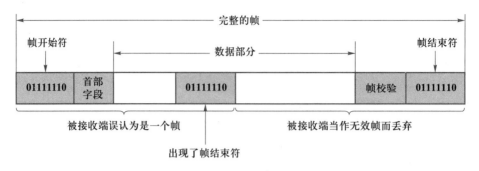

图 4.3　数据部分恰好出现与帧定界符一样的字符

stuffing)的方法来解决:如果发送端的数据帧在数据部分出现连续的 5 个 **1**,即出现 **11111** 时,不管下一个比特是 **0** 还是 **1**,都添加一个 **0**。而在接收端将所有出现连续 5 个 **1** 后面的那一个 **0** 删除,这样就可以避免数据帧接收不完整,实现"透明传输"。

差错控制

(3) 差错控制

实际的无人机集群网络通信链路并不理想,传输链路不可避免地会出现误码:即 **0** 可能变成 **1**,**1** 也可能变成 **0**。因此,MAC 协议采用各种错误检测措施来保证数据传输的可靠性。接下来,介绍在数据链路层被广泛使用的循环冗余检验(cyclic redundancy check,CRC)技术。

首先通过一个简单的例子来说明 CRC 的原理。在发送端,数据被分成每组 k 位的数据。CRC 操作是在数据 M 的末尾添加 n 位的冗余码。这 n 位的冗余码可以这样得到:先对二进制数据进行 2^n 乘 M 的运算,这相当于在 M 后面加 n 个 0;再将得到的 $(k+n)$ 位数据作为被除数,除以事先约定的长度为 $(n+1)$ 位的除数 P,经过模 2 除法运算后,得到的商是 Q,余数是 R。其中余数 R 只有 n 位。

在图 4.4 所示的例子中,假设要传输的数据部分为 $M =$ **1010001101**($k = 10$),除数 $P =$ **110101**($n = 5$),模 2 除法运算后的结果为:商 $Q =$ **1101010110**,余数 $R =$ **01110**。剩下的 R

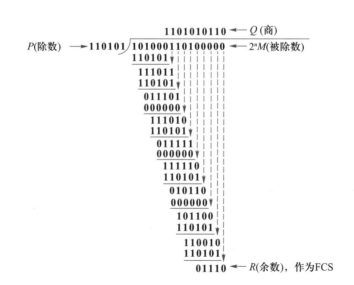

图 4.4　循环冗余检验

是 n 位冗余码。这种为错误检测而添加的冗余代码通常被称为帧校验序列(frame check sequences,FCS)。所以用 FCS 发送的帧是 **101000110101110**(即 2^nM+FCS),有 $k+n=15$ 位。虽然在要发送的数据之后增加 n 位冗余码会增加数据传输的开销,但数据却因此拥有了差错检测的能力,保证了数据传输的可靠性。

此时余数的值可能出现以下两种情况:

① 如果得出的余数等于零,则认为这个帧没有差错,就收下;

② 如果余数不等于零,则认为这个帧出现了比特差错(但无法确定错误的个数和位置),就丢弃。

一种较方便的方法是用多项式来表示 CRC 过程。在上面的例子中,可用多项式 $P(X)=X^5+X^4+X^2+1$ 表示上面的除数 P=**110101**(最高位对应于 X^5,最低位对应于 X^0,即 1)。多项式 $P(X)$ 也称为生成多项式。

生成多项式 $P(X)$ 需满足以下三点要求:

① 发方与收方事前约定;

② 生成的多项式的最高位和最低位的系数都必须为 **1**;

③ 生成多项式必须比传输数据所对应的多项式短。

目前,有几种广泛使用的生成多项式 $P(X)$,分别是:

① CRC-16:$P(X)=X^{16}+X^{15}+X^2+1$;

② CRC-CCITT:$P(X)=X^{16}+X^{12}+X^5+1$;

③ CRC-32:$P(X)=X^{32}+X^{26}+X^{23}+X^{22}+X^{16}+X^{12}+X^{11}+X^{10}+X^8+X^7+X^5+X^4+X^2+X+1$。

以上介绍的是比特错误,在传输过程还有一类传输差错,是帧级别的错误。接收端收到的帧内数据未必出现了错误,但却出现了帧丢失、帧重复或帧失序的情况。例如,发送端连续发送三个帧:【帧1】、【帧2】和【帧3】,在接收端出现下面的几种情况:

① 先后收到【帧1】、【帧3】,但丢失了【帧2】,这种情况被称为帧丢失;

② 先后收到【帧1】【帧2】【帧2】【帧3】,即收到两个【帧2】,这种情况被称为帧重复;

③ 先后收到【帧1】、【帧3】、【帧2】,先收到了后发送的帧,即先收到了【帧3】,再收到了【帧2】,这种情况被称为帧失序。

在数据链路层中,有些时候会使用选择重传机制来实现差错控制,也就是说,只重新传输出现错误的帧,而无须重传已经正确接收的帧。在选择重传机制中,发送方可以设置发送窗口,用于缓存发送数据;接收端也可以设置接收窗口和缓存空间,用于缓存正确接收但未按顺序到达的帧。数据链路层收到来自网络层的数据后,先检查发送窗口是否已满以及帧序列号是否为下一个要传输的序列号。如果序列号是发送窗口中要传输的序列号,则发送数据帧;否则,数据帧将被缓存。如果发送方收到来自接收方的确认信号(acknowledgement,ACK),并且帧号在窗口中,则发送方使用选择性重传机制将已确认的帧标记为已接收。如果发送方帧序列号是窗口的下限(对应于最左边窗口的第一个序列号),窗口将向前移动到序列号最低的未确认帧。如果窗口被向前移动,并且窗口中有带序列号的未发送帧,则发送这些帧。选择重传机制的接收机将确认接收到的帧是否正确,不管它们是否按顺序到达。乱序帧被缓存并返回给发送者,包括确认帧(确认谁收到了帧),直到所有帧(即序列号较小的帧)都被接收。此时,可以将一批帧按序转移到上层,然后在滑动窗口中向前移动。如果接收到窗口下限之前的帧,则返回 ACK。在其他情况下,该帧将被忽略。

如图 4.5 所示,发送端发送序列号为 0 和序列号为 1 的帧被正确接收了,收方发送确认帧 ACK0 和 ACK1。虽然后面序列号 3~8 的帧都已经正确接收了,但因序列号为 2 的帧出现了错误,所以每正确收到一帧数据后,应答信号仍为 ACK1。发送端连续收到若干个 ACK1,且计时器超时后,将重新发送序列号为 2 的帧。接收端正确收到序列号为 2 的帧后,应答信号不是 ACK2,而是 ACK8,表明序列号为 8 的帧和之前的所有帧都已经被正确接收了。这些已经按照顺序正确接收的帧就可以送至收端的网络层。

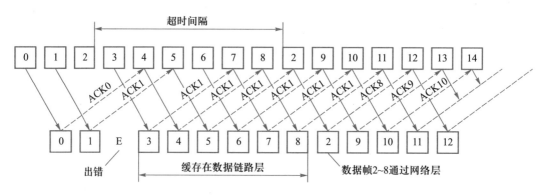

图 4.5   选择重传机制示意图

4.1.2   MAC 协议设计的关键问题

MAC 协议设计的关键问题

无人机集群网络的 MAC 协议设计要力争做到高效、公平、节能,并保证一定的服务质量,还需要考虑无人机集群网络自身拓扑结构的一些特点。由于无人机节点具有可自主地加入或离开网络、移动性高和易损毁失效的特点,导致拓扑结构变化快,链路生存时间短。上述这些与传统的无线网络不同的特点都给无人机集群网络 MAC 协议的设计提出了新的要求。

此外,由于无人机集群网络特殊的组网和通信方式,其 MAC 协议的设计面临着诸多挑战。这主要是由于无人机集群网络的多跳传输方式,使邻居节点共享空间信道资源的模式发生了变化。与有线网络相比,无人机集群网络的 MAC 协议设计需要考虑的特殊问题可以归纳为以下几点。

(1) 隐藏终端问题

隐藏终端是指处于发送节点的无线电波覆盖范围之外、接收节点的无线电波覆盖范围之内的节点。图 4.6 给出了隐藏终端的示意图。

在图 4.6 中,无人机 A 正在给无人机 B 发送数据,但由于无人机 C 处于无人机 A 的无线电波覆盖范围之外,因此无人机 C 检测不到无人机 A 正在发送数据,故它认为当前信道是空闲的,可以发送数据。此时,若无人机 C 也向无人机 B 发送数据,则无人机 A 和 C 发送的数据会在无人机 B 处产生传输碰撞,导致传输失败。

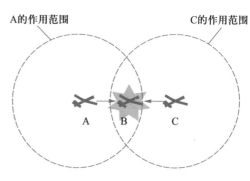

图 4.6   隐藏终端示意图

无人机 A 被称为无人机 C 的隐藏终端。由于对称性,无人机 C 也可以被称为无人机 A 的隐藏终端。由隐藏终端引起的数据帧冲突问题被称为隐藏终端问题。隐藏终端问题会增加冲突数量,降低网络吞吐量,浪费传输功率。特别是在网络节点密度较高的情况下,由隐藏终端问题所引起的冲突数量会大大增加,最终会导致建立通信链路的时延增加,甚至导致网络通信的瘫痪。

(2) 暴露终端问题

暴露终端是指处于接收节点的无线电波覆盖范围之外、发送节点的无线电波覆盖范围之内的节点。图 4.7 给出了暴露终端的示意图。

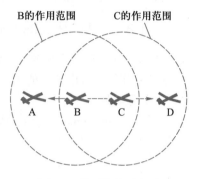

如图 4.7 所示,无人机 B 正在向无人机 A 发送数据,此时,无人机 C 也希望向无人机 D 发送数据。由于无人机 C 检测到无人机 B 的发送电波,因而认为信道被占用。尽管无人机 C 的发送数据并不会干扰无人机 A 的接收,但仍然会推迟其向无人机 D 的发送,直到无人机 B 结束发送为止。无人机 B 被称为无人机 C 的暴露终端。根据对称关系,无人机 C 也是无人机 B 的暴露终端。暴露终

图 4.7　暴露终端示意图

端导致消息传输出现不必要的时延,这种问题称为暴露终端问题。由于暴露终端问题,节点会对传输进行不必要的退避处理,这将降低信道利用率。

(3) 时延问题

时延是指数据从网络的一个节点传输到另一个节点所花费的时间。根据产生时延的位置不同,总的时延可以由传输时延、传播时延、处理时延和排队时延构成。这一部分会在 4.1.3 节中详细介绍。

其中,发送时延与传播时延是计算时延时主要考虑的两个因素。两种时延的影响与数据帧长度相关,当数据帧长度较大时,发送时延是主要矛盾;而当数据帧长度较小时,传播时延是主要矛盾。另外,无人机集群网络中的业务可以分为错误敏感业务和时延敏感业务两类,前者要保证传输的可靠性,后者要保证传输的低时延。无人机集群网络采用分布式方式控制节点的接入,因此很难根据业务需求进行合理的调度,尤其是时延敏感业务的时延和时延抖动。

(4) 通信方式问题

使用时分双工协议必须考虑在发送和接收模式之间进行切换所需的时间,例如,硬件转换时间。特别是高速无线通信系统在大容量条件下工作时,收发信机转换的时间开销非常大。在这种情况下,使用握手协议的时延将非常严重。例如,考虑源节点发送数据帧,并从目的节点接收应答信息的情况。对于使用多轮消息交换来确保数据帧成功接收的协议,这种资源浪费更加严重;当传输载荷繁重时候,这种资源浪费会进一步增加。

(5) 无线信道的脆弱性问题

无线电波传播易受反射、衍射、散射等因素的影响,存在多径效应、阴影效应等问题,接收信号往往是多个信号叠加的结果。因此,接收信号的强度是时变的,呈现出衰落的特点。这导致无线链路常常表现出不稳定的信道质量。与有线信道相比,无线信道的开放性和不稳定性将导致更高的误码率和更低的通信可靠性。简而言之,无线链路的脆弱性对无线信

道的利用率以及不同移动节点(和数据流)之间的公平性有较大影响。

(6) 拓扑结构动态变化的问题

由于无人机的移动性高,在某个时间段内,节点随时可能加入或离开该集群网络。而无争用 MAC 协议通常为所有无人机节点提供固定参数访问信道。由于频繁的网络拓扑变化和网络流量负载的增加,MAC 协议的性能降低。为了了解节点的变化情况,MAC 协议需要在接收方与发送方之间频繁地交换消息。

4.1.3　MAC 协议的主要性能指标

MAC 协议对无人机集群网络性能起着至关重要的作用。在评估无人机集群网络的 MAC 协议时,应考虑如下的主要性能指标。

(1) 吞吐量

吞吐量(throughout)指单位时间内网络(或信道、接口)能够通过的实际数据量。从字面意思来说,"吞"就是吃进去,"吐"就是吐出来,在网络中分别对应到来的数据量和处理完成的数据量。在大多数情况下,吞吐量用每秒传输的比特数作为单位,即 bit/s,采用的是与网络传输速率相同的单位,但它在数值上并不等于网络的传输速率。这主要有几个原因:首先,网络中各段链路的传输能力往往不一样,因此,吞吐量与网络的拓扑结构有关,需要分析链路的瓶颈在哪里;其次,网络中往往会有额外的开销,比如,各层添加的首部或尾部信息,出现错误需要重传等都会降低网络的吞吐量。

在计算一个网络的吞吐量时,通常考虑一个用户独占网络的情况,这就相当于把所有的网络资源全部都给一个用户使用,这样可以得到一个吞吐量的上限值。如果有多个用户共享网络时,会存在发送数据时的传输冲突,这会使得网络实际的吞吐量降低。此外,传输出错(需要重传)或时延、抖动等因素,都会影响到吞吐量。如果出现传输问题就会导致网络性能变差或传输速率变慢,因此,可以使用吞吐量来衡量网络速度,排除传输故障。同时,网络的额定速率也限制了吞吐量的上限值。例如,对于 100 Mbit/s 网络,额定速率为 100 Mbit/s,这个值也是该网络吞吐量的理论上限值。而实际的网络吞吐量可能只有 50 Mbit/s,并不会达到吞吐量的上限值。

(2) 时延

如 4.1.2 节所述,时延包括传输时延、传播时延、处理时延和排队时延。首先,有必要澄清传输时延和传播时延之间的区别:传输时延发生在传输端的发射机中,与数据长度和信号传输速率有关。此时,信号尚未发送到信道,因此与信道的特征无关。传播时延是在信道传输中产生的,信号传输得越远,传播时延就越大。通常,当数据帧长度较大时,传输时延是影响时延的主要因素;而当数据帧长度非常小时,传播时延是影响时延的主要因素。

① 传输时延

传输时延是传输节点将数据帧中的所有比特从节点推送到链路所需的时间。显然,传输时延受两个因素影响:单个数据帧的长度和数据传输速率。若某个数据帧的长度为 L,数据传输速率为 R,那么发送时延 t_{trans} 可表示为

$$t_{trans} = \frac{L}{R} \tag{4.1}$$

② 传播时延

传播时延是数据帧从发送节点的发送天线传输到接收节点的接收天线所需的时间。影响传播时延的有两个因素:链路介质(如光纤、无线电波等)的传播速率和收发节点之间的距离。假设发送节点和接收节点之间的距离为 D,数据在介质中的传播速率为 S,则传播时延 t_{prop} 可以表示为

$$t_{prop} = \frac{D}{S} \tag{4.2}$$

③ 处理时延

当数据帧到达节点时,首先要做的是检查数据帧的帧头,确定数据帧的目的地址,并检查帧校验信息,判断是否出错。这部分时间消耗称为处理时延。

④ 排队时延

排队时延是指数据帧在发送队列中等待发送的时间。数据帧的排队时延取决于最早到达并排队等待传输到链路的数据帧的数据量。

(3) 公平性

公平性是指不同节点对信道占有并使用的公平程度。在无人机集群网络中,若不区分业务优先级,则每个节点都有平等接入信道的权利。但是当不同节点同时接入信道时,会发生传输冲突,如果 MAC 协议算法不合理,将导致信道分配不公的问题。如果信道分配不公,可能导致一部分节点长期占用信道资源进行数据发送,而另一部分节点可能永远无法接入信道,从而降低整个网络的公平性。

例如,在分布式网络 MAC 协议中,常采用二进制指数退避(binary exponential backoff, BEB)算法来解决冲突问题。BEB 算法的本意是为每一个参与竞争的节点提供公平接入信道的机会,即能够尽量以等概率的方式接入信道。但研究表明,BEB 算法处理冲突的方式总是对最近完成且成功传输的节点更有利。因此,如果 MAC 协议设计得不合理,将使得网络中的节点趋向于以一段较长的时间独占信道,并连续发送好几个数据帧,这就会导致短期不公平问题。

下面介绍几种公平性原则。首先是基于时间的公平性原则。基于时间的公平性概念局限于单跳网络,是指所有节点享有相同的接入信道时间。研究表明,在这个公平性原则下,传输速率越高的节点将享有越高的吞吐量。而适用于多跳拓扑网络的公平性原则如下。

① max-min 公平性:当且仅当一个可行的带宽分配向量(即由网络内所有节点能够使用的带宽组成的向量)在所有可行的带宽分配向量中具有最大的最小元素,则满足 max-min 公平性条件。max-min 即“最大化最小”的意思。显然,在多跳环境下,满足 max-min 公平性的带宽分配向量并不是唯一的。

基于该公平性原则的一种可行实现是字典序 max-min 公平性。满足该公平性条件的一种带宽分配向量是:假设向量元素从小到大排列,当且仅当该向量在所有可行带宽分配向量中具有最大的字典序。

另一种实现是字典序 max-min 时间公平性,它是时间公平性在多跳环境下的推广。满足字典序 max-min 时间公平性条件的带宽分配向量是:当且仅当对于网络中的每个节点,它对应的时间分配向量具有最大的字典序。

② 比例公平性:若一组可行的速率分配 $X = \{x_1, x_2, \cdots, x_N\}$ 为比例公平,当且仅当对任意

其他可行分配 $Y=\{y_1, y_2, \cdots, y_N\}$ 有

$$\sum_{n=1}^{N}\left(\frac{y_n - x_n}{x_n}\right) \leqslant 0 \tag{4.3}$$

显然,对于其他任一非比例公平性的分配,累计的比例变化之和为零或负数。比例公平性在一定程度上考虑了网络资源利用问题。

(4) 能量效率

用 η_{EE} 代表无线网络信息传输中的能量效率(energy efficiency,EE),其定义为系统的有效信息速率 R_b 与单位时间内发射端总能耗的比值。单位时间内发射端的总能耗定义为信号发射功率 P_t 和发射端固有功率损耗 P_c 之和,用以描述系统使用单位能量所能传输的信息量,代表了系统在信息传输过程中对能量资源的利用效率

$$\eta_{EE} = \frac{R_b}{P_t + P_c} \tag{4.4}$$

(5) 信道利用率

信道利用率是一个表征信道被占用(即有数据通过)时间百分比的物理量。设一个统计周期为 T,有数据通过的时间为 T_c,则信道利用率 μ 为

$$\mu = \frac{T_c}{T} \tag{4.5}$$

若信道利用率为 0,则表明该信道处于完全闲置的状态,即没有数据通过。根据定义,信道利用率的最大值为 1。然而,与直观的认识不同,在无人机集群网络中,信道利用率并不是越高越好。这是因为当一个信道的利用率变大时,表明信道繁忙,由此信道引发的排队等待时延会迅速增加。此外,在网络中存在多个用户,当信道利用率增加时,多个用户之间发生碰撞的概率也会增加。而当碰撞发生时,总要浪费相对较多的时间,反过来会降低信道利用率。因此,信道利用率反映了 MAC 协议是否能合理分配信道、有效降低碰撞概率和对空闲时隙的利用。

4.1.4　MAC 协议的分类

无人机集群网络的 MAC 协议按照信道接入策略的不同,大致可分为三类:竞争类、分配类和混合类。

(1) 竞争类 MAC 协议

竞争类 MAC 协议起源于经典的 ALOHA 协议。该类 MAC 协议定义了两个及两个以上发送节点同时试图接入同一信道时所会发生的事件,各个节点获取信道的方式是随机接入的。其基本思想是:当同时有两个及以上节点决定在同一信道中进行传输时,那么传输的数据会发生碰撞并造成传输失败。一旦检测到碰撞,节点将停止发送,并继续检测信道,当发现空闲时,随机等待一定的时长后,再重新尝试接入。通常,竞争类 MAC 协议在网络传输负载较低时性能良好。然而,随着网络传输负载的增加,数据传输冲突的概率也会随之增加,使得 MAC 协议的性能下降。当传输负载达到一定阈值时,冲突的增加将使得竞争类 MAC 协议变得不稳定,导致数据帧传输时延呈指数增长,难以成功传输数据帧。即使成功交互几个数据帧,也无法提供完整的网络服务。

竞争类 MAC 协议具有以下特点。

① 接入策略：无人机集群网络中所有节点不仅功能对等，而且地位平等。每个节点通过竞争方式获得信道接入的控制权。当节点想要传输数据时，首先侦听信道的忙 / 闲情况，然后再通过二进制指数退避等方式随机接入信道。退避算法在很大程度上可以减少数据冲突。当数据冲突时，启用重传机制进行处理，决定重发或者丢弃。数据帧发送成功之后，就可以继续竞争发送下一个数据帧。

② 核心机制：竞争类 MAC 协议主要采用退避算法和冲突避免机制。在竞争类 MAC 协议中，如果有多个节点同时传输数据帧，就会造成碰撞，因而如何避免冲突或减少冲突概率是竞争类 MAC 协议的核心问题。多址方式：竞争类 MAC 协议主要采用载波侦听多址接入（carrier sense multiple access，CSMA）方式。

(2) 分配类 MAC 协议

分配类 MAC 协议网络中使用预留信道，消除了由于竞争而产生的信道冲突问题。其优点是通过分配可以使节点平等地传输数据，保证良好的公平性；数据帧的平均传输时延比较固定，而且抖动较小，稳定性好；当网络业务负载较高，或者网络节点比较密集时，无线信道的利用率较高。缺点是灵活性差，特别是当节点业务量不均衡时会造成网络资源的浪费。

分配类 MAC 协议在中高传输负载下性能良好，即使在传输负载很重的情况下也能保持稳定的性能。这是因为大多数分配类 MAC 协议可以确保每个节点至少可以访问一个时隙而不会发生冲突。然而，在传输负载较轻的情况下，由于不能充分利用所有时隙，分配类 MAC 协议的性能较差。分配类 MAC 协议具有以下特点。

① 接入策略：在网络运行前预先为网络节点分配信道资源，通过使用一定的分配算法，使各节点无竞争地接入信道。

② 核心机制：资源分配是分配类 MAC 协议的核心机制。根据分配的信道资源不同，分配协议的多址接入方式可以分为：时分多址接入（time division multiple access，TDMA）、频分多址接入（frequency division multiple access，FDMA）、码分多址接入（code division multiple access，CDMA）和空分多址接入（space division multiple access，SDMA）以及上述几种多址接入方式的混合。

(3) 混合类 MAC 协议

在动态环境下，竞争类 MAC 协议在网络业务量较低时具有良好的性能；然而，其性能会随着争用节点数量的增加而显著下降。相应地，基于预约的分配类 MAC 协议可以有效避免节点间因竞争而产生的冲突，在节点密集的网络中，也能有效地避免干扰；但却面临着当节点业务量不均衡时，部分信道利用率不高的问题。

混合类 MAC 协议综合了竞争类 MAC 协议和分配类 MAC 协议各自的特点和优势，使得网络性能具有较好的鲁棒性。研究表明，当网络负载较低时，混合类 MAC 协议的性能与竞争协议接近；当网络负载较高时，它的性能与分配协议接近。

这里需要强调的是，混合类 MAC 协议中的“混合”是指在信道接入的核心机制上采取了竞争与分配策略相结合的方式，而不是竞争类 MAC 协议和分配类 MAC 协议的简单叠加。所以，通常混合类 MAC 协议既拥有竞争类和分配类 MAC 协议的优势，同时又避免了两类协议的弊端。

另外，为了提高 MAC 协议的性能，增加不同网络之间的互联互通能力，通常将 MAC 层与物理层或者网络层联合优化，通过层间互相交互信息，进行跨层 MAC 协议设计。

本章的 4.2 节、4.3 节和 4.4 节将分别介绍几种适用于无人机集群网络的竞争类、分配类和混合类 MAC 协议。

竞争类 MAC 协议

4.2　竞争类 MAC 协议

竞争类 MAC 协议的运行机制简单,协议的控制开销比较小。不需要事先进行网络规划,组网灵活性高,节点退网、节点入网过程简单而且迅速。不需要复杂的机制为每个节点预约和分配时隙,因此,对整个网络的时间同步要求很低。上述优点使其在分布式网络中占据重要的研究地位。竞争类 MAC 协议适用于网络规模不大而且不是一直处于工作状态的网络场景。

但竞争类 MAC 协议具有不稳定性,不能确保网络中所有的数据发送完全没有冲突。QoS 保障一直是竞争类 MAC 协议需要解决的问题,并且竞争类 MAC 协议不能区分不同类型和不同优先级的业务。

载波侦听多址接入技术是竞争类 MAC 协议的关键技术之一。CSMA 机制通过物理监测发射机附近的信号强度来降低多用户之间的冲突。

CSMA 的基本原理如下:当用户需要发送信息的时候,首先确定信道上是否有正在传输的数据。当信道处于忙态时,CSMA 协议也依然在连续不断地侦听信道,以便确定信道上的数据帧传输何时结束。当信道返回到空闲状态的时候,就立即发送数据帧。然而,在这种机制下,如果多个节点正在等待信道空闲,就可能因同时检测到信道空闲后发送,而产生冲突。因此,需要设计不同策略来应对不同的应用场景。当信道忙时,用户可以选择以下三种策略。

① 持续 CSMA 协议:节点持续侦听信道,并在发现信道空闲时立即发送。该协议的优点是信道利用率较高。缺点是节点需要持续侦听信道,节点在侦听信道的过程中消耗大量能量,导致能量的利用率较低。而且如果有多个节点同时在侦听信道,就会造成碰撞。

② 非持续 CSMA 协议:节点首先对信道进行检测,并在侦听到信道空闲时,就立即发送数据;如果侦听到一个信道处于繁忙时,节点将等候一段随机的时长,随后再次检测信道,直到侦听到信道为空闲状态后才发送数据。通过应用随机等待时间机制,可以减少持续 CSMA 协议中发生碰撞的可能性。

③ p- 持续 CSMA 协议:节点首先检测信道,如果发现信道是空闲的,则节点以概率 p ($0<p<1$)发送数据帧,并将以 $1-p$ 的概率延时一段等于最大传播时延的时间。值得注意的是,在检测到信道空闲后,数据帧只是以某种概率进行发送,并不完全是立即发送的。此步骤将持续进行,直到发送了数据帧或信道变忙。当侦听到信道正忙时,将持续侦听,直到其空闲,然后再重复以上步骤。因此,对于 p- 持续 CSMA 协议,选取一个合适的 p 值是这种协议有效运行的关键。

从上面的三种策略可以看出,持续和非持续的 CSMA 协议的主要区别在于,持续 CSMA 协议总是持续地侦听信道,在确定信道空闲之前,不会发送数据;而非持续 CSMA 协议在发现信道忙时,会等待随机时间段,然后再次侦听信道,等待过程中不侦听。相比之下,持续 CSMA 协议会表现得更有效率。p- 持续 CSMA 协议以概率 p 在信道空闲时进行数据发送,以概率 $1-p$ 延迟数据传输,在重负载传输条件下更具优势。

然而,单独采用 CSMA 无法确认信道是否成功接入,当检测到发射机附近的信号强度低于某个阈值时,就立即发送数据。当碰撞发生时,由于没有提供避免碰撞所必需的所有信息,这会导致在多跳 CSMA 网络中出现隐藏终端问题,从而影响网络性能,因此还需要采用其他措施。下面介绍三种典型的竞争类 MAC 协议。

4.2.1 多址接入与冲突避免协议

多址接入与冲突避免(multiple access with collision avoidance,MACA)协议最先提出使用请求发送(request to send,RTS)– 允许发送(clear to send,CTS)握手机制。MACA 协议的基本原理如下。

MACA 协议采用了 RTS 帧和 CTS 帧两种短数据帧,这两种帧的长度是确定的,而且与普通数据帧相比要短得多。如果网络中的节点 A 要发送数据,那么源节点 A 首先要向目的节点 B 发送 RTS 帧,即先发起发送请求。RTS 帧中包含了此次发送的数据长度信息,据此可以得出数据发送需要占用信道的时间。当节点 B 收到 RTS 帧,且当前处于允许节点 A 发送的状态,则立即响应 CTS 帧。CTS 帧中也包含了发送数据的长度。当节点 A 收到 CTS 帧后,知道通信连接成功建立了,就立即发送数据。在这个过程中,其他附近的节点也可能收到 RTS 帧,这些节点若有数据需要发送,将会延迟传输,以避免碰撞,直到相关 CTS 帧完成(包括 CTS 帧的传输时间以及接收节点从 RTS 帧接收模式切换到 CTS 帧传输模式所需的时间);任何接收到 CTS 帧的节点也会延迟其传输,时延长度等于数据传输所需的时间。

使用 RTS–CTS 机制,所有侦听到 RTS 帧的节点都会将自身的传输延迟足够长的间隙,以便发送节点 A 能够正确地收到目的节点 B 所回复的 CTS 帧。所有能侦听到 CTS 帧的节点,将不会发送数据帧,以免与节点 A 将要发送的数据产生冲突。CTS 帧是由目的接收节点 B 所发送的,由于收发链路之间的对称性,可以确保在 CTS 帧的传输范围内被所有可能与节点 A 发送数据的其他节点接收到。因而,这些节点会延迟发送,以避免与节点 B 回复的 CTS 帧发生冲突(该区域内的其他传输可能会被 CTS 帧不覆盖范围内的所有节点接收)。需要指出:能侦听到节点 A 发的 RTS 帧,但却不能侦听到节点 B 发的 CTS 帧的节点,必然在发射节点的无线电波覆盖范围内,而不在接收节点的无线电波覆盖范围内。因此,这些节点可以在等待一段时间(足够 CTS 帧被正确接收的时长)后开始发送,而不会造成碰撞。

MACA 使用控制帧握手方式来减轻隐藏终端干扰和最少化暴露终端个数。解决隐藏终端问题关键在于在接收节点的传输覆盖范围内的节点要保持安静。MACA 通过 CTS 帧解决了这个问题——只要接收到 CTS 帧的节点保持安静就可以了。在如图 4.6 所示的隐藏终端情况下,无人机 C 接收不到无人机 A 发送的 RTS 帧,但是能够接收到无人机 B 发送的 CTS 帧,因此在无人机 A 发送数据期间停止发送。解决暴露终端问题的关键在于,在发送节点的传输覆盖范围内的节点不需要保持安静,也就是说不需要对 RTS 帧做出任何反应。在图 4.7 所示的暴露终端情况下,无人机 C 接收不到无人机 A 发送的 CTS 帧,但是能够接收到无人机 B 发送的 RTS 帧,因此,可以在无人机 B 发送数据期间向无人机 D 发送数据而不会引起传输冲突。

与 CSMA 协议对比之下,RTS–CTS 握手机制能够使邻居节点避免在接收节点处(不是在发送节点)发生碰撞。发送 RTS 帧的目的是得到接收节点的 CTS 帧,其他节点接收到 CTS 帧表示这些节点处在 CTS 帧的传输覆盖范围内,因此可能与随后的发送发生碰撞。这主要依赖对称性:假如一个节点不能接收到另一个节点发送的 CTS 帧,那就是假定该节点不会对另一个节点的发送产生碰撞。例如,如果节点 A 接收不到节点 B 回送的 CTS 帧,那么节点 A 最终发生超时(即停止等待接收 CTS 帧),或是发生了碰撞,则安排重传 RTS 帧。

MACA 协议中不需要依靠载波侦听的结果来决定是否发送数据,而是根据接收到的信息判断是 RTS 帧或 CTS 帧。所以,MACA 协议并不可靠。而且,引入 RTS–CTS 握手机制后会带来过多的额外开销。

4.2.2　分布式协调功能协议

分布式协调功能(distributed coordination function,DCF)协议把载波侦听多址接入冲突避免(carrier sense multiple access with collision avoid,CSMA/CA)机制和确认(acknowledgement,ACK)机制结合起来,是无人机集群网络节点共享无线信道进行数据传输的基本接入协议之一。该 MAC 协议提供分布式接入,多个分布式无线节点竞争同一资源,利用载波侦听和冲突避免技术避免单个节点长期霸占共享信道引起的冲突;同时通过四次握手机制建立数据传输的通信链接,能解决部分的暴露终端和隐藏终端问题。下面介绍 DCF 协议的两种核心机制:载波检测机制和随机退避机制。

(1) 关键技术

① 载波检测机制

DCF 协议通过物理载波检测和虚拟载波检测来检测信道的"忙/闲"状态。物理层的检测方法是利用能量检测或相干解调完成空闲信道的估计;虚拟载波检测是通过网络中网络分配向量(network allocation vector,NAV)的传输来实现的。由于 NAV 包含当前使用信道的节点将占用信道多长时间的信息,因此节点可以从 NAV 获取信道的"忙/闲"状态。NAV 值与 MAC 帧的时长帧段有关,所有类型的 MAC 帧的首部都包含了时长帧段的数值。因此,网络中的节点可以从接收到的 MAC 帧的首部读取时长帧段的值。如果该值大于节点的当前 NAV 值,则该值将替换当前 NAV 值,否则不会更改。当 NAV 值等于 0 时,表示信道空闲。

② 随机退避机制

当信道空闲时,所有发送节点都可能占用信道,这是最容易发生冲突的时刻。为了解决这个问题,DCF 协议采用了随机退避机制,即当所有想要占用信道的节点通过虚拟载波检测机制判断信道空闲时,并且通过物理载波检测机制检测到在分布协调功能帧间间隔(distributed inter-frame space,DIFS)时间后,信道仍处于空闲状态,此时信道未被占用,需要启动随机退避机制,生成随机退避时间作为附加延迟时间,并在该附加延迟时间内连续检测信道状态。如果检测到信道空闲,退避机制将减少其在退避计数器中的退避时间(最短退避时间为 CW_{min},最大退避时间为 CW_{max});如果信道处于忙碌状态,则暂停退避计数器,直到重新检测到信道变为空闲,并且在空闲了 DIFS 时间后退避时间继续减少。如果退避时间减少到 0,且信道仍被检测为空闲,则节点会占用信道来发送数据。

此机制的作用是,当多个竞争信道的节点进入随机退避时,随机生成退避时间最小的节点将首先结束退避,从而获得对信道的占用权;在竞争中其他的节点会保持其剩余的退避时间,直到下一个 DIFS。这样,这些节点就有可能比第一次进入退避的新节点具有更短的退避时间,既减少了多个节点在竞争期间的碰撞,也体现了一定的公平性。

(2) DCF 协议的基本原理

DCF 协议在 CSMA/CA 的基础上,使用 ACK 控制帧来对链路层进行确认,通过四次握手机制来发送和接收数据帧,采用的数据帧交互顺序是 RTS–CTS–DATA–ACK。当数据帧较短时,也可以直接采用 DATA–ACK 的数据帧交互顺序,即通过两次握手机制来发送和接收数据帧。

如图 4.8 所示,四次握手机制的过程是:当发送节点想要发送数据时,它首先检测通道是否空闲。如果空闲,则在等待 DIFS 后发送 RTS 帧。接收节点收到 RTS 帧后,等待短帧间隔(short inter-frame space,SIFS),发送 CTS 帧响应。发送节点收到 CTS 帧后,等待 SIFS,开始发送数据帧 DATA。接收节点收到数据帧 DATA 后,等待 SIFS,并发送 ACK 帧确认。当发送节点收到 ACK 帧时,表示发送成功。

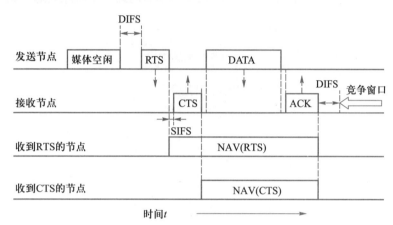

图 4.8   DCF 协议中 RTS–CTS–DATA–ACK 信道接入方式

4.2.3 增强型分布式协调功能协议

通过 4.2.2 节中对 DCF 协议的介绍,我们了解到 DCF 协议利用载波检测机制和随机退避机制使节点平等地接入信道,避免数据发送的碰撞;同时借助 RTS–CTS 机制建立起数据传输的通信链接,解决部分的暴露终端和隐藏终端问题。但是,DCF 协议不支持 QoS,不能够区分不同优先级的服务。接下来介绍一种支持 QoS 的改进协议——增强型分布式协调功能(enhanced distributed coordination function,EDCF)协议。

EDCF 是 DCF 协议的一种改进协议,设计了基于竞争的 EDCF 信道接入机制。EDCF引入了业务类别(traffic category,TC)的概念,不同的业务类别代表了不同的优先级,从而满足不同用户的 QoS 需求。另外,不同于 DCF 中使用的参数 DIFS,EDCF 用一个新的参数即仲裁帧间隔(arbitration IFS,AIFS)来代替其功能。AIFS 不是一个固定值,而是一个由优先级决定的变量。具有较高的优先级就对应了较短的平均等待时间,也就是说,较高优先级下,AIFS 相应就较小,从而保证高优先级的服务能得到较好的满足。

在 EDCF 协议中,节点内的每个 TC 在竞争周期使用一组特定的信道接入参数去竞争传输机会(transmission opportunities,TXOP),TXOP 表示当一个节点被获准向信道发起传输的一段时间间隔内,并且在检测到信道在持续 AIFS 时间空闲之后,开始各自独立的退避。为了进一步区分服务,不同的 TC 被分配了不同长度的 AIFS,并规定最小的 AIFS 长度等于 DIFS 的长度。在任何传输尝试失败之后,借助持续性因子(persistence factor,PF)计算出新的 CW_{new},并从 $[1, CW_{new}]$ 中重新选择一个退避数,以降低碰撞的概率。CW_{new} 的计算公式如下

$$CW_{\mathrm{new}}[TC] = \min\left\{(CW_{\mathrm{new}}[TC]+1) \cdot PF[TC]-1, CW_{\mathrm{max}}[TC]\right\} \tag{4.6}$$

其中,$CW_{\mathrm{max}}[TC]$ 是 $CW[TC]$ 的最大值,$CW_{\mathrm{new}}[TC]$ 不会超过这个最大值。然而,在传统的 DCF 协议中,在传输尝试失败后,CW 总是加倍(相当于 PF=2),这是 DCF 与 EDCF 的不同之处。

图 4.9 是 EDCF 协议下具有不同优先级的 TC 信道接入示意图。从图中可以看出,与传统 DCF 一样,当 EDCF 在计数器达到零之前并且确定信道忙时,退避计数器必须等待信道再次空闲持续 $AIFS[TC]$ 时间后,然后继续递减退避计数器。与传统 DCF 的区别是:对于 EDCF,当信道在 AIFS 期间被确定为空闲时,退避计数器从 AIFS 期间的最后一个时隙间隔开始递减;而对于传统 DCF,退避计数器从 DIFS 周期后的第一个时隙间隔开始递减。

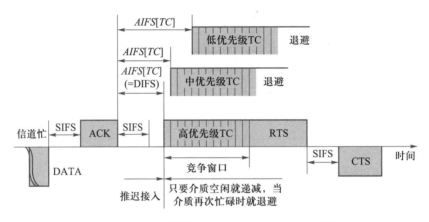

图 4.9　具有不同优先级的 TC 信道接入示意图

一个应用 EDCF 的节点可以实现多达 8 个传输队列,这些队列在节点内被称为虚拟节点,通过使用 QoS 参数(包括 $AIFS[TC]$、$CW_{\mathrm{min}}[TC]$ 和 $PF[TC]$)决定它们的优先级。如果一个节点中两个或多个并行 TC 的计数器同时达到零,就会产生所谓的"虚拟碰撞"。此时该节点内的调度器会采取相应措施以避免这种虚拟碰撞,具体做法是:当多个 TC 在节点内发生虚拟碰撞时,调度器优先将 TXOP 授予具有最高优先级的 TC,而低优先级的虚拟节点需要像真正在信道上发生碰撞一样执行退避过程。调度器可以避免节点内部的"虚拟碰撞",但是节点发送的数据在外部信道中,仍然存在着与其他节点发送的数据发生碰撞的可能性。图 4.10 是 EDCF 协议 8 种传输业务类别的虚拟退避示意图。图中左边部分是 DCF 的单个优先级队列,使用的典型值为 CW_{min}=15,PF=2;图中右边部分是 EDCF 最多支持 8 个独立的优先级队列,使用的典型值为 $AIFS[TC] \geqslant 34\,\mu\mathrm{s}$,$CW_{\mathrm{min}}[TC]$=0~255,$PF[TC]$=1~16。

EDCF 通过引入业务类别 TC 来实现对 QoS 的支持,MAC 服务数据的传送通过一个节点内多个发送进程实现。每一个发送进程都使用与 TC 相关的参数。EDCF 协议是通过设置这些信道接入参数,使需要得到高 QoS 的数据在竞争接入信道的时候处于一定的优势。然而,在部分业务获得这个优势的同时,必然会牺牲某些低优先级数据的性能。因为信道总的传输带宽是固定的,若要确保高优先级数据的 QoS 要求,就必然会使得低优先级数据的带宽减小、延迟增加。研究表明,在低负荷的时候,DCF 和 EDCF 的性能基本一致;在中等负荷的时候,DCF 语音和视频的延迟已经远远高于 EDCF;在高负荷的时候,DCF 对语音和视频的带宽和延迟都不能保证。然而,EDCF 却在中等和高负荷的时候保证了语音和视频的带宽和延迟。

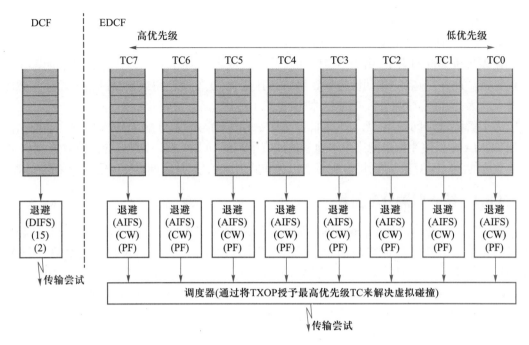

图 4.10　8 种传输业务类别的虚拟退避示意图

4.3　分配类 MAC 协议

在分配类 MAC 协议中,最常采用的多址方式是 TDMA 方式。下面先简要介绍 TDMA 的原理。

TDMA 将时间轴划分为周期性帧,每个帧被划分为几个时隙(帧和时隙之间没有重叠)。根据时隙分配原则,预先给各个节点分配固定的时隙,供每个节点专用,而不需要通过竞争的方式占用。因此,每个节点只能在分配的时隙中发送。在图 4.11 所示的示例中,采用 TDMA 方式将一个时帧划分为 N 个等间隔的时隙。

根据时隙分配策略不同,TDMA 协议可分为固定时隙分配 TDMA 协议和动态时隙分配 TDMA 协议。对于固定时隙分配 TDMA 协议,由于传输时间是预先分配的,其传输时间调度算法需要整个网络系统的参数作为输入,该协议根据网络中的最大节点数制定传输计划。例如,对于具有 n 个节点的网络,TDMA 协议将每一帧划分为 n 个时隙,每个节点使用其中一个时隙,且各个节点具体占用哪一个时隙是预先分配好的。由于每个节点在每个帧中固定独占一个时隙,因此,对于任何类型的数据帧(例如,单目标传输数据帧或多目标传输数据帧),都不存在互相冲突的现象。但是随着节点数量的增加,每帧的帧长也会增加(或者每个节点在一帧中占用的时长变短),使得各个节点的实际传输速率下降,增加了时延。此外,

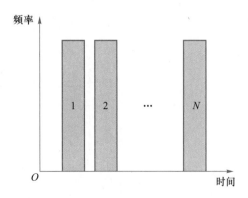

图 4.11　TDMA 时隙划分示例

无论节点是否有数据要传输,都将占用时隙资源,造成了资源浪费。由此可见,采用固定时隙分配 TDMA 协议在大规模网络系统中性能较差,即可扩展性较差。

在无人机集群网络中,由于节点随时可能加入或离开网络,而节点的激活或关闭都不会出现警报。此外,节点的移动性将导致网络拓扑变化,这使得获得或预测网络的总体参数难度增大。因此,固定时隙分配 TDMA 协议显然不适用。

为了解决这个问题,在无人机集群网络中采用了动态时隙分配 TDMA 协议。动态时隙分配 TDMA 协议使用指定网络中本地参数的有限范围(n 跳)来安排节点的传输时隙;由于本地参数可能随时间变化,故时隙分配算法以分布式方式工作,并定期重复以适应网络的变化。

4.3.1 统一时隙分配协议

统一时隙分配协议(unifying slot assignment protocol,USAP)在时间上采用时隙、帧和周期三层架构。每帧包含 M 个时隙,每个周期又分为 N 帧,其中 M 和 N 都是正整数。USAP 使用每个帧的第一个时隙来发送控制帧(net manager operational packet,NMOP),用于广播当前的时隙占用情况。通过交互 NMOP,节点及其相邻节点可以知道哪些时隙已分配,哪些时隙尚未分配,在节点有数据需要发送时,每个节点可以选择当前空闲的时隙。

(1) USAP 的帧结构和时隙

网络通信不仅要求能够支持高效率的数据包传输,还要考虑网络业务的多样性,如低时延话音、广播和单播数据,同时也要考虑网络的容量、网络的密度以及节点的移动性。图 4.12 展示了一种采用 USAP 的 TDMA 帧结构。

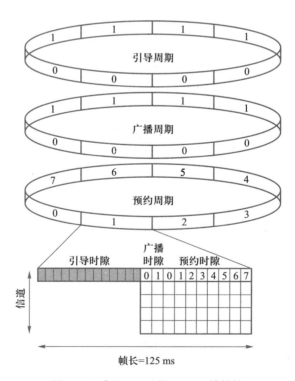

图 4.12 采用 USAP 的 TDMA 帧结构

在该结构的一个预约周期中,每一帧的长度为 125 ms(125 ms 是可以接受的语音延迟),1 s 正好包含 8 帧构成一个周期,其中每一帧都包含 3 类时隙:引导时隙、广播时隙和预约时隙。下面对这三种时隙进行简单的介绍。

① 引导时隙。该时隙的作用是实时获取控制帧信息,并动态地分配空闲时隙。每帧有 13 个引导时隙,其中有 8 位包含邻居节点信息,5 位用于选择广播时隙,4 帧引导时隙构成周期,故一个周期共可支持 52 个节点。可以采用每个节点 1 个时隙的固定分配模式或竞争模式。

② 广播时隙。广播时隙用于支持数据报服务,控制需要在节点之间共享的信息流。一个广播周期包含 4 帧,在 4 帧的广播周期中,最多有 8 个节点可以在 2 个广播时隙中传输,或者通过未被分配的预约时隙在相邻的 5 个不同信道上传输 40 个节点。

③ 预约时隙。当预约时隙尚未分配时,它会被分配给与相应广播时隙相同的发射节点,作为备用广播时隙。预约时隙大小为 512 字节,在误码率为 10^{-4} 位的环境中具有最大的吞吐量。前 6 个字节用于在新网络节点发送请求分组时由邻居节点反馈给新网络节点的应答分组信息。

(2) USAP 算法描述

① USAP 的固定时隙分配策略

USAP 可以确保两跳范围内的节点通过某些约束发送信息时不会发生冲突。如图 4.13 所示,从源节点 i 发送的数据需要经过一个中继节点,即两跳到目的节点 j。对于单播情况下,节点 $i{\to}j$,分配时隙 s 时的约束条件是:时隙 s 未分配给其他节点,并且目的节点 j 的邻居节点不在发送中。对于广播情况下,分配时隙 s 给源节点 i 的约束条件是:时隙 s 未分配给节点 i 或其所有相邻节点,并且节点 i 的相邻节点的相邻节点不在传输中。该节点发送和接收的时隙的分配和使用被构造为时隙控制帧。为了最小化帧长,通常以比特或列表的形式进行编码。节点间交互时隙控制帧以获取该节点及其相邻节点的 USAP 时隙集信息。根据最新的拓扑测量和拓扑变化引起的冲突检测报告,通过与相邻节点共享 USAP 时隙集,节点运行时隙分配算法,获得满足上述约束条件的可用于单播或广播的非冲突时隙。

图 4.13 节点 $i{\to}j$ 的单播示意图

当网络节点数量较少时,最有效的分配方法是为每个节点分配一个引导时隙。然而,随着网络节点数量的增加,引导时隙在通信容量中占据的通信容量逐渐增大,导致有效通信容量的降低。因此,有必要通过竞争等方式动态分配这些时隙。

② USAP 的动态时隙分配策略

新入网的节点要通过 4 个步骤选择一个时隙并自我分配。

A. 请求在竞争域中的时隙分配信息

当一个新节点加入网络时,并不知道该节点的网络拓扑信息和相邻节点的时隙分配信息。因此,新节点需要侦听相邻节点的数据包,相邻节点的分组传输信息包括帧长、分配的时隙和相邻节点的最大帧长,据此,新节点获得一帧中第一个时隙的位置和竞争域中所有节点的最大帧长。

B. 设置帧长和获取时隙分配信息

新节点获取相邻节点的帧长信息和划分的时隙信息后,设置自己的帧长和时隙分配信息。具体设置规则是:如果竞争域中的所有节点具有相同的帧长,则新节点将其帧设置为自身的帧长,否则使用竞争域中的最大帧长。

C. 选择一个未分配的时隙

根据新节点的时隙分配信息,按照以下 3 个步骤选择要使用的时隙。

步骤 1:获得未分配的时隙。如果在时隙分配信息中找到未分配的时隙,则新节点会将其分配给自己。

步骤 2:释放多个已分配的时隙。如果发现时隙均已分配,则新节点检查竞争域中的其他节点是否有多个时隙。如果找到这些节点,新节点将释放其中一个时隙并将其分配给自己。如果多个节点有多个时隙,新节点将释放具有最大时隙数量的节点的其中一个时隙,将其分配给自己。

步骤 3:将帧长度加倍。如果发现时隙均已分配,并且节点都不具有多个时隙,则新节点将时隙分配信息中的帧长度加倍,并将分配信息复制到加倍帧的前半部分和后半部分。此时,新节点将后半帧中的第一个时隙分配给自己。

D. 通知与确认

当新节点自行分配时隙时,它向其邻居节点发送一个推荐包,包括帧长度和分配的时隙信息。当邻居节点收到该数据包时,它更新其时隙分配信息,以完成新节点网络访问的通知和确认。此时,新网络节点的所有邻居节点开始正常的数据传输。当接收到来自所有邻居的应答包时,新节点开始切换到传输模式。

4.3.2　自组织时分多址接入协议

自组织时分多址接入(self-organized time division multiple access,S-TDMA)协议是应用于 Link16 数据链(J 链)的时隙分配协议,主要用于各用户之间的位置识别。该协议将时间轴划分为一系列连续的时帧,每个时帧又被划分为一系列连续供用户使用的时隙。每个用户都周期性地广播其位置信息以及对未来时隙预约的信息报文,以构成系统时隙状态表。各用户根据时隙状态表中包含的时隙信息对时隙进行动态预约,从而实现对时隙的自发管理。由于时隙的分配由用户自身完成,而不需要基站的参与,因此该协议具有自组织特性。

下面介绍 S-TDMA 协议中的时隙预约选择原理。S-TDMA 协议中时帧长度为 1 min,每一时帧被划分为 9 000 个时隙,每个用户的广播报文占用一个时隙。用户每选中一个时隙,都要为其设定周期超时值和周期偏移量。其中,周期超时值用于指示该选择时隙可以被该用户连续使用的周期数,其值为 3 到 8 中随机选取的整数,且每过一个时帧,其值减 1。周期偏移量则用于指示在该选择时隙超时时,下一时帧中选中的该时隙的替代时隙相对于该时隙的偏移量,而在该选择时隙没有超时时,周期偏移量为 0。设 S_L=9 000,为每一时帧中的时隙数;u 为报文报告率,即用户每一时帧需要广播的报文数量。定义时隙窗口(selection interval,SI)为用户进行时隙选择时的可选范围,即时隙选择窗口的宽度。建网完成后,节点根据时隙选择算法预约选择自身的传输时隙。图 4.14 给出了时隙预约选择示意图。

具体时隙预约步骤如下。

① 计算时隙选择窗口间隔(nominal increment,NI)

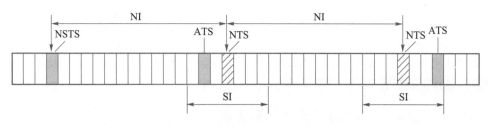

图 4.14 时隙预约选择示意图

$$NI = S_{\mathrm{L}} / u \tag{4.7}$$

② 计算时隙选择窗口宽度

$$SI = k \times NI = k \times S_{\mathrm{L}} / u \tag{4.8}$$

其中，k 为时隙选择窗口调整因子，满足 $0 < k < 1$，一般取 $k = 0.2$。

③ 预约选择第一个可用传输时隙（nominal start time slot，NSTS）。用户首先从第 0 个到第 NI–1 个时隙中随机选择一个时隙，并检查该时隙是否被其他用户占用。如果该时隙没有被其他用户占用，则把该时隙作为本用户的第一个传输时隙，记为 NSTS。如果该时隙被其他用户占用，则以该时隙为基准在第 0 个到第 NI–1 个时隙范围内依次检测相邻时隙中是否存在空闲时隙。如果检测到空闲时隙，则将该空闲时隙作为本用户的第一个传输时隙，记为 NSTS。若没有检测到空闲时隙，则复用距离自己最远的用户占用的时隙，作为本用户的第一个传输时隙，记为 NSTS。在第一个传输时隙选定后，该用户即从 3 到 8 中随机选取一个整数作为第一个传输时隙的周期超时值。

④ 第一时帧内预约选择下一个实际传输时隙（actual time slot，ATS）。一旦 NSTS 选定，该用户则在 NSTS 的基础上依次间隔 NI 确定后续时隙选择基准（nominal time slot，NTS）。第一个传输时隙到来时，该用户为自己选择下一个传输时隙，并将其信息随着自身的位置信息一起广播。在选择下一个 ATS 时，该用户首先检测下一个 NTS 是否被其他用户占用，若未被占用，则将下一个 NTS 作为本用户的下一个 ATS，若被占用，则在 NTS 左右各 $SI/2$ 的范围内依次检测是否存在空闲时隙。如果检测到空闲时隙，则将该空闲时隙作为本用户的下一个 ATS，如果没有检测到空闲时隙，则复用距离自己最远的用户占用的时隙，作为本用户的下一个 ATS。该用户选定下一个 ATS 后，设定其周期超时值。按此方法，每当一个 ATS 到来时，用户为自己选择下一个 ATS 并将其信息随着自身的位置信息一起广播，直至第一时帧结束。

⑤ 网络运行过程中预约选择后续 ATS。在第一时帧之后的网络运行过程中，每当用户的一个 ATS 到来时，用户检测自身的下一个 ATS 是否超时。如果没有超时，则将下一个 ATS 的信息随着自身的位置信息在当前 ATS 内广播。如果下一个 ATS 即将超时，即周期超时值递减为 0，用户则为自己选择后续时帧中超时 ATS 的替代时隙。选择方法如下：如果超时时隙为 NSTS 之外的其他 ATS，用户则在超时 ATS 的原 NTS 基础上按④中的方法选择一个除超时 ATS 外的可用时隙作为后续时帧中该超时 ATS 的替代时隙。新的 ATS 选定后，用户计算出新 ATS 与超时 ATS 的相对偏移量作为超时 ATS 的周期偏移量，同时为新 ATS 选择周期超时值，并将新 ATS 信息随用户的位置信息一起广播。如果超时时隙为 NSTS，用户则以 NSTS 为基准按③中的方法为自己选择新的 NSTS，并计算出 NSTS 的周期偏移量。

新的 NSTS 选定后,后续 NTS 均随着做相应的调整。

当有用户加入网络时,新入网用户首先持续侦听信道 1~2 个时帧的时间,从侦听到的广播报文中获取其他用户对时隙的占用和预约情况等信息,形成时隙状态表,并根据时隙状态表中的信息按上述步骤为自己分配时隙。

4.3.3 动态时分多址介质接入控制协议

本小节针对无人机集群网络,介绍一种支持 QoS 的规模可扩展动态时分多址介质接入控制协议(dynamic TDMA-based MAC protocol,DT-MAC)。该协议在建网初始化过程中要求全网节点竞争广播信标帧,并采用分布式的方式判断网络中的每一个节点是否均已成功接收到了其余节点广播的信标帧,从而获取依次排序的唯一身份标识符,并获知建网初始时刻网络中节点的总数量。在网络运行过程中,该协议将全网节点的时间轴同步划分为一系列连续、不定长的网络时帧,节点在每一个网络时帧内发起数据传输,传输过程包括节点同步、时隙请求、时隙分配和数据发送四个阶段。同时,该协议可以有效支持新节点入网和节点退网,从而满足网络规模动态变化的需求。

如图 4.15 所示,DT-MAC 协议将网络时间轴划分为一系列连续的不定长网络时帧。

图 4.15   不定长网络时帧划分示意图

如图 4.16 所示,给出了不定长网络时帧结构的示意图。每个网络时帧由时间上连续的同步时隙、请求时隙、分配时隙和数据时隙组成。DT-MAC 协议将请求时隙划分为 $N+1$ 个请求子时隙,N 为当前网络中的节点数。其中,第 1 个和第 $N+1$ 个请求子时隙用于新入网节点,其余 $N-1$ 个请求子时隙用于网络中除管理节点外的 $N-1$ 个节点,它们在这些时隙中将各自待发送数据分组的详细信息告知管理节点。

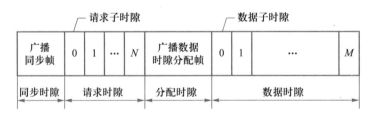

图 4.16   不定长网络时帧结构示意图

同步时隙和分配时隙的长度分别取决于同步帧和数据时隙分配帧广播成功的概率。请求时隙和数据时隙则由一系列连续的子时隙组成,请求子时隙和数据子时隙的长度均固定。请求子时隙数量由当前网络中节点的总数量决定,而数据子时隙的实际数量则由当前网络时帧内节点请求传输的数据业务总量和 DT-MAC 协议定义的数据子时隙数量上限综合确定。节点在每一个数据子时隙内完成一个数据分组的传输。综合上述网络时帧结构的定义可知,DT-MAC 协议提出的网络时帧长度是不固定的。

DT–MAC 算法中最重要的三个过程分别是:DT–MAC 的建网初始化、数据传输过程和新节点入网与节点退网。下面将依次介绍这三个过程。

(1) 建网初始化

网络中的每个节点采用分布式竞争广播信标帧的方式获取依次排序的唯一身份标识符,并获知当前时刻网络中节点的总数量。

为了记录节点的身份标识符和当前时刻网络中节点的总数量,DT–MAC 协议要求节点在内存中维护一个身份标识符变量 I_{NID} 和一个网络节点数变量 N,变量的初始值均设置为零。同时,为了实现信标帧的竞争广播,在建网初始化过程中,DT–MAC 协议将网络时间轴划分为一系列连续的定长时隙,时隙长度为 t,并将时间轴上连续的控制帧竞争窗口(control frame contention window,CCW)的 CCW 个时隙定义为控制帧发送竞争退避窗口。节点在广播信标帧之前,首先在 $[0, CCW-1]$ 窗口范围内随机选择一个整数作为信标帧发送前退避计数器的值,并在退避时间内持续侦听信道。若信道保持空闲,则退避时间结束后,节点即可向网络中的其余节点广播信标帧。

如果网络中有两个及以上的节点选择退避相同的时间后广播信标帧,则多个信标帧在接收节点处将发生冲突,导致信标帧接收失败,而广播信标帧的节点却无法获知该冲突。同时,网络背景噪声的变化也可能导致信标帧接收失败。因此,DT–MAC 协议采用分布式的方式判断网络中的每一个节点是否均已成功接收到了其余节点广播的信标帧,并获知网络节点的总数量。

(2) 数据传输过程

建网初始化完成后,全网节点的时间轴同步划分为一系列连续、不定长的网络时帧。节点依次在每一个网络时帧内发起数据传输,传输过程包括节点同步、时隙请求、时隙分配和数据发送四个工作阶段。

① 节点同步阶段

节点同步阶段在网络时帧的同步时隙内完成。同步帧格式示意图如图 4.17 所示。在该阶段内,网络中的节点采用竞争广播同步帧的方法,实现网络中节点间的时间同步,并产生当前网络时帧的管理节点,用于完成当前时帧内数据子时隙的分配。

字节	2	6	6	8	4
	帧控制字段	发送节点地址	接收节点地址	同步时间信息	帧校验序列

图 4.17 同步帧格式示意图

对于初始化完成后的首次同步过程,节点在广播同步帧之前,首先在 $[0, CCW-1]$ 窗口范围内随机选择一个整数作为同步帧发送前退避计数器的值,并在退避时间内持续侦听信道。若信道保持空闲,则退避时间结束后,节点即可向网络中的其他节点广播同步帧。同时,DT–MAC 协议采用以下分布式的方法判断同步帧广播是否成功。

在后续数据传输过程中,新时帧的同步阶段开始时,节点首先判断自己是否是前一时帧中的管理节点。如果是前一时帧中的管理节点,则直接向网络中的其他节点广播同步帧。同步帧广播完成后,节点按照前述分布式方法判断同步帧广播是否成功。如果不是前一时帧中的管理节点,则在同步帧传输时延加传播时延的长度时间内等待接收前一时帧中的管理节点在本时帧中广播的同步帧。如果节点在同步帧传输时延加传播时延的长度时间内正确接收到同步帧,节点则按照前述分布式方法判断当前同步帧广播是否成功。反之,如果节点在同步帧传输时延加传播时延的长度时间内接收同步帧失败,则在信道恢复空闲后重新在 [0, *CCW*−1] 窗口范围内随机选择退避计数器的值,并按照前述分布式的方法竞争广播同步帧。

② 时隙请求阶段

时隙请求阶段在网络帧的请求时隙内完成。

在时隙请求阶段,节点通过查询网络层各优先级发送队列中等待发送的数据分组数量,获知当前网络时帧内需要向管理节点请求发送的数据分组信息,并将该信息放入数据时隙请求帧中。

数据时隙请求帧的格式示意图如图 4.18 所示。在时隙请求阶段与本节点 I_{NID} 相对应的请求子时隙到来时,节点即可向管理节点发送数据时隙请求帧。

图 4.18　数据时隙请求帧格式示意图

管理节点在内存中维护一个用于存储各节点请求发送数据分组信息的线性链表 (date packets list, DPL)。DPL 中的每个节点由存储后继节点位置信息的指针域和存放数据元素信息的数据域组成。其中,头节点指针域中的指针给出了头节点的存放地址,尾节点指针域中的指针为 "空" (NULL),而其余节点指针域中的指针则指向 DPL 的下一个节点的存放地址。节点数据域包含:节点 I_{NID} 和该节点各优先级队列中待发送数据分组的数量。

管理节点首先将自身的数据分组信息存入 DPL 的头节点,然后在时隙请求阶段的各个请求子时隙中接收其余节点发送的数据时隙请求帧。每收到一个数据时隙请求帧,管理节点在 DPL 的尾部插入一个新节点,并将数据时隙请求帧中的相关信息存入节点的数据域。时隙请求阶段结束后,管理节点通过遍历 DPL,即可获知当前网络时帧内全网节点待发送的数据分组信息。

③ 时隙分配阶段

时隙分配阶段在网络帧的分配时隙内完成。数据时隙分配帧格式示意图如图 4.19 所示。在该阶段内,管理节点根据 DPL 中存储的全网节点待发送数据帧信息,对本网络时帧数据发送阶段的数据子时隙进行分配,并通过广播数据时隙分配帧,将数据子时隙的分配情况告知网络中的各个节点。

字节 2	6	6	2	2	24	4	4
帧控制字段	发送节点地址	接收节点地址	网络中节点总数	数据子时隙总数	各节点分配到的数据子时隙	退网节点 I_{NID}	帧校验序列

图 4.19　数据时隙分配帧格式示意图

管理节点在进行数据子时隙分配时,首先将全网节点待发送数据分组的总数量 S_{TNS} 与 DT-MAC 协议定义的数据子时隙数量上限 S_{MNS} 进行比较,并将当前网络时帧内数据子时隙的实际数量 S_{ANS} 设置为两者中的较小值。另外,为了给不同优先级业务提供 QoS 区分服务,同时防止高优先级业务垄断信道导致低优先级业务分配不到信道带宽,DT-MAC 协议将数据子时隙按比例预先分配给各优先级业务,各优先级业务预先分配到的数据子时隙数量记为 S_{PNS}。管理节点在获知各优先级业务请求发送的数据分组数量 S_{NPS} 后,根据各优先级业务的 S_{NPS} 和 S_{PNS} 完成实际时隙分配。具体分配方法如下。

a. 确定各优先级业务当前时帧内最终分配到的数据子时隙数量 S_{FNS}。管理节点首先将与各优先级业务的 S_{NPS} 和 S_{PNS} 中的较小值等量的数据子时隙分配给各优先级业务。如果当前时帧内数据子时隙还有剩余,则将剩余的数据子时隙严格按照业务优先级由高到低的顺序分配给各优先级业务。

b. S_{FNS} 确定后,管理节点从数据子时隙 0 开始,按照业务优先级由高到低的顺序,将各优先级业务分配到的数据子时隙分配给请求发送相应优先级数据分组的节点。对于特定优先级业务,如果其 S_{NPS} 和 S_{FNS} 相等,管理节点则按照节点 I_{NID} 由小到大的顺序将当前优先级业务分配到的数据子时隙依次分配给请求发送当前优先级数据分组的节点。如果其 S_{NPS} 大于 S_{FNS},管理节点则将当前优先级业务分配到的数据子时隙以一定的概率分配给请求发送当前优先级数据分组的节点。管理节点在具体执行数据子时隙分配时,按照节点 I_{NID} 由小到大的顺序,每次为能够分配到当前优先级数据子时隙的节点分配一个数据子时隙。一轮分配结束后,再次从 I_{NID} 最小的节点开始下一轮分配,直至当前优先级业务分配到的数据子时隙分配完成。

数据子时隙分配完毕后,管理节点将当前时刻网络中节点的总数量、各节点分配到的数据子时隙等信息分别写入数据时隙分配帧的相应字段中。另外,数据时隙分配帧中的退网节点 I_{NID} 字段用于节点退网过程,在当前网络时帧内没有节点成功退网的情况下,该字段的值设置为 NULL。为了保证网络中的其余节点均能正确接收管理节点广播的数据时隙分配帧,DT–MAC 协议要求节点在内存中维护一个等待数据时隙分配帧超时的定时器,该定时器的初值设置为数据时隙分配帧的传输时延与传播时延最大值之和。时隙请求阶段结束后,全网节点即开启该定时器。

④ 数据发送阶段

数据发送阶段在数据时隙内完成。全网节点在数据时隙内严格按照优先级从高到低的顺序发送数据分组,且每个数据子时隙只能用于一个数据分组的传输。节点接收到管理节点广播的数据时隙分配帧后,即可获知当前时帧内数据子时隙的总数量以及本节点各优先级待发送数据分组在当前时帧内分配到的数据子时隙编号。在自身特定优先级待发送数据分组分配到的数据子时隙到来时,节点即可从相应的网络层优先级发送队列中依次取出一个数据分组,并在当前数据子时隙内完成该数据分组的传输。

各个数据子时隙内的数据帧传输完成后,当前网络时帧结束。全网节点进入下一个网络时帧的节点同步阶段。

(3) 新节点入网和节点退网

① 新节点入网过程

当有新节点需要加入网络时,DT–MAC 协议要求待入网新节点首先侦听信道,通过侦听同步帧获知时间同步信息以及当前时帧中的管理节点信息。成功侦听上述信息后,待入网新节点在当前时帧请求阶段的第 1 个请求子时隙中向管理节点发送入网请求帧。入网请求帧格式示意图如图 4.20 所示。

字节	2	6	6	4
	帧控制字段	发送节点地址	接收节点地址	帧校验序列

图 4.20 入网请求帧格式示意图

同时,在第 1 个请求子时隙内,为了避免由于多个待入网新节点同时发送入网请求帧而导致冲突,DT-MAC 协议要求待入网新节点在发送入网请求帧之前,首先在 $[0, CCW-1]$ 窗口范围内随机选择一个整数作为同步帧发送前退避计数器的值,并在退避时间内持续侦听信道。若信道保持空闲,则待入网新节点退避结束后即可向管理节点发送入网请求帧;而若信道变忙,待入网新节点则等待在下一个网络时帧内重新竞争发送入网请求帧。管理节点成功接收到入网请求帧后,即向待入网新节点发送入网应答帧,同时将当前时帧中的网络节点数 N 告知待入网新节点。

入网应答帧格式示意图如图 4.21 所示。若待入网新节点正确接收到了入网应答帧,则表明本节点入网成功。入网请求帧和入网应答帧的传输时间之和小于第一个请求子时隙的长度。

图 4.21　入网应答帧格式示意图

入网成功后,新入网节点将自身的 I_{NID} 设置为 $N+1$,并使用请求时隙的第 $N+1$ 个子时隙向管理节点发送数据时隙请求帧。数据时隙请求帧发送成功后,管理节点即可为该节点分配数据子时隙,并通过广播数据时隙分配帧,将更新后的网络节点总数量告知全网节点。

② 节点退网过程

如果某节点需要主动退出网络,则该节点从当前时刻起不再参与同步帧的竞争广播。同时,在与该节点 I_{NID} 相对应的请求子时隙内,该节点向管理节点发送退网请求帧。退网请求帧格式示意图如图 4.22 所示。管理节点成功接收到退网请求帧后,即向该节点发送退网应答帧。退网应答帧格式与图 4.20 所示的入网请求帧格式相同。若等待退网的节点正确接收到了退网应答帧,则表明本节点退网成功。退网请求帧和退网应答帧的传输时间之和小于请求子时隙的长度。

图 4.22　退网请求帧格式示意图

DT-MAC 协议允许多个节点在同一个网络时帧的时隙请求阶段向管理节点发起退网请求。时隙请求阶段结束后,管理节点将当前网络时帧内成功退网节点的 I_{NID} 及退网后网络节点的总数量分别写入数据时隙分配帧的相应字段中。数据时隙分配帧广播成功后,网络中的其余节点即可根据帧中的相应字段更新 I_{NID} 变量的值。I_{NID} 变量值的更新方法为:节点首先将自身 I_{NID} 的值依次与数据时隙分配帧中携带的退网节点 I_{NID} 的值进行比较,并记录所有退网节点中 I_{NID} 值小于自身 I_{NID} 值的节点数量;然后在自身当前 I_{NID} 值的基础上减去退网节点中 I_{NID} 值小于自身 I_{NID} 值的节点数量,得到的差值即为本节点 I_{NID} 变量新的值。

4.3.4　方向角介质接入控制协议

方向角介质接入控制(angular MAC,AN-MAC)协议主要通过在无人机上安装一定数量的方向性天线,再由方向性天线发送 RTS-CTS 帧。RTS-CTS 帧中包含目标无人机的地址以及网络中各个无人机节点的位置信息。无人机集群网络中的每架无人机收到该信息后检查自身是否为目标无人机,并更新自身的介质访问表(存储网络中各无人机位置信息)。目标无人机收到 RTS 帧后,发送 CTS 帧,等待源无人机接收到 CTS 帧后即可进行数据帧的传输。AN-MAC 协议主要基于空分多址接入(SDMA)技术实现对信道资源的分配,接下来先简单介绍 SDMA 技术。

SDMA 也称为多波束频率复用和空间分割。它通过标记不同方位相同频率的波束来对频率进行复用,利用空间分割构成不同的信道。一个理想的 SDMA 系统应能够为每一个用户形成一个波束,使信号在有限的方向区域内发送和接收。在 SDMA 系统中,所有用户能够用相同频率的信道在同一时间实现双向通信。SDMA 增加了空间维度,是一种增加信道容量的方式。实际上,它使通信资源不再局限于时间域、频率域或码域,而进一步拓展到了空间域,并可以和其他多址方式相互兼容,从而实现组合的多址技术。SDMA 在一定程度上可以减少系统的时延拓展和多径衰落,降低系统的共道干扰,提高频谱利用率,同时提高发射效率。

SDMA 的基本依据就是即使多个用户享有相同的时隙、频率或扩频码字,由于通常所处物理位置和移动速度等因素的差别,导致信号到达方向、多径的构成以及多普勒频移等特性亦有所差别。这些差别反映了不同用户信号的空间特征。而 SDMA 正是基于不同用户间丰富的空间选择性来支持多址通信,并完成多个用户信号间的有效分离的。

空分多址接入技术的本质其实就是空间"滤波",通过利用数字信号处理技术,采用先进的波束转换技术和自适应空间信号处理技术,产生空间定向波束,使得阵列天线形成的主波束对准信号的到达方向,零陷对准干扰信号的到达方向,达到高效利用期望移动用户的信号,删除或者抑制非期望用户信号和干扰信号的目的。这样就可以从空域上对不同方向上的信号进行分离。SDMA 需要为各个发送器仔细选择地区,也需要准确的天线排列,一个小错误会导致一个或多个频道出错、频道干涉、表面覆盖区域混乱等。

AN-MAC 协议属于分配类 MAC 协议,是 SDMA 技术在无人机集群网络中的应用。该协议中无人机发射信号主要使用定向天线,与使用全向天线相比,定向天线可以使信号更有效地朝一个方向传输,同时可以忽略来自其他地方的信号干扰。而且定向天线的传输距离相比全向天线更远,可以减少源与目标之间的跳数。

协议设计的具体细节如下。

① 首先,为网络中每架无人机配备 6 个定向天线,并在外部安装全球定位系统(global positioning system,GPS)和惯性测量单元(inertial measurement unit,IMU),不断监控和更新邻居列表中邻近无人机的位置信息。6 个独立的定向天线共同覆盖 360°,每个天线的波束宽度为 60°,因此共需要 6 个独立的射频模块和 1 个 MAC 芯片,如图 4.23 所示。

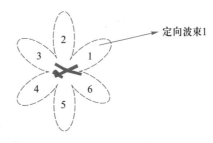

图 4.23 定向天线的波束结构

② 在整个无人机集群网络中,每个网络中的骨干无人机被定位在参考点上,其余成员无人机的速度、方向和高度都取决于该参考点。另外在每个步骤点,无人机的位置都会根据骨干无人机进行更新。

③ RTS 和 CTS 帧用于警告其他无人机集群网络中有两架无人机正在进行通信,以便在

有限的时间内保留信道。进行数据帧的传输之前,要发送信息的无人机通过自身的 6 根定向天线发送 RTS 帧,网络中的目标无人机接收到 RTS 帧后会自动感知发送源无人机和目标无人机之间的信道是否可用。一旦检测到有可用的信道,目标无人机就立即发送 CTS 帧,等源无人机接收到 CTS 帧后,数据帧就在两架无人机之间进行传输。

④ 在集群网络中已经有两架无人机正在进行通信的条件下,如果网络中的其余无人机也有通信的需要,需要进行通信的无人机按照前面的步骤进行通信准备工作,准备工作完成且信道可用的情况下,即可进行通信。

协议实现的过程可由图 4.24 表示。

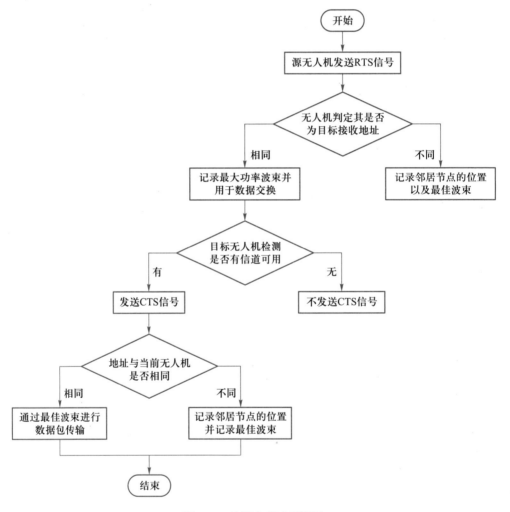

图 4.24　协议实现过程框图

下面用一个具体的例子来描述基于 SDMA 的 AN–MAC 协议的无人机集群网络通信过程以及该协议对信道的分配。

如图 4.25 所示,假设 UAV_A 请求向 UAV_C 发送一个数据帧,在数据传输之前将启动两个控制帧,分别为请求发送 RTS 帧和允许发送 CTS 帧。这些控制帧还将包含数据传输的持续时间、位置和方向以及无人机的天线波束数。在整个发送消息的过程中,UAV_A 向所

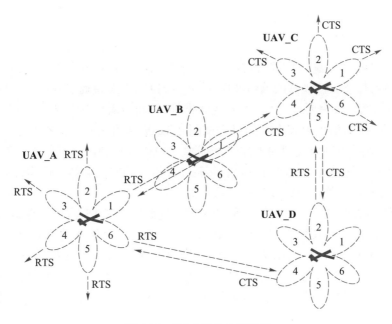

图 4.25　AN-MAC 协议示例

有 6 个方向发送 RTS 帧。在获取从 UAV_A 发送到 UAV_C 的 RTS 帧并读取后,周围的每架无人机都会知道 UAV_A 和 UAV_C 之间的数据帧交换。每架无人机都会读取目的地址,如果某架无人机是目的地,则会标记接收到的最大功率波束,该波束指向源无人机,用于数据交换。除了接收信息的目标无人机之外的无人机在该方向(如前所述,从接收到的波束获得的信号方向)阻塞它们自己的波束,以便不受 UAV_A 和 UAV_C 之间的数据交换的干扰,并且不尝试传输。

在获得 RTS 帧后,UAV_C 在其邻居列表中记录站点的名称,即其接收器的最佳波束的索引号(下图中的波束编号为 4),这将在两架无人机之间的通信期间使用。UAV_C 还确定其在 UAV_A 方向上的最佳波束,并将其记录在其列表中的相应字段中。最佳波束被定义为基站接收到最大信噪比信号的波束。在这种情况下,由于目标是 UAV_C 本身,因此它会阻止除最佳波束(波束 4)之外的所有波束。

现在,让我们在相同的场景中考虑 UAV_B。UAV_B 获取 UAV_A 发出的 RTS 帧,读取该帧并将 UAV_A 记录到其邻居列表中,同时在邻居的波束字段下记录 UAV_A 的波束编号,以及 UAV_A 方向的最佳波束,这是相对于 UAV_A 而言接收效果最好的波束。UAV_B 也会在该方向对阻塞场标记"否",因为此时它不知道 UAV_C 的位置。在获得 UAV_C 发出的 CTS 帧后,UAV_B 会将该场标记为"是",以不干扰数据交换。

在 UAV_B 获得 UAV_A 发出的 RTS 帧的同时,UAV_D 也获得了相同的 RTS 帧,它将 UAV_A 作为邻居列表中的邻居。UAV_A 的最佳波束为 6,与 UAV_D 通信时应使用该波束,UAV_D 选择其最佳波束作为 4。它读取目的地信息并确定目的地不是它自己,UAV_D 不会阻止其任何波束,因为它不会被告知目的地的波束。

在获得 CTS 帧后,UAV_A 发现信道可用于通信。然而,其他无人机不得干扰 UAV_A 和 UAV_C 之间的通信,否则数据帧将发生冲突。在获得 CTS 帧后,UAV_A 选择它的第 1 个波束,该波束指向 UAV_C,并通过该波束发送数据帧。

当 UAV_B 获得 UAV_C 发出的 CTS 帧时,它看到 UAV_C 的第 4 个波束正对着它的第 1 个波束。在 CTS 帧中,发送器的最佳波束字段指示不要试图通过该波束(即 UAV_B 的第 1 个波束)向 UAV_C 传输,否则数据帧将发生碰撞,因此 UAV_B 阻塞了它的第 1 个波束。另一方面,UAV_B 读取接收器的最佳波束场,并检测 UAV_A 将通过其第 1 个波束与 UAV_C 通信。如果 UAV_B 想要向 UAV_A 发送数据帧,它将查看邻居列表,并看到它的第 4 个波束指向 UAV_A 的第 1 个波束。如果它试图在 UAV_A 和 UAV_C 之间的通信期间发送数据帧,数据帧将发生冲突。为了防止这些碰撞,UAV_B 也会阻塞其第 1 个波束和第 4 个波束。它只允许通过波束 2、3、5 和 6 进行传输。在接收到的数据帧的持续时间字段中读取的时间内,波束保持阻塞,UAV_B 使用此信息更新表。

UAV_D 将通过其第 2 个波束获得 CTS 帧。它将检查 CTS 帧目的地地址字段,并检查目的地无人机是否在其列表中,即 UAV_A。如前所述,UAV_A 将通过其第 1 个波束与 UAV_C 通信,其中 UAV_D 的第 4 个波束面对 UAV_A 的第 6 个波束,在通信期间将是空闲的,因为它不面对 CTS 数据帧中 UAV_A 的最佳波束。另一方面,如果 UAV_D 通过其第 2 个波束发送数据帧,它将到达波束号为 5 的 UAV_C,这不会对 UAV_C 的通信造成干扰。

在图 4.25 的示例场景中,假设 UAV_D 想要与 UAV_B 通话,而 UAV_A 正在与 UAV_C 通信。源节点在与目的节点不同的方向上阻塞了它们的天线。因此,如果天线和信道可用,则可以在不干扰正在进行的传输的情况下与另一架无人机之间进行通信,这就被称为空分多址接入(SDMA)。UAV_D 从 UAV_B 的第 6 个波束获取 CTS 数据帧,在该握手之后,UAV_D 通过其第 3 个波束发送数据帧,并等待 UAV_B 发送回的确认信息。如果两个数据流同时存在于相同的基本结构节点集中,则网络吞吐量将加倍。

定向天线在工作的过程中需要知道各个通信节点的准确位置来进行信息交换,在这种情况下,每架 UAV 在接收到帧时,需要维护一个邻居列表。具体的无人机添加发送无人机的地址、帧和它到达的天线波束,这是在 MAC 层完成的,MAC 协议利用定向天线在每个 GPS 更新间隔序列中提供相邻无人机的准确位置。

4.4　混合类 MAC 协议

在多跳无人机集群网络环境中,当收发节点处于彼此传输范围外时,需要经过中间节点多跳转发才能实现互通,因而无法通过分布式的方式产生管理节点并进行统一时隙分配。同时,考虑到多跳无人机集群自组织网络节点移动速度快,网络拓扑变化频繁的特性,考虑结合竞争类与分配类协议的优势,设计混合类 MAC 协议。

4.4.1　混合时分多址接入协议

混合时分多址接入(hybrid TDMA,HTDMA)协议是竞争协议、分配协议和虚拟载波侦听协议的混合类 MAC 协议。该协议综合了竞争模式和分配模式,以 CSMA 协议为基本方法。首先,通过碰撞避免、虚拟载波侦听等方法获取网络的局部拓扑信息。HTDMA 协议可以利用这些信息访问新的节点,这不仅保留了现有节点的传输安排,还减少了大量的竞争开销,而且更容易为网络提供 QoS 保证。

(1) HTDMA 协议的帧结构

HTDMA 协议的帧结构如图 4.26 所示。

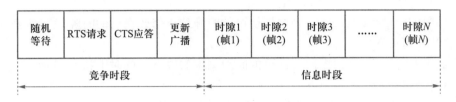

图 4.26 HTDMA 协议的帧结构

HTDMA 协议的帧结构包括两个时段：竞争时段和信息时段。竞争时段用于争夺所需的时隙并更新传输时间安排；信息时段用于传输数据。其中，信息时段有 N 个时隙（信息帧）。在 N 个时隙中，其中连续 K($K<N$)个时隙可以重新组成一个大的时隙，用于传输一个大的数据帧。在一个用户信息时隙内，节点按照用户信息时间安排向其相邻节点发送或者接收一个帧（或者一个帧的一部分）。节点在用户信息时间安排中需要多少个时隙、在一个时隙内的传输需要选址哪些相邻节点取决于该节点正在进行的传输的类型和数量，并且可能是时变的。HTDMA 协议通过周期性地更新用户信息时间安排来满足这些传输要求。用户信息时间安排在竞争时段内被更新。在一个竞争时段内完成时隙竞争和时隙分配两个功能。

在竞争时段内，节点通过使用 RTS-CTS 控制帧交互，完成对自己所需时隙及其数量的竞争和分配。在竞争时段内，每个节点在启动 RTS-CTS 控制帧交互进程之前，首先必须等待一段随机确定的时间，以便减少碰撞的机会。

(2) HTDMA 协议工作过程

在 HTDMA 协议中，每个节点均做出和维护其自己的传输时间安排，以便与其相邻节点共同协调工作。整个网络的传输时间安排就是所有节点的传输时间安排的简单组合。单个节点不需要全网络范围内的全网信息，例如网络大小、网络的所有节点和传输时间安排。节点只与其一跳范围内的相邻节点直接发生关系。对于给定的节点，如果两跳外的其他节点与该节点同时在一个相同的时隙内发送，那么有可能产生干扰，但是这种干扰或者碰撞发生在一跳范围内的相邻节点中。通过知道这种一跳范围内的相邻节点的传输时间安排，该节点就间接知道其两跳范围内的相邻节点的传输时间安排。两跳范围内的相邻节点的发送信息被纳入在一跳范围内的相邻节点的传输时间安排，两跳范围以外的节点不必直接进行发送信息交互。节点不必也不需要交互两跳范围以外的节点的任何信息。节点周期性地在竞争时段内交换其传输时间安排。节点把其相邻节点信息保存在一张相邻节点列表里，通过跟踪其相邻节点及其传输时间安排，很多节点能够同时预留其发送时隙。

当传输时间安排被更新的时候，它们总是在现有的传输时间安排的基础上被更新。预留只有在发送完成以后，或者遭遇碰撞的时候才会被释放，预留不会为了提供新的预留而被释放。只有在不会与前面已建立的所有预留产生碰撞的时候，才能够做出新的预留。最后得到的传输时间安排随着网络拓扑变化、传输方式的变化而变化。下面将详细介绍时隙的分配与时隙竞争过程。

在时隙分配时，节点接收到高层的时隙请求服务后，根据其时隙状态列表，初步为其做出时间安排(即选出时隙),并把其封装到 RTS 控制帧中,然后广播 RTS 控制帧并等待目的接收节点返回 CTS 控制帧。接收节点在接收到 RTS 控制帧后,根据自己的时隙状态列表,对该 RTS 控制帧中提出的时隙请求进行确认:

① 如果完全认可时隙请求,则根据认可的时隙请求修改自己的时隙状态列表,接着做出时隙请求认可应答;

② 如果部分认可,则根据部分认可的时隙请求修改自己的时隙状态列表,接着做出时隙请求部分认可应答;

③ 如果完全拒绝时隙请求,则做出时隙请求拒绝应答;

④ 如果没有接收到时隙请求 RTS 控制帧,则不会做出任何响应。

发送 RTS 控制帧的节点根据应答的 CTS 控制帧进行如下处理:

① 如果是时隙请求认可应答,则正式确定前面初步做出的时间安排,更新其时隙状态列表,再把这个更新广播出去,本次时隙请求成功完成;

② 如果是时隙请求部分认可,则根据认可部分重新做出时间安排,更新其时隙状态列表,再把这个更新广播出去,然后通知上层本次时隙请求只能得到部分满足;

③ 如果是时隙请求拒绝应答,则仍然需要重新做出时间安排,更新其时隙状态列表,再把这个更新广播出去,然后通知上层本次时隙请求完全失败,结束本次时隙请求操作;

④ 如果在规定的超时时间内没有接到预定接收节点回送的 CTS 控制帧应答,则认为本次时隙请求遇到碰撞,仍然需要重新做出时间安排,更新其时隙状态列表,再把这个更新广播出去。

在控制帧、自组织包、用户数据帧中都安排有时隙信息。节点每当接收到这样的数据帧的时候,也就接收到相应节点发送来的传输时间安排的部分信息或者全部信息。该节点基于所收到的这些信息对自己的传输时间安排做出调整,更新其时隙状态列表。假如时隙状态列表中某个相邻节点的内容有一段时间没有被更新,那么该节点就被认为已经移动离开了,其内容被删除。当一个节点接收到其他节点的传输时间安排的时候,会处在前面描述的一个时隙的可能的状态中,其中最为重要的状态就是 Trans 和 Recv 两种状态。

节点停止在某个时隙的发送就是释放它以前已经预留而不再需要的某个时隙。节点在以下条件下可以释放用户信息时间安排中的某个(或者某几个)信息时隙:

① 该节点向预定接收节点的发送已经完成;

② 该节点已经获知其发送正与某个接收节点发生碰撞。

为了释放一个时隙,节点只需要简单地依据其相邻节点的状态将该时隙的状态从 Trans 状态改变到被动状态中的某一种状态。然后,该节点把这种更新了的传输时间安排向外广播出去,其相邻节点也就被通知了这种更新。当这个发送所对应的一个接收节点接收到这个广播的时候,该接收节点就知道发送节点已经释放了该时隙,因此停止在该时隙的接收。被释放的时隙可以被预留给后面的发送。

在前面的时隙分配过程中,提到了 RTS、CTS 两个控制帧。这两个控制帧均携带有时间安排信息,其作用有两个方面:一方面是用于发送节点和接收节点相互进行时隙分配的协商和调整;另一方面是用于与发送节点和接收节点周围的所有相邻节点竞争时隙。竞争的作用就是发送节点与其周围一跳和两跳范围内的所有相邻节点竞争时隙的发送权。

如图 4.27 所示,节点 B(发送节点)在竞争时段经过一段随机确定的等待时间之后,如

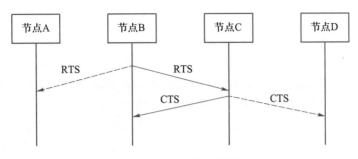

图 4.27 竞争时段的操作

果 CSMA 侦听到信道此时没有发送,则向外发送一个 RTS 控制帧。在发送节点 B 周围的所有节点经过 CSMA 侦听到已经发送之后,将停止其发送;如果有发送,则退避到下一个竞争时段,接收到该 RTS 控制帧之后,重新安排其传输时间,更新其时隙状态列表。RTS 控制帧的预定接收节点 C 接收到 RTS 控制帧之后,根据其时隙状态列表,生成 CTS 时隙请求应答帧,再把该 CTS 控制帧广播出去。接收节点 C 周围的所有相邻节点接收到该 CTS 控制帧之后,重新安排其传输时间,更新其时隙状态列表。

4.4.2 动态自适应传输协议

动态自适应传输(a dynamically adaptive protocol for transmission,ADAPT)协议以一种新颖的方式将基于无冲突分配的协议和基于竞争的协议结合起来,同时保留了各自的优点,而不必考虑它们的缺点。ADAPT 协议将基于 CSMA 以及使用碰撞回避握手的竞争协议综合到时隙分配 TDMA 协议中来解决隐藏终端干扰问题。

如图 4.28 所示,ADAPT 协议的每个时隙划分成三个时段:优先级时段、竞争时段和发送时段。在优先级时段,为了向外公布自己将要使用其分得的时隙,节点初始化一个与预定目的节点进行碰撞回避的 RTS-CTS 握手。这就保证了所有隐藏终端都知道有数据帧即将到来。如果节点需要接入信道,首先要竞争一个未分配时隙,那么就要用到竞争时段。此外,只有当信道在其优先级时段保持空闲时,节点才能竞争。节点可以在没有时隙分配的竞争时段中,成功完成 RTS-CTS 控制帧握手过程后进入发送时段。所有在竞争时段未能握手的节点均按照指数退避算法进行处理。发送时段用于传输用户的数据帧,所有节点都可以在其分配的时隙的发送时段接入信道。

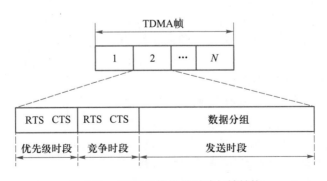

图 4.28 ADAPT 协议的时隙与帧结构

研究结果表明,ADAPT 协议能够根据优先级顺序有效地维护对所分配时隙的接入,并且在稀疏网络拓扑的情况下显示出较高的信道利用率。然而,这些研究结果没有考虑传输时延和硬件切换时间等物理约束,这可能会大大增加整个协议的开销。此外,APAPT 协议使用的握手机制不支持竞争时段的多目标数据帧传输,这也是 ADAPT 协议的一个缺陷。

此外,基于 ADAPT 协议设计了一种改进协议——自适应广播(adaptive broadcast,ABROAD)协议。该协议改变了 ADAPT 协议的竞争机制而达到了支持多目标数据帧传输的目的。由于优先级时段 RTS-CTS 控制帧的主要功能是通知节点共享时隙中的活动,因此在优先级时段,ABROAD 协议中的 RTS-CTS 帧可以与自适应协议中的 RTS-CTS 帧完全相同。然而,由于 CTS 响应帧之间的潜在冲突,即信息阻塞,在竞争时段使用 RTS-CTS 控制帧将失败。

为了避免这个问题,ABROAD 协议采用了失败反馈响应机制。节点在争用期间检测到冲突后,会以"失败 ACK"响应,即 Negative-CTS 帧响应。否则,它将不会发送任何其他响应信息。有几种情况会发生这种类型的握手失败。但是研究结果表明,发生这种握手失败的概率非常小,例如,低比特误码率网络发生这种握手失败的概率小于 4%。

4.4.3　增强自组织时分多址接入协议

本节介绍了一种基于自组织时隙选取的拓扑透明时分接入协议,即增强自组织时分多址接入(enhanced self-organized TDMA,ESTDMA)协议。该协议在延续 S-TDMA 协议时隙自组织选取和拓扑透明优势的基础上,引入了基于竞争的时隙二次分配策略,使得网络中的节点可以竞争使用网络时帧中产生冲突或保持空闲的时隙,并且通过数学建模分析求解得到竞争预约时隙的最佳概率,进而实现时隙利用率的最优化。

由本章 4.3.2 小节对 S-TDMA 协议时隙选择算法的分析可知,网络节点在选择数据传输时隙时,可能出现网络时帧中的时隙保持空闲或者多个节点选择相同时隙导致时隙冲突的现象。为了充分利用网络时帧中的空闲和冲突时隙,提高时隙利用率,ESTDMA 协议采用基于竞争的时隙二次分配策略。

如图 4.29 所示,ESTDMA 协议将网络时帧中的时隙划分为四个阶段:首次分配阶段(first allocation stage,FAS)、二次分配阶段(secondary allocation stage,SAS)、数据传输阶段(data transmission stage,DTS)和收方应答阶段(recipient acknowledgement stage,RAS)。其中,首次分配阶段用于网络中的节点预约其预先选定的时隙,二次分配阶段用于网络中的节点竞争预约首次分配阶段保持空闲或产生冲突的时隙。为了实现时隙的预约,首次分配阶段和二次分配阶段被进一步划分为 RTR(request to reserve)和 CTR(clear to reserve)两个子阶段。数据传输阶段用于成功预约当前时隙的节点传输数据分组。收方应答阶段用于接收节点在接收到数据分组后,向发送节点应答 ACK 帧完成传输。

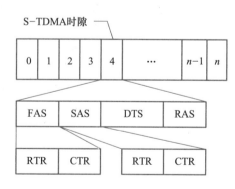

图 4.29　ESTDMA 协议时隙划分示意图

(1) 基于自组织时隙选取的时隙首次分配策略

建网完成后,节点即按照 S-TDMA 协议中的时隙选择算法,为自身选择数据传输时隙。

当新时隙到来时,节点判断当前时隙是否为其预先选定的时隙。如果是其预先选定的时隙,则根据其待发送数据业务类型进一步确定广播发送数据分组或者预约当前时隙。如果节点待发送数据业务为广播业务,则在当前时隙开始时直接广播发送自身数据分组。如果节点待发送数据业务为单播业务,则在当前时隙的首次分配阶段向其目的节点发送 RTR 帧预约当前时隙。接收节点成功接收到 RTR 帧后,向发送节点应答 CTR 帧。如果发送节点成功接收到接收节点应答的 CTR 帧,则表明当前时隙预约成功,发送节点可以在当前时隙的数据传输阶段无冲突地发送自身的数据分组。如果节点在当前时隙的首次分配阶段预约失败,则表明网络中有多个节点同时选择了当前时隙,导致时隙预约冲突,节点则采用基于竞争的时隙二次分配策略再次竞争预约当前时隙。

如果当前时隙不是节点预先选定的时隙,且节点待发送数据业务为单播业务,节点则在当前时隙首次分配阶段的 CTR 子阶段侦听信道,如果信道保持空闲,节点则采用基于竞争的时隙二次分配策略竞争预约当前时隙。

(2) 基于竞争的时隙二次分配策略

ESTDMA 规定,只有待发送数据业务为单播业务的节点才能够在时隙二次分配阶段采用基于竞争的时隙二次分配策略竞争预约当前时隙。在给定网络条件下,节点通过建模求解网络吞吐量最大值,获知在二次分配阶段竞争预约时隙的最佳概率 P_{opt}。如果节点在选定时隙的首次分配阶段预约时隙失败,或者在非选定时隙首次分配阶段的 CTR 子阶段侦听到信道保持空闲,则在当前时隙的二次分配阶段到来时以概率 P_{opt} 向接收节点发送 RTR 帧,竞争预约当前时隙。接收节点成功接收到 RTR 帧后,向发送节点应答 CTR 帧。如果节点在当前时隙的二次分配阶段预约时隙成功,则可以在当前时隙的数据传输阶段无冲突地传输自身的数据分组。

在首次分配阶段或二次分配阶段预约当前时隙成功的节点,在当前时隙的数据传输阶段到来时,向接收节点发送数据分组。接收节点成功接收到发送节点发送的数据分组后,在当前时隙的收方应答阶段向发送节点应答 ACK。发送节点若成功收到接收节点应答的 ACK,则认为当前数据分组传输成功。

4.4.4 实时介质接入控制协议

基于统计优先级的多址接入(statistical priority-based multiple access,SPMA)协议是无人机集群系统中一种典型的混合类 MAC 协议。在美军战术数据链中,战术瞄准网络技术(tactical targeting network technology,TTNT)中就采用了 SPMA 协议。该协议充分融合了网络协议栈各层之间的交互信息,实现了多种优先级业务的高速率和低时延传输。此外,战术瞄准网络技术系统的物理层采用跳频、跳时和脉冲调制等技术来解决数据分组碰撞问题,上层到达的数据包在发送之前会被重新分解成额定数目的子包,每个子包作为一个脉冲,按照预先规划的跳频和跳时图案,选择对应的发送频点和发送时隙进行发送。然而,由于军事技术的保密性,研究人员虽然可以从公开文献中了解 TTNT 和 SPMA 的部分特点以及性能指标,但无法进一步知晓它完整的技术细节。本节介绍一种结合跳频跳时图案设计的 SPMA 协议实现方法,简称为实时介质接入控制(real-time MAC,RT-MAC)协议。

(1) 跳频跳时图案设计

跳频序列设计是实现跳频通信的关键技术之一,跳频序列的性能对跳频通信系统的性能起着十分重要的影响。跳频序列是控制载波频率跳变的多值序列,也称为跳频码或跳频码序列。跳频和跳时混合扩频技术比单独的跳频或跳时技术具有更高的保密性、低截获性和抗干扰性,因此联合的跳频跳时系统在战术数据链中具有广泛应用。在跳频和跳时序列控制下,载波频率变化的规律被称作跳频跳时图案。

跳频跳时图案设计方法如下:首先根据数据帧长度,将网络时间划分为一系列定长的网络时帧,并按照物理层脉冲格式,将网络时帧划分为一定数量的脉冲时隙;然后基于截短型素数序列构造跳频序列,并对跳频序列进行扩充和频点均匀化处理;再将跳频序列的频点分配到"时隙 – 序列"矩阵中,使得发送脉冲在频率和时间上随机分离。最后通过对初步分配所得矩阵的行、列随机排列和频点全排列,获得最终的跳频跳时图案。

将时帧长度为 4 ms,脉冲宽度为 0.125 ms 的图案设计作为实施案例,考虑图案无重叠的情况,则 4 ms 的数据时帧可以划分为 4/0.125=32 个时隙。假设每个数据包被拆分为 8 个子包进行发送,则每个网络节点在 32 个脉冲时隙中选择 8 个脉冲时隙,构成自身的跳时序列。同时假设可选载频数为 16,则理论上可以构造的无重叠图案数为 $4 \times 16/(8 \times 0.125) = 64$ 套,所以需要设计 64×8 的跳频跳时图案,该图案在行、列和频点随机排列后的一个可能结果如图 4.30 所示。

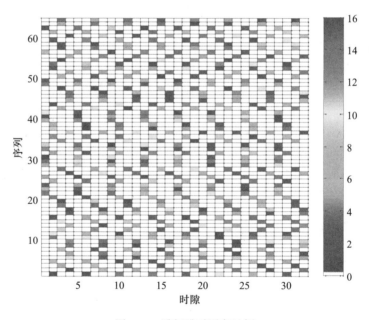

图 4.30　跳频跳时图案示例

(2) RT-MAC 协议的基本原理

① RT-MAC 协议工作流程

RT-MAC 协议的工作原理如图 4.31 所示。在建网初始化阶段,根据当前网络对图案的需求数与固定时频资源条件下可设计的图案数的大小关系,为网络中每个节点分配跳频跳时图案。当应用层的数据到达网络层时,根据业务优先级的大小将该数据包插入相应的优先级队列。RT-MAC 协议采用类似时分多址的方式进行数据包发送,以未分片数据帧的时帧长度为发送周期,周期性地从高优先级往低优先级队列依次检查队列是否为空,判断有无

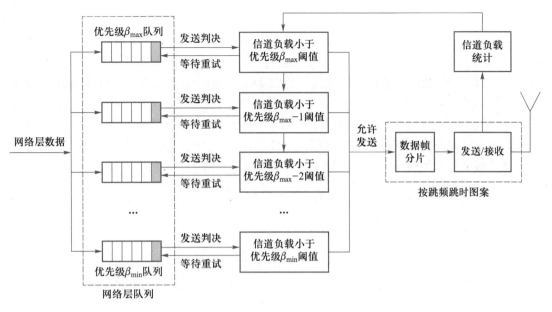

图 4.31 RT-MAC 协议的工作原理

待发送的数据包。

协议初始化时,便开始第一个时帧周期的计时。如果当前最高优先级发包队列不为空,先根据包的生存时间判断当前数据包是否超时,如果已经超时,则将其从发包队列中移除释放缓存,重新检测优先级队列。如果数据包没有超时,获取当前优先级数据包目的地址,从而获取接收节点图案的信道负载统计值,然后将该负载统计值与优先级业务发送阈值进行比较。如果信道负载统计值大于该优先级业务的发送阈值,则不发包且进入等待时间,等待下一个时帧开始时重新判决。如果信道负载统计值小于优先级业务发送阈值,则从网络层队列中取出首个包准备发送。MAC 层取出待发送的数据帧之后,并不是立即发送,而是先将数据帧分片,分成与发送图案匹配的脉冲帧,再按逐个脉冲发送的方式发送给接收节点。同一个节点的 MAC 层一次只能发送一个优先级数据帧,数据帧在MAC 层不存在优先级等级区分。接收节点收到单个脉冲之后存入自己的重组缓存,当接收完所有脉冲后将全部脉冲进行重组,恢复成原来的数据帧。如果重组完成,则将数据帧往上层传递。

② 优先级队列和优先级业务发送阈值

应用层产生的数据根据其服务质量等级被划分为不同的优先级,并携带自己的优先级标号。RT-MAC 协议要求网络层维护不同的优先级队列,采用基本的先进先出队列(first input first output,FIFO)构成多优先级先进先出队列(multi-priority FIFO,MP-FIFO),而MAC 层建立和维护长度为脉冲个数的循环队列。考虑物理层"一发多收"的能力,MAC 层一次只能发送一个数据包,只有等当前数据包的所有脉冲全部发送完成,才能开始下一个数据包的发送。

节点在发送判决时需要将跳频跳时图案对应的信道负载统计值与优先级业务的发送阈值进行比较,合理的优先级业务发送阈值设定对介质接入控制至关重要,如果发送阈值普遍偏低,则低优先级业务可能会被"饿死",而如果发送阈值普遍过高,则高优先级业务的首发成功率和吞吐量等性能得不到保障。

假设有 0 到 $\beta_{\max}$ 种优先级业务,其中 0 代表最低优先级,$\beta_{\max}$ 代表最高优先级,每种优先级的业务比例为 r_β,其中 $0 \leqslant \beta \leqslant \beta_{\max}$,规定 $r_\beta \in [0,1]$,各优先级业务对应的发送阈值为 Th_β。首先假定已知最低优先级的发送阈值为 Th_0,全网的业务量用业务负荷(traffic load, TL)表示。当 $TL \leqslant Th_0$ 时,说明全网业务负载很低,所有优先级业务的数据包可以到达即可发送,可见保证最高优先级业务的首发成功率达到 99% 以上或者某个水平,成为 Th_0 选择的依据。对于其他高优先级业务的发送阈值,可以根据优先级业务的比例估计信道负载水平,通过优先级业务比例的递推公式计算优先级业务发送阈值 $Th_\beta(0 \leqslant \beta \leqslant \beta_{\max})$ 为

$$Th_\beta = Th_0 \cdot \frac{\sum\limits_{j=0}^{\beta} r_j}{r_0}, \quad 0 \leqslant \beta \leqslant \beta_{\max}, \quad Th \leqslant 1 \tag{4.9}$$

最低优先级的发送阈值 Th_0 与节点所处的电磁环境及物理层信道条件等有关,可以采用仿真方法并通过物理层或者 MAC 层统计数据包的发送情况获得,具体测量方法如下:设置一个单跳的网络拓扑,给定信道传输速率 R_C,网络中包含两条以上的业务流。节点使用 ALOHA 协议,让数据分组到达即可发送,然后逐渐增加网络总负载,统计所有节点应用层发包数和收包数,计算网络总分组投递率。

(3) 信道负载统计

为了反映每套图案的真实信道负载情况,将每套图案看作一条"逻辑信道",节点通过自身的物理载波检测能力,检测每个时帧周期内、每个频点的占用情况,统计每一个图案的信道负载。具体方法为:针对节点的每一套图案,在每一个数据包的时帧长度内,依次检测图案中的每一个脉冲,判断是否与新到达的信号发生重叠。重叠脉冲上的数据接收就会发生冲突,进而导致整个数据包接收错误,所以只要判断到达脉冲与节点图案存在重叠,则当前整个时帧不可用。

为了获得信道占用比率,要建立统计周期为 T 的循环队列。如果当前时帧内没有更新过信道占用情况,或者之前的更新都判断为信道可用,则判断链表项中跳频跳时序列的每个脉冲与当前脉冲的频率和时间重叠情况。对于一个脉冲,只有频率相同且脉冲时间跟收包时间有重叠才能认为冲突。所以只需要判断当前信息到达时刻,跟图案上脉冲开始时刻和结束时刻是否有交集,即可判断当前脉冲是否会冲突。遍历图案中每个脉冲,只要与新到达脉冲有重叠,则表明当前脉冲会冲突,从而信道整个时帧就被占用。如果当前时帧更新过信道占用情况,但信道未被占用,则此时只需更新队列尾指针对应的项,作为新的时帧占用情况。如果当前时帧没有更新过信道占用情况,但循环队列已满,则覆盖队列头指针对应的项。若队列未满,则更新尾部的项,并将计数器值 count 加 1。

当需要获取信道负载时,节点遍历图案链表找到当前节点的当前图案的表项,然后查询信道负载统计的循环队列,统计当前队列中被占用的时帧数 N_{ocp},计算信道占用率 R_{ocp} 为

$$R_{\text{ocp}} = \frac{N_{\text{ocp}}}{count} \tag{4.10}$$

其中,count 为循环队列计算器的值,当队列满队时,count 等于队列最大长度,即信道负载统计周期 T。最终将 R_{ocp} 作为信道负载统计值,供优先级业务发送判决时调用。

（4）数据帧的发送和接收

① 数据帧发送过程

RT-MAC 协议的数据帧发送流程如图 4.32 所示。网络初始化时,开启所有节点的发送定时器,代表网络时帧计时同步开始。节点首先从最高优先级开始,依次判断网络层的优先级发包队列是否为空。若优先级队列为空,代表没有该优先级的业务需要发送,则节点继续检查低优先级队列是否为空。用 β 表示数据包的优先级,$\beta \in [\beta_{\min}, \beta_{\max}]$。待发数据包先按原来的优先级进入网络层相应的优先级队列,然后将其优先级设置为 $\beta_{\max}$,保证高优先级数据包优先获得发送判决权利。高优先级队列为空时,将当前的优先级减 1,检查下一个优先级队列。只有当比原优先级更高的优先级队列都为空时,当前数据包才获得发送的权利。

若优先级队列不为空,代表有该优先级的业务需要发送,即网络层有包要发。节点先根据数据分组产生时刻、当前时刻和数据分组生存时间,判断数据分组是否超时。如果数据分

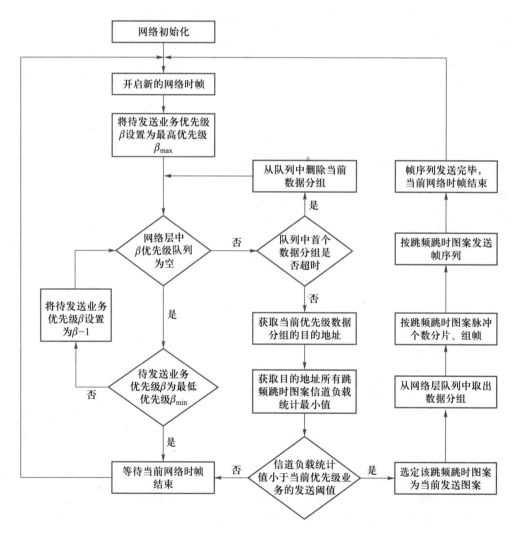

图 4.32　RT-MAC 协议的数据帧发送流程

组超时,将该数据分组从队列中删除,继续判断当前优先级队列是否为空。如果数据分组未超时,则可以进行发送,节点首先获取当前优先级数据分组的目的地址,进而获取接收点所有跳频跳时图案最小的信道负载统计值,然后将该图案的信道负载统计值与当前优先级数据分组的发送阈值进行比较,如果信道负载统计值大于发送阈值,则暂停发送过程,等待下一时帧周期到来时重新检查优先级队列。如果信道负载统计值小于发送阈值,选定该跳频跳时图案为当前发送图案,MAC 从网络层的该优先级队列中取出队首的数据分组,按跳频跳时图案脉冲个数进行数据帧分片和重组。每个分片单独添加 MAC 头部,并插入到MAC 层的分片队列,同时开启所有跳频跳时图案的计时,按照跳频跳时图案发送脉冲帧序列。

当脉冲发送时刻到来时,开始传输当前脉冲,在发送队列中取出该分片,然后根据跳频跳时图案选择对应的频点进行发送。脉冲帧最终交由物理层发送,物理层再次确认发送频点后,通过无线信道将信号发送出去。当前脉冲发送完成,检查跳频跳时图案判断当前脉冲是否为最后一个脉冲,如果不是,则继续从发送队列中取出分片,进行后续脉冲的发送,直到发送完当前数据帧的所有脉冲,再在新时帧周期开始时检查优先级队列,进行下一个数据分组的发送。优先级高的业务优先获得发送判决,而且高优先级业务发送阈值比低优先级业务的发送阈值要大,更容易满足信道负载条件而获得发送的机会,所以能保证高优先级业务首发成功率。

② 数据帧接收过程

RT–MAC 协议的数据帧接收流程如图 4.33 所示。

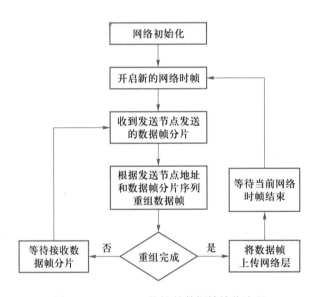

图 4.33　RT–MAC 协议的数据帧接收流程

网络初始化时,接收节点同步开启网络时帧。节点检测到物理层有信号到达,先对物理层状态进行判断。如果接收节点正在发送信号,则半双工模式下所有频点均不可以接收,必须等待当前数据发送完成再重新判断信道状态。如果节点不处于发送状态,通过累积干扰模型判断,当信号到达功率满足信噪比条件时,锁定该数据包,并在相应频点上进行接收。

当一个数据帧分片全部接收完毕时,去除累计干扰噪声的影响,将脉冲传往 MAC 层。MAC 将其加入重组缓存,根据发送节点地址和数据帧分片序列对一个数据时帧周期内的所有脉冲帧进行重组。若判断重组已经完成,则移除重组帧的 MAC 头部,将该数据帧上传给网络层,等当前网络时帧结束后,再开启新的网络时帧准备接收新的数据帧。

4.5 本 章 小 结

无人机集群信道接入技术是无人机集群网络体系的重要技术之一。信道接入协议的功能主要是:使各用户之间公平地使用有限的资源(信道或带宽等),保证各用户之间良好的通信链接,同时尽可能提高系统的吞吐量和降低时延。

封装成帧、透明传输和差错控制是 MAC 协议的三个基本功能。封装成帧是指在数据部分的首部和尾部主动地添加上一段特定的帧定界符,这对信息的完整传输至关重要。透明传输是指无论发送何种比特组合的数据,这些数据都能够按照原样被接收端完整无误地接收。差错控制则采用各种错误检测措施来保证数据传输的可靠性。

由于无人机集群网络特殊的组网和通信方式,MAC 协议的设计面临着很多具有挑战性的问题。这些问题可以归纳为:隐藏终端问题、暴露终端问题、时延问题、通信方式问题、无线信道的脆弱性问题和拓扑结构动态变化的问题。

无人机集群网络的 MAC 协议对无人机集群网络性能起着至关重要的作用。在评估无人机集群网络的 MAC 协议时,考虑的主要性能指标有:吞吐量、时延、公平性、能量效率和信道利用率。

无人机集群网络的接入 MAC 协议大致包括三类:竞争类、分配类和混合类。这三种协议的区别在于各自的信道接入策略不同。

竞争类 MAC 协议起源于经典的 ALOHA 协议。该类 MAC 协议定义了两个及两个以上发送节点同时试图接入同一信道时会发生的事件。无人机集群网络中所有节点不仅功能对等,而且地位平等,各个节点采用竞争方式和随机接入的策略获取信道控制权。竞争类 MAC 协议核心机制是退避算法和冲突避免机制,并主要采用载波侦听多址接入方式。

竞争类MAC协议的运行机制简单,协议的控制开销比较小。不需要事先进行网络规划,组网灵活性高。节点退网、节点入网过程简单而且迅速。不需要复杂的机制为每个节点预约和分配时隙,因此对整个网络的时间同步要求很低。但竞争类 MAC 协议具有不稳定性,不能确保网络中所有的数据发送完全没有冲突。QoS 保障一直是竞争类 MAC 协议需要解决的问题,并且竞争类 MAC 协议不能区分不同类型和不同优先级的业务。不过,竞争类 MAC 协议适用于网络规模不大而且不是一直处于工作状态的网络场景,上述优点使其在分布式网络中占据重要的研究地位。

分配类 MAC 协议网络中使用预留信道,消除了由于竞争而产生的信道冲突问题。该类 MAC 协议采用的接入策略是:在网络运行前预先为网络节点分配信道资源,通过使用一定的分配算法,使各节点无竞争地接入信道。资源分配是分配类 MAC 协议的核心机制。

根据分配的信道资源的不同,分配协议的多址接入方式可以分为:时分多址接入(TDMA)、频分多址接入(FDMA)、码分多址接入(CDMA)、空分多址接入(SDMA)以及几种多址方式的混合。

分配类 MAC 协议的优点是通过分配可以使节点平等地传输数据,保证良好的公平性;数据帧的平均传输时延比较固定,而且抖动较小,稳定性好;当网络业务负载较高,或者网络节点比较密集时,无线信道的利用率较高。缺点是灵活性差,特别是当节点业务量不均衡时会造成网络资源的浪费。分配类 MAC 协议在中高传输负载下性能良好,即使在传输负载很重的情况下也能保持稳定的性能。这是因为大多数分配类 MAC 协议可以确保每个节点至少可以访问一个时隙而不会发生冲突。然而,在传输负载较轻的情况下,由于不能充分利用所有时隙,分配类 MAC 协议的性能较差。

在分配类 MAC 协议中,最常采用的多址方式是 TDMA 方式。TDMA 将时间轴划分为周期性帧,每个帧被划分为几个时隙(帧和时隙之间没有重叠)。根据时隙分配原则,每个节点分配一个或多个时隙以供独立使用。因此,每个节点只能在分配的时隙中发送。根据时隙分配策略不同,TDMA 协议可分为固定时隙分配 TDMA 协议和动态时隙分配 TDMA 协议。在无人机集群网络中,节点的移动性将导致网络拓扑变化较大,固定时隙分配 TDMA 协议显然不适用,因此在无人机集群网络中采用了动态时隙分配 TDMA 协议。

混合类 MAC 协议综合了竞争类 MAC 协议和分配类 MAC 协议各自的特点和优势,使得网络性能具有较好的鲁棒性。研究表明,当网络负载较低时,混合类 MAC 协议的性能与竞争类 MAC 协议接近;当网络负载较高时,它的性能与分配类 MAC 协议接近。

混合类 MAC 协议中的“混合”是指在信道接入的核心机制上采取了竞争与分配策略相结合的方式,而不是竞争类 MAC 协议和分配类 MAC 协议的简单叠加。所以,通常混合类 MAC 协议既拥有竞争类 MAC 协议和分配类 MAC 协议的优势,同时又避免了两类 MAC 协议的弊端。另外,为了提高 MAC 协议的性能,增加不同网络之间的互联互通能力,通常将 MAC 层与物理层或者网络层联合优化,通过层间互相交互信息,进行跨层 MAC 协议设计。

典型的竞争类 MAC 协议有 CSMA 协议、MACA 协议、DCF 协议与 EDCF 协议。其中,CSMA 协议采用载波侦听机制,通过物理监测发射机附近的信号强度来避免冲突;MACA 协议使用 RTS-CTS 握手机制来减轻隐藏终端干扰和最少化暴露终端个数;DCF 协议提供分布式接入,多个分布式无线节点竞争同一资源,利用载波侦听和冲突避免技术以避免单个节点长期霸占共享信道的冲突,同时通过四次握手机制建立数据传输的通信链接,能解决部分的暴露终端和隐藏终端问题;EDCF 是 DCF 协议的一种改进协议,通过引入业务类别的概念,满足不同用户的 QoS 需求。

典型的分配类 MAC 协议有 USAP 协议、S-TDMA 协议、DT-MAC 协议和 AN-MAC 协议。其中,USAP 协议在时间上采用时隙、帧和周期三层架构。通过交互 NMOP,节点及其相邻节点可以知道哪些时隙已分配,哪些时隙尚未分配,在节点有数据需要发送时,每个节点可以选择当前空闲的时隙,确保两跳范围内的节点通过某些约束发送信息时不会发生冲突。S-TDMA 协议将时间轴划分为一系列连续的时帧,每个时帧又被划分为一系列连续供用户使用的时隙。该协议可以使节点以自组织的方式选择传输时隙,但是其时隙使用效率较低,在高速数据传输的网络环境下不适用。支持 QoS 的 DT-MAC 协议是针对单跳无人机集群网络特点而提出的分配类 MAC 协议。在网络运行过程中,该协议将全网节点的时间轴同步划分为一系列连续、不定长的网络时帧,节点在每一个网络时帧内发起数据传输,传输过程包括节点同步、时隙请求、时隙分配和数据发送四个阶段。该协议可以有效支持新节点入网和节点退网,从而满足网络规模动态变化的需求。AN-MAC 协议通过分割空间信道分离同一时隙或同一频率上的多个用户信号,可以使信号在有限的方向区域内发送和接收,从而充分利用了信号的发送功率,降低了信号全向发射带来的电磁污染与相互干扰。

　　典型的混合类 MAC 协议有:HTDMA 协议、ADAPT 协议、ESTDMA 协议和 RT-MAC 协议。其中,HTDMA 协议是竞争协议、分配协议和虚拟载波侦听协议的混合类 MAC 协议。该协议综合了竞争模式和分配模式,以 CSMA 协议为基本方法。首先,通过碰撞避免、虚拟载波侦听等方法获取网络的局部拓扑信息。HTDMA 协议可以利用这些信息访问新的节点,这不仅保留了现有节点的传输安排,还减少了大量的竞争开销,而且更容易为网络提供 QoS 保证。ADAPT 协议以一种新颖的方式将基于无冲突分配的协议和基于竞争的协议结合起来,同时保留了各自的优点,而不必考虑它们的缺点。ADAPT 协议将基于 CSMA 以及使用碰撞回避握手的竞争协议综合到时隙分配 TDMA 协议中来解决隐藏终端干扰问题。基于自组织时隙选取的 ESTDMA 协议在延续 S-TDMA 协议时隙自组织选取和拓扑透明优势的基础上,引入了基于竞争的时隙二次分配策略,使得网络中的节点可以竞争使用网络时帧中产生冲突或保持空闲的时隙,并且通过数学建模分析求解得到竞争预约时隙的最佳概率,进而实现时隙利用率的最优化。RT-MAC 协议参考 TTNT 的 SPMA 协议基本原理而设计。使用 RT-MAC 协议的系统,将跳频跳时图案作为协议栈物理层的发送脉冲格式,进行统计优先级多址接入协议设计。当应用层的数据分组到达网络层时,根据业务优先级的大小将该数据包插入相应的优先级队列。RT-MAC 协议充分融合了网络协议栈各层之间的交互信息,实现了多种优先级业务的高速率和低时延传输。

第 4 章习题

第 4 章
习题答案

1. MAC 协议的三个主要功能是什么?
2. 简述数据链路层实现帧同步的目的。
3. MAC 协议设计需考虑哪些关键问题?
4. MAC 协议有哪些主要的性能指标?
5. 简述隐藏终端与暴露终端的概念,并说明无线网络为什么会存在隐藏终端问题和暴露终端问题。
6. 竞争类 MAC 协议的特点是什么? 其接入策略、多址方式和核心机制分别是什么?
7. 单独采用 CSMA 协议为什么不能解决隐藏终端和暴露终端问题?
8. MACA 协议是如何减轻隐藏终端干扰和最少化暴露终端个数的?
9. DCF 协议和 MACA 协议的区别是什么? DCF 协议可以解决隐藏终端问题和暴露终端问题吗? 如果可以,说明 DCF 协议解决方案;如果不可以,说明理由。
10. 分配类 MAC 协议的特点是什么? 其接入策略、多址方式和核心机制分别是什么?

11. 混合类 MAC 协议的特点是什么？

12. HTDMA 协议是竞争协议 CSMA/CA、虚拟载波侦听 RTS–CTS 协议和分配协议 TDMA 的混合协议。那么，HTDMA 协议哪些工作阶段体现了竞争协议的特点？哪些工作阶段体现了虚拟载波侦听协议的特点？哪些工作阶段体现了分配协议的特点？

在无人机集群网络中，由于节点之间通信距离有限，源节点与目的节点之间的通信往往不是单跳可达的；另一方面，节点不断移动和损毁失效，造成网络拓扑结构动态变化快。因此，需要在收发节点之间建立多跳路由，并实时更新，进而将多个移动的无人机节点连接成一个整体，实现在单跳通信距离范围之外的节点之间的通信。

路由选择是网络层最重要的功能，它通过路由协议来保证路由选择的合理高效。路由协议决定了数据分组经过何种路径从源节点送达目的节点，其功能主要包括以下两个部分：一是根据某种准则在源节点和目的节点之间设计一条优化路径；二是能够在协议的控制下将数据分组依据预先设定好的优化路径进行转发。

本章首先介绍无人机集群路由协议的设计特点与需求，并描述了几种传统的路由选择算法。接着针对节点稀疏型无人机集群网络，讨论了时延容忍网络（delay tolerant network, DTN）及其路由技术，为间歇性连接的无人机集群网络提供一种替代的解决方案。最后阐述了有关网络拓扑重构方面的相关知识，并说明在网络拓扑结构动态变化时，保证网络连通性、覆盖性和生存性的具体要求。

5.1　路由协议的设计要求

路由算法的特点与要求

5.1.1　路由协议的设计要求与分类

路由协议最主要的内容是设计路由算法，即如何通过路由表中已知的条目（连接关系），来生成一条从源节点到目的节点的转发路径。一个理想的路由算法满足如下要求。

① 路由算法必须是正确的。所谓"正确"是指数据分组根据路由表所指引的路由，最终一定能够到达目的节点。

② 路由算法应该简单有效。路由选择算法的复杂度不能过高，尽可能不给整个网络增加太多的额外开销。

③ 路由算法应具备稳定性。在网络通信量和拓扑结构基本保持不变时，算法应能够按照某种优化策略收敛于一个可接受范围内的解。

④ 路由算法应当是最佳的。这种最佳不是绝对意义的最佳，而是在某种准则或者某种需求下的最佳，如最佳的准则可以是传输距离最短、网络吞吐量最大、平均时延最小或网络总能耗最低等。

⑤ 路由算法应具有稳健性。稳健性亦被称为"鲁棒性"，是指在网络中的关键参量如通信量和拓扑结构等发生变化时，或在某些节点、链路失效时，算法能自适应地改变路由以均

衡各链路的负载并保持连通性。

⑥ 路由算法应具有公平性。在未区分节点优先级的网络中,算法对所有节点都是平等的。

一个实际的路由选择算法,应尽可能满足上面六个方面的要求。但在不同的应用场景下,对以上六个方面的要求又各有侧重。

路由选择是个较为复杂的过程。首先,路由选择需要网络中所有节点相互协调。其次,路由选择的环境通常是动态变化的,有时也无法提前知道这些变化的发生。再次,当网络发生拥塞时,就特别需要能缓解这种拥塞的路由选择策略,而往往在这种条件下,从网络中的各节点获得所需的路由选择信息变得非常困难。

路由算法有如下多种分类方式。

① 根据路由选择策略能否随着网络的通信量或拓扑结构变化而自适应地进行路由选择,路由算法可以分为静态路由选择与动态路由选择。静态路由选择的特点是简单且开销较小,但不能适应网络状态的实时变化。静态路由选择通常应用在简单的小规模网络中,通过人工或机器辅助的方式预先配置每一条路由。动态路由选择也被称为自适应路由选择,其特点是能较好地适应网络状态的变化,但实现起来较为复杂。动态路由选择适用于规模较大或拓扑动态变化的网络,无人机集群网络需要采用动态路由选择策略。

② 根据路由协议交互作用域的范围不同,路由算法可以分为域间路由和域内路由。域间路由是指在多个自治系统之间进行路由选择,而域内路由是指在一个自治系统内部进行路由选择。

③ 根据路由目的地址类型的不同,路由算法还可以分为单播路由和组播路由。单播路由是指报文转发的目的地址为单播地址,即转发给某一个目的节点;而组播路由是指报文转发的目的地址为组播地址,即转发给一组预先定义好的目的节点。

④ 根据使用的路由策略不同,路由算法可以分为基于拓扑信息的路由、基于地理信息的路由、混合式路由(基于拓扑信息和地理信息的路由)以及机会路由,如图 5.1 所示。

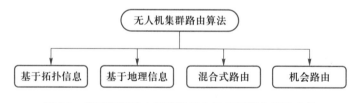

图 5.1　基于不同路由策略的无人机集群路由算法分类

在基于拓扑信息的路由协议中,必须在数据转发之前根据网络中节点的拓扑信息获取从发送方到接收目的地的路由信息。基于地理信息的路由协议利用无人机的地理位置信息选择转发节点,进而转发数据包。混合式路由方案综合了基于拓扑信息和基于地理信息路由的优势。机会路由则是在传输过程中不固定单一传输路径,而是在每一跳结束以后动态地选择合适的节点作为转发节点继续传输。为了解决无人机集群路由协议设计所面临的需求和挑战,每个类别中的路由协议都使用特定的技术和目标来进一步优化。

下面介绍基于拓扑信息的路由协议和基于地理信息的路由协议中的典型协议。

基于拓扑信息的路由协议属于早期移动自组织网络使用的路由协议,主要基于对固定网络协议的改进。在此类路由协议中,网络中节点的拓扑信息被用于协助转发数据包,在数据传输开始之前,需要寻找从源节点到目的节点的适当路由路径。根据网络中节点的职能,基于拓扑信息的路由可进一步分为平面路由(flat routing,FR)和基于分簇的分级路由(hierarchical routing,HR),如图 5.2 所示。平面路由中每个参与路由的无人机都具有同等的地位,根据无人机在网络中获取和维护路由的方式,将平面路由协议分类为先应式(proactive)、被动式(reactive)和混合式(hybrid)路由协议。

在基于地理信息的路由协议中,节点的地理位置信息将被用于数据包的转发决策,每架无人机都需要使用定位系统获取自己的位置。与基于拓扑信息的路由协议不同,使用基于地理信息的路由协议的路由器不需要知道网络整体的拓扑信息,它们使用本地信息转发数据包,当然也不需要泛洪和建立路由表,因此相应地减少了路由开销、带宽和能耗。考虑到无人机的高移动性和动态任务,针对无人机集群的基于地理信息的路由是个不错的选择。

对于基于地理信息的路由协议的路由决策,仅需要知道邻居无人机和目标无人机的位置信息,主要使用贪婪转发技术进行数据包的转发,并在贪婪失败的情况下使用恢复机制。所谓贪婪转发是指:①数据包由源节点标记要发送到的目标位置;②每个中间节点都存有它的邻居节点的位置信息,地理位置最接近目标节点的邻居节点被选择为下一跳节点;③以此类推,每一次转发都离目标节点更近,直到到达目标节点。在没有邻近节点离目标节点更近的情况下,把这样的网络结构称作"路由空洞",算法将启动恢复机制。基于地理信息的路由进一步可分为时延容忍网络(delay-tolerant networks,DTN)和非时延容忍网络(non-delay-tolerant networks,Non-DTN),如图 5.3 所示。

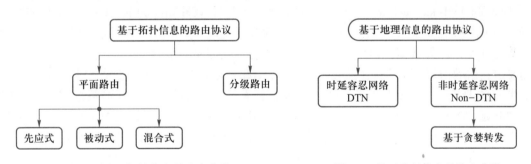

图 5.2 基于拓扑信息的路由分类　　　　图 5.3 基于地理信息的路由分类

为了解决由无人机集群的动态性、移动性以及网络密度的稀疏性导致的间歇性连接和网络分区问题,DTN 路由协议使用了"存储—携带—转发"的消息缓冲技术,该技术允许节点将消息保存一段预定义的时间,直到根据指定指标找到其通信范围内的潜在转发节点或目的节点,从而进行数据分组传递。但是应用此项技术的最大问题是网络的时延,尤其是对于实时应用程序而言。

Non-DTN 路由协议通常采用贪婪转发技术,可以应用于无人机密集连接或非关键应用的场合。但是如果在稀疏场景下,可靠性会降低,因此对于需要可靠数据传输的关键应用程序,应将其他方法与贪婪转发算法集成在一起。这类路由协议中最主要的挑战是获取无人机的精确位置信息并避免路由无效,尤其是在高度动态且稀疏的无人机集群网络中。

5.1.2　无人机集群路由协议的特点与需求

在无人机集群网络中,每个无人机节点作为终端设备,运行面向用户的应用程序的同时,也作为路由器执行相应的路由选择算法,参与分组转发工作。因而,在设计无人机集群路由协议时,要考虑无人机集群网络自身的特点。

① 无人机集群网络中存在单向链路。在传统的无线网络路由协议中,节点间的链路通常被认为是对称的双向链路。而在无人机集群网络中,无人机的高速移动、发送功率的限制或环境条件对无线信道的干扰,可能会造成单向的无线传输信道。所以在单向链路的无人机集群网络中,基于双向链路的传统路由选择算法便不再适用。

② 无线环境中存在大量的冗余链路。在传统有线网络中,任意两个网络之间往往只配置一个或均匀配置少量的路由器。而无人机集群网络中的情况则大不相同。由于无人机节点的移动性,某时刻源节点或转发节点的传输范围内可能会密集分布着多个节点,从而会形成多条有效的转发链路。由于这些链路都能进行连通,且代价相同或者近似相同,因而可以认为是冗余的,即存在多条可选的路由。若运行传统的路由协议,在链路上交互这些冗余的路由信息,会大大增加路由信息更新的数量,同时也增加了节点的计算负担。

③ 网络拓扑的动态变化。衡量路由协议性能的一个重要指标是收敛速度。由于传统的路由协议是针对拓扑结构相对稳定的网络设计的,而无人机集群网络中节点移动迅速,变化频繁,需要相互交换更多变化的拓扑信息,因此路由协议的收敛速度相对较慢。

无人机集群网络的路由协议设计可以借鉴较为成熟的飞行自组织网(flying ad-hoc network,FANET)。FANET 的路由协议设计要求超过了传统自组织网络的要求,如移动自组织网(mobile ad-hoc network,MANET)和车载自组织网(vehicular ad-hoc network,VANET)。FANET 的路由协议需要考虑应用领域、相关的数据流量及其服务质量要求。例如,在交通、管道和环境遥测等数据监测应用中,对实时传感数据流量有低时延、低带宽和中低度抖动的要求;在诸如环境和军事监视等应用中,存储和转发数据时有低时延、高抖动容限以及高带宽的要求。另外,无人机之间以及从地面站到无人机的命令和控制数据流量具有较低的时延、带宽和抖动要求。与 MANET 和 VANET 中的节点不同,无人飞行器在三维空间中移动,还应考虑功率限制、负载均衡、链路质量不稳定、频繁移除/添加无人机节点和无人机定位等特点,保证无人机与地面站以及无人机之间通信的可靠性。因此,无人机集群网络的路由协议设计需要适应链路的间断性、拓扑的频繁变化以及无人机的高速移动等特点。

除了在无人机节点之间找到可靠且有效的传输路径外,无人机集群网络路由协议设计还应考虑安全性要求。在某些应用场景中,无人机之间可能会传输诸如遥感、命令和控制等关键消息。此外,无人机集群网络在设计诸如商业、公共安全和国家安全的应用场景时,也需要采用保障通信安全的协议,以确保无人机和地面站(ground control station,GCS)之间进行数据交换的安全性。

在设计无人机集群网络路由协议时,除了考虑其独特功能外,还必须考虑协议栈中不同层的信息。例如,从物理层推断出信道条件、容量和干扰因素,从数据链路层推断出吞吐量和时间延迟,从网络层推断出鲁棒性、容错和跳数,从应用层推断出可靠性要求。

从网络性能的角度来看,无人机集群的路由协议必须包括较高的可靠性、较小的路由开销、较低的丢包率和合理的时延等,并通过相应的路由调整方案来维持网络的各种性能。近年来,已经针对无人机集群引入了各种路由方案,这些方案一部分是新协议,另一部分是对现有 MANET 或 VANET 路由方案的改进,以满足无人机集群网络的需求。

评价无人机集群网络路由协议的性能主要包括以下几个方面:

① 端到端的数据吞吐量和时延:依据数据包传输的性能指标来评判路由协议的优劣;

② 路由的建立时间:统计节点有数据需要发送到数据成功发送所需的时间,这通常用于评价按需路由协议的性能;

③ 路由协议的效率:即完成路由任务的控制信息与用户数据信息的比率。特别是在控制信息与数据信息共享同一信道的时候,该性能会对整个系统效率的高低产生直接影响;

④ 递交顺序错误的百分比:目的节点所接收到的经过路由转发后的分组顺序与发送时顺序不一样的分组占总传输分组的比例。

需要注意的是不同的路由协议应用在不同的环境中时,其性能好坏可能会存在很大的差异。即便是使用相同的路由协议,在不一样的网络环境中,其性能指标也可能会有很大的差异。无人机集群网络的网络环境因素主要涉及网络的规模大小、网络拓扑结构变化速度、节点的移动速度、信道的传输带宽和单向信道的占比等等。因此,在对各种路由协议性能进行分析比较时,环境因素对各路由协议的影响不容忽视。

5.1.3 最短路径算法与分簇技术

(1) 最短路径算法

在最短路径算法中,最为经典的算法是由荷兰计算机科学家艾兹格·W. 迪科斯彻(Edsger Wybe Dijkstra)提出的,并命名为 Dijkstra 算法。它采用与广度优先搜索相类似的方法解决赋权图的单源最短路径问题。Dijkstra 算法的最初版本仅适用于找到两个顶点之间的最短路径,后来更为常见的变体是固定了一个顶点作为源节点,然后找到该顶点到图中所有其他节点的最短路径,生成一个最短路径树。算法每次取出未访问节点中距离最小的,用该节点更新其他节点的距离。需要注意的是,Dijkstra 算法不能有效处理边的权值包含负数的图。

最短路径
路由协议

设一个赋权有向图表示为 $G=(V,E,W)$,其中,V 是顶点集合,E 是有向边集合,W 是权值集合。E 中的每条边记为 $e_{i,j}:=\{v_i,v_j\}$,表示从 v_i 到 v_j 的一条边,其权值是一个非负的实数 $w_{i,j}$,该权值表示从顶点 v_i 到 v_j 的距离,并假设单个源点 $s\in V$。现在的任务是找出从源点 s 出发,到达除了源点 s 以外其他顶点集合(记为 $V\setminus\{s\}$)中所有节点的最短路径。

下面以一个赋权有向图为例,解释 Dijkstra 算法的实施过程。如图 5.4 所示,这是一个具有 6 个顶点的赋权有向图,其顶点集合表示为 $V=\{v_1,v_2,v_3,v_4,v_5,v_6\}$。在图 5.4 中共有 10 条边,且每边均为单向的,各个有向边的权值分别为:$w_{1,2}(e_{1,2})=10$,$w_{3,3}(e_{2,3})=7$,$w_{4,3}(e_{4,3})=4$,$w_{4,5}(e_{4,5})=7$,$w_{6,5}(e_{6,5})=1$,$w_{1,6}(e_{1,6})=3$,$w_{6,2}(e_{6,2})=2$,$w_{4,1}(e_{4,1})=3$,$w_{2,4}(e_{2,4})=5$ 和 $w_{6,4}(e_{6,4})=6$。

现在假设选定 v_1 为源点 s,从源点 v_1 出发,到 $V\setminus\{v_1\}=\{v_2,v_3,v_4,v_5,v_6\}$ 中所有顶点的最短路径分别为

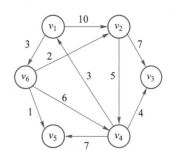

图 5.4 赋权有向图示例

$$short[v_1, v_2] = w_{1,6} + w_{6,2} = 5$$
$$short[v_1, v_3] = w_{1,6} + w_{6,2} + w_{2,3} = 12$$
$$short[v_1, v_4] = w_{1,6} + w_{6,4} = 9 \tag{5.1}$$
$$short[v_1, v_5] = w_{1,6} + w_{6,5} = 4$$
$$short[v_1, v_6] = w_{1,6} = 3$$

其中, $short[s, v_i]$ 表示在所有网络节点中, 从源点 s 到其他顶点 $v_i \in V \setminus \{s\}$ 的最短路径。最短路径可以理解为所有可能路径中累加权和最小的那一条路径。

以上是通过观察和计算对比出来的最短路径, 下面具体看看采用 Dijkstra 算法如何找到所有这些路径中的最短路径。

首先定义一个集合 S, 在算法初始化的时候, 集合 S 中只有源点 s。如果集合 $V \setminus \{s\}$ 中的某个顶点 v_i 已经在集合 S 中, 则说明从源点 s 到顶点 $v_i \in V \setminus \{s\}$ 的最短路径已经被找到, 即

$$S := \{v_i \in V: \text{到 } v_i \text{ 的最短路径已找到}\} \tag{5.2}$$

当且仅当 $S = V$ 的时候, 算法执行完毕。此时表明顶点集 V 中的所有元素都被放在了集合 S 中, 也就是说所有从源点 s 出发到其余顶点的最短路径已经被找到。此外, 对于任意一个无自环的顶点, 它到自己本身的最短路径都是 0。

接着引入一个概念, 叫作从源点 s 到顶点 $v_i \in V (v_i \notin S)$ 的相对于集合 S 的最短路径, 也就是从源点 s 到顶点 $v_i \in V$ 的路径, 中间只能经过已经包含在集合 S 中的顶点, 而不能经过其余还未包含在集合 S 中的顶点。这个相对于集合 S 的最短路径长度记作

$$dist[s, v_i] \tag{5.3}$$

而之前的 $short[s, v_i]$ 表示的是从源点 s 到顶点 $v_i \in V \setminus \{s\}$ 的全局最短路径, 这个全局最短路径才是需要的最终解, 因此一般有以下关系

$$dist[s, v_i] \geqslant short[s, v_i] \tag{5.4}$$

Dijkstra 算法就是通过不断计算 $dist[s, v_i]$, 进而不断地扩充集合 S, 而当集合 S 不断被扩充时, 相对于集合 S 的最短路径会越来越短, 直到所有顶点加入集合 S 之时, 便可得到源到顶点 v_i 的 $short[s, v_i]$, 而且此时必有 $dist[s, v_i] = short[s, v_i]$。

以图 5.4 中的例子进行实例说明。首先还是选择 v_1 作为源点 s, 那么在算法开始的时候 $S = \{v_1\}$。之后计算其余顶点到 v_1 的距离, 即寻找所有顶点相对于集合 S 的最短路径。这是算法步骤 3 中第一个 for 循环做的事情, 此时, 若想要只通过顶点 v_1 到达顶点 v_3、v_4、v_5 都是不可能的, 所以得到

$$dist[v_1, v_2] = w_{1,2} = 10$$
$$dist[v_1, v_3] = \infty$$
$$dist[v_1, v_4] = \infty$$
$$dist[v_1, v_5] = \infty \tag{5.5}$$
$$dist[v_1, v_6] = w_{1,6} = 3$$
$$dist[v_1, v_1] = 0$$

因此 v_3、v_4、v_5 就是算法所说的暂时到达不了的顶点。现在算法的前四步已经执行完毕,

开始步骤 4 检验集合 $V\text{-}S$ 是否是空集，这里显然不是，因为

$$V - S = \{v_2, v_3, v_4, v_5, v_6\} \tag{5.6}$$

现在进入 while 循环，执行步骤 5，选出经过第一个 for 循环之后，在集合 $V\text{-}S$ 中且相对于集合 S 的最短路径中距离最短的那个顶点 v_j，这里选择 $v_j = v_6$。步骤 6 就是将 v_6 放进集合 S 中，此时 $S = \{v_1, v_6\}$，说明从源点 s 出发，到顶点 v_6 的最短路径已经被找到了，如图 5.5 所示。

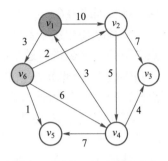

图 5.5　顶点 v_6 加入集合 S 中

下次再寻找相对于集合 S 的最短路径的时候，S 中就有两个顶点可以被使用了，这样就会使得一些原来到达不了的顶点由于可以多经过一个点而到达，或者其他顶点相对于集合 S 的最短路径长度可以变短。这是步骤 7 到步骤 9 所做的事情，具体可以得到

$$\begin{aligned}
\text{dist}[v_1, v_2] &= \text{short}[v_1, v_6] + w_{6,2} = 5 < 10 \\
\text{dist}[v_1, v_3] &= \infty \\
\text{dist}[v_1, v_4] &= \text{short}[v_1, v_6] + w_{6,4} = 9 \\
\text{dist}[v_1, v_5] &= \text{short}[v_1, v_6] + w_{6,5} = 4
\end{aligned} \tag{5.7}$$

这就完成了路径的更新，v_2 相对于集合 S 的最短路径缩短，v_4 和 v_5 也变得可达了。

现在算法从头到尾被执行了一遍，然后回到步骤 4 判断 $V\text{-}S$ 是否为空，此时

$$V - S = \{v_2, v_3, v_4, v_5\} \neq \varnothing \tag{5.8}$$

$V\text{-}S$ 不为空，因此，再次进入 while 循环，本次选择的 $v_j = v_5$，集合 S 变为 $\{v_1, v_5, v_6\}$，之后再进行其余顶点的路径长度的更新。如此循环，直到 $V\text{-}S = \varnothing$，跳出 while 循环，算法结束。最后，Dijkstra 算法的时间复杂度为 $O(nm)$，其中 $n = |V|$，$m = |E|$，分别是赋权有向图的顶点个数和边的条数，算法总共进行 $n-1$ 步，每一步选出一个具有最小 $\text{dist}[s, v_i]$ 的顶点放入集合 S 中，需要 $O(m)$ 的时间。上述过程，也可以用列表的方式表示，如表 5.1 所示。其中，第一列表示顶点添加的过程，其余单元格"（ ）"中的数值表示距离值，前面的字符表示获得该距离值依次经过的顶点。

表 5.1　用 Dijkstra 算法计算距离

S	$\beta_{v_1 v_6}$	$\beta_{v_1 v_2}$	$\beta_{v_1 v_5}$	$\beta_{v_1 v_4}$	$\beta_{v_1 v_3}$
$\{v_1\}$	$v_1 v_6 (3)$	$v_1 v_2 (10)$	—	—	—
$\{v_1, v_6\}$	$v_1 v_6 (3)$	$v_1 v_6 v_2 (5)$	$v_1 v_6 v_5 (4)$	$v_1 v_6 v_4 (9)$	—
$\{v_1, v_6, v_5\}$	$v_1 v_6 (3)$	$v_1 v_6 v_2 (5)$	$v_1 v_6 v_5 (4)$	$v_1 v_6 v_4 (9)$	—
$\{v_1, v_6, v_5, v_2\}$	$v_1 v_6 (3)$	$v_1 v_6 v_2 (5)$	$v_1 v_6 v_5 (4)$	$v_1 v_6 v_4 (9)$	$v_1 v_6 v_2 v_3 (12)$
$\{v_1, v_6, v_5, v_2, v_3\}$	$v_1 v_6 (3)$	$v_1 v_6 v_2 (5)$	$v_1 v_6 v_5 (4)$	$v_1 v_6 v_4 (9)$	$v_1 v_6 v_2 v_3 (12)$

(2) 分簇技术

分簇技术以其节能、高效的优点吸引了大量研究者的关注，同时它也可在规模大、扩展性高的大型网络中发挥良好的拓扑控制作用。在分簇结构中，网络被划分为较小的本地组，

称之为簇。簇内节点可分为簇首(cluster header,CH)与簇成员(cluster member,CM)。其中,簇首负责簇成员之间的连接以及簇内信息向其他簇的传输。与节点独立运行并将收集的信息分别发送到网络中的其他节点相比,使用分簇拓扑将提高网络运行效率并优化能耗,从而可以延长网络寿命。

分簇结构相比于普通网络结构具有扩展性强的优势,并且分层的结构使得簇内成员节点在与簇外成员进行通信时只需要将信息直接转发给簇首,不需要通过路由发现等过程建立路由连接,因此节省了大量的路由控制开销,提高了网络的运行效能。同时分簇结构对节点进行分组结构管理,大大方便了节点信息查找。分簇算法可以分为以下几类。

① 基于节点移动性的分簇算法。该类型算法使用节点移动性参数来进行簇的构造。网络中所有节点与其他节点进行信息交互,随后每个节点根据接收到的信号功率计算节点移动性参数。该类算法通常根据移动性最小原则、移动相似性最高原则等原则确定簇首,从而在节点高速移动的环境下实现较高的分簇稳定性。

② 最小 ID 号分簇算法。最小 ID 号分簇算法是最具代表性的分簇算法之一,网络中每个节点都分配有唯一一个标识值,该标识值是节点随机选择并设置的,在完成标示值设置后,ID 号最小的节点成为簇首。与其他算法相比,最小 ID 号分簇算法具有易实现、分簇速度快的优势。但是,该算法相比于其他算法很难控制簇的大小与数量。如图 5.6 所示为典型的最小 ID 号分簇算法。

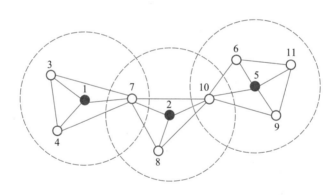

图 5.6　最小 ID 号分簇算法

③ 基于节点度的分簇算法。节点度是节点根据自身与周围节点通信链路的数量计算得出的,在自组织网络中节点的发射功率有限的情况下,节点度取决于节点的通信范围以及该节点相对于其他节点在区域中的位置,即节点一跳通信范围内其他节点的数量。在基于节点度的分簇算法中,簇首节点很少更改,但由于与相邻节点的通信链路数量较多,因此其带宽相对较窄。该分簇算法没有对集群大小的限制,随着集群节点密度的增加,会减少整个簇的带宽。基于节点度的分簇算法如图 5.7 所示。

④ 加权分簇算法。加权分簇算法主要应用于需要考虑多种因素的场景。如需要考虑节点邻居节点数、节点移动性、剩余能量等指标,即可采用加权分簇算法,对每个需要的因素设置不同的权重,随后求权值,通过权值来确定簇首节点。加权分簇算法权值常用计算公式为

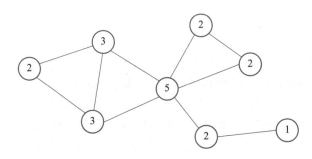

图 5.7　基于节点度的分簇算法

$$W=\alpha\cdot Factor_1+\beta\cdot Factor_2+\gamma\cdot Factor_3 \tag{5.9}$$

其中,W 即为最终计算出的节点权值,α、β 和 γ 分别表示算法考虑因素的权值,$Factor_1$、$Factor_2$ 和 $Factor_3$ 为分簇时考虑的因素。需要注意的是,实际考虑因素随使用需要而变化,此处仅以采用三种考虑因素作为示例。在加权的分簇机制中,簇首节点的选择基于节点的移动性、节点度差值、传输范围与剩余能量。每个无人机节点维护其所有相邻节点的信息以进行通信与竞选簇首。在一跳通信范围内的无人机节点中,权值最高的无人机节点会成为簇首。

　　本章后续小节将分三部分内容对无人机集群路由技术进行详细介绍。首先介绍几种经典的路由协议,然后分别对时延容忍网络路由技术以及网络拓扑重构技术进行论述。

5.2　经典的路由协议

5.2.1　基于拓扑信息的路由协议

5.2.1.1　先应式路由

　　先应式路由协议也可被称为表驱动(table-driven)路由协议,其主要特点是节点通过查询预先配置的路由表来实现分组的转发,这与传统有线网络中路由协议的基本思想一脉相承。表驱动路由协议规定,节点之间周期性地对各自的路由信息进行交换,每个节点试图维护该节点到网络中所有其他节点的路由信息。此外,节点若检测到周围网络拓扑发生变化,会及时地发送路由更新,以便收到该路由更新的节点对路由表进行更新,从而保证了路由信息的实时性。基于此类方法的路由协议有目的节点序列距离矢量协议(destination-sequenced distance-vector routing,DSDV)、无线路由协议(wireless routing protocol,WRP)等。

　　(1) DSDV 路由协议

　　DSDV 路由协议是由传统的 Bellman–Ford 路由选择算法发展而来的一个基于表驱动的路由协议,其最大特点是解决了传统距离矢量路由协议中因破损链路而导致的路由环路问题。在 DSDV 路由协议中,每个节点均维护一张路由表,对应于每个目的节点,路由表中保存着一个路由条目,其格式是 <目的节点,下一跳,度量,序列号,建立时间,稳定数据>。

　　① 目的节点(destination):目的节点地址;

　　② 下一跳(next hop):沿着到达目的节点路径的下一跳节点地址;

③ 度量(metric):本节点到目的节点的路由跳数;

④ 序列号(sequence number):目的节点产生的序列号,根据该序列号节点辨别超时路由;

⑤ 建立时间(install time):该路由条目建立的时间;

⑥ 稳定数据(stable data):此路由条目对应的目的节点 ID。

DSDV 要求每个节点周期性地与邻居节点交换路由信息,也可以根据路由表的改变触发路由更新。路由更新的方式有两种:全部更新(all update),即消息更新包括整个路由表,主要用于网络变化较快的情况;部分更新(incremental update),即更新消息中仅包含变化的路由部分,通常适用于网络变化较慢的情况。DSDV 并没有强制规定什么样的路由变化才应该触发路由更新。通常当节点维护的路由表中某一路由表项中的路由跳数发生了变化,此时节点应当通过路由更新向邻居节点广播该新路由信息;而当节点收到一条序列号较大的路由但该路由与节点原来维护的路由具有相同的路由跳数时,我们不认为这造成了显著的路由变化,也就不会触发路由更新过程。当节点检测到与其下一跳节点间链路破损时(链路破损可以通过链路层的消息应答机制来判断,此外,当节点较长时间内没收到其邻居节点的广播包时,该节点也认为两者之间的链路已经断裂),该节点就分配一个奇数类型的序列号(正常情况下均是由目的节点分配的偶数类型的序列号),并将经由该链路的路由表项的路由跳数设为无穷大,进而向邻居节点广播该路由更新信息。在 DSDV 中只使用序列号最高的路由,如果两个路由具有相同的序列号,优先选择跳数少的路由。

节点在收到路由更新信息后,先比较路由更新分组和自身维护的路由表项中对应目的节点的序列号。如果收到的路由更新分组的序列号大于节点路由表中对应目的节点的序列号或两序列号相等且更新分组中的路由跳数更少时,则根据路由更新分组的信息更新节点的路由表,并将更新后的路由信息向周围邻居广播。而当收到的路由更新信息中某一路径的序列号与节点维护的当前对应路径的序列号相同且更新分组中的路由跳数更多时,节点将参照路由沉淀时间确定一个时延,该时延过后节点才将新路由向邻居节点广播,这样能抑制路由信息非正常的频繁变化。如果收到的路由更新分组中的序列号小于路由表中对应目的节点的序列号,则忽略此更新分组,保留原来的路由。相反,当收到的路由更新信息中含有破损路由时,节点对该路由进行更新后将立即广播更新后的路由信息。

考虑图 5.8 所示的 DSDV 网络场景,假设在 MH1 移动之前,网络中所有节点均存储有到达所有其他节点的路由信息。

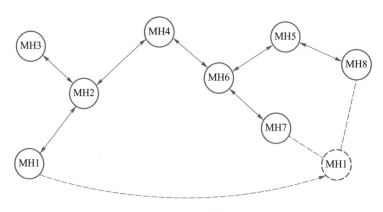

图 5.8   DSDV 网络场景

对于其中的节点 MH4，其保存的路由表如表 5.2 所示。在表中，我们假设移动节点 MHi 的地址为 MHi，目的节点 MHj 确定的目的节点序列号为 Sxxx_MHj；路由建立时间用以确定路由的删除时间。

表 5.2　MH4 路由表

目的节点	下一跳	度量	序列号	建立时间	稳定数据
MH1	MH2	2	S404_MH1	T001_MH4	Ptrl_MH1
MH2	MH2	1	S126_MH2	T001_MH4	Ptrl_MH2
MH3	MH2	2	S560_MH3	T001_MH4	Ptrl_MH3
MH4	MH4	0	S704_MH4	T001_MH4	Ptrl_MH4
MH5	MH6	2	S386_MH5	T002_MH4	Ptrl_MH5
MH6	MH6	1	S072_MH6	T001_MH4	Ptrl_MH6
MH7	MH6	2	S120_MH7	T002_MH4	Ptrl_MH7
MH8	MH6	3	S054_MH8	T002_MH4	Ptrl_MH8

现在假设节点 MH1 朝 MH5 和 MH7 的方向移动，而远离其他节点，与 MH2 的连接断开，此时 MH4 更新后的路由表如表 5.3 所示。从表中可以看出在 MH4 维护的路由表中只有目的节点为 MH1 的路由表有了新的度量值，而其他路由表项只更新序列号。

表 5.3　MH4 更新后的路由表

目的节点	下一跳	度量	序列号	建立时间	稳定数据
MH1	MH6	3	S526_MH1	T610_MH4	Ptrl_MH1
MH2	MH2	1	S258_MH2	T001_MH4	Ptrl_MH2
MH3	MH2	2	S684_MH3	T001_MH4	Ptrl_MH3
MH4	MH4	0	S852_MH4	T001_MH4	Ptrl_MH4
MH5	MH6	2	S508_MH5	T002_MH4	Ptrl_MH5
MH6	MH6	1	S180_MH6	T001_MH4	Ptrl_MH6
MH7	MH6	2	S242_MH7	T002_MH4	Ptrl_MH7
MH8	MH6	3	S174_MH8	T002_MH4	Ptrl_MH8

当节点 MH1 向节点 MH5 和 MH7 移动时，它会触发一个部分路由更新分组并向 MH6 广播。当节点 MH6 收到该更新分组后，更新自身路由表信息之后将广播一个部分路由更新分组给 MH4。MH4 收到该更新分组后将在下一个全更新到来之前按特定的时间间隔广播更新后的路由信息。由于路由更新是由节点 MH4 发起的，故表中第一行显示的是关于 MH4 的信息，紧接着关于节点 MH1 的路由信息包含在第一个部分更新路由分组内，剩下的空间则用于存储那些目的节点序列号发生变化的路由。

DSDV 路由协议只能在给定的源节点和目的节点之间提供单条路径，协议需要选择以下参数：定时更新的周期、最大的沉淀时间和路由失效间隔时间。由于需要在路由的有效性和网络通信开销之间进行折中平衡，故这些网络参数的选择至关重要。

DSDV 路由协议中，节点通过周期性的广播路由更新来维护整个网络的路由信息，这样在有数据报文需要发送时，可以立即进行传送，因而适用于一些对实时性要求较高的业务和网络环境。但是在拓扑结构变化频繁的无线网络环境中,有时候可能刚得到的路由信息随即失效了,节点维护准确路由信息的代价高,因此,DSDV 协议主要用于网络规模不是很大,网络拓扑变化不是很频繁的网络环境。

(2) WRP 路由协议

很多传统网络的路由选择协议都基于分布式的 Bellman-Ford 算法,由于没有确定网络中节点何时才应停止累加到给定目的节点的距离上,Bellman-Ford 算法常常存在"计数到无穷"的问题。对此很多最短路径路由协议通过利用最短路径的距离和该路径目的节点的上一跳节点等有关信息,来消除分布式 Bellman-Ford 算法中的"计数到无穷"问题。然而,这些路由协议通常收敛速度较慢,并且在收敛之前会出现短暂的环路问题。WRP 路由协议正是针对上述问题提出的一个基于距离矢量的表驱动协议,其路由更新分组只包含那些由于网络变化而受到影响的路由信息。

在运行 WRP 协议的无线网络中,每个节点都代表一个路由器,同时也是一个集信息处理、本地存储和输入输出队列于一体的计算单元。如果两节点间存在无线连接,则认为这两个节点相邻。在无线网络中,每个节点通过物理广播链路与多个节点相连,形成多个点到点的功能链路。连接节点的每个双向功能链路在每个方向上都有一个正的权值。每个节点输入输出队列中的分组都按照先入先出的方式处理。只有当节点间有无线连接且两节点能以一定概率成功地交互更新分组时,我们才认为两节点存在稳定的无线链路。当链路破损时,相关节点维护的距离表和路由表中对应的距离条目值将标记为无穷大。当一个节点失效时,则与该节点相连的所有链路都认为是破损的。

通常,WRP 协议是运行在媒质接入控制协议之上的。由于无线连接的变化和网络拥塞的出现,更新分组常常会丢失,节点间通过分组重传机制来保证路由更新分组的可靠传输。当成功接收到一个无差错的更新分组后,节点将会返回一个应答分组(ACK),当接收到应答分组后,发送节点会意识到与接收节点间存在一个良好的无线连接,并获知其发送的更新分组已被成功接收。此外,当节点较长时间内无路由更新分组的交互或 ACK 的传输时,为获知无线链路的连通情况,节点通常会周期性地向邻居节点广播一个空的更新分组,该分组称为 Hello 包,两个 Hello 包的广播时间间隔为 Hello 间隔。当一个节点在规定的时间内(例如 Hello 间隔的 3 或 4 倍,这段时长称为路由器死间隔)没有收到来自某个邻居节点的任何分组,节点则认为与该邻居节点的无线链路已经破损,并将本节点与该邻居节点间的距离标记为无穷大。

WRP 协议要求网络中的每个节点维护一个距离表、一个路由表、一个链路开销表和一个分组重传列表。

节点 i 的距离表是一个矩阵,对于节点 i 的每个邻居节点 k,保存有到每个目的节点 j 之间的距离 D^i_{jk} 和邻居节点 k 到目的节点 j 路径上目的节点的上一跳节点 p^i_{jk}(先驱节点)。

在节点 i 的路由表中,对于每个目的节点 j 均保存一条路由表项,该表项中包含以下信息:

① 目的节点标识 ID;

② 该节点到目的节点间的距离 D^i_j;

③ 选择的最短路径上目的节点 j 的先驱节点 p^i_j;

④ 选择的最短路径上本节点 i 的下一跳节点 s^i_j;

⑤ 路由表项的一个标志位 tag_j^i，tag_j^i 为 correct 时，表示该表项确定一个无环路径；标志位为 error 时，表示选择的路径为有环路径；标志位为空时，则表示该节点还没有找到到达目的节点 j 的路由。

节点的链路开销表保存着该节点通过每个邻居节点 k 转发分组所需的开销，以及自从上次节点 i 从节点 k 处正确接收到无差错分组后所经历的 Hello 间隔的个数。从节点 i 到节点 k 的链路开销用 l_k^i 表示。

分组重传列表（message retransmission list，MRL）中确定一个或多个重传条目，每个重传条目包含着以下信息：

① 一个更新分组的序列号，用于标识不同的更新分组；

② 一个重传计数器，节点 i 每发送一个更新分组，计数器的值就减 1；

③ 一个 ACK 获取标志位，该标志位用于确定邻居节点 k 是否已经返回该重传条目相应更新分组所对应的 ACK 分组；

④ 在更新分组中发送的更新列表。

在 WRP 协议中，节点间需要交互路由表更新信息，也就是更新分组。分组重传列表中的信息使得节点知道一个更新分组中的哪些更新信息需要重传，以及哪些邻居节点需要对重传分组做出应答。当某一条目中的重传计数器为 0 时，该节点将重传整个更新列表。因此，在 WRP 协议中，路由更新分组是没有重传限制的。更新分组仅在节点的一跳邻居节点范围内广播。一个更新分组中包含下述信息：

① 发送节点的 ID；

② 发送节点分配的更新分组序列号；

③ 一个或多个更新条目或 ACK 分组的更新列表，每个更新条目确定一个目的节点 ID、本节点到目的节点的距离和目的节点的先驱节点，一个 ACK 分组中携带着所收到更新分组的源节点 ID 和序列号；

④ 一个应答列表，该列表指明了需要应答 ACK 的邻居节点列表。

当一个更新分组中不足以携带节点要发送的所有更新条目和 ACK 条目时，节点将用多个更新分组来发送它们。更新分组中应答列表的主要作用是防止邻居节点多次向相同的更新分组做出应答。通常，节点广播的第一个更新分组需要所有的邻居节点做出应答，此时节点就会将需要回复节点的地址字段标记为全 1。当节点发送的更新分组无任何更新信息（如 Hello 包）时，任何接收节点都不会对该分组应答 ACK。

WRP 协议中，当节点收到来自邻居节点的路由更新分组或检测到链路状态变化时，该节点需要决定是否更新自身的路由表。每当处理关于邻居节点 k 的信息时，WRP 都要求节点检查其所有邻居节点报告的先驱节点的连贯性。正是由于这个特点，与之前的许多路由算法相比，在节点失效或恢复的过程中，WRP 能更快地收敛，并且能更好地消除临时环路问题。

当节点 i 收到邻居节点 k 关于目的节点 j 的更新分组时，其距离表中的距离和先驱节点表项将会更新。WRP 的一个重要特点在于节点可以根据其维护的距离表中信息，获知其到每个目的节点 j 路径上目的节点的先驱节点。这样，节点就会知道到目的节点 j 的路径上所有节点的信息。因此，节点就可以判断某条经过其他邻居节点 $b(b{\neq}k)$ 到目的节点 j 的路径是否包含了其另一邻居节点 k。如果该路径也包含邻居节点 k，则节点 i 距离表中距离信息

更新为 $D_{jb}^i = D_{kb}^i + D_j^k$，先驱节点也更新为 $p_{jb}^i = p_j^k$。

为了更新路由表中到目的节点 j 的距离和先驱节点信息，节点 i 根据下述条件选择其到目的节点 j 的下一跳节点 p：

① 根据邻居节点 p 报告的先驱节点信息，必须满足从节点 p 到节点 j 的路径不包括节点 i；

② 对节点 i 的每个邻居节点 x 有 $D_{jb}^i \leqslant D_{jx}^i$，并且对在节点 i 到节点 j 路径上的每个节点 y，均有 $D_{yp}^i \leqslant D_{yx}^i$。

上述选择下一跳节点 p 的机制使得 WRP 协议能保证每个节点 i 选择的到目的节点 j 的路径都是最短无环路的路由。

当处理了来自邻居节点的更新分组或检测到与邻居节点间链路的变化后，节点 i 需要发送一个新的更新分组。此时，节点 i 需要更新其维护的分组重传列表，这些操作包括：递减节点分组重传列表中所有现存条目的重传计数器的值，删除那些被新的更新分组包括在内的更新列表中的更新信息以及在 MRL 中添加一个对应于该更新分组的重传条目。当节点维护的分组重传列表中某个条目的更新列表为空时，节点将释放该条目。

当节点 i 收到来自邻居节点 k 的 ACK 分组时，将查找在分组重传列表中携带与 ACK 序列号相同的条目。找到匹配条目后，复位节点 i 中该条目的 ACK 获取标志位。该标志的复位表示邻居节点已对收到更新分组做出了应答，此时，发送节点 i 中该更新分组对应的重传表项将被删除。

当节点 i 收到了来自节点 k 的更新分组或数据包，而节点 i 维护的路由表项或距离表中没有节点 k 的信息时，节点将会为节点 k 在路由表或距离表中添加一个表项。此外，节点 i 将向节点 k 发送其保存的路由表信息，这些信息可以用一个或多个更新分组来发送，但只有节点 k 才需要做出应答。

当链路失效或链路开销变化时，节点 i 需要重新计算到所有受到影响目的节点的距离和这些目的节点的先驱节点，并以发送更新分组的方式向该节点的所有邻居节点发送更新后的路由信息。

下面通过一个实例来阐述 WRP 协议的运行过程。考虑图 5.9(a) 所示的四节点初始网络场景，节点间的无线链路用线段标出，线段旁边的数字代表该链路的开销，链路旁箭头指示着更新分组的传播方向，节点旁括号内的内容分别代表着该节点到目的节点的距离和对应路径上目的节点的先驱节点。在某次通信过程中，节点 I 需要向目的节点 J 发送数据分组，节点 I 周围存在邻居节点 K 和邻居节点 B。

当链路 (J,K) 破损时，如图 5.9(b) 所示，节点 J 和节点 K 都将向各自的邻居节点广播更新分组，故节点 K 会向节点 I 和 B 报告自身与目的节点 J 的距离，链路破损时该距离已被节点 K 设置为无穷大。由于 WRP 协议的下一跳节点选择机制的作用，当节点 B 收到来自节点 K 的更新分组后，在选择到目的节点 J 的路径时会选择 (B,J) 作为到达目的节点的路径。同样的，当节点 I 收到节点 K 的更新分组时，将更新自身的距离表和路由表条目，并检查能否通过其他邻居节点到达目的节点 J，通过比较，节点 I 选择链路 (I,J) 作为到达目的节点 J 的路径 [如图 5.9(c) 所示]。最后节点 I 将广播更新完的路径信息 [如图 5.9(d) 所示]。当节点 I 收到节点 B 报告的无穷大距离信息时，由于已经找到到达目的节点的有效路径，故节点 I 并不会更新路由表。同样，节点 K 报告的与目的节点 J 距离为 11 的信息也不会影响节点 I 和节点 B 已经形成的正确路由表信息。

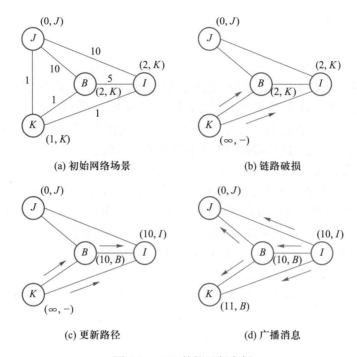

(a) 初始网络场景   (b) 链路破损

(c) 更新路径   (d) 广播消息

图 5.9 WRP 协议运行实例

5.2.1.2 反应式路由

反应式路由协议也被叫作按需路由协议(on-demand protocol),与表驱动路由协议不同,它不要求节点对整个网络的拓扑结构信息进行实时维护,其路由信息是按照具体需求建立的。工作流程分为路由发现和路由维护两方面。当某节点有数据分组需要发送时,便开始发起路由发现过程。通常以洪泛的方式广播路由请求(route request,RREQ)消息。一旦目的节点接收到该路由请求消息,便将路由应答(route reply,RREP)消息返回给源节点,应答消息中包含着从源节点到目的节点的全路由消息。如 Ad Hoc 按需距离矢量路由(Ad Hoc on demand distance vector routing,AODV)协议在 DSDV 目的节点序列号机制的基础上增加了双向链路的概念,采用按需路由方式减少控制报文的数目,每个分组只携带目的地址,进一步减少控制开销。按需路由的优点在于节点之间无须再周期性地相互交换路由信息,与主动路由相比,一定程度上减少了带宽资源的浪费,但实时发起路由寻找的过程会造成数据传输的时延,不适用于实时传输服务。此类别的路由协议有动态源路由(dynamic source routing,DSR)协议、AODV 协议等。

(1) DSR 协议

与前面介绍的基于表驱动的路由协议不同,DSR 协议中,节点不需要实时维护网络中的拓扑信息。因此在节点需要发送数据时,如何能够知道到达目的节点的路由是 DSR 协议需要解决的核心问题。

在 DSR 协议中,当发送节点发送数据分组时,在数据头部携带到达目的节点的路由信息,该路由信息由网络中的若干节点地址组成,源节点的数据分组就通过这些节点的中继转发到达目的节点。无线通信中由于节点通信能力的差异,常常存在着单向链路,与许多其他路由协议不同,DSR 协议可以支持包含单向链路的路由操作。然而,在网络中链路都是双向的情况下,DSR 协议的一些优化技术可以更好地得以实现。

DSR 协议主要由路由发现和路由维护两部分组成。路由发现过程主要用于帮助源节点获得到达目的节点的路由。当路由中的节点由于移动、关机等原因无法保证到达目的节点时,当前的路由就不再有效了。当节点查询到自身已无其他到达该目的节点的路由时,就会启动路由发现过程。DSR 协议还通过路由维护过程来监测当前路由的可用情况。当检测到路由故障时,将尝试使用其他的替代路由。当无其他替代路由时,则调用新的一轮路由发现过程。值得注意的是,路由维护只发生在数据分组传输过程中。

DSR 协议的路由发现过程具体如下。当源节点 S 需要发送一个新分组给目的节点 D 时,S 就在该分组的头部添加一条给出到达目的节点各跳转发节点的源路由。一般情况下,S 能够通过搜索其路由缓存获得一条合适的路由,路由缓存是用来存储节点之前获得的路由信息的。如果路由缓存中没有合适的源路由,源节点就初始化路由发现过程来寻找一条到达目的节点 D 的新路由,并将节点 S 和 D 分别表述为路由发现过程的发起节点和目的节点。

首先,节点 S 采用一个本地广播的方式发送一个路由请求,当前处于节点 S 无线传输范围内的所有节点均能接收到该路由请求。路由请求中包含发起节点产生的请求 ID 以及路由发现过程的发起节点和目的节点的地址信息,其中发起节点地址和请求 ID 用于唯一标识一个路由请求。此外,每个路由请求维护一个记录列表,用于记录该路由请求的某个特定拷贝被成功转发所依次通过的每个中间节点的地址信息。

节点在收到发起节点的路由请求后,按照以下步骤处理。

① 如果节点是本次路由请求发现过程的目的节点,则该节点将向发起节点回送一个路由应答,路由应答中包含本次路由发现过程中累积的路由记录列表的一个拷贝;

② 如果节点之前已经接收到该发起节点的路由请求(具有相同的请求 ID),则节点将忽略此次路由请求;

③ 若节点发现自身节点地址已经存在于刚接收到的路由请求记录列表中,为避免环路的发生,节点同样将忽略该路由请求;

④ 若上述情况均不满足,该节点只是一个中间节点,则该节点将自己的地址添加到该路由请求的记录列表中,并将更新后的路由请求向邻居节点广播。

目的节点向路由请求的发起节点回送路由应答时,需要考虑以下几种情况。

① 目的节点路由缓存有到达发起节点的路由,此时目的节点可以直接使用该路由回送路由应答;

② 如果目的节点路由缓存中没有到达发起节点的路由,此时需要考虑节点通信链路的方向性问题:

A. 如果网络中所有节点间的通信链路是双向的,此时目的节点到发起节点的路由即为发起节点到目的节点路由的反向路由;

B. 如果网络中存在单向链路,目的节点就需要发起到源节点的路由发起过程,同时将路由应答报文捎带在新的路由请求中。

在 DSR 协议的路由发现中,采用如下技术进行优化。

① 存储获得的路由信息

在 DSR 协议中,每个节点维护一个路由缓存表,用于存储节点能获得的所有可用路由信息。在之前的路由发现过程中,节点可以缓存路由请求中记录列表的路由信息以及回送的路由应答中的路由信息。当节点工作在混合接收模式时,节点还可以缓存任何其他能侦听到的分组中携带的路由信息。需要注意的是,上述路由信息的可用性还取决于通信链路的方向性特征。

② 使用缓存路由信息应答路由请求

一个本身不是目的节点的节点收到路由请求时,首先搜索自己的路由缓存表,以试图找到一条到达该路由请求目的节点的路由。如果能找到这样一条路由,该节点通常就直接给发起节点回送路由应答,而不再转发该请求。在该路由应答中,节点重新设置路由记录列表,在其后添上从本节点路由缓存中找到的那条从本节点到路由请求目的节点的路由路径。

然而,在根据路由缓存信息回送路由应答之前,节点必须确保其生成的源路由中不存在重复节点。图 5.10 给出了一个根据路由缓存信息生成的源路由中存在重复节点的例子。

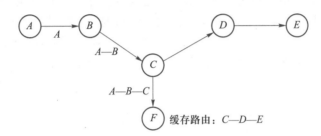

图 5.10　源路由中存在重复节点的例子

由节点 A 发起的以节点 E 为目的节点的路由请求被节点 F 接收,而此时节点 F 刚好缓存有到达 E 的路由,但当节点 F 将路由请求中逐跳累积的路由记录和该缓存的路由合并时,生成的源路由中存在重复节点 C。在这种情况下,DSR 协议禁止节点 F 回送源路由中包含重复节点的路由应答,节点 F 还将忽略其收到的路由请求。

③ 抑制路由应答风暴

由于中间节点可以根据缓存的路由信息来进行路由应答,当节点邻居范围内多个节点的路由缓存表都存在到达路由请求目的节点的路由信息中时,多个邻居节点在同时回送路由应答时就可能导致区域范围内的路由应答风暴。

为解决该问题,DSR 协议要求节点在回送路由应答前先随机等待一段时间,并需要网络中节点工作在混合接收模式。在该随机等待的时间内,节点可侦听到邻居节点的路由应答。当节点通过侦听到的信息推断出路由请求的发起点已收到一条比自身将要回送的跳数更少的源路由时,节点将放弃自身的路由应答。

④ 限制路由请求的传播跳数

每个路由请求中均存在一个"跳数限制"组成域,用于限制转发路由请求拷贝的中间节点的个数。路由请求每被转发一次,该跳数限制的值就减 1,当跳数限制数值为 0 时,该路由请求将被丢弃。DSR 协议就是通过路由请求跳数限制来实现路由请求传播范围限制的。

在路由发现阶段的开始阶段,路由请求发起节点首先发送一个跳数限制为 0 的路由请求,这种路由请求称为非传播性路由请求。这种请求提供了一种廉价方式,用于确定目的节点是否为发起节点的邻居节点,或某个相邻节点是否存在一条到达目的节点的路由。如果一段设定的时间内未收到路由应答,发起节点则广播一个传播性路由请求,并再一次启动路由发现过程。

DSR 协议的路由维护过程具体如下。当一条源路由传输数据分组时,该分组的发送或转发节点均需要负责证实分组是否已被该源路由中指定的下一跳节点成功接收。这种证实机制可以通过链路层的确认帧(如 IEEE802.11DCF 中的 ACK 帧)、被动确认方式或 DSR 软件确认来实现。如果一个分组的发送次数已经达到最大重传限制,但节点仍未证实其下一跳节点已经成功接收到分组,那么该节点认为从自身到其下一跳节点间的链路中断,节点将删除其路由缓存表中包含该链路的路由记录,并向该分组的源节点返回一个路由错误。

在 DSR 协议的路由维护中,采用如下技术进行优化。

① 分组抢救

当一个中间转发通过路由维护机制检测出该分组传输路由的下一跳链路已经中断,该节点应该尝试抢救该分组而不是立即将该分组丢弃。为了抢救该分组,节点先发送一个路由错误,然后查找其路由缓存表是否存在到达分组目的节点的代替路由,若存在这样的路由,则该节点按照该新路由进行分组转发。在抢救一个分组时,将为该分组维护一个计数器,用于记录该分组已经被抢救的次数,以便防止一个分组被无休止地抢救。

② 路由自动缩短

如果一条正在使用的源路由中的一个或多个中间转发节点不是必需的,那么这条源路由可以自动缩短。若节点侦听到一个携带有源路由的分组,该节点将检查该源路由的未通过部分。如果该节点不是分组的下一跳节点但位于该源路由的未通过部分,则可以推断该源路由中位于本节点和转发节点之间的节点已不再需要。节点将回送一个无请求的路由应答给发起节点。该无请求路由应答给出一条更短路由,这个路由由两部分合并而成:第一部分是从源节点到被侦听分组的发送节点为止的部分源路由,第二部分则是从回送无请求路由应答节点开始到分组目的节点的一段缓存路由。

综上所述,DSR 协议具有以下几个优点:

① 仅在需要通信的节点间维护路由,减少了路由维护的开销;

② 采用了路由缓存技术,因此在一次路由发现过程中,会产生多条到达目的节点的路径,并且能进一步减少路由发现的代价;

③ 支持非对称传输信道模式。

当然,DSR 协议也存在一些问题和不足:

① 采用源路由,每个数据包头部都增加携带路由信息;

② 过时或错误的缓存路由会对网络中其他节点产生影响,如果中间节点的路由缓存记录已经过时,当该节点根据缓存路由回复路由请求时,其他侦听到此过时路由的节点会更改自己的路由缓存记录,造成错误传播。

(2) AODV 协议

AODV 协议是在 DSDV 协议的基础上,结合类似 DSR 协议中的按需路由机制进行改进后提出的。AODV 协议并不要求非活动路径上的节点维护任何路径信息,更不需要网络中的节点周期性地交互路由信息。只有当节点有业务需求或需承担转发任务时,才需要发现或维护路由信息。节点将其相邻节点的连接状态保存在活动路由表内,当活动路由表里有一条连接断开时,节点将发送一条路由错误(routing error,RERR)消息来通知其他节点发生了连接断裂,RERR 消息中指出了该节点不再能到达的目的节点。为了实现这种报告机制,每个节点还维护着一个"邻居节点列表",该邻居节点列表中包含了可能将该节点作为到达指定目的节点的下一跳的所有邻居节点地址。

AODV 协议借用了类似 DSR 协议中的广播路由发现机制。与源路由方式不同,由于 AODV 协议要求各中间节点建立和维护路由表,数据报文头部不再需要携带完整路径,消除了路由信息对信道的占用,提高了系统效率。此外,AODV 协议同样对每条路由添加了目的节点序列号,且每个节点分配的目的节点序列号是单调递增的。在两种情况下,目的节点会增加自己的序列号。

① 节点发起一个路由发现请求之前,它必须增加自己的序列号;

② 在目的节点生成路由应答分组以响应路由请求分组之前,它必须更新自己的序列号,新序列号的值是它目前的序列号和路由请求分组中目的节点序列号的较大者。

节点通过比较它维护的当前路由的目的节点序列号值和接收到的 AODV 控制分组中的目的节点序列号来判断相应路由信息的新旧程度。目的节点序列号机制使得 AODV 协议始终能生成无环路由,并消除了 Bellman–Ford 算法中的"计数到无穷"问题。通过上述技术,AODV 协议能有效控制路由信息的开销,使节点能快速获得开环路由。

当节点需要和其他节点通信且该节点的路由表中没有到达指定目的节点的可用路由时,节点就会通过广播一个路由请求(RREQ)分组来发起路由发现过程。每个节点都有两个独立的计数器,管理着节点的序列号和 RREQ ID。RREQ 分组包含

<源节点地址,源节点序列号,RREQ ID,目的节点地址,目的节点序列号,跳数计数器>

其中,<源节点地址,RREQ ID> 唯一标识一个路由请求。广播 RREQ 分组后,源节点等待路由应答(RREP)的到来。如果在特定的等待时间没有收到路由应答,则节点广播另一个 RREQ,重新进行路由发现过程,每一次新的尝试都必须增加 RREQ ID 并更新 RREQ。

AODV 协议中路由发现过程的主要任务就是完成反向路由和前向路由的建立。反向路由是在源节点发送的路由请求报文的传播过程中建立起来的,是用于将路由响应报文回送至源节点的路由,其有效性由源节点序列号来描述。前向路由指从源节点到目的节点方向的路由,用于以后数据报文的传送。前向路由是在节点回送路由响应报文的过程中建立起来的。目的节点序列号越大,对应的前向路由越有效。

节点在收到一个 RREQ 分组后,首先检查自己在一段规定时间内是否已经接收到具有相同源节点地址和 RREQ ID 的 RREQ 分组。如果之前已经接收过这样的 RREQ 分组,则丢弃当前收到的这个 RREQ 分组。否则,节点记录相应的信息,以形成反向路由。记录的信息包括:上游节点(即向本节点发送路由请求的节点)地址、目的节点地址、源节点地址、RREQ ID、反向路由超时时长和源节点序列号等。然后,比较本节点和目的节点的地址,并按下述步骤处理。

① 如果自己是目的节点,则回复路由响应报文 RREP。

② 否则节点检查自己的路由表中是否存在当前可用的到达目的节点的路由(若通过比较,路由表项中的目的节点序列号大于 RREQ 中的目的节点序列号,则认为节点存在可用路由)。若存在到达目的节点的可用节点,则节点向源节点回送 RREP 分组;否则转步骤③。

③ 将 RREQ 分组中跳数计数器的值加 1,并向邻居节点转发更新后的路由请求分组。

每个节点维护的反向路由表项的有效时间必须保证 RREQ 的传播结束并使得源节点能收到 RREP 分组。RREP 分组包含

< 源节点地址,目的节点地址,目的节点序列号,跳数计数器,生存周期 >

　　按照上面的操作,当收到 RREQ 分组的节点具有一条可用路由来满足路由请求,或者它本身就是目的节点时,那么该节点就会以单播的形式向源节点回送一个 RREP 分组,并将 RREQ 分组中目的节点复制到 RREP 相应字段。当 RREQ 分组被应答时,到达源节点的反向路由就形成了。根据产生 RREP 分组节点的不同,其操作略有差异。

　　① 目的节点产生路由应答

　　若 RREQ 分组的目的节点序列号正好等于目的节点自己的当前序列号加 1,则目的节点在产生 RREP 分组前需将自己的序列号加 1。否则,目的节点的序列号不改变。目的节点复制其序列号至 RREP 分组中对应的目的节点序列号域,并将 RREP 中的跳数计数器的值清 0。另外,RREP 中的生存周期的值设为 MY_ROUTE_TIMEOUT,该生存周期表示的是接收到本 RREP 分组的节点考虑本条路由的有效时间。

　　② 中间节点产生路由应答

　　中间节点首先将其所知道的该目的节点的最新序列号复制到 RREP 分组的目的节点序列号域,并将通往目的节点的下一跳节点放入反向路由表项的邻居节点列表,用来更新转发路由。随后,中间节点将它到目的节点的跳数复制到 RREP 分组的跳数字段。中间节点将其路由表条目中的期满时间减去当前时间,得到 RREP 分组中的生存周期值。

　　当节点收到 RREP 分组时,它首先建立或更新上一跳的前向路由,然后将 RREP 中的跳数计数器加 1,更新后的跳数值称为“新跳数”。如果当前节点到达目的节点的前向路由表项不存在,则建立前向路由;否则,节点将 RREP 分组中的目的节点序列号与所存储的路由表项中的目的节点序列号进行比较,若 RREP 分组中的目的节点序列号大或者两者序列号同样大小但 RREP 中“新跳数”比此前已知的到达目的节点的跳数小,那么节点就需要对现存的路由进行更新。

　　如果当前节点不是发起路由发现过程的源节点,并且它已经建立了或更新了反向路由,节点将根据反向路由表项中的信息向源节点转发 RREP 分组。任意节点在发送 RREP 分组时,其通往目的节点的邻居节点列表都会更新:把 RREP 被转发到的下一跳节点加入通往 RREQ 目的节点的路由表项的邻居节点列表中。

　　当节点第一次收到给定源节点地址的 RREP 分组时,它将朝源节点方向转发该 RREP 分组。在随后收到含有相同源节点地址的 RREP 分组时,只有当收到的 RREP 分组中的目的节点序列号大于之前的 RREP 分组中目的节点序列号,或者该 RREP 分组中的跳数值更小时,节点才会转发该 RREP 分组。当第一个 RREP 分组被源节点接收时,源节点就可以立即开始数据分组传输了。当然,若源节点之后获得了更优的路由,同样会更新自身的路由信息。

　　AODV 协议中,路由表的管理方法如下:一个节点接收到其一邻居节点发送的 AODV 控制分组(RREQ、RREP 或 RERR 分组)后,或者在建立或更新到达某个特定目的节点路由的时候,将检查其维护的路由表,寻找目的节点对应的路由表项。如果没有找到,则建立对应该目的节点的路由表项。

　　由前面的描述可知,节点维护的路由表包括前向路由表和反向路由表,其中每个路由表项包括

　　　　　< 目的节点地址,下一跳地址,跳数,目的节点序列号,邻居节点列表,生存周期 >

每个路由条目维护的目的节点地址和目的节点序列号是相互关联的,目的节点序列号必须对应目的节点额度最新有效序列号。在每个路由表项中,该路由的邻居节点列表记录着可能使用该路由的活跃邻居节点。在 ACTIVE_TIMEOUT 时段内,如果某节点至少产生或者转发了到达指定目的节点的一个分组,则该邻居节点被认为是活跃的。当节点检测到下一跳链路失效时,将会向其维护的邻居节点列表中的所有节点发送 RERR 分组,节点收到 RRER 分组将根据其中的信息进行路由更新。

当收到的 AODV 控制分组中的信息满足下列条件之一时,节点的路由表将更新。

① AODV 控制分组中的目的节点序列号大于路由表中存储的到达相同目的节点路由的目的节点序列号;

② 两个序列号相等,但 AODV 控制分组中的跳数值加 1 后仍小于路由表中存储的现有路由中的跳数。

路由表项中的生存周期或由控制分组确定,或为一个初始化的初值。路由表中的生存周期域扮演着两个角色——对于活动的路由来说,它是超时时间;对于无效路由来说,它是删除时间。

AODV 协议中,路由表的维护过程如下:每个活跃节点均应获知它与活动路由的上下一跳节点间的连接性信息。当节点收到邻居节点的广播时,将更新自身的本地连接信息以包含该邻居节点。AODV 中通常要求节点广播本地 Hello 信息(跳数限制为 1 的 RREP 分组)来向邻居节点提供自己的连接性信息。如果在过去的 DELETE_PERIOD 时间内,节点从邻居节点收到了一个 Hello 信息,然后超过 ALLOWED_HELLO_LOSS × HELLO_INTERVAL 的时间段内都没有收到来自该邻居节点的任何分组,这个节点就认为它和此邻居节点的链路已断开。此外,节点还可以使用链路层的确认机制(如 IEEE802.11DCF 中的 CTS/ACK 分组应答)来获得本地连接信息。

非活动路径上的节点的任何移动并不会影响到达目的节点路由的有效性。当由于中间节点或目的节点的移动而造成链路失效时,检测到链路失效的节点就会产生一个无请求的 RREP 分组,该分组中的目的节点序列号值将大于节点之前已知的相应目的节点序列号,跳数则设为无穷大。该无请求的 RREP 分组将转发至使用该失效链路的所有活动邻居节点,这些邻居节点收到该分组后将会更新自身的路由表信息。而如果在会话过程中由于源节点的移动造成了路由失效,则该源节点将重新发起路由发现过程,以建立一条新的路由。

与基于表驱动方式的 DSDV 协议相比,AODV 协议采用了按需路由的方式,即网络中的节点不需要实时维护整个网络的拓扑信息,而只是在源节点需要发送报文且没有到达目的节点的路由时,才发起路由发现过程。与 DSR 协议相比,在 AODV 协议中,由于要求通往目的节点路径上的各节点建立和维护路由表,数据报文头部不再需要携带完整路径,减少了数据报文头部路由信息对信道的占用,提高了系统效率。由于综合了 DSDV 和 DSR 协议中的优点,AODV 路由协议能对动态链路快速自适应,其处理开销和路由控制开销较小,较好地避免了路由环路的发生,具有良好的性能。

然而,AODV 协议中也存在一些问题。

① AODV 协议仅适用于双向传输信道的网络环境。由于在路由请求消息的广播过程中需要建立反向路由,供路由响应报文寻路,因此网络要满足双向传输信道的要求。

② 路由表中仅维护一条到达指定目的节点的路由。当网络拓扑结构变化频繁时,路由

失效时有发生,由于没有备用路由,已有路由失效后数据分组的等待时延常常较大。

5.2.1.3　混合式路由

在许多具体的无人机集群网络应用场景中,仅仅依靠按需驱动或表驱动一种路由方式并不能很好地解决路由问题,于是综合按需驱动和表驱动各自的优点来设计混合式路由协议的想法应运而生,克服由于路由探索而导致的被动方案的高时延以及主动路由的开销问题。下面介绍此类别中的域内路由协议(zone routing protocol,ZRP)。

ZRP 将两类不同的路由方法综合成一种有效的路由机制,利用集群结构,混合使用表驱动和按需驱动策略。在 ZRP 中,集群被称作路由选择域。为了综合利用按需路由和表驱动路由的各自优点,ZRP 规定每个节点在路由选择域内部采用表驱动路由协议,对于路由选择域外节点则采用按需路由机制寻找路由。

在 ZRP 协议中,每个节点都维护着一个属于自身的路由选择域,域的半径通常用跳数来描述。如果路由选择域的半径为 k 跳的话,则 ZRP 中各节点的路由选择域内包含着与该节点相距至多 k 跳距离的所有节点。可以预见,各邻居节点的路由选择域会相互交叠。图 5.11 给出了节点 S 维护的域半径为 2 跳的路由选择域示意图,其中的大圆圈表示路由选择域的边界。图中节点 K 由于与节点 S 相距 3 跳而不属于节点 S 的路由选择域内。

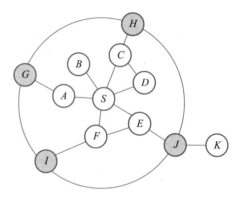

图 5.11　域半径为 2 跳的路由选择域示意图

路由选择域中的节点可以分为内部节点和边界节点。与中心节点 S 的最小距离小于域半径的节点称为路由选择域的内部节点,而与中心节点 S 最小距离刚好为域半径的节点称为边界节点。

在 ZRP 协议中,路由选择域内的路由方法是:当节点有数据分组需要发送时,它首先需要查询目的节点是否处于自身的路由选择域内。当目的节点位于源节点的路由选择域内时,ZRP 采用域内路由协议(intra-zone routing protocol,IARP)来进行路由。IARP 的主要任务是通过构建路由选择域来维护能到达域内所有节点的路由信息。构建路由选择域的首要要求是节点能够获知其周围邻居节点(一跳范围内的其他节点)信息。邻居发现协议(neighbor discovery protocol,NDP)可以用来进行邻居节点信息的搜集。这类协议通常要求网络中的节点周期性地广播信标帧,节点一旦收到信标帧,其邻居节点列表将会更新。若一段特定时间内节点没有收到一个确定邻居节点发送的信标帧,就会将该邻居节点从自身的邻居节点列表中移除。在构建完节点的路由选择域后,到域内目的节点的路由过程就可以直接按照源节点维护的路由表来进行了。

在 ZRP 协议中,路由选择域间的路由过程如下:当数据分组的目的节点位于源节点的路由选择域外,ZRP 就采用域间路由协议(inter-zone routing protocol,IERP)来获得到达指定目的节点的路由。IERP 依据 IARP 维护的本地连接性信息,采用一种询问/问答机制按需地进行路由寻找过程。IERP 的路由过程分为两个阶段:路由请求和路由应答。

在路由请求阶段,源节点按照边界广播解析协议(bordercast resolution protocol,BRP)将路由请求分组发送至路由选择域中的边界节点。如果路由请求分组的接收节点保存有到达目的节点的路径信息,它就会直接向源节点返回路由应答分组。否则,该边界节点将边界广播该接收到的路由请求分组。边界广播有两种方式,一种是由源节点计算出多播树然后将路由结构附加在数据包中;另一种是在每个节点重构树,省略路由结构。第二种方式要求每个内部节点知道边界节点需要了解的拓扑结构,因此,尽管路由请求仍是被发送到区域半径为 k 的周边节点,内部节点则必须维护区域半径为 $2k–1$ 跳的扩展路由区域。

在 ZRP 协议中,任何能提供到给定目的节点路径信息的节点均能返回路由应答。为了能顺利地进行路由应答,当路由请求分组在网络中传播时必须积累相应的路由信息以用于路由应答过程。这些信息可以记录在路由请求分组中,还可以以下一跳地址的形式由每个中继节点保存。当用路由请求分组来记录这些信息时,每个转发节点在转发路由请求之前需先将自己的地址和相关的链路代价信息添加进路由请求分组中。保存有到达目的节点路径信息的中间节点或目的节点收到路由请求分组后,将其中的转发节点地址序列反转后添加进路由应答分组中,路由应答分组则按照反转后的地址序列信息返回至源节点。除此之外,每个转发节点还可以将路由请求过程中的上一跳节点记录为路由应答过程的下一跳节点。根据节点维护的下一跳节点地址信息,路由应答分组也将顺利地到达源节点。

ZRP 协议中的询问控制机制与基于洪泛的广播机制不同,ZRP 协议通过边界广播方式直接将路由请求分组传递至路由选择域的边界节点,因此理论上请求分组的传播更有效。然而,由于邻居节点的路由选择域高度重叠,每个节点可能会多次转发同一路由请求,从而导致不必要的控制开销。为避免上述现象的发生,需要对传统洪泛算法中的路由请求分组转发和询问结束机制适当地进行扩展,以使 ZRP 协议获得更好的性能。ZRP 协议的询问控制机制就是针对上述问题提出来的,它包括三个部分:请求分组的检测、路由请求的提前结束和请求分组的随机延时。

① 请求分组的检测

在进行请求分组的边界广播时,只有进行了边界广播的节点知道其路由选择域将被该请求分组覆盖。当该路由选择域的边界节点继续边界广播该路由请求分组时,该分组就会被已转发过该分组的节点继续转发。图 5.12 中描述的就是这样一个例子。节点 S 向其边界节点广播路由请求分组,节点 J 收到请求分组后继续向其边界节点广播,导致节点 S、C、D、E 和 F 被同一请求分组重复覆盖。

为避免路由请求分组在同一覆盖区域内重复传播,节点进行请求分组的本地检测操作。

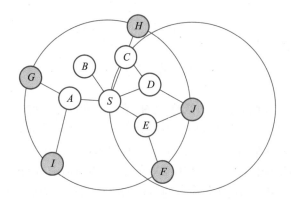

图 5.12 请求分组重复覆盖实例

每个节点通过记录接收到或侦听到的路由请求分组形成一个请求分组记录列表,列表中的每一项记录有请求分组的发起节点地址和请求 ID,<发起节点地址,请求 ID>,唯一确定一个路由请求分组。

ZRP 中存在两种请求分组的检测形式:QD1 和 QD2。QD1 指转发过路由请求分组的节点能够通过存储的信息查询是否已转发过该路由请求分组;QD2 指在单信道条件下,节点可通过侦听邻居节点是否转发过该路由请求来判断该请求分组是否覆盖过该区域。

② 路由请求提前结束

请求分组的提前结束使得节点能够阻止路由请求进入已经覆盖的区域。通过分组检测取得本地拓扑信息,剪除掉那些传向在已覆盖区域内的周边节点的分支。

③ 请求分组的随机延时

当多个近距离的节点同时收到同一个路由请求分组时,这些节点可能会同时转播该路由请求分组。为减小多个节点同时转播同一请求分组的概率,ZRP 要求节点在构建边界广播树和做出提前结束请求分组传播的操作之前,先随机等待一段时间。为避免产生额外的路由发现时延,每个节点等待的随机时间将参照节点之前数据传输的抖动情况而定。等待的节点能够检测到其他边界多播节点发送的请求并修剪自己的边界广播树。

考虑图 5.13 所示的网络拓扑,节点 S 需要将数据分组转发至目的节点 X,路由选择域的半径为两跳。通过查询 IARP 维护的路由表,节点 S 判断出目的节点不在其路由选择域内。节点 S 则产生一个路由请求分组,并将其广播至其路由选择域的边界节点(图中灰色节点)。这些边界节点收到请求分组后,通过查询各自的路由表来判断目的节点是否在其路由选择域内。

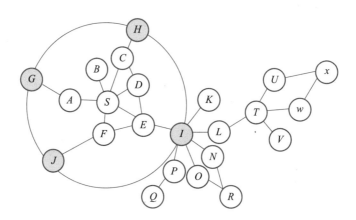

图 5.13　节点 S 的路由选择域

由于目的节点不在节点 I 的路由选择域内,节点 I 将收到的请求分组进行边界广播,如图 5.14 所示。由于 ZRP 中的询问控制机制的作用,请求分组不会再次传播至节点 D、F 和 S。当节点 T 收到路由请求分组时,发现目的节点在其路由选择域中,节点 T 将其路由表中存储的到达目的节点 X 的路径信息放入路由请求分组中,并与请求分组中已有的转发节点地址序列合并,形成一条完整的由源节点到目的节点的路径信息。随后,节点 T 单播一个路由应答分组,经由反向路径回送至源节点。当存在多条到达目的节点的有效路径时,源节点可能

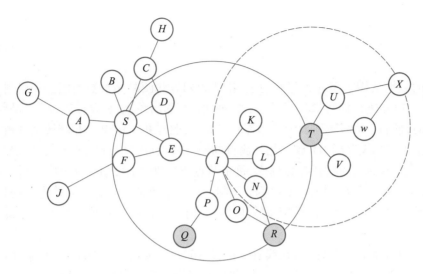

图 5.14　ZRP 路由过程

会收到多个路由应答分组。

5.2.1.4　分级路由

随着网络规模的增加,平面路由策略会产生大量路由消息,这些消息堆积在网络中,会使网络不堪重负。分级(基于分簇)路由策略可减少在网络内传播(拥塞)的路由消息量并增强网络可扩展性。它根据包括计算和通信能力、能量和移动模式在内的不同标准为网络中的无人机分配不同角色,于是无人机被组织成不同的组,称为簇(cluster)。每个簇都会被分配一个称为簇首的无人机,簇中的无人机都位于簇首的传输范围内,它负责实现簇内活动和簇间通信,特别是可以将不同的路由策略应用于簇间和簇内通信。

就灵活性和可扩展性而言,基于分簇的分级路由协议适用于具有不同通信能力、处理能力、大小以及异构无人机组成的大型无人机集群。此类路由协议包括两个主要阶段:分簇形成和簇内以及簇间路由的决策。不同分簇策略和算法都侧重不同优化目标,例如最大飞行寿命、最大群集稳定性、最小簇首选择和维护开销。在分簇形成和簇首选举过程中应充分考虑各种因素,例如能量状态、速度、位置和缓冲区大小,另外考虑到无人机在应用场景中的约束,需要较少的计算复杂性。

基于分簇结构的路由协议(cluster based routing protocol,CBRP)也是一种源路由按需路由协议,与动态源路由协议(DSR)有许多相似之处。它采用基于"簇"的层次化设计思想,属于将先应式(预先路由)与反应式(按需路由)相结合的综合型路由算法。CBRP 具有参与路由处理的主机量少、路由控制开销小、路由期间的网络阻塞少以及寻找路由时间短等特点。

在 CBRP 协议中,移动自组织网络分布的节点(终端机)被分为若干交叠或分离的群集,称为簇。每一个簇由一个簇首来管理簇内所有节点的全部信息及行为。簇首节点通过网关节点发现相邻簇并由此寻找路。网络中的每个节点都周期性地向外广播 Hello 消息。各节点通过 Hello 消息的交换得知自身周围分布的一跳及二跳节点,进一步可知自身所在网络分部的局域拓扑信息,这些信息是寻找路由的基础,但并不基于此完成路由。当某一节点发出路由请求后,该节点将向周围节点发出 RREQ 控制包,各节点根据自身所在网络分布的拓扑结构以及自身身份采取不同处理方式:簇首节点将 RREQ 转发至目的节点或网关节点,网关节点将 RREQ 转发至目的节点或相邻簇首节点,普通成员节点将 RREQ 发往目的节点或做丢弃处理。

协议的数据结构中包含了邻居列表、相邻簇列表和两跳拓扑数据库。邻居列表确定簇的形成,并对链路进行侦听,每个条目包含:邻居 ID、邻居角色(簇首或簇成员)、链路状态(双向或是单向链路)。相邻簇列表记录相邻簇信息,并且维护 CBRP 的相邻簇发现过程。每一个条目都包含相邻簇首的 ID、到达相邻簇首的网关节点(成员节点)、从网关到相邻簇首的链路状态(双向或单向)、两跳拓扑数据库,每个节点周期性地在 Hello 分组中广播它的相邻列表信息(每隔 HELLO_INTERVAL 时间)。因此,一个节点从它的邻居处检查它的邻居列表,可以完全推断出从它自己到两跳距离的网络拓扑信息,两跳拓扑信息被保存在每个节点的数据库中。

链路/连接状态侦听机制为,在簇首工作正常时每个模块发送 Hello 消息给簇首,这个操作的目的是希望确定簇首工作是否正常,并且确保当有新的模块加入或撤出时,可以告知簇首。在协议中,每个节点既知道自己到邻居节点的双向链路,也知道从邻居节点到它本身的单向链路。基于此条件,每个节点维护一张邻居列表。

当 A 从它的邻居节点 B 处接收到一个 Hello 消息,A 会对自己的邻居列表做如下修改:A 检查 B 是否已经存在于邻居列表中。如果没有,若在 HELLO_INTERVAL 之前可以听到 B,A 将 B 加入邻居列表中(A 将 B 加入邻居列表中的条件是:仅当 A 在 HELLO_INTERVAL 间隔中,听到来自 B 的两次 Hello 消息);如果 B 的邻居列表中包含 A,则标记 A 到 B 的相应链路状态条目为双向,否则为单向。如果 B 已经存在于 A 的邻居列表中,也需按照消息适时修改链路状态条目。在邻居列表中的每一个条目都与计时器相关联。如果邻居节点的 Hello 包在(HELLO_LOSS+1)× HELLO_INTERVAL 周期里无法被接收到,列表项就被移除,允许 HELLO_LOSS 连续的 Hello 包从那个节点丢失。当节点的相邻拓扑稳定,节点的邻居列表将会有到达这个节点的所有节点在有限时间内是单向链路到达或是双向链路到达的全部信息。但是节点并不会知道自己到其他节点是否有一条单向链路。

下面介绍簇的构造过程:所有点在唤醒的时候都是未定状态。一个未定点开启一个定时器 u_timer,设定 UNDECIDED_PD 时间长度,然后广播一个 Hello 包。当一个簇首接收到一个未定点发来的 Hello 消息,它会发送一个触发 Hello 消息。当一个未定点从簇首收到一个 Hello 消息,表示它们直接有一个双向链路,它就会中断自身的 u_timer,然后设置它自身的状态为 C_MEMBER;当一个节点的定时器 u_timer 超时,其邻居节点中没有包含任何双向链路的邻居,则会重新进入未定状态;否则它选举自己为簇首,设定自身状态为 C_HEAD。

一个非簇首不该质疑一个已存在的簇首的状态,例如 X 是一个非簇首节点并有一个到簇首 Y 的双向链路,X 就不能变成一个簇首。如果两个簇首靠得很近(如它们之间有一个双向链路)超过规定的时间(CONTENTION_PERIOD)时,它们中的一个将会丢失当簇首的角色。

5.2.2 基于地理信息的路由协议

下面先简要介绍 Non-DTN 和 DTN 这两类路由的思想,其中,关于 DTN 网络体系的内容还将在 5.3 节具体论述。

基于移动性预测的地理信息路由(mobility prediction-based geographic routing,MPGR)协议属于 Non–DTN 路由协议,它可以认为是对经典 GPSR 地理信息路由协议的改进版。GPSR 协议就是根据邻居节点和目的节点的坐标信息进行贪婪转发确定,在贪婪转发失败后,路由协议从贪婪转发模式切换到周边转发模式,进而避免出现"路由空洞"。在 MPGR 中,为了最小化无人机的高移动性对路由性能的影响,它将移动性预测方案与地理路由机制合并在一起,并通过高斯概率密度函数在特定时间间隔内预测网络中节点的位置分布。基于该预测,MPGR 采用了一种被称作可靠的下一跳(reliable next hop,RNH)的联合路由选择标准,在选择转发节点的时候包含了距目标较近和邻居连接持久这两个优点。

MPGR 是专为战场应用提出的,因此它无须周期性交换邻居信息以共享位置信息,相反它采用按需邻居发现的方法。如果无人机没有要发送的数据包,它将在网络中沉默;当有要转发的数据包时,它会广播控制包以发现可用的邻居,同时获取有关潜在的下一跳转发节点的信息。当邻居节点回复发送方时,回复数据包里应该包括其邻居(对于发送方是两跳邻居)的位置和速度信息。基于来自邻居节点的答复,发送方创建其邻居表,然后计算 RNH,以从单跳邻居中选择下一跳。

但是由于路由空洞的存在,贪婪转发会失败。当发送方 UAV 的每个邻居与目的 UAV 之间的距离超过其自身与目的 UAV 之间的距离时,将发生路由无效。为了减轻这个问题,在 MPGR 中使用了两跳周边转发的方法,其基本思想是遇到路由无效的无人机会验证其邻居的两跳信息(在邻居发现过程中就已经收集到的速度和位置信息),并计算距目的节点的每两跳邻居的欧几里得距离。然后选择从两跳邻居到目的节点的距离最小的邻居无人机作为下一个转发节点。如图 5.15 所示,UAV$_7$ 比较每个两跳邻居距目的节点的欧几里得距离,假设 UAV$_9$ 的距离最短,所以选择 UAV$_6$ 作为下一个转发 UAV,并相应地发送数据包。

在 MPGR 中,通过考虑无人机之间的链路状态信息,提高了网络的稳定性。此外,网络

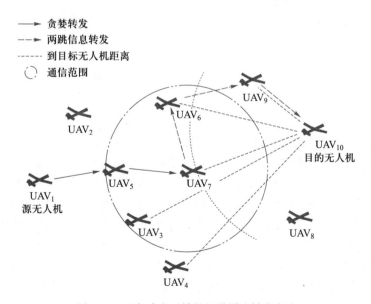

图 5.15 避免路由无效的两跳周边转发方法

中每个 UAV 通过高斯分布函数估计其邻居的位置,以预测下一个转发无人机的未来位置从而避免数据包丢失。与 AODV 和 GPSR 相比,在开销更少的情况下,MPGR 实现了更好的数据交付率和传输时延。但是,它没有考虑发生路由无效并且提议的两跳周边转发无法应用的情况。

机会时延容忍网络位置感知路由(location aware routing for opportunistic delay tolerant networks,LAROD)协议属于 DTN 协议,其主要思想是在可能的情况下进行贪婪转发,但在稀疏连接的网络中,当不可能执行贪婪转发时,当前的无人机采用存储 – 携带方案,携带数据包直到找到其他合适的转发节点来恢复贪婪转发。所有数据包转发都在不使用“信标”的情况下完成。所谓信标就是指定期广播的消息,在通信距离内所有节点都会侦听到,大多数路由协议都要求了解节点的邻居才能做出路由决策,不使用信标意味着不参与消息转发的节点将不会使用系统资源,而使用单副本路由策略意味着在网络中通常仅存在一个数据包的副本。

LAROD 协议的具体运行过程如下:首先一个节点(源节点)只是广播要转发的数据包,最佳转发节点以相同的方式转发数据包,同时发送消息的节点将继续侦听此传输,确保转发节点已接管了数据包。如果没有侦听到这样的传输,发送节点会继续广播消息,直到转发节点由于节点的移动性接管了数据包为止。符合转发数据包条件的节点由执行广播的节点相关的转发区域决定。如图 5.16(a)所示,如果以圆形为最佳转发区域,则区域小、节点密度低;如图 5.16(b)所示取而代之的是向目标最低限度靠近的所有节点都可以用作转发节点。较大转发区域的另一个作用是可以激活一个数据包的多个副本,因为转发区域中的某些节点可能侦听不到最佳转发节点的广播。

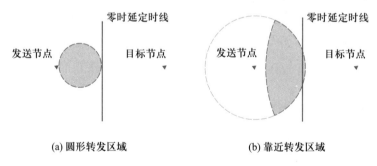

(a) 圆形转发区域　　　　　　　(b) 靠近转发区域

图 5.16　LAROD 转发区域

在转发区域中接收到的数据包所有节点都是候补转发节点,为了从中选择下一个转发节点,它们都设置了一个计时器,用以确定何时重新广播该数据包。计时器功能是一个线性函数,在发送器处具有最高时延,而在给定点之后为零时延(如图 5.16 中的零时延定时线所示),优先考虑了距离因素,从而最大限度地减少了数据包到达目的地所需的传输次数。此外,为了防止同时传输,所有节点都会在线性计时器功能中添加一个小的随机时延。

计时器最先清零的节点将接管该数据包并重新广播,该广播将被发送节点和大多数其他候补节点收听到,之后它们将删除其数据包副本。为了在数据包到达目的地后停止传输,目的地将发送确认数据包。最后为了防止数据包在网络中无限期停留,所有数据包均带有表示为持续时间的生存时间(time to live,TTL),当 TTL 过期时,所有持有该数据包的节点都会将其删除。使用存储转发技术在间歇连接的网络中进行地理路由几乎与存储转发的广播路由方案具有相同的传输速率,但是开销却低得多。这种较低的开销意味着将降低诸如电源和存储之类的节点资源的负担,从而提高网络利用率。

以上是对基于地理信息路由的阐述,但是地理信息路由的难点在于源节点如何获取目的节点的位置,并把这个位置信息封装进数据包首部。"位置服务"能够确定目的节点的地理位置,源节点会在进行数据传输之前更新该信息。为了确保传输的正确性,即使源节点存有目的节点的地址信息也会先更新该信息。

5.2.3 基于运动模型预测的组播路由协议

考虑一个由源节点 S、多个组播目的节点 D 和转发节点 N 组成的 FANET,源节点 S 充当地理组播树的根,D 代表多播接收器,N 充当转发邻居节点。设 D 为 n 个多播目的节点的集合,即 $D=\{D_1,D_2,\cdots,D_{n-1},D_n\}$,$N$ 为 L 个转发邻居节点的集合,即 $N=\{N_1,N_2,\cdots,N_{L-1},N_L\}$,$r$ 为节点的传输范围,如果每个 $D_j \in D$ 的 r 内存在 $N_i \in N$,且 N_i 和 D_j 之间的距离最小,则源节点 S 使用一跳 $N_i \in N$ 作为转发器向 D 发送数据包。假设我们将 FANET 中的多播通信建模为图 G,并且假设网络是三维的。设 $G=(V,E)$ 表示一个顶点为 V,边为 E 的连通无向图。在该图中,顶点集 V 由 S、N 和 D 组成,即 $V=\{S,N,D\}$。对于源节点 S 和邻居节点 $N_i \in N$,当且仅当 S 和 N_i 之间的欧几里得距离[即 $E_{dist}(S,N_i)$]小于或等于 r 时,边集 E 包含无向边 (S,N_i)。对于邻居节点 $N_i \in N$ 和每个 $D_j \in D$,边集 E 包含无向边 (N_i,D_j),当且仅当 N_i 和 D_j 之间的欧几里得距离[即 $E_{dist}(N_i,D_j)$]小于或等于 r。n 维空间中两点 P_1 和 P_2 之间的欧几里得距离计算如下

$$E_{dist}(P_1,P_2)=\sqrt{\sum_{i=1}^{n}(p_{1i}-p_{2i})^2} \tag{5.10}$$

其中 $E_{dist}(P_1,P_2)$ 表示两点 P_1 和 P_2 之间的欧几里得距离,$P_1=(p_{11},p_{12},\cdots,p_{1n})$ 和 $P_2=(p_{21},p_{22},\cdots,p_{2n})$,$n$ 是维数。例如,在本文中,$E_{dist}(S,N_i)$ 用三个变量表示三维空间中源节点 S 和相邻节点 N_i 之间的欧几里得距离,其中点 $S=(p_{11},p_{12},p_{13})$ 和点 $N_i=(p_{21},p_{22},p_{23})$。如前所述,假设 N 和 D 分别表示 L 个转发邻居节点和 m 个多播目的节点的集合,N 和 D 之间的最小距离由 $\min E_{dist}(N,D)$ 表示,表示为

$$\min E_{dist}(N,D)=\min E_{dist}(N_i,D_j) \\ i=1,2,\cdots,L \quad 和 \quad j=1,2,\cdots,m \tag{5.11}$$

其中,$E_{dist}(N_i,D_j)$ 表示转发邻居节点 N_i 和多播目的节点 D_j 之间的欧几里得距离。给定 $G=(V,E)$ 和 $\{S,N,D\} \subseteq V$,我们需要通过使用 N 个相邻节点的子集作为转发器,找到一个从源 S 到所有多播目的节点 D 的地理多播路由树。

为了使源节点 S 确定其一跳邻居节点 $N_i(X_{pred\_loc},Y_{pred\_loc},Z_{pred\_loc}) \in N$ 是否仍在其传输范围 r 内,S 使用等式(5.12)来计算邻居节点的预测位置。

$$X_{pred\_loc}=X_{current\_loc}+Spd_{x\_direction} \cdot (t_{current}-t_{n\_discovery}) \\ Y_{pred\_loc}=Y_{current\_loc}+Spd_{y\_direction} \cdot (t_{current}-t_{n\_discovery}) \\ Z_{pred\_loc}=Z_{current\_loc}+Spd_{z\_direction} \cdot (t_{current}-t_{n\_discovery}) \tag{5.12}$$

其中,X_{pred_loc} 是 N_i 的预测 x 坐标值,Y_{pred_loc} 是 N_i 的预测 y 坐标值,Z_{pred_loc} 是 N_i 的预测 z 坐标值,$X_{current\_loc}$ 是 N_i 在邻居发现开始时的当前 x 坐标值,$Y_{current\_loc}$ 是 N_i 在邻居发现开始时的当前 y 坐标值,$Z_{current\_loc}$ 是邻居发现开始时 N_i 的当前 z 坐标值,$t_{current}$ 是邻居发现超时后的当前时间值,$t_{n\_discovery}$ 是当前邻居发现开始时的时间值,$Spd_{x\_direction}$、$Spd_{y\_direction}$ 和 $Spd_{z\_direction}$ 分别是 N_i 在 x、y 和 z 轴方向上的当前速度,我们计算它们为

$$Spd_{x\_direction} = \frac{(X_{current\_loc} - X_{prev\_loc})}{(t_{n\_discovery} - t_{prev\_discovery})}$$
$$Spd_{y\_direction} = \frac{(Y_{current\_loc} - Y_{prev\_loc})}{(t_{n\_discovery} - t_{prev\_discovery})} \quad (5.13)$$
$$Spd_{z\_direction} = \frac{(Z_{current\_loc} - Z_{prev\_loc})}{(t_{n\_discovery} - t_{prev\_discovery})}$$

其中,X_{prev_loc} 是前一转发邻居发现中 N_i 的 x 坐标值,Y_{prev_loc} 是前一转发邻居发现中 N_i 的 y 坐标值,Z_{prev_loc} 是前一转发邻居发现中 N_i 的 z 坐标值,$t_{prev\_discovery}$ 是前一转发邻居节点发现的时间值。请注意,源节点 S 必须仅维护相邻节点 $N_i \in N$ 的先前时间和位置信息[即 $t_{prev\_discovery}$ 和 $N_i(X_{pred\_loc}, Y_{pred\_loc}, Z_{pred\_loc})$]。

可伸缩的运动预测组播路由协议(scalable and predictive geographic multicast routing,SP-GMRF)是指通过使用支持多播的邻居节点子集作为转发器来创建跨越多播组成员的地理多播路由树。为了在大型 FANET 环境中保持节点频繁移动时的可伸缩性,SP-GMRF 利用本地信息构建多播路由树结构。源节点只需要存储其通信范围内相邻节点的最新地理位置,x、y 和 z 轴方向的速度以及时间戳信息。源节点可以通过向其一跳邻居节点广播请求来发现这些信息。当一个源节点有数据包要发送到多个多播目的节点 $D_j \in D$ 时,SP-GMRF 算法基于对网络拓扑和按需基础的部分知识,开始构建地理多播树结构。这里我们假设源节点可以通过某种位置服务获得多播目的节点的位置信息,并且源节点知道自己的位置。当源节点 S 想要向多播目的节点 D_j 发送数据分组时,其步骤如下:

① 分配 S、D 和 N 的位置;

② 用 S、D 和 N 作为 V 构造 $G(V, E)$;

③ 初始化 S 到节点 N 的距离 r;

④ 根据式 (5.10) 计算 S 和每个 $D_j \in D$ 之间的距离,更新距离,并将 S 设置为 D_j 的最近邻节点;

⑤ S 根据式 (5.12) 和式 (5.13) 计算其一跳 $N_i \in N$[即 $N_i(X_{pred\_loc}, Y_{pred\_loc}, Z_{pred\_loc}) \in N$]的预测位置;

⑥ 计算从每个目的节点 D_j 到预测的邻居节点 N_i[即 $E_{dist}(D_j, N_i)$]的成对距离;

⑦ 确定每对中的最小距离[$minE_{dist}(D_j, N_i)$];

⑧ 如果距离小于或等于 r,将具有最小距离值的节点对添加到地理多播树中;

⑨ 将每个多播目的节点 $D_j \in D$ 的地理位置信息与分组报头中相应的最近预测邻居节点 $N_i \in N$ 一起添加,并将分组发送到 $N_i \in N$,在接收到目的节点为多播目的节点的多播分组时,相邻节点 N_i 检查来自分组报头的 (N_i, D_j) 对信息,并将接收到的多播分组转发到分组报头中指示的目的节点 $D_j \in D$。

5.2.4　基于链路生存时间预测的组播路由协议

在无人机自组织网单播通信场景下,无人机集群活动范围有限,目的节点的数量与位置也都是固定的。由于节点可以直接通过 GPS 设备确定自身的位置,也可以通过 Hello 分组感知邻居节点的数量与位置信息,因此在这种场景中基于地理位置的路由协议更为高效。然而,当无人机集群在部分 GPS 信号不可靠、节点无法获得准确定位的场景中(如植被茂盛区域、GPS 信号受严重干扰的区域、室内大型仓库等)执行任务时,由于无人机节点无法获取自身的准确定位,而且目的节点也可能是随机指定的,此时基于位置的路由协议难以可靠地使用,需要依靠路由发现过程来确定源节点至目的节点的数据转发路径。此时,更为一般性的基于拓扑的路由协议更加适用。

在无人机集群进行自组织网通信时,单架无人机常常需要和集群中的多架无人机进行数据交互,如定期报告自身的位置、数据采集与任务执行情况等。如果采用单播的方式进行上述通信过程,将成倍地增加网络中的传输数据量,甚至造成严重的网络拥塞现象;而采用组播的方式则可以避免数据的重复拷贝与转发,很大程度上减少对信道资源的占用。因此,在无人机集群自组织网络中,组播路由协议应用非常广泛。然而,针对无人机集群系统设计组播路由协议具有很大的挑战性。在无人机自组织网中进行组播通信时,为了保证通信效率,降低信道资源的占用,数据在交付过程中通常不需要逐跳进行确认。但这却可能导致组播节点无法及时检测到链路断开的问题,特别是对于高速移动的无人机集群网络,这一问题尤为突出。因此,在组播路由建立时,就应该尽可能保证路由的稳定性,提高路由生存时间。

考虑到无人机集群在部分 GPS 信号不可靠、节点无法获取自身准确定位的场景下的使用情况,且考虑到组播通信在无人机集群中的广泛应用,一种基于链路生存时间预测的无人机自组织网组播路由协议(multicast routing protocol based on link-lifetime prediction for FANET,FMRP–LP)被提出。该协议基于 ODMRP 协议进行改进,不需要 GPS 设备的支持,节点仅需根据邻居节点的距离变化情况便可对链路生存时间进行预测,并综合路由跳数与剩余飞行能量对路由质量进行评估,根据评估结果从多个上一跳节点中选出最佳节点作为转发节点,在集群中按需建立较为可靠的组播路由。在数据传输过程中,引入局部路由修复与全局路由刷新相结合的路由维护策略,使得节点在无须数据确认的情况下自主检测到链路断开问题,并对断开链路进行修复,减少服务中断时间,缓解节点高速移动导致链路频繁断开的问题。

下面对 FMRP-LP 协议的实现流程进行介绍,协议主要分为初始阶段、路由建立阶段、路由确认阶段、数据转发阶段以及路由维护过程。

在初始阶段,网络中的节点每间隔 Δt 时间向外广播 Hello 分组,该分组主要包含发送节点的节点 ID、状态信息、时间信息等。节点可以通过接收到的来自邻居节点的 Hello 分组确定自身一跳范围内的邻居节点数量与相应的节点 ID,并定期对节点自身到邻居节点间的距离进行测量,将不同时刻下邻居节点到自身的距离记录到节点邻居表中。一个典型的 FMRP–LR 协议节点邻居表如表 5.4 所示。

在后续路由建立过程中,节点从多个邻居节点中选择转发节点时,可以根据邻居表中的内容对自身与相应邻居节点间的剩余链路生存时间进行预测,选择合适的转发节点。

在路由建立阶段,当网络中某个源节点首次有数据要发送至特定组播组时,由于网络

表 5.4   FMRP-LP 协议节点邻居表

邻居 ID	距离	生存时间	剩余能量	其他信息	时间
Node 1	d_{11}	$t_{\text{RLL}11}$	E_{11}	…	t_{11}
	d_{12}	$t_{\text{RLL}12}$	E_{12}	…	t_{12}
	d_{13}	$t_{\text{RLL}13}$	E_{13}	…	t_{13}
Node 2	d_{21}	$t_{\text{RLL}21}$	E_{21}	…	t_{21}
	d_{22}	$t_{\text{RLL}22}$	E_{22}	…	t_{22}
	d_{23}	$t_{\text{RLL}23}$	E_{23}	…	t_{23}
Node N	…	…	…	…	…

中并不存在该组播组的转发路由,源节点需要先通过洪泛 RREQ 分组发起路由建立过程,
RREQ 分组结构如图 5.17 所示。

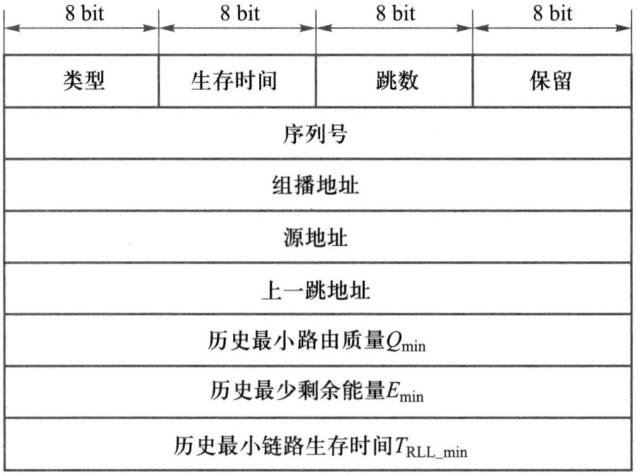

图 5.17   RREQ 分组结构图

其中,历史最少剩余能量 $E_{\min}$ 表示从源节点至当前节点的转发路径上全部节点所具有
的剩余能量最小值,它表示当前转发链路能维持的最长时间上限。$T_{\text{RLL\_min}}$、$Q_{\min}$ 则分别表示
预测得到的当前转发链路剩余生存时间和路由质量的最小值。

   源节点的邻居节点收到该 RREQ 分组后将直接对其进行更新并继续广播转发,而后续
节点在收到 RREQ 分组后,将启动定时器,等待 t_{hold} 时间再做出路由决策。在等待路由决策
的这段时间内,节点可能会收到来自多个邻居节点所转发的 RREQ 分组,节点将根据所收到
的不同 RREQ 分组中的路由跳数、历史最少剩余能量 $E_{\min}$ 及历史最小链路生存时间 $T_{\text{RLL\_min}}$
对可能存在的多条转发路由进行路由质量评估,计算路由质量指数 Q

$$Q = \omega_t \cdot \min(T_{\text{RLL\_cur}}, T_{\text{RLL\_min}}) - \omega_h \cdot HopCount + \omega_e \cdot \min(E_{\text{cur}}, E_{\min}) \tag{5.14}$$

其中,$T_{\text{RLL\_cur}}$ 与 $T_{\text{RLL\_min}}$ 分别为当前邻居节点间剩余链路生存时间与收到的 RREQ 分组中记
录的值,E_{cur} 与 $E_{\min}$ 分别为节点自身当前剩余能量与 RREQ 中记录的值,$HopCount$ 为路由
跳数。ω_t、ω_h 和 ω_e 分别为链路生存时间、路由跳数及剩余能量在路由质量中所占的权重。

在不同的应用场景中,可以根据具体的集群作业环境对三个指标系数进行调整。若想要维持一个较大的链路生存时间,可以增加 ω_t 的大小,降低其余两个系数的值;若想要降低传输跳数,保证数据传输时延,可以适当增加 ω_h 的值;若应用环境较为复杂,无人机能量消耗比较迅速,则可以适当增加 ω_e 的值。

由于一个理想的路由需要有较长的生存时间、较多的剩余能量和较小的跳数,因此 ω_t 与 ω_e 的系数为正,ω_h 的系数为负。此外,为了方便比较路由质量因子的大小,对式(5.14)中的相关参数进行归一化处理

$$T_{RLL} = \begin{cases} \min(T_{RLL\_cur}, T_{RLL\_min})/T_m, & t_{RLL} < T_m \\ 1, & t_{RLL} \geqslant T_m \end{cases} \tag{5.15}$$

$$\omega_t + \omega_h + \omega_e = 1 \tag{5.16}$$

其中,T_m 为路由最大有效时间,也就是全局路由刷新时间。路由跳数与剩余能量的归一化过程与 T_{RLL} 类似。

在定时器超时后,节点根据路由质量指数从多个上一跳节点中选择最佳的中继节点作为转发节点,更新并广播来自该节点的 RREQ 分组,同时在当前组播组中将该节点选为上一跳中继节点,将该节点的 ID 记录到路由表中。最终,全部目的节点将收到经过多跳转发的 RREQ 分组。

RREQ 传播示意图如图 5.18 所示,它展示了一次完整的 RREQ 分组转发与处理过程。图中节点 S 为组播组源节点,D_1、D_2、D_3 为目的节点。

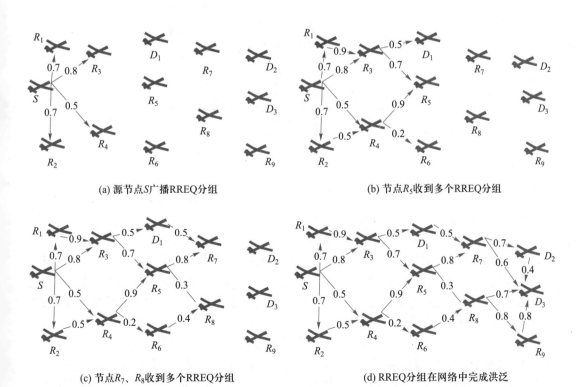

(a) 源节点S广播RREQ分组

(b) 节点R_5收到多个RREQ分组

(c) 节点R_7、R_8收到多个RREQ分组

(d) RREQ分组在网络中完成洪泛

图 5.18　RREQ 传播示意图

图 5.18(a)中,初始时源节点 S 有数据需要发送,此时由于网络中不存在转发路由,节点 S 首先向外广播 RREQ 分组尝试建立路由。邻居节点 R_1~R_4 收到 RREQ 分组后将对链路质量进行计算,计算得到源节点 S 到自身之间的链路质量分别为 0.7、0.7、0.8、0.5,随后将该值记录到 RREQ 分组中并继续转发。图 5.18(b)中,节点 R_3 收到 R_1 转发的 RREQ 分组,由于 R_3 此前已经转发过该分组,因此将直接丢弃该分组,不做其他操作。节点 R_5 将在 t_{hold} 时间内收到来自 R_3、R_4 两个节点转发的 RREQ 分组,并对节点间链路质量进行计算。由于 R_3 所在转发链路的链路质量为 0.7,大于 R_4 所在链路的链路质量 0.5,R_5 将选择 R_3 作为自身的上一跳节点。图 5.18(c)中,节点 D_1、R_5、R_6 在定时器超时后继续向外转发 RREQ 分组,节点 R_7、R_8 将收到多个节点转发的 RREQ 分组,通过对链路质量进行评价,R_7、R_8 都将选择节点 R_5 作为上一跳转发节点。图 5.18(d)中,最终 RREQ 分组将分别沿着 S—R_3—D_1、S—R_3—R_5—R_7—D_2、S—R_3—R_5—R_7—D_3 的路径逐跳转发至目的节点 D_1~D_3。

在路由确认与数据转发阶段,目的节点收到 RREQ 分组后,将向源节点回复一个 RREP 分组,用以对转发路由进行确认,RREP 分组结构示意图如图 5.19 所示。RREP 分组将沿着 RREQ 分组的传播方向反向由目的节点逐跳转发至源节点,收到 RREP 分组的节点将被标记为转发节点,参与后续数据的转发过程。以图 5.18 为例,目的节点 D_3 产生的 RREP 分组将沿 D_3—R_7—R_5—R_3—S 的路径逐跳转发至源节点 S,在该过程中,R_3、R_5、R_7 还将被标记为转发节点,在后续过程中参与数据的转发。这样,就完成了路由的建立过程。

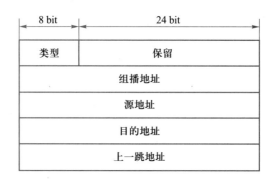

图 5.19　RREP 分组结构示意图

RREP 分组的完整处理流程如图 5.20 所示。经过 RREQ 洪泛与 RREP 逆向传播过程,便可在网络中按需建立较为稳定的转发路由。

在路由有效期内,当源节点后续有数据需要发送时,便可以直接向外广播数据分组了,中间节点收到数据分组后需要先检查自身是否是对应组播组的转发节点,若节点是转发节点则将数据分组 IP 头部的上一跳节点地址修改为自身地址并继续向外转发该数据分组,直到数据分组沿预先建立好的路由转发至目的节点。由于存在节点一对多通信的情况,数据分组在转发过程中不需要逐跳确认。

路由维护过程:在 FANET 网络中,节点的高动态特性很容易导致已建立路由频繁断开,数据无法顺利从源节点转发至目的节点。考虑到组播过程一对多通信的特点,数据的转发过程不需要逐跳确认,以此减少对信道资源的占用,然而这也导致了上游节点可能无法及时感知到组播组中部分链路断开的问题,导致数据传输服务中断。因此,一个合理的路由维护

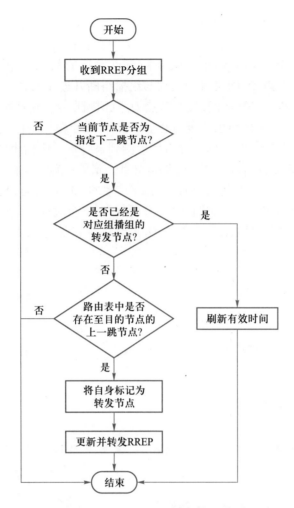

图 5.20 RREP 分组的完整处理流程

策略对于 FANET 组播路由协议而言至关重要。

为了能够让中间转发节点及目的节点自主感知到节点自身是否与组播组断开连接,令源节点在路由有效期内持续一定时间没有数据发送时,定期向组播组发送一个 GroupHello 分组,该分组不携带任何数据,仅用于对组播路由的维护。在路由有效期内,当转发节点或成员节点连续一段时间没有收到任何数据分组或 GroupHello 分组时,节点将感知到自身与组播组断开了连接,并发起局部路由修复过程,尝试重新加入原组播组。

当节点检测到自身与组播组失去连接后,在小范围内洪泛一个 RouteRepair 分组(如设置 TTL=2),发起路由修复过程。周围节点收到 RouteRepair 分组后检查自身是否是对应组播组的成员节点或转发节点,若满足条件则沿 RouteRepair 分组的传播路径反向回复一个 RepairReply 分组,否则将 TTL 值减 1,并在有效期内继续转发该 RouteRepair 分组。与 RREP 分组的传播过程类似,收到 RepairReply 分组的节点同样将自身标记为转发节点,最终断开节点在收到 RepairReply 分组后将重新加入组播组中,完成局部路由修复过程。若修复失败,则节点等待一段时间后继续尝试该过程,同时将 TTL 值加 1,扩大修复范围。连续失败超过一定次数后,节点将放弃局部路由修复过程,等待后续路由的刷新。

如图 5.21(a)所示,在路由建立不久时,网络中存在由源节点 S 到目的节点 D_1、D_2、D_3 的有效路由,目的节点均能够正常收到源节点发送的数据分组或 GroupHello 分组。图 5.21(b)中,当目的节点 D_3 因自身的运动与组播组断开连接后,将无法正常接收到数据分组或 GroupHello 分组。一段时间过后,节点 D_3 意识到自身与组播组断开了连接,将主动发起如图 5.21(c)所示的局部路由修复过程。节点 R_3 在小范围内洪泛一个 TTL 值为 3 的 RouteRepair 分组,邻居节点 R_9 收到该分组后检测到自身不是组播组的成员节点或转发节点,继续向外转发此 RouteRepair 分组,R_6 同样如此。最终,节点 R_5 收到该分组后发现自身是目标组播组的转发节点,因此将沿 RouteRepair 传播的反向路径向 D_3 回复 RepairReply 分组。RepairReply 分组的传播过程如图 5.21(d)所示,在这个过程中,节点 R_6 与 R_9 还将被标记为转发节点,参与后续数据的转发。节点 D_3 后续将在节点 R_6 与 R_9 的帮助下得以继续接收数据。

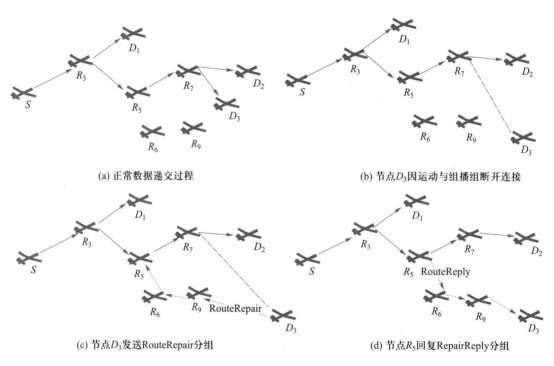

(a) 正常数据递交过程　　　　　　　　　　(b) 节点 D_3 因运动与组播组断开连接

(c) 节点 D_3 发送 RouteRepair 分组　　　　　(d) 节点 R_5 回复 RepairReply 分组

图 5.21　局部链路修复过程

当有新节点需要加入特定组播组时,其加入过程与断开节点的修复过程一致。

通过上述局部路由修复过程可以看出,断开节点实质上是通过局部洪泛的方式,将更多的邻居节点标记为转发节点,从而实现路由修复的目的。当网络拓扑变化频繁且源节点长时间发送数据时,组播组的转发节点数量将越来越多,多余的转发节点会对信道资源造成浪费。

作为对上述局部路由修复过程的补充,为组播路由设定一个最大有效期,当建立好的组播路由到期后且源节点仍有数据需要发送时,源节点将重新广播一个 RREQ 分组对全局路由进行刷新,其过程与初始路由建立过程一致,并且转发节点收到 RREQ 分组后还将清除自身的转发标志。定期洪泛 RREQ 分组对全网路由进行刷新有三个作用:一是发起局部链路修复过程失败的目的节点将通过此过程重新加入组播组,二是清除组播组中冗余转发节点,三是通过此方式使组播组保持最佳状态。

基于链路生存时间预测的无人机自组织网组播路由协议在路由建立阶段,通过邻居节点间相对距离的变化情况对剩余链路生存时间进行预测,并结合链路生存时间、跳数及剩余能量三个指标对路由质量进行评价,选择最佳邻居节点作为数据转发节点,保证路由的生存时间与稳定性;在数据转发阶段,通过全局路由刷新与局部路由修复过程相结合的策略,有效缓解了节点高速移动导致链路频繁断开的问题所带来的负面影响。与经典 ODMRP 协议相比,FMRP-LP 协议很好地保证了不同应用场景数据递交率与网络吞吐量,路由开销比例也相对较低,但由于引入了局部链路修复策略,对断开链路进行修复的同时也导致了数据递交时延的增加。

5.2.5 机会路由协议

在 5.2.1 节中了解了针对无人机集群网络而研发的路由协议主要包括表驱动路由和按需路由两类。表驱动路由协议中,每个节点维护一张包含到达其他节点的路由信息表,并随着网络拓扑的变化而随时更新路由表,这张路由表能够准确地反映出整个网络的拓扑情况。按需路由协议中,节点不需要维护及时准确的路由信息,在需要发送数据时才由源节点发起路由发现过程,临时寻找到目的节点的路径。

然而无论采用哪种路由策略,这些协议都是基于有线网络协议发展而来的,都属于一种静态路由策略,即在进行数据传输之前预先指定一条固定的传输路线,同时在整个数据传输过程中保持这样一条固定的路由,数据将一直沿着此固定路由传递直到传送完成。

这些确定性的路由方式尽管逻辑上简洁,却并未充分考虑到无线信道的广播特性和时变特性。无线信道的广播特性导致了一次分组转发可以同时被多个节点接收到,且接收的概率各不相同,而无线链路的时变特性使得网络中链路的状态随时间而改变。因此路由协议的设计若缺少对信道广播和丢失特性的充分考虑,就会造成大量网络资源的浪费,严重影响吞吐量和服务质量。

基于上述原因,针对无线信道的广播特性和确定性路由策略的不足,麻省理工学院的比斯瓦斯(Biswas)等人于 2004 年率先提出了机会路由(也被称为机会转发)的概念,其主要思想在于中间节点完成每一跳转发以后动态地选择合适的节点作为下一个转发节点继续传输,而不是在传输开始之前选择固定的传输路由。每个节点发送数据包不仅只发给一个节点,而是发送给具有转发能力的一群节点,每个节点依据事先规定的判据来选择自己的候选转发节点,形成候选转发节点集合,集合中只要有一个节点正确接收数据包,就认为该跳传输成功,这样大大提高了数据的传输成功率。机会路由主要从两个方面来保证网络的吞吐量:一是增加单跳传输的可靠性,二是减少端到端传输跳数。

为了提高单跳传输可靠性,机会路由可以选择多个中间节点作为转发节点,每次数据发送后,都有更多的被接收和再次转发的机会。如图 5.22 所示,链路上的值代表该链路的分组投递成功率。假定从源节点到各个中间节点的转发成功率为 30%,从每个中间节点到目的节点的转发成功率是 100%。如果采用确定性路由的方式,源节点将从 4 个中间节点中选择唯一一个节点作为下一跳节点,此时从源节点到目的节点的转发成功率仅有 30%。如果使用机会路由的方式将 4 个中继节点建立为一个转发节点集合,把这 4 个节点同时作为备选节点,只要其中有一个成功接收源节点发来的数据包就可以继续向目的节点转发,转发率可以提高到 $\left[1-(1-0.3)^4\right] \times 100\% \approx 76\%$。也就是说转发率从 30% 上升到了 76%,显著提高了吞吐量。

机会路由也能够减少端到端的转发跳数,进而降低时延。如图 5.23 所示,5 个中间节点在源节点和目的节点之间沿直线分布,假设相邻节点之间分组投递率相同,单一最佳路由事先确定所要经过的节点,例如源节点—B—D—目的节点。当源节点向下一跳节点 B 发送数据时,B 接收了数据包,同时 C 可能也成功接收了同样的数据包,机会路由策略允许 C 继续向目的节点进行转发,而不是由 B 继续承担中继任务,这样就形成了源节点—C—目的节点路径,相比预先选定的路径减少了 1 跳。另一种情况是,源节点在给 B 发送数据时,B 没有收到,但 A 收到了,按照静态路由策略的要求,源节点必须重传数据包,而机会路由允许 A 来转发这个数据包。通过比较,机会路由可以减少重传次数,使数据更快地往目的节点方向传输,从而减少端到端转发跳数。

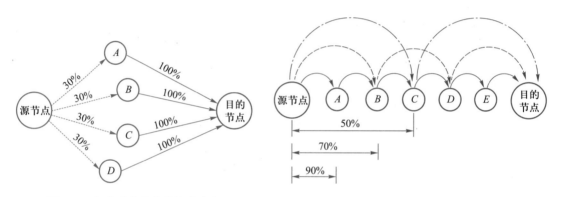

图 5.22   机会路由提高传输成功率   图 5.23   机会路由减少端到端转发跳数

机会路由关键技术大致包含以下三个部分:候选转发节点集的选定、数据包的转发及候选节点间的协调。如何选择候选转发节点集是决定机会路由协议性能的关键,选择合适的转发节点集很大程度上决定这是否能够进一步提高协议性能。现有的机会路由协议中,有多种路由测度用于确定备选转发节点集,包括跳数、预期传输值、地理距离等。数据包的转发需要采用各种测度的代价算法,包括端到端最短路方式和迭代方式,以此来确定不同候选转发节点的优先级。不管使用何种测度,都需要通过一种机制来获取邻居节点的状态信息,这些状态可以是邻接链路状态,也可以是邻居节点到目的节点的距离。在选定了备选转发节点并为各节点确定优先级之后,需要一种机制使得各转发节点之间能够相互协调,从而有效减少或避免不必要的重复发送。现有的机会路由协议所使用的协调机制有控制包应答模式、数据包应答模式和无协调模式三类。下面将对现有的采用不同候选转发节点选择策略的机会路由协议进行阐述。

5.2.5.1   基于端到端最短路径策略路由

基于端到端最短路径策略的机会路由需要后台运行全网范围的路由协议,提供节点间基于不同测度的最短路径,以此为基础实现高效机会路由。

极端机会路由(extremely opportunistic routing, ExOR)是最早的机会路由方案,是以端

到端最短路径的预期传输值（expected transmission count，ETX）为判据的机会路由算法。ETX 是链路传输概率的倒数和，计算为

$$ETX = \min\left(\sum_i \frac{1}{p_i}\right) \tag{5.17}$$

图 5.24 所示为相邻两节点间的机会路由传输概率，图 5.25 所示为各个节点到目的节点 E 的机会路由 ETX 示意图，即从各个源节点出发，找到一条概率倒数和最小的路径，其值即为该节点到目的节点 E 的 ETX。

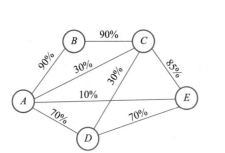

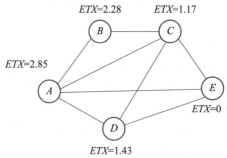

图 5.24　机会路由传输概率　　　　图 5.25　机会路由 ETX 示意图

ExOR 的基本思想为，数据包并不是事先选好路径的，而是在传输过程中逐跳选择。每个节点向全网广播回收邻居的 ETX，在掌握全网链路状态信息中得到各节点之间的最短路径的值。通过逆向最短路径算法得出到目的节点的链路最小值，作为候选转发节点选择依据。通过设定优先级机制，来协调集合中节点的转发机制，具体做法是：根据到目的节点的 ETX 距离设置优先级，距离越近，则转发的成功率就越高，其优先级也越高。源节点将数据包成批（每批的大小可调整）地广播出去，候选转发节点按优先级依次进行转发，低优先级节点侦听到高优先级节点转发的数据后便不再转发，而是转发本地存储的尚未成功发送且优先级较高的数据包。所有备选转发节点按此方式转发，直到目的节点接收到大部分（如90%）数据包为止，其余未被目的节点成功接收的数据包按照传统的最短路由方式转发。

ExOR 所使用的简单方法可以在较大程度上提高数据包转发率，但也存在着一些缺陷。首先，因为 ExOR 以全网链路状态为基础，所有在网络中的各节点需要定期地在全网范围内广播自己邻接链路的 ETX，这增加了网络开销，因此可扩展性不强。其次，由于在各备选转发节点之间缺少有效的相互确认和协调机制，因此目的节点有较高概率收到重复分组。

5.2.5.2　基于端到端迭代策略路由

以最短距离为标准来确定各候选节点优先级，实现起来较为简单，可是若选择的候选转发节点不合适，数据包会被机会转发到质量较差的路径上，而不沿最短路径发送。基于上述考虑，迭代策略将转发过程分为两个阶段：第一阶段是从当前节点（包括源节点）发送数据包到下一跳备选节点成功接收此包；第二阶段是从该备选节点到目的节点。实现迭代算法的核心部分是计算端到端多径加权平均开销，也需要综合考虑候选转发节点的成功接收率、当前备选转发节点的邻接链路质量等因素，这样能较客观地反映出一个机会路由协议的分组转发状况，从而更合理地确定各被备选转发节点的优先级。

机会任意路径转发（opportunistic any-path forwarding,OAPF）协议：候选节点的选择和优先次序是任何机会路由方案都需要解决的关键问题,ExOR 协议会选择许多可能的下一跳作为候选转发节点,并根据从候选节点到目的节点最佳路径的 ETX 对它们进行优先级排序,但 OAPF 会选择那些有助于减少传输数量的候选节点,从而有助于减少开销和时延。

OAPF 协议给出了一种新的测度——预期任意路径传输（expected any-path transmissions,EAX),用以确定在机会路由下源节点和目的节点之间的预期转发数量。在源节点 s 和目的节点 d 之间定义 EAX 为

$$EAX = \frac{1 + \sum_i EAX(C_i^{s,d}, d) f_i \prod_j^{i-1}(1-f_i)}{1 - \prod_i (1-f_i)} \quad (5.18)$$

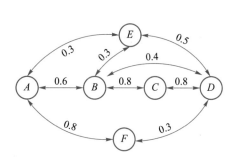

图 5.26　OAPF 网络示意图

其中,$C_i^{s,d}$ 为 s 到 d 的下一跳候选集合中优先级为 i 的候选节点。同时把从 s 到 $C_i^{s,d}$ 的数据包和 ACK 的传输概率分别记为 f_i 和 a_i。

下面以图 5.26 为例来说明 EAX 的选择过程,假设 D 为目的节点,则各节点到目的节点 D 对应的 EAX 和最佳路径 ETX 如表 5.5 所示。

表 5.5　各节点 EAX 与 ETX

度量值	A	B	C	D	E	F
ETX	4.17	2.50	1.25	0.00	2.00	3.33
EAX	3.28	1.82	1.25	0.00	2.00	3.33

首先,根据最佳路径 ETX 确定一组潜在候选集 $\widehat{C}^{s,d}$,只有当 $ETX(s,d)>ETX(j,d)$ 的时候,邻居节点 j 才会加入 $\widehat{C}^{s,d}$ 中。之后潜在的候选集需要再次筛选成真正的候选节点集 $C^{s,d}$。从具有最小 ETX 的潜在候选节点开始,当它首先加入下一跳候选集合 $C^{s,d}$ 后,$ETX(s,d)$ 的值会减小。其余的节点会在迭代计算的过程中逐渐加入 $C^{s,d}$ 中,直到加入新的备选节点后计算所得 EAX 的提升小于一个门限值为止,这种机制有效地限制了备选转发节点集的规模。

假设 A 为源节点,D 为目的节点,通过计算 ETX,A 选择了 3 个潜在节点:B、E 和 F。如果再通过计算 EAX,就只剩下 B 和 E 两个候选转发节点了。因为对于这两个节点,$ETX(A,D)>ETX(F,D)$,所以将 F 加入候选集并不会减少 A 与 D 之间的 EAX,结果见表 5.6。

同时,基于 EAX 又会在候选节点之间产生不同的优先级,B 的优先级高于 E。此外,

表 5.6　基于 EAX 和 ETX 的结果比较

度量值	(源节点,目的节点)	候选集大小	候选节点	优先级	平均传输次数
ETX	(A,D)	3	B,E,F	$E>B>F$	5.33
EAX	(A,D)	2	B,E	$B>E$	3.28

ETX 平均需要 5.33 次传输,而 EAX 平均只需要 3.28 次传输,可以看出基于 ETX 和 EAX 的候选转发节点选择和优先级的差异会导致从 A 到 D 发送数据包所需的传输数量不同。

5.2.5.3　基于地理位置策略路由

基于拓扑信息的机会路由协议会在动态网络中产生较高的协议开销,从而降低可扩展性。将地理位置、地理距离作为判据更有利于确定候选转发节点及其优先级。

地理随机转发(geographic random forwarding,GeRaF)协议中节点通过外界辅助方法获得位置信息,包括自身和数据汇集节点的地理位置信息,GeRaF 根据地理位置确定转发节点及其优先级。数据包发送之前,发送节点首先发送 RTS,其中携带发送节点和数据汇集节点的位置信息。发送完 RTS 之后,发送节点等待 CTS 回应。收到 RTS 的节点,如果自身距离目的节点比发送节点到目的节点要近,那么它是一个 CTS 的潜在发送者,并且根据自己到目的节点的距离确定自己发送 CTS 的优先级。离目的节点越近,优先级就越高。一旦发送节点没有收到 CTS 或发生 CTS 碰撞,将重新执行 MAC 层握手机制。

利用地理距离来选择候选转发节点,可以减少全网拓扑和路由表的协议维护开销,但只考虑地理距离而忽略链路状态,则不能反映转发率的高低,节点位置信息的确定也增加了冗余消耗。

5.2.5.4　基于网络编码策略路由

考虑利用将网络编码与机会路由技术相结合来增加端到端吞吐量,由于网络编码能够将多条报文通过编码方式一次性完成传输,因此能够有效地改善网络的性能。但如何设计基于编码的机会路由协议,需要充分考虑网络的拓扑结构、网络动态性以及重传开销等多种因素,使两项技术彼此协同,都能体现出各自的优势。

独立于 MAC 的机会路由和编码(MAC-independent opportunistic routing and encoding,MORE)协议是 ExOR 的增强版,使用了网络编码理论。举一个示例来说明机会路由和网络编码之间的协同作用,以及 MORE 和 ExOR 的区别。考虑如图 5.27 所示的场景,传统的路由在传输之前预先确定路径,它沿着源节点—R—目的节点的路径发送数据。但是无线网络是广播形式,当节点进

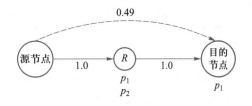

图 5.27　网络编码单播示例

行传输时,总有距离下一跳更近的节点侦听到该数据包。假设源节点发送 2 个数据包 p_1 和 p_2。下一跳 R 接收到两者,同时目的节点碰巧听到了 p_1,这时让 R 再次将 p_1 转发给目的节点就是一种重复浪费。R 应该仅转发数据包 p_2,但是 R 自身并不知道。

在较大规模的网络中,许多节点都侦听到了传输的数据包,这个问题变得更加困难。机会路由允许参与转发的节点侦听到数据包,但是如果没有节点间的协调机制,多个节点可能会不必要地转发相同的数据包,从而造成不必要传输。为了解决节点间协调问题,ExOR 在 IEEE 802.11 之上加了一个特殊的调度程序,保证一段时间内传输媒介中只保留一个转发节点,其余节点侦听以感知该数据包的发送,调度的时间表与它们离目的节点的 ETX 值有关。

网络编码为上述问题提供了一种更方便的解决方案。在示例中,目的节点收到了所传输的数据包之一 p_1,但是节点 R 没有意识到此接收。通过网络编码,节点 R 自然转发接收到的数据包的线性组合,R 可以发送 $p_1 \oplus p_2$。目的节点收到数据包后,再用同样的线性

运算得到 $p_1 \oplus p_2 \oplus p_1 = p_2$，即可得到全部数据包，$R$ 也不必知道目的节点侦听到了哪个数据包。概括以上方法，源节点广播其数据包，中继节点创建他们听到的数据包的随机线性组合 $c_1 p_1 \oplus \cdots \oplus c_n p_n$，其中 c_i 是随机因子。一旦目的节点接收到整个传输，它就会沿反向路径发送一个 ACK，此方法不需要节点协调。

最后讨论一下机会路由协议中的跨层协议设计。MAC 协议的设计对于数据包发送节点与备选转发节点、备选转发节点之间的协调起着关键的影响。一个好的 MAC 协议能够有效改善机会路由的转发效率，降低碰撞概率和减少重传次数。除了结合 RTS–CTS 或 ACK 机制的机会转发，还有一些学者针对机会路由设计了 MAC 层改进机制。例如在多通道极机会路由（multi-channel extremely opportunistic routing，MCExOR）协议中对 802.11 的 MAC 层做了修改，并相应地提出了一种紧凑式 ACK 机制，一定程度上解决了机会转发的 ACK 机制所引起的数据碰撞问题。这种机制的基本思想是：低优先级的节点如果没有侦听到高优先级节点发送的 ACK，就无须空等发送一个完整 ACK 所用的时间，而是在经过一个很短的时间间隔后立即向数据发送节点发送 ACK。

时延容忍网络路由技术

5.3　时延容忍网络路由技术

5.3.1　时延容忍网络起源

从 20 世纪 80 年代末互联网兴起至今，由于空间网络、军事无线自组织网络、陆地移动网络、无线传感器网络和水下网络等特殊应用需求的提出，以往以地面基础设施为支撑的传统网络构架已无法适应这些主要由各种网络构成的复杂网络通信格局，因此，迫切需要建立新一代的网络体系，来为这些网络提供更加安全可靠的通信服务。时延容忍网络（delay tolerant networks，DTN）起源于星际网络（interplanetary network，IPN）研究，美国 NASA 从 1998 年即着手开展 IPN 的研究，以满足未来深空探测任务中的科学数据传输和太空通信导航定位的迫切需求。2003 年 8 月，Intel 研究实验室的凯文·福尔（Kevin Fall）在 SIGCOMM 上发表论文，对 DTN 网络体系结构进行了重要说明，DTN 网络的体系结构基本确立。DTN 是对 Internet 体系结构的一个根本性变革，它引入了崭新的体系结构和设计理念，被人们用于处理在一些极端或特殊环境下的通信所面临的挑战，例如无人机集群应用。

5.3.1.1　DTN 体系结构

DTN 主要是指数据传输时延较大的网络环境，在一个典型的 DTN 场景中，会频繁出现连接中断的情况，使得网络不通或者分裂成部分连通的网络分块，也因此不能保证数据包转发过程中的端到端连接路径。对于一些特定的 DTN 由于节点分布的稀疏性、节点移动的随机性、消息通信的不确定性以及网络拓扑频繁变化，通信链路经常中断、传输时延相对更长的特点更为突出，这都将导致 DTN 网络的数据传输性能难以得到保障，从而直接影响 DTN 的有效性。DTN 工作环境和 Internet 有着明显的区别，表 5.7 给出了 DTN 与 Internet 的部分特征差异。

表 5.7　DTN 与 Internet 的部分特征差异

DTN	Internet
间断性,源节点和目标节点间不一定存在持续可用的端到端连接	满足通信中持续的双向端到端路径需求
不对称的数据速率,其不对称超出了 TCP 能够忍受的范围	对称的数据速率
较高的传输时延,无法保证会话机制的建立	较短的往返时间,利于会话建立和回复确认
高误码率,无法及时检测	低误码率,可被 TCP 实时检测,并通过重传机制更新

在 2007 年发布的 DTN 体系结构标准草案中,对 DTN 体系结构进行了完整定义,其关键技术及知识点主要包括以下几个方面。

(1) 接触

接触(contact)是 DTN 的一个基本概念,指一个节点从进入到离开另一个节点的传输范围所经历的时间。一次接触是一次发送数据的机会,因为并非所有节点在任何时间都可以相互通信,而是只有在某些时间才可以通信,并可能随时间变化。接触是两个节点能够相互通信的时间段,显然每个接触特定于一对节点,而不是一条路线,这是一个逐跳(hop-by-hop)的概念。根据网络不同,接触可分为以下几类。

① 永久接触(persistent contact):接触总是可用的,如一台 Internet 服务器;

② 按需接触(on-demand contact):需要某些措施来建立接触,如拨号连接;

③ 预定接触(scheduled contact):在特定时刻建立一个特定持续时间的接触,如与近地轨道卫星的接触;

④ 机会接触(opportunistic contact):发生时间和持续时间不确定的接触,如非预定飞行器飞过上空并发出信号;

⑤ 可预测接触(predicted contact):根据历史信息对将来可能发生的接触的预测。在一次接触期间,数据率也可能发生变化。如果节点正在相对移动,数据率在接触开始时可能较低,在距离最小时达到顶峰,当节点距离增加时下降。

(2) 束层和逐跳"存储 - 转发"机制

DTN 采用网络异构技术,路由转发机制作为 DTN 的关键技术,其好坏关系到整个网络的性能。DTN 使用"存储 - 转发"(store-and-forward)的路由机制,能够对消息进行长时间缓存,直到传输链路建立后将消息转发出去。但是这种路由机制更多的是依靠节点间链路的重新建立,然后将缓存的消息转发下去,这样网络的性能不会达到最佳。后来,研究人员又提出了"存储 - 运载 - 转发"(store-carry-forward)的路由机制(即消息摆渡路由机制),解决了由于长时间的时延而导致的断开连接问题,该机制明显地改善了网络的性能。

在 DTN 体系结构中,数据束取代了报文分组,可靠的逐跳传输机制取代了端到端,部分连接网络图代替了全连接网络图。同时,它在不改变原有网络协议的基础上,在传输层和应用层之间定义了一个端到端的面向消息的覆盖层,叫作束层或捆绑层(bundle layer),也称 Bundle 层,用于管理异构网络中数据束的转发,使用持久存储来克服网络中断,如图 5.28 所示。Bundle 层提供了类似于网关的功能,不但能够很好地解决高时延、频繁中断通信环境下的数据存储转发问题,而且还能够很好地融合多种网络,保证数据在复杂网络环境中或苛刻

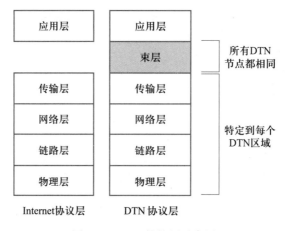

图 5.28　DTN 协议层示意图

的通信条件下的端到端的数据可靠传输。

DTN 应用程序生成大小不同的消息,称为应用程序数据单元(application data unit,ADU),这些消息被转换为协议数据单元(protocol data unit,PDU),叫作 bundles(束,Bundle 层中的捆绑包的名称),并沿着动态传输路径在 DTN 节点中存储和转发。配置在任意网络类型的应用层和传输层之间的捆绑层与底层协议无关,但如果要获得在长时间时延或链路频繁断开情况下的通信服务能力,就需要网络中的节点必须能够持久或暂时地存储数据。在报文传输过程中,当通往下一节点的链路不可用时,当前节点将存储该报文,直到发现链路重新可用,再重新转发该报文,这就是 DTN 网络的"存储 - 转发"机制。

Bundle 层对上层提供接口服务,对下层则完成协议的转换,实现了不同类型的网络之间的互操作性,Bundle 层和特定区域的底层协议相互配合,使应用程序可以在多个区域实现跨越,并进行通信。Bundle 层在节点能够存储并转发整个捆绑包(或者捆绑包的分块),如果捆绑包被划分成多片,则目的节点上的 Bundle 层需要能够对这些分片进行重组。DTN 网络体系结构由跨越了所有网络(区域)的 Bundle 层协议组成。与此相反,Bundle 层以下的层(传输层及其以下)的选取需要考虑各个区域的通信环境。用图 5.29 所示的一个具体的 DTN 实例来说明,整个网络分为四个区域 A、B、C、D,区域 B 内有一辆通勤公交车往返于网关 3 和 5 之间,区域 D 包括近地轨道(low-earth-orbiting,LEO)卫星链路,该链路提供周期性连接。区域是网络拓扑的一部分,区域边界是异构网络之间的互联点。位于同一区域的节点通信不使用 DTN 网关,DTN 网关互联不同区域,其负责名字解析以及不同区域的异构协议数据之间的转换。

(3) DTN 节点及端点

DTN 中的节点,是对部署在有 Bundle 层的一个主机、服务器、网关甚至一个运行协议的进程的统称。端点是节点的集合,每一个端点至少包括一个节点。应用程序使用 DTN 节点发送或接收携带有 ADU 的捆绑包,当端点的最小节点子集无差错地收到捆绑包时,就认为成功完成了传送,这个子集被称为端点的最小接收组(minimum receiving group,MRG),一个单独的节点可能位于多个端点的最小接收组上。根据报文要发向端点中节点的数量,可以划分为 DTN 网络的单播(一个端点的最小接收组只一个节点)、组播(一组中的任意一个节点)、广播(所有的节点)类型。端点拥有唯一的 ID,被称为端点标识符(end point identifier,

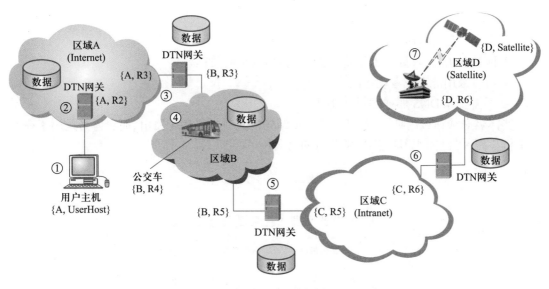

图 5.29　DTN 实例

EID),并按照统一资源标识方案进行命名加以区分,每一个节点需要至少具有一个能够唯一标识它的 EID,而网关由于属于两个或多个区域而具有复合 ID。图 5.30 标识了节点和端点的关系。

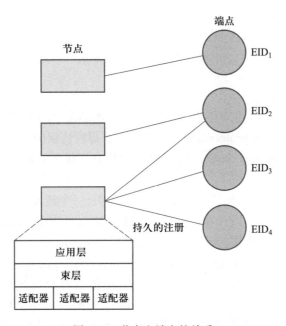

图 5.30　节点和端点的关系

(4) 命名与寻址

时延容延网络的统一资源标识(uniform resource identifier,URI)方案是由区域概念转化而来的,每个区域网络都有不同于其他区域网络的区域名,区域网络的节点同时又具备网络内的唯一实体名,所以各节点的完整名称是由区域 ID+ 实体 ID 组成。

对于区域名而言:

① 区域名是全局唯一的,采用层次结构;

② 区域名由 DTN 路由器解析送到其他的 DTN 网关;

③ 可以采用静态或者动态路由;

④ 不需要像 DNS 那样解析到地址。

实体名必须在域内唯一,它可以是任意结构。只有域名用于路由,而实体名是用于在本地解析。图 5.31 举例说明了 DTN 节点的命名。

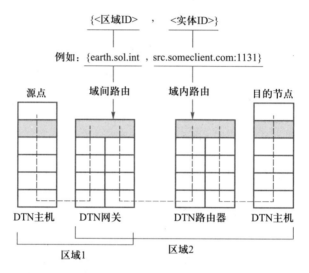

图 5.31　DTN 节点的命名

(5) 协议栈和汇聚层

DTN 可以支持多种不同的传输协议,包括 TCP 协议、UDP 协议和流控制传输协议(stream control transmission protocol,SCTP)等。由于每种协议的语义有所不同,一个特定协议汇聚层适配器(convergence layer adapter,CLA)集合提供了必需的功能,以在每种相应协议上携带束。

处理束的路由器称为 DTN 转发器或者 DTN 网关,一个转发器的实现结构如图 5.32 所示,图中包括一些汇聚层,其设计和实现特定于下层协议。为了互联异构网络,研究者针对不同协议开发了相应的汇聚层协议,如 TCP 汇聚层(transmission control protocol convergence layer,TCPCL)、LTP 汇聚层(lickliter transmission protocol convergence layer,LTPCL)等。

图 5.33 为 DTN 通信示意图。在 Internet 上,重传没有经过目的端点确认的信息段,TCP 协议可以提供端到端(源到目的)的可靠连接。网络层、链路层和物理层可以提供其他的数据完整性服务。在 DTN 网络中,束层依靠底层协议以确保数据传输过程中的可靠性,但由于 DTN 网络的异构域之间并没有统一的传输层协议来保证数据的端到端传送,路由器和网关在束层中止本地传输协议的执行,这就使得在低时延区域执行会话式协议的同时,束层来独立支持端到端消息。当节点进行通信时,束层可以将单独的束分割成多个束段,束和束之间是独立的。

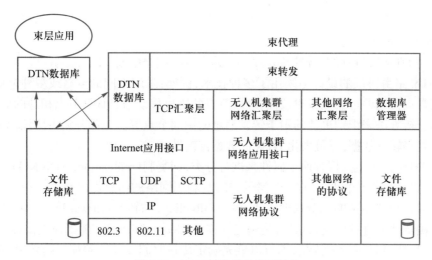

图 5.32 DTN 转发器的实现结构

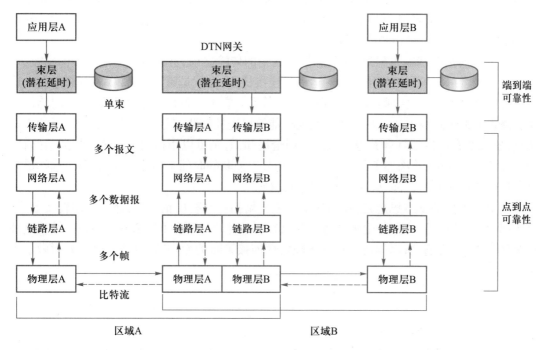

图 5.33 DTN 通信示意图

5.3.1.2 DTN 路由特点

与传统的 Internet 相同,DTN 路由也是 DTN 组网中的关键问题之一,其路由问题的本质是如何在频繁中断或者有较长时延的低可靠网络上进行路由转发,利用临时连接代替端到端连接中继数据。DTN 具有独特性,与现在的 Internet 有着本质的区别。与传统的路由相比,DTN 路由的并不是以最短路径或最少跳数来作为路由选择依据,而是以最大化报文传输的可靠性或成功率为依据。目前,很多的路由协议是在一些网络前提下提出的,例如节点知道网络的拓扑结构等,而 DTN 路由并不符合这些基本的假设条件,DTN 路由指的是

DTN 层上的选路策略,并没涉及下层网络,其路由协议主要包括三个部分:如何建立网络拓扑结构、如何维护网络拓扑和路由算法。

为应对 DTN 所特有的传输链路高时延、路由链接频繁中断、节点运动的随机性等特征,人们在 DTN 路由协议的设计中采用了多种技术,例如:采用不同的策略或多种策略混合应用来提高数据传输的可靠性或时效性,应用节点的历史移动信息计算节点相遇的概率,使用社会网络分析方法来识别更佳的用于转发消息的中间节点等。大部分路由协议都采取尽力传输的原则来转发数据,以最大化 DTN 的数据传输性能。

目前 DTN 路由主要根据两个属性来进行分类,即复制(replication)和知识(knowledge)。复制:路由策略依赖传输报文的多个拷贝;知识:利用网络的信息做出路由选择。根据这两个属性又可以把路由策略划分成两大类:洪泛(flooding)和转发(forwarding)。同时,也可以按照连接确定性来进行分类,将其分为确定性连接(deterministic)和随机性连接(stochastic)。确定性连接,或者是可预测连接,即可以事先确定传输时间以此达到最好的效果;随机性连接,通过存储转发(SCF)的形式,每次都把报文沿着目的方向逐跳移动。如果节点对网络的状态一无所知,那么所有的节点只能随机地向邻居节点来转发报文,这种类型的协议属于路由扩散;如果一个节点可预测出到其他邻居的转发概率,并据此可以做出一个更好的选择,这属于基于历史或者是预测的转发。

确定性连接的基本思想是:在消息报文真正的传输之前,首先需确立端到端的路径,即事先知道或者可以预测到网络未来的运动与连接机会,也就是整个系统网络的拓扑结构,这样就可以事先确定传输时间,进而达到最好的效果。它主要包括基于树的方法、空时路由方法和修正的最短路径方法三种。例如无人机能够以受控编队或悬停在某一个区域上的方式飞行,如果所有主机都具有其他主机的可用全局知识,则可以用树的方法来选择通信路径。树将以源节点为根,并添加子节点以及与这些节点关联的时间来构建一棵树,通过选择最早到达目标节点的时间,可以从树中选择最短路径。

随机性连接的基本思想是:在预先不知道网络拓扑结构的情况下,通过存储转发形式,每次都把报文沿着目的方向逐跳移动。由于 DTN 的特性,预先不知道网络的拓扑结构这种情况最常见、最普遍,所以学者们在基于随机性连接策略的 DTN 路由问题研究方面做了大量工作。

5.3.2   随机性连接

5.3.2.1   基于扩散的连接方法

在这种路由方法中,要传输的节点会把数据包直接复制给所有或者部分的邻居节点,此方法适用于不知道节点或者网络的任何信息时转发数据包。

流行路由协议(epidemic routing,ER)协议:允许接收到报文中间节点并把报文传到所有邻居,不需要对链路进行预测或计算转发概率。路由扩散依赖于报文的携带者通过移动和另一个节点连接,当两个节点在通信范围内,便可交换已有的报文。通过这种数据的传递传输,消息很有可能最终到达其目的地。ER 路由的目标就是以高概率向特定主机传递消息,它支持将消息最终传递到任意目的地,同时对底层网络的底层拓扑结构和连接性几乎不做要求,只需要定期地成对连接就可以确保最终的消息传递。

ER 的工作流程如下:每个主机维护一个缓冲区,该缓冲区由它产生的消息和其他主机缓冲的消息列表组成,为了提高效率,会使用哈希表为消息列表建立索引,并以与每个消息相关联的唯一标识符作为关键字。同时都存储一个称为摘要向量(summary vector,SV)的位向量,该摘要向量指示了其本地哈希表中存在哪些条目。当两台主机进入彼此的通信范围时,标识符较小的主机将发起一个反熵会话,在反熵期间,两个主机交换它们的摘要向量,以确定本地主机尚未存储的消息。为了避免冗余连接,每个主机都维护一个与其最近通话过的主机的缓存。

图 5.34 描述了流行路由协议中的会话,主机 A 与主机 B 联系并启动反熵会话。第一步,A 将其摘要向量 SV_A 发送给 B。接着 B 确定双方缓存的消息差异,并发送一个向量,向 A 请求这些消息。最后,A 将请求的消息发送到 B。当 B 接触到一个新的邻居时,这个过程会被重复进行。如果有足够的缓冲空间和时间,这些反熵会话可以通过这种成对的消息交换保证最终的消息传递。

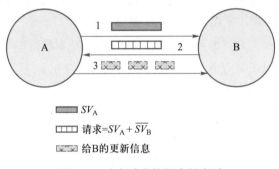

$$\blacksquare\ SV_A$$
$$\square\square\square\ 请求=SV_A + \overline{SV_B}$$
$$\boxtimes\boxtimes\boxtimes\ 给B的更新信息$$

图 5.34 流行路由协议中的会话

该技术的局限性在于必须执行大量的冗余工作,因为网络中的所有节点都将接收每条消息。即使消息成功传递到目的地,消息仍会继续在网络中传播,但是它增加了网络故障期间消息传输的可能性。此外,它还可以很大程度地减少成功传递消息所需的时间。

散发与等待(spray and wait,SnW)路由协议是由南加利福尼亚大学的研究人员开发的路由协议,用于控制 DTN 中的冗余消息数。该协议遵循与 ER 协议相同的策略,通过在会话过程中将消息的副本转发到移动网络中的其他节点,区别在于 SnW 路由协议将同一消息的传播副本的完整数量限制为恒定数量 L。算法主要分为两个阶段:①散发阶段(spray phase)源节点创建 L 个消息副本,源节点转发给其他节点直到数量达到 L;②等待阶段(wait phase)如果在前一阶段未找到目的节点,则 L 个节点将携带消息副本进行直接传输(只会将报文转发到其目的节点)。

对于最初如何分发 L 个副本的问题,可以设想许多不同的方法,最简单的方法是让源节点将所有 L 个副本转发到它最先遇到的 L 个不同的节点。另一个更有效的办法为:消息源最初有 L 个副本,当任何具有 $n>1$ 个消息副本的节点 A(源或中继)遇到另一节点 B(无副本)时,A 移交 $n/2$ 给 B 并为自身保留 $n/2$ 个;当只剩下一个副本时,它将切换为直接传输。当所有节点以独立同分布的方式移动时,这种分发方法是最佳的,即在所有方法中具有最小的预期时延。

5.3.2.2　基于概率的连接方法

由于基于扩散路由的算法是通信节点盲目地向其邻居节点来进行消息转发,所以研究人员提出了基于概率的路由算法。该路由算法在执行过程中,每一个通信节点都会预测出一个到达目标节点的概率,依据此预测概率来进行消息转发。在基于概率的路由算法中,节点与节点之间的相遇概率是随着时间变化以不同形式来进行更新的,通过预测的概率值来进行路径选择。这种路由算法降低了网络资源的消耗,网络中并不存在大量的消息副本。

基于概率的路由使用的历史遭遇和传递(probabilistic routing protocol using history of encounters and transitivity,PRoPHET)协议:大多数节点通常不会完全随机地走动,因此其移动方式很可能是可预测的,比如某个位置过去曾经被频繁访问过,那么将来很可能会被再次访问,该算法就是利用这个观察结果通过概率路由来提高路由性能。每个节点上为每个已知目的节点建立一个称为传递可预测性(delivery predictability)的概率度量,指示该节点向该目的节点传递消息的预测机会。当一个节点遇到另一个节点时,它们交换有关其拥有的交付可预测性的信息,并相应地更新自己的信息。根据传递的可预测性,决定是否将某个消息转发到此节点,如果对方的转发概率高,则向对方复制消息,这样消息就向转发效用高的节点转发。每当节点相遇时,根据以下方式更新度量

$$P(a,b) = P(a,b)_{old} + [1 - P(a,b)_{old}] \cdot P_{init} \tag{5.19}$$

其中 $P(a,b)$ 是节点 A 对于节点 B 的交付可预测性,$P_{init} \in [0,1]$ 是初始化常数,这样确保了经常遇到的节点具有较高的交付可预测性。当然如果一对节点在一段时间内不相遇,则它们的传递可预测性值必须调整降低,降低的方式如下,其中 $\gamma \in [0,1)$ 是变更常数,k 是自上次度量值降低以来经过的时间单位数。

$$P(a,b) = P(a,b)_{old} \cdot \gamma^k \tag{5.20}$$

传递可预测性还具有传递性:如果节点 A 经常遇到节点 B,并且节点 B 经常遇到节点 C,则节点 C 可认为是将消息发往节点 A 的好节点。传递的交付可预测性计算如下,其中 $\beta \in [0,1]$ 是一个比例常数,它决定传递性对交付可预测性应有多大影响。

$$P(a,c) = P(a,c)_{old} + [1 - P(a,c)_{old}] \cdot P(a,b) \cdot P(b,c) \cdot \beta \tag{5.21}$$

5.3.3   摆渡节点转发

处于实际部署应用中的 DTN 网络,往往出于成本控制的考虑会出现网络中节点分布稀疏的情况,实用条件下的 DTN 路由会面临更大的挑战。由于节点分布的稀疏性,消息报文的传输时延相对更大,加大了消息因 TTL 期满或缓存耗尽而被丢弃的可能性,这就大幅降低了 DTN 网络的数据传输性能。通过模拟仿真表明:虽然通过解决路由算法与报文副本数及报文传输成功率的平衡问题可以提高 DTN 网络的整体性能,但对 DTN 性能的提高仍具有很大的局限性。为此人们在研究稀疏 DTN 网络性能提高方面做了大量的工作,可以归纳为两类方法:①移动性方法;②基于消息摆渡的方法。

消息摆渡的概念起初出现在有关移动自组织网络的文献中,为了克服稀疏分布的通信节点所形成的网络分割,人们采用消息摆渡(message ferry,MF)节点来完成节点间的消息中继转发。MF 节点是一些具有快速移动的助理节点,提供节点之间的通信服务,而其本身不产生消息,只作为消息中继。起初,为了避免节点被动地等待连接,控制一些节点的运动轨迹来改善系统的性能,如时延和能量消耗等。

摆渡节点根据已知路线在部署区域周围移动,并与它们遇到的其他节点进行通信。同

时有了路线的知识,节点也可以调整其轨迹以迎合摆渡节点来发送或接收消息,使得节点可以与断开连接的其他节点进行异步通信。由于 MF 方案依靠节点移动来传递消息,因此摆渡路线的选择将对现实的吞吐量和时延产生很大影响。

如上所述,消息传递是一个广泛的概念,在特定的设计和实现中可能会有很多变化。通常可以通过以下角度来制定消息传递方案。根据 DTN 网络的覆盖范围,可以将摆渡路由算法分为两类:单区域摆渡路由机制和多区域摆渡路由机制。其次,在 DTN 摆渡路由机制下,根据摆渡节点的数目,又可以将算法分为两类:单摆渡路由机制和多摆渡路由机制。

根据节点在网络中扮演的角色,将网络中的节点分为两个类型,即 DTN 节点和 Ferry 节点,DTN 节点主要执行束数据报文的接收和发送,Ferry 节点主要为 DTN 节点存储—运载—转发束,作为 DTN 节点之间束传输的媒介。

消息摆渡机制(message ferrying scheme,MFS):是单一摆渡节点的路由算法,它首次将消息摆渡机制引入稀疏自组织网络,为不连接的网络节点之间提供数据通信。其基本思想是:在网络环境中引入摆渡节点移动的非随机性(non-randomness),Ferry 节点在预先确定的轨迹上来回移动,主要研究的是静态一般性节点稀疏分布网络场景下的数据通信问题。

根据非随机先验式节点移动的发起者不同,MF 方案又可以划分为 NIMF(node-initiated MF)方案和 FIMF(ferry-initiated MF)方案,其中前者是由通信节点主动发起的,而后者由消息摆渡节点主动发起的。仿真结果同时表明,MF 方案可以有效地减少节点的能量消耗,以获得较高的消息传输率。

在 NIMF 方案中,摆渡节点根据特定路线移动,且是节点已知的,由摆渡节点定期广播或通过其他带外手段传送,节点定期主动与摆渡节点接触。图 5.35 展示了 NIMF 的运行示例。在图 5.35(a)中,摆渡节点 F 在已知路线上移动(图中仅展示了其中的一部分),当发送节点 S 接近 F 时,它将其消息转发到 F,F 将负责传递;在图 5.35(b)中,接收节点 R 遇到 F 并接收其消息。

在 FIMF 方案中,摆渡节点采取主动与节点接触以进行通信。图 5.36 展示了 FIMF 的运行示例。最初,摆渡节点 F 遵循一条特定的默认路线,并使用远程无线电定期向节点广播其位置。当节点 S 发现 F 在附近并且想要通过 F 发送或接收消息时,它使用其远程无线

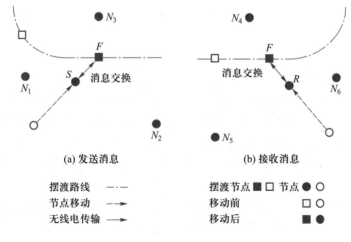

图 5.35　NIMF 运行示例

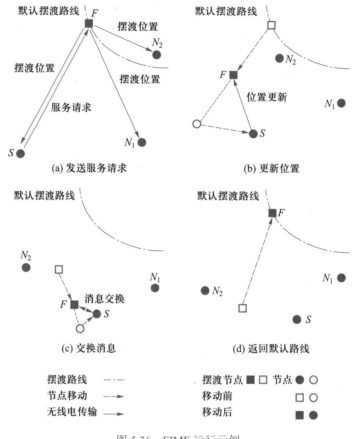

图 5.36　FIMF 运行示例

电向 F 发送服务请求消息,此消息包含节点的位置信息。接收到请求消息后,F 会调整其轨迹以满足该节点的要求。为了指导摆渡节点运动,该节点也会发送位置更新消息,将其新位置通知给 F。当两者足够近时,它们通过短距离无线电交换消息,与节点完成消息交换后,F 返回其默认路线。

5.4　网络拓扑重构技术

5.4.1　网络拓扑控制

　　无论是有线的还是无线的网络都需要被监视和维护,这些服务称之为网络管理,其中网络拓扑控制,对于面向应用的自组织网络来说,具有重要的意义。网络拓扑控制主要包含了节点初始的部署和网络的拓扑重构两个阶段。良好的拓扑结构不但可以降低网络构建成本,还可以提升路由协议与 MAC 协议的效率,以此为数据融合、目标定位及时间同步等网络服务来提供坚实的基础。网络拓扑控制的主要目标是在满足网络覆盖性能和连通性能的前提下,通过功率控制、网络层分簇、活跃节点选择等手段,达到减少冗余节点,去除不必要的通信链路的目的,生成高效的网络拓扑结构。1993 年,胡立民在 *IEEE Transactions on Communications* 发表了 *Topology Control for Multihop Packet Radio Networks*,首次提出在自组织网中使用拓扑控制提高网络性能,拓扑控制研究也日益受到国内外研究学者的重视。拓扑管理可以通过确定性的节点放置来完成,也可以在随机部署后执行。与网络拓扑控制密切相关的有以下几个方面。

① 覆盖控制。覆盖控制问题是指在节点能量、通信带宽、网络计算能力等资源普遍受限的条件下,通过节点部署策略以及路由路径的选择等方法,使网络中的各种资源得到优化分配和管理,进而提高网络的性能。覆盖控制问题直接关系到无人机网络是否能全面、准确地获取监测区域中的目标信息,以及无人机网络所能提供的服务质量。

② 节点定位。在应用无人机网络的时候,位置信息对网络的数据采集活动至关重要,没有位置信息的数据网络往往没有意义。比如在森林火灾预警的应用中,着火点的具体位置和范围都是不可缺少的信息;战场态势下的各种侦查信息更是离不开所在位置的精确信息。因此,当节点因某种原因被随机部署在监测区域内,或随被检测对象的运动游离时,各个节点就需要适时地知道自己的位置,以便实现有效监测。具备节点定位功能是对网络拓扑控制的一项基本要求,目前,利用全球定位系统在室外可以实现全天候、高精度的目标定位。

③ 功率控制。无线电波通过非导向介质传播,这种介质的特性使得节点发出的电磁波的覆盖范围在二维空间中是一个圆形区域。若某节点正在发送分组,为了保证成功,该节点的信号覆盖范围(以节点为中心的圆弧)内不能有其他节点同时发出信号。显然节点的发送功率越大,信号覆盖范围越大,那么对邻近节点的通信干扰越大。如图 5.37 所示的自组织网,u 向节点 v 发送分组,同时节点 w 向节点 z 发送分组。如果节点 u 和节点 w 的信号覆盖范围如图 5.37(a)所示,由于两个节点都被对方的信号所覆盖,导致相互干扰,影响了网络流量传输能力。然而,如果节点 u 和节点 w 的信号覆盖范围能调节为如图 5.37(b)所示的情况,那么相互干扰现象将被消除,两个节点同时都能成功地与各自的目的节点通信。

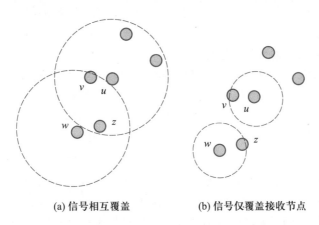

(a) 信号相互覆盖   (b) 信号仅覆盖接收节点

图 5.37 节点通信中的冲突与信号覆盖范围的关系

由此可见网络中每个节点的无线信号将覆盖大量其他节点,造成无线信号冲突频繁,影响节点的通信质量,降低网络的吞吐率。另外,生成的网络拓扑中将存在大量的边,从而导致网络拓扑信息量大,路由计算复杂,浪费了节点宝贵的计算资源。另一方面,如果为了节能,节点的传输功率设置太小,形成的拓扑图很容易因为关键节点的失效而变得不连通。因此,需要研究自组织网的拓扑控制问题,使得在维持拓扑全局优化的前提下,可以通过调整节点的发送功率和建立合适的相邻关系的方法构建网络拓扑。

网络重构技术最早起源于配电网的网络重构,正常情况下可达到降低网损、消除过载、平衡负荷的目的;故障情况下可迅速隔离故障,恢复对非故障区用户的供电。所谓计算机网络重构是指采用各种重构技术使网络从出现故障或失效的情况恢复到可接受的性能指标的水平或重构成另一网络,以保证整个网络的不间断运行。可见计算机网络重构技术是保证网络生存性的一个重要内容,其目的是提高网络的容错能力和通信的可靠性。

由于无人机集群网络的特点,如通信带宽受限、主机能源受限和网络拓扑的动态性,特别是无人机自组织网的动态拓扑性,当某些节点能源耗尽或者发生故障时,可能出现覆盖空洞,甚至导致网络的不连通,使得已建立的传输路径发生断裂,这时就需要重新对网络进行部署。另外,如果网络的初始部署结果并不理想,比如随机部署的网络中存在大量覆盖空洞,也可以通过拓扑重构方法优化网络结构,提高网络性能。重构之后的网络节点的位置、数量、连通关系可能会有所变化,节点的工作状态也可能发生改变。当网络的覆盖性能、连通性能、生命周期不满足应用需求时,如何对网络进行重新部署,采用什么样的方式进行再部署,是局部调整还是全局调整,每步调整是否影响原有的部署,都有什么信息可利用和参考,这些都是在拓扑重构时需要仔细考虑和深入研究的问题,下面从三个方面进行介绍。

① 改进覆盖性能。在网络出现覆盖空洞后,利用节点的可移动性对节点的位置进行调整,从而达到均匀节点部署、修复覆盖空洞的目的。

② 保障连通性能。有时节点失效会造成多条通信链路断开,如果周围受影响的节点之间并没有别的路径可以替代原有路径,那么就会造成网络分裂,这样的失效节点被称为关键节点或者割点。从广义上看,有两条途径可以用来解决网络分裂问题。第一条途径是在检测到了网络分裂后,被动地执行相应的连通修复操作,通常是利用其他节点来替代失效节点。对于远程部署的无人机网络,利用可移动节点的位置调整修复分裂网络的连通性能是一种常见的连通自修复方法;另一条途径是采用具有容错能力的网络拓扑,使得个别节点的失效无法影响网络的连通性。通过主动地检测出潜在的连通薄弱环节,然后加强该部分的连通性能,及时地解除网络分裂的隐患。

③ 节点休眠调度。通过对节点的休眠调度来减少工作节点数目也是一种有效的重构手段。比方说对网络中的冗余节点进行判别并使冗余节点关闭以减少工作节点的数量,同时保证网络的初始覆盖性能,只有活跃节点失效时,才会唤醒部分冗余节点。

一个真实网络的结构是在不断变化的,会出现新节点添加到网络中,也有一些现有节点被移除到网络之外,通信链路也在发生变动。通常节点故障可以分为两类:单节点故障和多节点故障。关键节点的损坏将导致网络被分割成不连通的分区,小规模故障往往源于个别节点能量耗尽,导致邻居节点之间无法连通,使用本地心跳包(heartbeat message)可以简单地检测到这种类型的故障;大规模故障往往源于环境导致的大量节点失效,造成网络被分割成不连通的分区。

5.4.2 单节点拓扑重构

为了解决节点故障导致的网络分区,广义上可使用两种方法:①预防性的方法,也称为主动的方法,即在节点未失效前提前配置好容错功能,以减轻节点故障的影响;②反应的方法,也称为被动的方法,通过被动地执行相应的连通修复操作实时恢复(修复)丢失的连接性或覆盖范围。

在单节点故障中,主动的方法又可以根据节点重要度将网络修复法分为不区分节点重要度和区分节点重要度的算法。例如将拓扑看作一个图,叶节点不会在任意两个节点之间的路径上服务,因此对连接性并不重要,如图5.38中的节点M_{15}是叶节点的一个例子。然而,当一些节点充当割点时,其中任何一个节点失效,网络就被分割成不相交的块。节点M_1、M_2、M_6、M_7、M_9和M_{10}为切点,被认为是连接的关键节点,单个关键节点的故障会对网络运行产生较大负面影响。

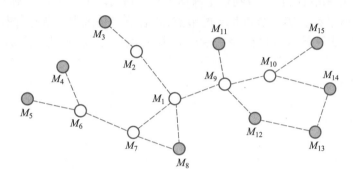

图 5.38   单节点故障场景的示例

对于不区分节点重要度的重构方法,其基本思想就是在网络中每对节点之间提供一个以上的路由路径。通过主动地检测出潜在的连通薄弱环节,加强该部分的连通性能,通过加入最少的冗余节点,及时地解除网络分裂的隐患,这个想法称为k连通容错拓扑控制,其中$k-1$个节点的故障不会引起任何分区问题。此方法的基本理论就是图论,若对于图中的任一对节点都有k条互不相关的路径(若两条路径的公共节点只有两条路径的起点和终点则称两条路径互不相关)则称图为k连通的。由于寻找网络最小的k连通图被证明是一个NP难(NP-hard)问题,为了解决这种复杂性,针对不同的整数值k,提出了许多近似算法。k连通拓扑还涉及在不同传输范围r和感知范围s下的覆盖问题。通常,在许多应用中$r > s$,一旦实现完全覆盖,网络的连通性也会比较好。例如在网格结构的网络中,只要$r > \sqrt{3}s$,通过部署就可以达到更高级别的连接性。

k连通拓扑虽然可以有效地确保网络对于节点失效的容错性,适应于对网络覆盖率要求较高的网络,但如果只是将网络连通性作为修复目标,事实上并没有必要要求整个网络具有高连通度,因为通常各个节点在网络中的重要性是不同的。只需保证网络中存在连通支配集是k连通的,即可保证整个网络是$k-1$容错的,而无须要求整个网络都是k连通的。

另一种区分节点重要度的主动方法是只为关键节点指定冗余备份,这些关键节点充当网络拓扑中的割点。为了实现最多k个故障的恢复能力,每个关键节点都将被分配k个不同的备份节点,指定备份节点发生于故障之前,但是响应于检测到故障之后,因此该方法也可看作加入了被动修复的策略。

检测和连接恢复(detection and connectivity restoration,DCR)算法通过一跳邻居节点来判断网络中的节点是否为关键节点,可以降低算法的复杂度,有效减少消息传输的成本,在一定程度上降低能量消耗。DCR算法根据一跳邻居节点的位置信息提前确定关键节点,并在邻居节点中选择候选节点,当节点失效时,候选节点就会启动网络修复程序。由于该算法仅依赖于一跳的邻居节点信息来确定关键节点,可能出现所选择的关键节点并非为割点的情况,造成不必要的修复。

分区检测和恢复算法(partition detection and recovery algorithm,PADRA)中每个节点存储自身两跳范围内的节点信息,采用连通支配集(connected dominating set,CDS)将节点区分为支配节点和被支配节点两类,并以此确定出割点。如果割点的邻居节点中存在被支配节点,则当割点失效时该节点邻居节点中的被支配节点取代割点的位置;否则,每个割点找到最近的邻居节点来取代自己,直到这个邻居节点是被支配节点为止。图 5.39 的示例说明了 PADRA 的运行过程。实心节点是支配节点,空心节点是被支配节点,图 5.39(a)中当 A_2 发生故障时,A_3 首先开始恢复过程,图 5.39(b)中 A_3 取代 A_2,A_5 取代 A_3,最后 A_8 取代 A_5,恢复结束。

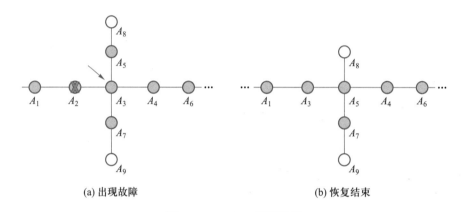

(a) 出现故障　　　　　　　　　　(b) 恢复结束

图 5.39　PADRA 运行示例

被动修复方法是指在节点失效后才采取相应的措施进行网络拓扑重构的方法,主要有三种策略。第一种直接利用网络中部分移动节点,对它们重定位以恢复连通性,并且可以根据是采用集中式恢复还是分布式恢复以及节点选择标准和附加目标来进一步分类。第二种需要布置中继节点以恢复连通性,主要用于处理集中式多节点故障,所使用的中继节点在指定位置保持静止,并且减少重新建立连接所需的中继数是这种方法的目标。第三种策略是使用移动中继节点来进行恢复,并采取建立间歇性链接的形式,中继节点巡视不相交的节点块并在其中携带数据。

对于单节点故障修复,主要是节点移动算法调用网络中的其余节点移动到失效节点位置进行拓扑重构。例如较为简单的内向移动恢复(recovery though inward motion,RIM)算法,失效节点的一跳邻居节点需要向失效节点移动,直到这些邻居节点可以互连,若同时影响了原来网络的连通性、则后续的节点也跟着级联移动。图 5.40 利用示例说明了它的基本原理,这些邻居是受故障节点直接影响的邻居,当它们能够再次连接到对方时,网络连接也将恢复到故障前的状态。

5.4.3　多节点拓扑重构

在极端条件下,网络中多个节点可能同时发生故障,从而产生多个不连通的网络分区,在这种情况下恢复网络连接会比单节点故障的场景更加困难。当同时出现故障的节点在空

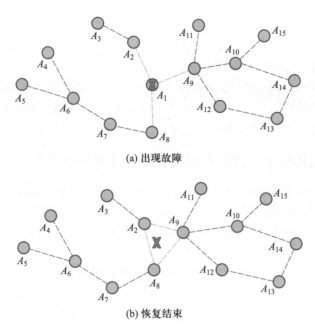

(a) 出现故障

(b) 恢复结束

图 5.40 RIM 算法示例

间上不相邻的情况时,该问题将作为单一节点故障的多个版本来处理,并通过特殊的方式处理潜在的资源冲突。当节点在网络的各个部分相继发生故障,使得连续两次故障之间的时间小于容忍单个故障的时间时,就可能会发生这种情况。在单独处理每一个故障节点时,需要考虑到潜在的资源冲突问题。例如,如果执行节点重定位,并且在网络的两个部分同时处理两个故障,则正常节点可能面临两个冲突的请求,恢复过程将中断。

大多数已发布的反应性方案只能容忍单个节点的故障,很少考虑到网络中存在多个非临近故障节点的可能性。因此通过邻居节点重定位完成网络修复只适合处理单个节点故障的情况,当网络出现大规模故障产生分区时,需要往分区之间放置中继节点来完成网络的修复。根据对网络整体拓扑信息的已知情况,从算法实现角度,将此类算法分为集中式算法和分布式算法。

在网络中出现大规模故障的情况下,已有的多数算法均为集中式算法,此类算法的优点在于网络中的节点可以提前知道每个分区的信息,包括分区的数目和位置,并且算法中用各个分区中的某一个单独节点代表该分区在网络中的相对位置,有利于修复算法的执行,但集中式算法的缺点是消息成本较大。

蜘蛛网算法(spider-web heuristic)是一种高鲁棒性的中继节点集中式部署方法,以迭代的方式确定中继节点的放置位置,采用蜘蛛网式的布局结构对网络进行连通修复。算法首先通过凸包算法确定各个网络分区的区域边界,然后计算相对网络各分区的最中间位置CoM(center of mass)。然后从每个分区中选择一个代表性节点,分别以各代表节点和 CoM为端点形成一条线段,计算各线段的欧式距离并按照从大到小的顺序进行排列,从距离最大的节点位置开始布置中继节点,并以左右连通的方式依次进行,直到所有的网络分区都连通。

集中式算法要求网络中的节点需提前掌握整个网络的拓扑信息,但有时难以获得,此时要采用分布式算法进行网络修复。在分布式算法中,通过中继节点的安置来了解整个网络拓扑,节点不需要知道全部拓扑信息,使得重构更加迅速,消息成本较低。但是由于分布式算法自身条件的限制,该类算法复杂度较高。

除此之外,还可以通过额外的移动实体(mobile entity,ME)来连接分区网络段,即在分区之间中继数据的移动中继节点,给网络分区提供间歇通信链路。基于 ME 的算法的共同目标是找到 ME 访问各段的最短访问路径,是一个经典的旅行商问题。

5.4.4　多节点协作无人机自组织网络分簇拓扑重构策略

多节点协作无人机自组织网分簇拓扑重构策略(multi-node cooperation based topology reconstruction strategy for clustering UAV ad-hoc network,MCTRC)是一种基于分簇的网络拓扑重构策略。该策略主要分为分簇构建、簇的维护、关键节点检测、簇首节点失效修复与关键簇整体失效修复五个部分。

当进入网络运行阶段,由于节点刚刚初始化配置完成,对于周围节点的信息掌握不充分,所以先采用最小 ID 号分簇算法进行分簇构建。通过退避、发送簇首竞争帧、等待的方式选举出簇首节点,簇首节点向周围所有节点发送簇首广播帧,告知其他节点自身的位置、速度等信息。簇首节点与簇内节点的运动方法采用领航者 – 跟随者法,簇首节点以区域中的目的地点为目标,受到来自目的地点的导航力的作用而移动,簇内节点在建簇完成后,从收到的簇首广播帧中获得簇首节点的速度矢量,将自身的速度大小、方向保持与簇首节点一致,一起向目标战略位置移动并执行任务。

在初始化分簇构建完成后,进入分簇维护阶段,此阶段采用了加权分簇的思想,综合考虑节点的速度相似度、与邻居节点的平均距离、平均通信链路维持时间、节点的剩余能量等因素,对每个节点计算自身的权值。在后续簇维护过程中,簇首节点会收集簇内成员节点的权值,每一个簇首选举周期如果簇首节点没有失效,则会周期性地按照权值大小更新簇首,以保持簇的稳定性。如果簇首节点失效,则簇内节点会设定退避计时器进行退避,退避完成后首先发送一次入簇请求帧,随后设置定时器等待一段时间,如果定时器超时,则表明节点一跳范围内没有簇首,节点开始竞选簇首。

为提高网络覆盖率,在分簇完成后,竞选成为簇首的节点在发送数据帧时会增大发射功率,增大发射功率的值根据网络拓扑需要设定,簇内成员节点依旧采用默认发射功率。在网络运行过程中,MAC 层发送控制帧与数据帧采用 CSMA/CA 协议的基本思想,可以在网络中节点数量较多的情况下尽可能地避免冲突,保证一定的网络性能。网络层路由部分,簇首节点之间采用 DSR 协议,簇内成员节点发送数据包时,首先广播路由请求包(RREQ),并设置等待定时器。如果目的节点在其一跳范围内,则回送路由应答包(RREP)。而如果目的节点不在路由请求包发送节点一跳范围内,则节点会判断自身是否为簇首节点,只有簇首节点才会做进一步的路由请求转发。在该簇首节点转发该路由请求后,其他节点接收到该路由请求,同样只有簇首节点会接收该转发路由请求并做进一步转发,簇内成员节点只有接收到自身所在簇的簇首转发的路由请求才会接收和处理,如果自身为路由请求包中的目的节点,则回送路由应答包,由簇首节点转发回源节点,完成路由发现过程。假设网络中节点按照本策略进行分簇以及进行簇的维护与调整,最终形成如图 5.41 所示的拓扑,并在虚拟力作用下一起朝着目标战略位置移动。

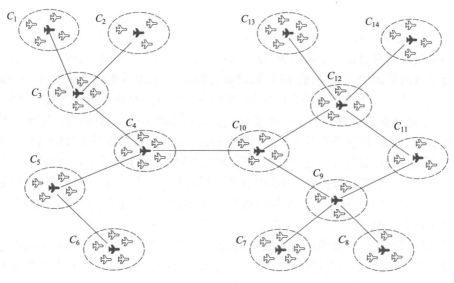

图 5.41 分簇完成后的网络拓扑图

在执行任务时,网络中的无人机节点由于战场环境恶劣、遭受敌方攻击等情况极易发生损坏,从而影响网络运行,甚至可能造成网络拓扑的分割,形成无法连通的两个部分。为解决该问题,本策略在实现快速分簇构建拓扑与分簇维护的基础上,针对战场环境中无人机失效导致的拓扑损坏情况提出了一种多节点协作拓扑方法,不同簇的簇首与簇内成员节点之间可以通过协作来实现网络拓扑故障的高效、快速修复。该策略分为网络拓扑故障检测与拓扑故障修复两个阶段。

网络拓扑故障检测使用了基于有向图的网络关键节点检测算法。在网络运行过程中,将网络拓扑抽象成为有向图,使用有向图的邻接矩阵表示网络的拓扑结构。节点的邻域拓扑连通是保证节点移走后网络依然保持连通的充分条件,对于网络中的某一节点,可以使用邻域内邻接矩阵判断该节点是否为关键节点。具体步骤如下。

① 网络中的簇首节点周期性地发送簇首广播帧,簇首广播帧中携带节点位置、速度、邻居节点信息等信息。

② 一跳范围内的其他节点接收到该簇首广播帧后,首先判断自身是否为簇内成员节点或者其他簇首节点,若满足条件则接收该簇首广播帧。簇内成员节点更新簇首有效时间与位置、速度等信息,随后丢弃该簇首广播帧以释放内存空间。接收该簇首广播帧的其他簇首节点根据该簇首广播帧中节点携带的邻居节点表与关键节点判断位信息更新自身的邻接矩阵,并将该节点信息存入自身维护的邻居节点表中,当节点更新邻接矩阵与信息完毕后,同样会丢弃掉该簇首广播帧。

③ 随后,在接收簇首节点发送的簇首广播帧时,会启动关键节点判断流程,如果邻域内邻接矩阵中存在有一行全为 0 的情况,即说明该节点为关键节点,将簇首广播帧头部的关键节点标志位信息置为 1,随后向周围邻居簇首节点进行广播。全网簇首节点都按照这样的流程不断更新周围簇首与自身的信息,从而可以实现分布式的全网关键簇首节点判断。

簇内成员节点在每一次接收到簇首广播帧后会根据接收时间设定一个定时器,定时器超时的时间为当前时间加上簇首失效检测时间间隔,当定时器超时即可判定簇首节点已经失效,随后根据失效簇首节点信息与分簇维护阶段所计算的权值进行新簇首的选举与调整。如果在该定时器超时前收到了新的簇首广播帧,则表明簇首节点依然有效,节点更新本地维护的簇首节点信息,并取消之前的定时器,设置新的定时器,继续等待下一个簇首广播帧。

如果失效簇首范围内存在原簇内成员,则簇内成员节点会通过簇首失效检测机制发现该簇首失效,随后通过分簇维护中所述加权分簇的方法产生一个新的簇首,完成拓扑修复,竞选成功的簇首会广播簇首修复告知帧,告知周围的簇首节点原簇首失效的情况已被修复,并且根据原簇首节点的位置与速度信息进行位置的调整。周围簇首节点收到该簇首修复告知帧后即知道原失效节点被修复。当簇内节点检测到簇首节点失效后会启动簇内修复流程,进入二次竞选簇首阶段,选举出一个权值最小的节点作为新的簇首,完成拓扑的修复。二次竞选簇首阶段流程如下。

① 节点设置定时器,随机退避一段时间,如果退避定时器超时,即顺利完成退避,则节点将自身计算的权值添加到帧头部,广播簇首竞选帧,发送完毕后,节点将自身节点 ID 号设为当前簇首,随后设置定时器,等待一段 WF_CLUSTER 时间,如果在定时器超时前未收到其他簇首竞选帧,则节点判定自身竞选簇首成功,随后计算原簇首未失效情况下当前时刻的位置,并进行调整。

② 如果节点在退避完成前收到了其他节点的簇首竞选帧,则会首先查看该簇首竞选帧中携带的权值数值,并与自身进行比较,如果该簇首竞选帧中权值比自身要大,则节点将该簇首竞选帧中携带的源节点地址设为自身的簇首节点地址,重新设置定时器等待 WF_CLUSTER 时间。否则节点将判断权值是否相等,如果权值相等,则进一步比较节点 ID 号,如果收到的簇首竞选帧中的 ID 号更小,则将簇首竞选帧中的源节点地址设置为自身的簇首节点地址,重新设置定时器等待 WF_CLUSTER 时间;相反,如果自身的 ID 号更小,则继续进行退避。如果权值不相等,则显然只有自身权值更大这一种情况,节点会丢弃该簇首竞选帧,继续进行退避。如果在退避完成前又收到了其他节点广播的簇首竞选帧,则重复过程②。

③ 如果经历了这一阶段后节点将簇首更改为收到的簇首竞选帧中的源节点并进入等待 WF_CLUSTER 状态,则若定时器超时便重新分簇,簇首节点为新收到的簇首竞选帧中的源节点;如果在定时器超时前又收到了新的簇首竞选帧,则重新对簇首竞选帧中的权值进行判断,如果簇首竞选帧中的权值大于当前节点维护的簇首权值,则节点将该簇首竞选帧的源节点更新为簇首,重新设置定时器等待 WF_CLUSTER 时间;否则按照上述判断流程,如果权值相等但自身节点 ID 号更小或者权值不相等(即自身权值更大),则丢弃收到的簇首竞选帧,继续等待之前的定时器超时完成分簇。否则就将该簇首竞选帧的源节点更新为簇首,重新设置定时器等待 WF_CLUSTER 时间。在定时器超时前未收到新的簇首竞选帧则判定自身入簇成功。如果在定时器超时前又收到了其他节点广播的簇首竞选帧,则重复过程③。

当新的簇首节点产生后,会广播簇首修复告知帧,告知周围的簇首节点原失效簇已被修复,同时簇首节点会根据失效簇首节点的位置与速度信息进行位置调整。以与图 5.41 中簇 C_3、C_4、C_5、C_{10}、C_9、C_{12} 形状相同的拓扑为例进行说明,拓扑如图 5.42 所示。

假设关键簇首节点 8 遭受敌方攻击而失效,则簇内成员节点 6、节点 7、节点 9、节点 10、节点 11 在自身设置的检测簇首有效的定时器超时后判定簇首节点 8 失效,随后按照上述的

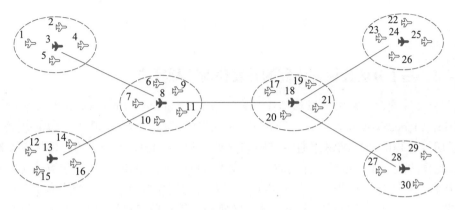

图 5.42 修复流程拓扑示意图

流程设置退避定时器,随机退避一段时间。退避时间结束后,节点依次广播簇首竞选帧,假设节点 6 最先退避完成,并广播簇首竞选帧,广播完毕后设置定时器等待 WF_CLUTER 时间。节点 7、节点 10、节点 11 收到后判断簇首竞选帧中权值比自身权值更大,于是将节点 6 设为新簇首,并设置定时器等待 WF_CLUSTER 时间。节点 9 收到簇首竞选帧后将节点 6 广播的簇首竞选帧中的权值与自身权值进行比较,发现自身权值更大,于是节点 9 丢弃掉该簇首竞选帧,继续进行退避,退避完成后向其他节点广播簇首竞选帧,广播完毕后设置定时器等待 WF_CLUTER 时间。其他节点收到该簇首竞选帧,判断该簇首竞选帧中携带的权值数值大于自身,则转而将节点 9 设置为新簇首,同时取消之前的定时器,设置新的定时器等待 WF_CLUSTER 时间。定时器超时后,原失效簇内所有节点即确认分簇完毕,新簇首节点 9 广播修复告知帧,告知邻居簇首节点 3、节点 13、节点 18 该簇已经修复,邻居簇首节点收到该修复告知帧后,即可更新重构的拓扑信息,不会进入第二阶段修复流程。

周围簇首节点在原簇首节点失效后会设置定时器 WF_FirstStage_Reconstruction 等待一段时间,如果该定时器超时前收到该失效簇首的簇首修复告知帧,则更新新的簇首信息后丢弃该帧;如果该定时器超时且并没有收到簇首修复告知帧,即表明关键簇整体失效,启动第二阶段拓扑修复流程,即簇间移动控制拓扑修复方案。

当簇首节点检测到邻居簇首节点失效,并且在 WF_FirstStage_Reconstruction 时间后仍未收到新簇首修复告知帧,则首先统计失效簇首节点的邻居簇首节点数量,随后根据失效簇首邻居簇首节点数量与自身簇内成员数量计算协作修复概率,根据该概率发送拓扑修复请求帧,请求簇内成员节点进行拓扑修复。簇内成员节点收到该拓扑修复请求帧后,会随机退避一段时间并向簇首节点回复修复应答帧,在修复应答帧中包括了成员节点当前的位置信息。簇首节点根据簇内成员节点的位置信息与剩余能量综合选择一个节点进行拓扑修复,并向该节点回复修复确认帧,该节点收到后即知道自身将承担修复任务,随机开始拓扑修复进程。

簇内节点接收到应答确认帧,得知自身被选择参与失效关键簇首节点修复,即进入簇内成员节点移动修复过程。对于修复节点来说,首先需要确定失效簇首节点的位置(即如果关键簇首节点未失效,此时应运动到的位置),修复节点可以从修复请求帧中获取失效关键簇首节点失效前的位置,用历史位置来推测当前位置,也可以通过关键簇首节点失效前的速度、方向等信息对当前时刻的预期位置进行计算,为了获得较为准确的失效关键簇首位置,修复节点采用卡尔曼滤波法对这两种估计结果进行加权计算,随后在虚拟力作用下向确定位置进行移动。

5.4.5　基于分区连通性恢复的并发移动控制算法

基于分区连通性恢复的并发移动控制算法(concurrent movement control algorithm based on partition connectivity restoration,CMC–PCR)主要分为三个阶段:基于凸包的代表节点选择、基于切线避障的斯坦纳树连通性避障修复算法和基于虚拟势场法的移动控制策略。第一阶段,此算法改进了传统的一个分区一个代表节点的选择策略,利用凸包算法和最小生成树算法使得一个分区可以根据所处的相对位置和自身拓扑情况选择一个或多个节点作为分区代表节点,从而可以避免对冗余中继节点的需求。第二阶段,针对现存的大多数拓扑管理技术忽略障碍物的不足,根据障碍物所在区域,结合"切线避障"和斯坦纳树计算出避障后中继节点的位置,在存在障碍物的情况下以最少个数的中继节点进行部署。第三阶段,在虚拟势场法的作用下,结合非代表节点的移动距离和连通度,选择移动距离最少和对网络连通性影响最小的非代表节点作为中继节点进行调度,从而实现网络的全连通恢复工作。

无人机集群网络极其容易遭到损坏,从而形成多个分区。为了减少每架无人机和卫星远距离通信而造成的能量过度开销,动态地从集群中选取一架剩余能量最多的作为汇聚无人机,负责收集所有无人机的数据信息,周期性地向卫星进行数据传输,卫星再将数据传输回地面基站进行分析计算。当集群运动到某一位置时,无人机集群网络因为电磁干扰或者障碍物而形成多个独立的分区,每架无人机周期性地广播心跳包(包含无人机的 ID 编号、地理位置和一跳范围内的邻居集合),和它的单跳邻居无人机进行信息交换。所有无人机都会向汇聚无人机发送自身的心跳包,汇聚无人机周期性地判断是否收到所有的无人机信息。一旦某一时刻,因为障碍物的存在,电子干扰或者链路距离过长导致汇聚无人机缺少某些无人机的信息时,就认为网络出现分区。一旦原本全连通的网络形成分区后,无人机集群需要立刻查找心跳包包含的邻居信息从而生成各自的连通支配集,因为同一网络分区内节点的连通支配集相同,因此通过比较可以立刻判断从属的网络分区。当计算出分区所包含的全部无人机后,为了使得集群可以工作更长的时间,首先寻找分区中剩余能量最多的无人机,然后利用其计算设备根据葛立恒(Graham)扫描法求得分区的凸包。

Graham 扫描的具体步骤如下。

① 根据连通支配集得出分区中纵坐标最小的无人机,如图 5.43 中的 P_0。构造一个二维坐标系,以无人机 P_0 为原点,连通支配集中的其余无人机依次映射进二维坐标系,如图 5.43 所示。

② 依次计算每个无人机坐标相对于 x 轴的角度,将无人机按照角度递增排序。当角度一样时,与原点较近的排在前面。例如图 5.43 按照角度排序的结果为 P_1、P_2、P_6、P_7、P_5、P_8、P_3、P_9、P_4。根据凸包的原理等几何知识可知,按照角度排序后的第一个无人机和最后一个无人机 P_4 一定是凸包上的点。由于已知分区的凸包包含无人机 P_1,首先定义一个空栈,将无人机 P_0 和 P_1 入栈。接着取出按角度排序的无人机 P_1 后一个无人机,即 P_2(目标点),然后开始寻找凸包上的第三架无人机。

③ 构造无人机 P_0 和栈顶元素的直线 K。通过计算得出目标点位于直线 K 的哪一侧(左还是右)。假设目标点位于直线上或者直线 K 的左侧就执行步骤⑤;否则就执行步骤④。

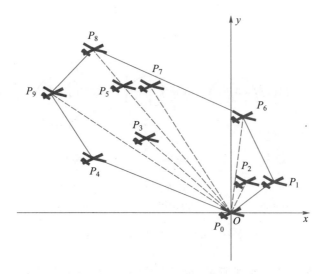

图 5.43 无人机分区相对坐标示意图

④ 若目标点位于直线 K 右侧,那么凸包一定不包括栈顶元素 P_1,弹出栈顶元素。转而继续执行步骤③。

⑤ 目标点就是凸包上的点,入栈,转而继续执行步骤⑥。

⑥ 检查目标点是不是步骤②按照角度递增排序的最后一个元素。如果是最后一个元素的话就代表该目标点是凸包的最后一个点,因此可以结束 Graham 扫描流程。否则就代表还有元素未判断,因此把 P_2 后面那个点作为目标点,返回继续步骤③。

最后,栈中的剩余元素为分区凸包所包含的所有节点,即"可能"分区代表节点。

在计算出分区的凸包之后,也就计算出"可能"分区代表节点。剩余工作为从"可能"分区代表节点中排除"虚假"代表节点,从而得出"真实"代表节点。从凸包集集合中的任意节点出发利用普里姆(Prim)算法得出最小生成树。最小生成树所包含的节点构成集合 R,即分区的代表节点集合。

在实际的战场和山区等复杂环境下,障碍物是不可以忽略的存在,因此如何用最小的代价实现连通性恢复就显得十分重要。本文采用的一种基于切线的避障算法,假设障碍物为圆柱,因此无人机的中继链路与障碍物的相对位置存在三种不同情况,如图 5.44 所示,其中 d 代表无人机中继部署链路和障碍物之间的直线距离,R 代表障碍物半径。

① 图 5.44(a)中障碍物与无人机的中继节点部署链路相离,无须避障;

② 图 5.44(b)中障碍物与无人机的中继节点部署链路相切,无须避障;

③ 图 5.44(c)中障碍物与无人机的中继节点部署链路相交,需要避障。

圆形障碍物处于无人机的中继部署链路上,在无须考虑障碍物的直线中继部署链路的基础上分解为两部分:切线和圆弧。此时通过计算可以发现,采用"切线避障"的中继链路总长度最短,因此用最少数量的无人机就可以完成中继工作。

具体方法如下:如图 5.44(c)所示,为了使得中继链路尽可能短,因此需要在圆心与线段 AB 的同一侧做切线,记切点为 P_1 和 P_2。连接 A、B 两架无人机所需的最短中继链路为 $AP_1 + BP_2 + \overset{\frown}{P_1 P_2}$,然后以无人机通信半径 r 等距离部署中继无人机。首先在 AP_1 和 BP_2 线段

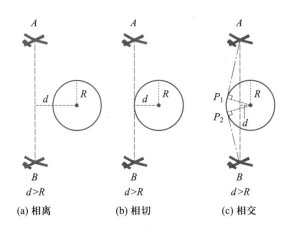

图 5.44　基于切线的避障算法示意图

上部署中继无人机,如图中点画线所示,然后沿着圆弧 $\overset{\frown}{P_1P_2}$ 部署中继无人机。斯坦纳树连通性避障修复算法流程如下。

① 首先采用四边形斯坦纳树算法完成不考虑障碍物的中继节点计算工作,如果集合 R 中还有节点为未连接状态,就用三角形斯坦纳树算法完成中继节点计算工作。

② 若集群网络已经完成了连通性恢复工作,则结束;否则将唯一剩余的一个节点和网络中与其最近的节点进行连接,从而完成连通性恢复工作。

③ 如果计算出来的中继节点位置被障碍物所占据,就应该采用"切线避障"修正"理想状态"的中继节点坐标,否则无须考虑。

针对面向任务的无人机集群网络,连通性恢复工作所需的额外开销和效率是两个极其关键的参数指标,该算法使用了一种基于虚拟势场法的并发移动控制策略:根据节点度和移动距离,首先从各个分区中的非代表无人机中选取调度开销最小和对网络连通性影响最小的无人机,然后采用虚拟势场法实现中继无人机从初始位置移动到中继节点位置的工作,最后完成无人机集群网络的连通性恢复工作。

5.5　本章小结

无人机集群系统通过多无人机协同组织可以更有效地合作和协作完成复杂任务。基于无线自组织网络技术提出来的飞行自组织网(FANET)可为无人机集群提供可靠并且实时的网络通信,成为解决多无人机间通信问题的一种良好解决方案,然而网络的独特特征如高移动性、低节点密度和频繁的拓扑变化给通信设计带来了挑战,尤其是路由。本章从无人机集群节点高动态性和拓扑结构快速变化等特点入手,分析无人机集群网络路由协议设计的性能需求,对现有无人机集群应用的协议及其优化协议进行论述。

传统的路由协议大都是基于拓扑的路由协议,此类路由协议使用网络现存的链路状态信息,以选择合适的路径来进行数据包的转发。参照 MANET 路由协议,根据路由触发时机可以分为表驱动路由协议、按需驱动路由协议、混合型路由协议。在表驱动路由协议中,每个节点都周期性地交换路由信息,以此来维护路由表,在保证实时通信方面具有很好的特性,但其缺点也很明显,这种协议必须要同时维护大量无用的路由信息,在网络的拓扑结构变化频繁的时候,周期性路由信息交换会占用大量的可用带宽;而在按需驱动路由协议中节点仅在需要发送报文至目的节点但没有到目的节点的路由时才会进行路由发现,因此能够节省网络资源,但是路由建立过程会造成一定的时延,而且由于路径发现过程通常采用洪泛机制进行搜索,这将在一定程度上增加路由开销。

根据网络拓扑结构无人机集群路由协议可以分为平面路由协议与分级路由协议。在平面路由协议中每个节点的地位都是平等的,其没有层次的概念,然而,当自组织网的规模变大时,每个节点则需要维护很多的路由信息,路由信息报文充满整个网络,而分级路由的分簇将能够有效地解决上述问题。此外还有基于地理信息的路由,通过引入节点的地理位置信息减少拓扑路由算法中的一些不足之处。通常,每个节点都通过使用 GPS 或者其他类似定位装置来取得自己的地理位置信息。网络中各个节点只需要知道其通信半径内的邻节点的地理位置信息,路由建立仅通过数个单跳拓扑信息就可以完成。因此源节点至目的节点的数据传输只需要知道目的节点的地理位置和每次数据转发时下一跳节点的地理位置就可以实现,而不需要其他的拓扑信息,不需要建立和维护路由,节点无须存储路由信息表,也不需要发送路由的更新信息。

以上路由属于静态路由策略,考虑节点的移动性是影响网络各项性能的一个很重要的原因,针对这个问题,经典的路由算法有基于运动模型预测的组播路由协议和基于链路生存时间预测的组播路由协议,同时研究者们提出了一种新的路由技术——机会路由。它的主要思想是对数据包进行选择性广播传输而不是简单的单播,对于每一数据包而言并没有固定的传输路径,每个节点都可能成为当前节点的下一跳节点,这种机制非常适合无线多跳网络拓扑频繁变化的情况。

针对节点稀疏型无人机自组织网,讨论了时延容忍网络及其路由协议,通过时延容忍网络的路由方法,为间歇性连接的无人机集群提供一个替代的解决方案。时延容忍网络指在假定无法保持连续端到端的连接的情况下,交换数据的工作仍然能够通过将它们存储在节点并转发来进行。这会导致传输时延长于 TCP 协议描述的阈值范围,并且通常会丢弃无法到达目的节点的数据包,从而导致 TCP 效率低下。传统的路由协议在中断期间也无法正常工作,当有数据包并且没有端到端路径时,数据包就会被丢弃。对于易于断链和分区的无人机网络,需要建立对时延和中断的容忍度。为了实现对时延和终端的容忍度,网络的体系结构必须基于"存储－运载－转发"的路由机制,让节点存储收到的数据分组并携带它们运动,在运动中若与其他节点相遇,则将数据分组的副本转发给相遇节点,直至数据分组到达目的节点。DTN 的路由和移动性特性正好符合稀疏飞行网络的特点,主要有两种用于无人机网络的路由方法。确定性连接:在确定性路由方法中,假设将来的移动和链路是完全已知的,通过将路由问题转化为经典图论或端到端交付指标的优化技术,在有时延倾向的网络中找到时空最短路径。随机性连接:当网络中的节点运动是随机且未知的,通过存储转发形式,每次都把报文沿着目的方向逐跳移动。引入特殊节点的路由,通过部署特殊用途的节点,以在网络中提供连接,如用在预定义路线上移动的消息摆渡节点提供通信服务,消息摆渡节点以预定义路线移动以联系节点,或者节点在一个特定时间移动至接近于预定义路线的位置以交换消息。

最后讨论了有关网络拓扑重构方面的内容,在节点进入、移动和离开网络时容易造成网络拓扑动态变化,这时需要尽快重构,以满足网络的连通性、覆盖性、生存性和完成任务的要求。在不同应用场景中通过调节节点发射功率、提供备选节点或移动节点达到重新构建网络空间拓扑的目的。在自组织网络中,根据网络破坏规模的不同,可将节点故障分为两类:单节点故障和多节点故障。为了解决节点故障导致的网络分区,广义上可使用两种方法:①预防性的方法,即在节点未失效前提前配置好容错功能,以减轻节点故障的影响;②反应的方法,通过被动地执行相应的连通修复操作实时恢复(修复)丢失的连接性或覆盖范围。对于单节点故障,主动的方法是根据节点重要度进行区分,被动修复方法是在节点失效后采取相应的措施进行网络拓扑重构。而多节点故障会产生多个不连通的网络分区,需要往分区之间放置中继节点来完成网络的修复,常用的算法分为集中式算法和分布式算法。最后介绍了多节点协作无人机自组织网分簇拓扑重构策略,该策略主要分为分簇构建、簇的维护、关键节点检测、簇首节点失效修复与关键簇整体失效修复五个部分。此外介绍了基于分区连通性恢复的并发移动控制算法,该算法面向无人机集群网络,包括三个阶段:基于凸包的代表节点选择、基于切线避障的斯坦纳树连通性避障修复算法和基于虚拟势场法的移动控制策略。

第 5 章习题

1. 路由协议主要运行在网络层,是 TCP/IP 协议族的重要组成部分,根据自治系统的概念,路由协议可以分为哪几类?

2. FANET 可以看作是所有节点均为 UAV 的移动自组织网,相比于 MANET 和 VANET,它具有什么特点? 对路由协议设计又有怎样的性能要求?

3. FANET 通信协议设计集中在上层专用通信协议的研究上,主要是基于 MAC 层和网络层的协议设计和优化,其中路由技术是 FANET 的核心之一。针对 FANET,现有路由协议及优化都有哪些分类? 各自有什么优、缺点?

4. 什么是机会路由? 它和静态路由的区别是什么? 机会路由中节点优先级的选择策略有哪些?

5. 时延容忍网络体系结构和原有的网络协议有什么不同? Internet 模型支持异构网络互联,只要在 IP 协议中,每个节点使用相同格式的网络层主机标识符(IP 地址),DTN 怎样在异构网络之间提供存储转发的网关功能?

6. 由于 DTN 间歇连接的特点,传统网络技术不能直接应用于 DTN,当一个节点产生消息时,DTN 路由可以采取什么样的模式?

7. 拓扑重构是指在故障发生时,采取相应手段重组网络拓扑,恢复网络连通性。在提前预防的方法中有哪些分类? 在被动修复的方法中有哪些分类?

第 5 章
习题答案

航迹规划是无人机需要具备的重要能力,是无人机集群在复杂环境下完成自主导航与飞行控制的基本保障。如果要实现无人机集群的自主飞行,则要求其在整个任务执行过程中具备初始航迹规划和航迹重规划能力。这个过程可以描述为:设置一个起点和一个终点,需要找到它们之间的一条可行路径,该路径在给定的条件限制下是最优的。同时,规划的飞行轨迹要使无人机不被敌方雷达探测到,并且能够避开危险地形、恶劣气候和人为障碍物等可能影响飞行的不利因素,以确保无人机的最大生存能力。此外,无人机应能够在事先规定的时间内到达之前指定或临时新增的任务目标区,即满足任务的时间要求。在突然出现未知事件时,如突发威胁场等可能会影响到飞行的特殊情况,或已知威胁、地形、气候产生变化,无人机要进行实时规划产生新航迹,完成所有指定任务,到达所有任务目标点。

本章首先对航迹规划技术进行综述性的介绍,分类的同时列举了一些当今最常见的现代智能算法,然后对无人机集群航迹规划的基础——集群编队问题进行分析,再分别具体地介绍了人工势场法(又称为虚拟势场法)与多因素 Dubins 航迹规划算法(multiple factors Dubins algorithm,MFDA)两种航迹规划算法,最后对无人机集群协同避障的方法进行详细的阐述。

6.1　集群航迹规划概述

参考机器人路径规划问题中的全局和局部路径规划概念,一个完整的无人机航迹规划过程同样可以分为两个步骤。首先,考虑所有已知的威胁和约束,并在离线状态下找到一条最优航迹作为参考航迹。这个问题通常在起飞前就已经解决了,它对实时的要求不高,是一个纯粹的最优化问题。第二个步骤涉及未知的环境变化和威胁,如果这些事先未知的变化被飞机上的传感器探测到或通过通信链被无人机集群感知时,就需要考虑更改航迹,即进行航迹重规划,这时的规划是在飞行过程中进行的,对实时性要求很高。无人机飞行控制系统根据现场检测到的外部环境变化,实时或接近实时地重新规划航迹的能力,在一定程度上能够体现无人机智能水平的高低。

6.1.1　航迹规划的约束条件

在真实的无人机作战环境中,需要考虑的约束条件有很多种,包括转弯角度约束、地形约束以及威胁区域约束等。无人机在执行飞行任务之前,需要根据提前搜集到的上述约束信息完成全局航迹规划,之后无人机在事先规划出的路径基础上完成其飞行工作。该过程往往指单个无人机在初始位置、终止位置和一些目标任务节点确定之后对飞行方向与速度的计算,其基本功能是根据无人机的性能、地理环境和威胁环境,规划出若干条满足要求的航迹,这些航迹在实际飞行时可以根据需要进行实时修改。

无人机航迹规划涉及多种约束条件,一般包括地理环境障碍、动态和静态威胁、燃料消耗指标、时间要求和飞机性能指标等等。由于飞行过程的实时性和不确定性,规划出一个令人满意的航迹实际上是一个多维、多目标的优化问题。

规划无人机航迹需要解决以下问题:已知一个起点;一组需要遵守的限制条件,如机动性、续航力等;一组执行任务要到达的目标区域;一组威胁或障碍区域;一个终点。需要找到一条通过目标区域的可飞行路径,并且这条路径在性能指标函数的度量下是最优的,即成本最小。

在理想条件下,上述限制因素是固定的,但是在现实的飞行环境中,其中一些条件可能会发生变化。例如,当无人机受损时,无人机的机动性和续航能力将不可避免地下降,此时就不能以之前的标准规划无人机的航迹。

6.1.2 航迹规划关键技术

航迹规划问题涉及的专业知识很多,是一个复杂而综合的交叉学科,涉及飞行控制、雷达火控、作战效率分析、人工智能等多个学科和领域。其中关键技术有:地形信息的采集和处理、威胁模型的建立、规划算法的选择、路径跟踪控制等。一般来说,在飞行过程中对航迹进行处理需要提前和实时获取大量的环境信息,这些信息一般通过卫星或其他情报手段获得,除此之外,可以利用机载传感器及通信链获得的信息进行及时修正和补充,包括地形地貌和敌方威胁信息等,但是由于从情报中获得的信息往往与计算机能够直接处理的数据有很大差异,处理起来难度很大,目前常见的做法是建立数字地图数据库,分析敌方雷达探测区域、火力杀伤区和地形遮蔽区,并将这些信息纳入地形数据库,确定无人机可以飞行的区域和高度;威胁建模也需要考虑许多因素,如地形障碍、电磁干扰、防空炮威胁、雷达探测威胁、大气条件等;航迹跟踪控制应尽可能考虑无人机的真实模型,根据规划的轨迹给出制导规律设计无人机的轨迹控制器,使其沿着计划的轨迹飞行。

此外,为了实现无人机的集群编队飞行,单架无人机首先需要具备系统控制、通信、信息融合、数据压缩、传感器、飞行控制、机身和推进系统等技术,还需要解决以下关键技术问题。

① 编队队形设计。无人机队形的设计和选择是无人机集群飞行的一个重要方面,在设计队形时,除了要考虑飞机间气动力的影响外,还应考虑任务要求和飞机间信息交换的冗余度,确保编队不发生碰撞。

② 编队控制。根据不同任务对队形的要求,无人机集群的队形在整个飞行过程中需保持不变或在一定误差范围内变化。分布式编队需要始终维持和控制各无人机之间的相对距离与方向,包括相对(绝对)位置、姿态和变化敏感性;选择合适的传感器;执行编队机动、防撞、孔径优化;构建编队飞行控制系统模型;维持编队与个别无人机之间的自主性,包括高级故障检测系统和故障修复系统,提高鲁棒性;设计由多架无人机组成的飞行编队的分散控制器与计算方法等。

③ 信息交换传递技术。在编队飞行过程中,不仅要保证飞机与地面控制站之间信息和数据的稳定高效传输,还要保证编队飞机之间信息和数据的实时采集、传输和处理。无人机系统的信息包括目标信息、环境信息、状态信息等,这些信息不仅来自飞机本身的传感器,也

来自其他机载、星载以及陆海基传感器,是空间三维动态信息。操作人员在数据链、任务分析和规划、导航和情报的帮助下实时操作或监视无人机。为了适应无人机新的特殊控制模式,有必要研究基于计算机网络和无线通信网络的信息网络技术,研究存在时延和时钟不同步时的实时信息采集和处理方法。

④ 近距离编队时飞机之间的气动影响。编队飞行时(特别是在近距离编队飞行时),作用在飞机上的力和力矩必须考虑气动干扰的影响。一些飞行中的模拟计算包括空气动力数据表、力和力矩,可以用于单架飞机,但相同的方法不能用于多架飞机的编队飞行。编队飞机之间的相互作用是飞机之间相对距离和相对方向的函数,因此,必须推导出一个可行的公式,以便在模拟计算中考虑编队飞机之间的相互影响。

6.1.3 航迹规划算法的分类

航迹规划可以采用的算法很多,按照发展情况可分为传统经典算法和现代智能算法。其中传统经典算法包括:统计归纳法、最优控制法、单元格法、Dijkstra 算法、动态规划法及导数相关法。另一类是现代智能算法,包括:人工势场法(artificial potential field,APF)、启发式寻优搜索算法(heuristics algorithm,HA)、遗传算法(genetic algorithm,GA)、人工神经网络算法(artificial neural networks,ANN)、蚁群算法(ant colony optimization,ACO)、粒子群算法(particle swarm optimization,PSO)以及基于案例的学习算法。在研究的过程中主要通过航迹长度、搜索节点数量、航迹规划时间这三个指标来评价航迹规划算法的性能。

除此之外,也可以按照规划范围分为全局路径规划(或称为离线路径规划)和局部路径规划(或称为在线路径规划)。全局路径规划方法通常根据已知的环境或过去对环境收集到的信息生成一条优化的路径,但是这种方法无法应对未知或突发的威胁。而局部路径规划算法不需要提前得知环境信息,在面对突发威胁时通过机载传感器提供的信息实现动态的航迹规划与路线调整。在突发威胁场景下,无人机无法知道全部威胁区域的位置分布,因此全局路径规划算法不能正常工作。在这种情况下,只能使用局部路径规划。当威胁区域在无人机的探测范围内时,无人机将通过在线跟踪规划算法进行实时计算和调整。

下面对近年来比较常用的一些智能算法做一个综述性介绍。

(1) 人工势场法

人工势场法路径规划是由哈提卜(Khatib)提出的一种虚拟力法,在研究无人机集群网络算法中,人工势场法是被广泛使用的一种方法。其基本思想是将无人机在周围环境中的运动,设计成一种在抽象的人造引力场中的运动,目标点对移动无人机产生引力,威胁和障碍对移动无人机产生斥力,无人机则在两者综合生成的势场中飞行,通过对无人机集群中各个节点进行虚拟力分析,计算得出单个节点受到的合力,即为势能函数的梯度,然后通过对无人机节点所受合力进行归一化运算后得出节点的运动状态信息来刻画节点的运动轨迹,控制无人机的运动。势场的建立涉及威胁、障碍等各种限制因素,非常直观,规划出来的路径一般比较平滑且安全。由于人工势场法避免了搜索最优解或非线性参数优化的过程,因此生成路径的速度很快。

(2) A* 算法

A* 算法是比较流行的启发式搜索算法之一,被广泛应用于路径优化领域,该算法采用启发式搜索和最短路径搜索相结合的方法。从起始节点开始,A* 算法不断寻找最佳节点使得成本最低,并优先扩展这些节点,使目标函数值变小,从而形成一组节点集,这些点的有序连接就是优化的路径。

A* 算法的搜索过程实际上是被选节点的扩展过程,在从起点到目标点的路径规划过程中,每一步都需要计算代价值,因此传统的 A* 算法存在搜索点冗余的缺陷,计算次数的增加会大大增加路径规划时间。它的独特之处是检查最短路径中每个可能的节点时引入全局信息,估计当前节点和终点之间的距离,通常用于解决静态规划问题。由于 A* 算法扩展的所有节点的序列值都是递增的,那么它最先生成的路径就是最优的,但是该算法每次都要扩展当前节点的全部后继节点,在这个过程中需要非常大的信息存储量,需要查询的节点也很多,时间成本较高。

在确定优化路径后要进行航迹点回溯,计算是否满足任务系统中设定的燃油、速度、时间等约束条件(这些约束条件有一定的优先顺序)。如果不能满足所有的约束条件则规划失败,必须重新规划并修改有关参数,在进行节点扩展时,可以把无人机的飞行性能约束考虑进去,只对满足约束要求的节点进行扩展,这样既缩减了搜索的节点数目,又保证规划出来的航迹满足无人机的飞行性能要求。

A* 算法是 Dijkstra 算法对一个单独目的地的情况做出针对性优化的一个改版。Dijkstra 算法可以找出一个点到"图"上所有点的路径。A* 算法只找出一个节点到一个特定目的节点的所有路径,或者是到一些点的最短路径。

本章 6.4 节中所介绍的 MFDA 算法就是以 A* 算法为基础进行升级优化的一种算法,该算法首先根据无人机自身性能约束及突发威胁区域的位置,并且考虑无人机的起始和最终位置,利用传统的 Dubins 路径找到有效的路径扩展点,然后结合启发式搜索思想建立基于路径长度和威胁的路径扩展点评估函数,最后通过路径扩展点评估函数计算,比较路径点的代价值,选取每一步的路径扩展点,规划出较优路径。仿真结果表明,在突发威胁场景下利用该算法进行航迹规划时路径长度较短、路径扩展点较少,并且满足无人机实际飞行过程中航向角变化要求,可有效保障无人机的安全性和航迹规划的实时性。

(3) 遗传算法

遗传算法模拟了达尔文"物竞天择,适者生存"的进化法则,提供了一种求解复杂优化问题的通用框架,是效仿自然进化过程中搜索最优结果的方法。根据优胜劣汰的原则对可行航迹进行筛选,并逐渐靠近最优航迹,针对整个飞行过程进行优化,一般可以很快获得非常接近最优解的航迹。而且该算法不追求问题的具体细节,通用性也比较强,在很多研究方向中都可以用到,但在航迹规划中比较费时,不适用于对航迹进行实时的规划。

用遗传算法对飞行航迹进行规划一般分为四步:对航迹编码;构造合适的航迹评价函数;选取适于航迹规划的特定遗传算子;计算并微调算子参数来获取最终解。它作为一种全局优化算法,一般可以很快地收敛到最优解附近,但是接近最优解后,收敛速度可能会变得很慢,可以考虑在收敛到近优解后采取其他的算法进行辅助规划。

(4) 人工神经网络算法

人类的大脑由数量众多的神经元构成,这些神经元细胞之间紧密相连,并行处理信息,研究人员受到这种模式的启发,提出模拟大脑神经元工作方式的人工神经网络算法。一个人工神经网络由一层输入神经元、多层隐藏神经元和最后一层输出神经元组成。图 6.1 展示了单个神经网络的结构示意图,其中神经元之间的连线表示权重。人工神经网络首先需要通过设定的准则进行学习,然后不断地修改神经元之间连线的权值,使得最终的输出偏向于设定的准则。

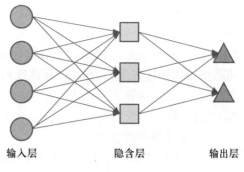

由于人工神经网络算法具有不断学习的特点,因此在航迹规划这一领域中得到了广泛的应用。然而随着路径规划的环境尺度不断增大,对环境分辨率的要求也越来越高,人工神经网络学习的计算成本和时间成本急剧增加,针对这一问题,人们提出了一种改进的基于尺度地形的人工神经网络路径规划算法,利用多比例尺度图算法

图 6.1 神经网络结构示意图

计算粗比例尺度图的最优路径,然后依据粗比例尺度图获得的最优路径来指导同一地形细比例尺度图的神经网络规划权值,可以计算出精细的比例尺度图最优路径。将这种多比例尺映射方法引入生物灵感神经网络中,可以大大降低人工神经网络路径规划算法的时间成本和计算复杂度。

(5) 蚁群算法

蚁群算法是由多里戈(Marco Dorigo)在 1992 年提出的,它模拟了蚂蚁的真实行动方式,为无人机航迹规划问题提供了新的解决思路。

蚁群在生存环境中会自动寻找从巢穴到食物源最可靠的路径。在运动过程中,蚂蚁会在经过的路径上留下一些名为信息素的化学物质,这种化学物质可以被其他蚂蚁感知,它们的行动也会受到信息素浓度的影响。随后的蚂蚁会根据从起始位置到目标位置所有路径上的信息素含量来选择一条路径。因此,路径距离越短,蚂蚁走此路程的频率越高,这条路径上积累的信息素也就越多,信息素浓度的增加会提高下一只蚂蚁选择这条路线的可能性,这个过程将持续到所有蚂蚁都选择了最短路径为止。此外,如果一只蚂蚁走的路线较短,那么它返回巢穴的时间就会更早,因此,在其他蚂蚁返回之前,它就会标记两次路线。这直接影响到下一只蚂蚁选择该路径的概率。在之后的时间内,会有更多的蚂蚁选择这条更短的路径,信息素在该路径上的积累速度也会加快。而较长的路线则没有那么牢固,信息素的挥散也使不太理想的路线更难被其他蚂蚁发现,并进一步降低了它们的选择频率。另一方面,蚂蚁个体不断地寻找随机路线有助于蚁群发现新的替代路线,并确保蚁群成功绕过阻碍路径的障碍物,蚁群正是因为这种方式而具有良好的适应周围环境的能力。

在蚁群算法的使用过程中,一般将环境进行栅格化,选择信息素强度最高的路径相邻节点作为下一步运动位置。蚁群在栅格中留下不同强度的信息素,从而规划出从起始点到目标点并且有效规避障碍物的最优路径。该算法的实现步骤是:首先对规划空间的栅格信息素给出初始值,得到初始信息素矩阵。然后每只蚂蚁分别从起始点出发,按照状态转移规则选择相邻的节点,向目标点方向搜索。当所有蚂蚁均到达目标点后,算法完成一次迭代,此时更新本次迭代中蚁群留下的信息素,同时要考虑信息素的挥发速度,接着进行下一次的迭代计算,直到求出优化路径。

(6) 粒子群算法

粒子群算法是一种基于种群的搜索算法,该算法首先要进行初始化,使用一组称为粒子的随机解。与其他智能算法不同的是,粒子群算法中的每个粒子都和速度相关。在搜索空间中运动时,粒子根据其历史行为动态地调整速度,所以在搜寻时粒子会向更优的搜索方向运动。在此背景下,结合社会治理的概念,通过遗传算法和蜂群算子两种进化算子对粒子群优化算法进行改进,以增强粒子群优化算法的能力。该算法从单个无人机的当前坐标计算出后续可以到达的坐标,并在路径强度和多样化之间保持良好的平衡,使每个无人机的路径长度最小,并且该算法在到达时间、生成最优路径的安全性和运输过程中的能量利用率方面都具有优越性。

(7) 基于案例的算法

基于案例的学习方法是一种增量式的学习过程,它具有类比学习的功能,该方法通过建立案例库的方式来存储之前的规划案例,是一组大同小异的学习策略。一个新的案例可以通过修改案例库中与当前情况相似的旧案例来获得。基于案例的算法其核心是对于案例库的组织与管理,在规划之前要能够快速检索案例库以找到合适的匹配方案,以及如何根据匹配结果的好坏去扩充案例库,改进案例库的检索方法。

这种算法很适用于航迹规划这样的领域,因为航迹规划中的因果关系难以用确切的模型或者规则来表达,而实际的案例却通常比一些规则能提供更多的信息。其次,案例库是实际案例的记载,它不会像基于规则的学习方法那样产生一致性问题。另外,基于案例的学习在本质上是增量式的,学习的成功率随着案例的增加而增加,案例的匹配过程也是案例库的更新过程。

基于案例的规划方法具有一个学习阶段,学习阶段包括对案例库的扩充与更新。对某些问题,如气流对规划的影响等,利用常规的规划方法难以解决,而基于案例的学习方法却能方便地解决这些问题。根据以上的描述,基于案例的学习规划过程可以概括为如下几个步骤:①提取案例属性;②建立对案例的索引;③将不同案例进行匹配;④获取新的案例;⑤对案例库进行更新。

6.2　无人机集群编队设计与控制方法

无人机集群在满足任务需求和飞行环境的情况下,需要使得无人机之间的碰撞率最低以及任务完成率最高。一般情况下,无人机集群自主飞行的避让策略是指控制集群中的每架无人机在保持自身无序飞行运动的基础上成功躲避环境中其他物体的策略。但是无人机集群作战中杂乱无序的编队会使得无人机之间的冲突概率大大增加,并且无人机集群搜集信息的能力也大为降低,因此集群作战需要保持一定的编队队形。在无威胁区域的情况下,无人机集群保持固定的编队队形,在感知到威胁区域时需要保证每架无人机安全通过,之后重新组成固定编队队形。在执行侦查、搜索等大面积业务场景下的任务时,若能通过无人机的自主协同功能,以较少的时间完成较大区域的覆盖,那么可以极大地提升无人机的工作效率。同时,随着无人机集群规模的不断增大,有限空间内的无人机密度也会上升,这给集群飞行的安全带来了挑战。无人机集群的编队飞行与避障控制成为当前无人机集群领域亟待解决的问题。

6.2.1　无人机坐标系定义与变换

对于无人机系统而言,全球定位系统(GPS)是最重要的模块之一。无人机在完成飞行工作时,需要精确的位置坐标用于各种用途,包括导航、运动规划和控制以及任务完成等。无人机对于运动的描述主要基于参考系的位置以及速度方向,通常使用的坐标系大概分为大地坐标系(world geodetic coordinate system 1984,WGS84)、地球中心坐标系(earth-centered earth-fixed,ECEF)、局部切线平面、载体坐标系(body frame,BF),并且各个坐标系之间能够相互转换。

(1) 大地坐标系

WGS84 是一个以地球为中心的地球固定地面参考系统,并且基于一组一致的常数和模型参数,这些参数描述了地球的大小、形状、重力和地磁场。WGS84 是美国国防部定义的全球地理空间信息参考系统,是全球定位系统的参考系统。大地坐标系的 z 轴指向国际时间局 1984.0 定义的协定地球极(conventional terrestrial pole,CTP)方向,x 轴方向为零度子午面和协定地球极赤道的交点,在 z 轴、x 轴确定之后,y 轴和 z 轴、x 轴共同组成右手坐标系。大地坐标系由经度、维度和相对高度三个元素组成,如图 6.2 所示,经度 λ 是一个经过本初子午线和一个通过南极、北极和该位置的两个平面所构成的夹角,纬度 φ 是过参考球面的法线与赤道面的夹角,相对高度 H 指某点相对大地水准面的高度。在无人机的 GPS 中,不仅需要经纬度和相对高度这三个参数,还需要通过气压计或其他硬件设备进行高度校准。

(2) 地球中心坐标系

地球中心坐标系是将地球中心作为原点的空间直角坐标系,而不是以地图在二维空间的投影为基础建立的。基于此坐标系,地球被构建成为以地球质心为中心的球体或椭球体。如图 6.3 所示,在地球中心坐标系中,x 轴指向本初子午线、y 轴位于赤道平面上且与 x 轴成 90°,而 z 轴则指向北极点。

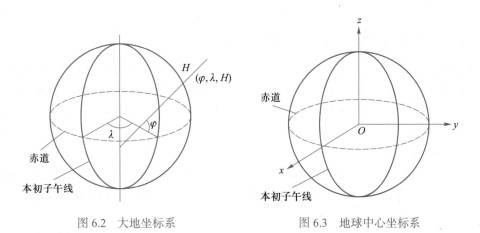

图 6.2　大地坐标系　　　　图 6.3　地球中心坐标系

(3) 局部切线平面

局部切线平面可分为基于垂直或基于水平两类平面,当纵坐标为上时称为东 – 北 – 天(east north up,EDU)坐标系,纵坐标为下时称为北 – 东 – 地(north east down,NED)坐标系,其中 EDU 坐标系主要用于地理位置信息方面,NED 坐标系则是航空航天中常用的表示状态向量的地理坐标系统,因此在无人机系统中主要研究 NED 坐标系。NED 坐标系由三个数字组成:一个代表沿北轴的位置,一个代表沿东轴的位置,一个代表垂直位置,如图 6.4 所示。

NED 坐标系的原点通常被选择为飞机的重心。NED 坐标系与地球中心坐标系类似,因为这两者都是笛卡尔坐标,但是由于涉及的数字相对较小,而且因为坐标轴垂直,所以 NED 坐标系和地球中心坐标系都比较方便。

(4) 载体坐标系

载体坐标系的原点处在载体的重心,x 轴与无人机飞行的方向一致,y 轴与 x 轴垂直并指向载体的下侧,三个坐标轴正交并构成了右手坐标系,如图 6.5 所示。飞机相对于地球平面的角度能与载体坐标系相对于大地坐标系的角度相同。因此,如果基于机体构建一个人工大地坐标系,并把载体坐标系和其进行比较,则可计算出包括航向角在内的各种飞行角度。同样,通过构建其他坐标系也可根据相同的方式得到飞行角度。

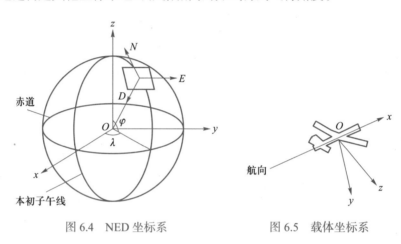

图 6.4 NED 坐标系   图 6.5 载体坐标系

6.2.2 无人机编队队形的保持与变换

无人机集群的编队队形是无人机完成各种任务的基础,根据任务的不同也需要无人机集群维持不同的几何队形,并且这些队形所应用的领域也有所不同,因此在无人机集群执行任务之前,通常会根据任务的特点以及环境的约束来设计不同的队形,以满足任务的需求。优异的编队队形不仅有利于无人机集群节省能量增加巡航时间,并且还能提高无人机避障的概率。例如以"长机 – 僚机"模式飞行的无人机集群就存在跟随和菱形两种编队类型。但是这两种编队类型有着不同的性能优势,跟随编队虽然搜查的范围相对较小,但是提高了无人机的存活率,而菱形编队则可以搜查到较广范围的区域,但这也同时加大了被侦察或击毁的概率。

无人机在编队飞行过程中,在环境变化、任务修改、部分无人机离开编队等情况下,需要进行编队飞行变换。在变换队形的过程中,最重要的是避免无人机相互碰撞,然后在一定的时间内完成变换过程。编队保持是无人机编队飞行的关键。研究人员采用各种不同方法来解决编队飞行控制问题,但是对于每个无人机来说都需要在计算出参考点之后知道本无人机队形的期望位置。无人机集群之间通过消息传输或者传感器来获取彼此的位置和速度矢量信息。无人机在此基础上根据编队控制算法来改变速度方向、大小以及航向角,从而完成编队飞行的任务。

(1) 常见的编队队形

无人机集群在完成多个任务,如协同侦查、多机联合打击的过程中,并不总是维持一个编队队形,常常需要根据不同的环境约束来进行队形间的变换,因此一个好的编队控制算法对于无人机集群至关重要。目前有一种基于虚拟目标制导的分布式模型预测控制方案。每个无人机只与相邻无人机共享信息,利用智能优化算法求解得到的局部有限界最优控制解,并将其集成到分布式模型预测控制方案中,实现轨迹跟踪和避障,并具有较高的计算效率。还有一种协同控制方法将一个无人机编队系统用四架无人机组成,形成一个规则的三角形编队。在编队飞行中,跟随者跟随领航者前进,以快速形成期望编队,达到多无人机稳定状态。

对于无人机集群而言,存在一些常见的编队队形,例如人字形、菱形、T形、三角形、V形、圆形等,如图 6.6 所示。

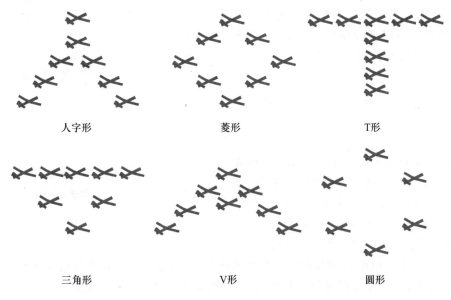

| 人字形 | 菱形 | T形 |

| 三角形 | V形 | 圆形 |

图 6.6　常见无人机编队队形

(2) 编队控制策略的约束条件

编队形状根据具体任务要求或环境进行自适应选择,使编队"可变形"。例如,当一个 V 形较宽的队形即将进入一个较窄的区域时,为了避免与障碍物碰撞,可以将 V 形修改为线性的形状。此外,当编队形状发生变化时,与常规方法相比,在设计编队控制策略时还应考虑另外的约束条件,这些约束条件如下。

① 无人机之间的防碰撞:队列中的无人机需要将其他无人机视为附加的移动障碍物,并采取适当的避障行为;

② 多无人机间的协作:编队控制算法应避免队列中有一架或多架无人机落后而导致整体等待或完全停止的情况;

③ 避免锁死情况:无人机的飞行应加以控制,以避免出现一架或多架无人机对其他无人机路径造成阻塞的情况。

6.2.3　无人机编队控制方式

无人机的编队控制目标包括编队一致性和编队模式。根据模式的不同需求,无人机编队控制方法分为刚性编队模式和柔性编队模式。跟随领航者法、基于行为法、虚拟结构法等多种方法都可以实现队形的保持。前两种方法比基于行为法能更好地解决编队队形维护问题,而基于行为法控制的编队具有更灵活的编队形状。本小节将介绍常用的编队控制算法,并分析各自的使用场景及优缺点。

(1) 跟随领航者法

在跟随领航者法中,将某一无人机视为能够完全获取整体导航信息的群体领航者,并作为群体中的参考无人机。在一些系统健壮性至关重要的情况下,可以指定一个虚拟领航者来代替编队中的实际无人机。除了领航无人机外,队伍中的其他无人机都被视为跟随者。跟随者在领航者的指导下行动,其主要目的是通过维持与领航者的理想距离和姿态角度来保持队形。跟随领航者法的运行步骤是首先由领航者按照提前制定的路径进行飞行,然后跟随无人机通过对领航无人机状态的侦察来规划自身的飞行轨迹。基于跟随领航者法依赖于相对方向或距离。给定领航无人机的位置,设置跟随无人机的参考轨迹,使其位置相对领航无人机移动一个距离,如图6.7所示。在导航过程中生成跟随者的参考轨迹,随后跟随无人机对参考轨迹进行跟踪。

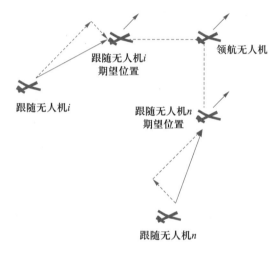

图 6.7　跟随领航者法示意图

在改进的无人机跟随领航者编队控制策略下,飞机之间不需要进行信息交换。在实际传感器测量距离、方位等相关信息的基础上,采用反馈线性化方法实现编队。在考虑领航者策略未知的情况下,设计一种非线性估计器,保证编队控制策略的稳定性。还有一种多架无人机编队控制方案,编队飞行采用跟随领航者结构。此结构假设运动捕捉系统检测编队飞行的三维构型,该方法基于三维空间的几何约束,能够稳定、安全地控制编队。当领航无人机按照给定的飞行轨迹飞行时,控制系统自动调整跟随无人机的位置和方向,使跟随领航者结构保持几何形状不变,该方法具有良好的编队飞行性能,可提供实用的全方位巡逻。

上述的跟随领航者法大多是集中式控制,即由跟随无人机进行信息的收集、消息的接收与发送,其并不具有数据计算能力。跟随无人机将数据发送给领航无人机,领航无人机基于运动公式将数据汇总后计算,然后将每一个跟随无人机将要到达的位置信息分别发送给跟随无人机,这种集中式控制方式将无人机集群的计算能力集中在领航无人机上,这种方式的优点是设计简单,但是集群的抗摧毁性比较低。另外一种方式是分布式控制方式,每一架无人机均具有计算能力,即使领航无人机遭受攻击损毁,也可以通过编队控制策略重新选出领航无人机继续完成任务。分散式控制方式的优点是集群的抗摧毁性显著提升,但是对于设计人员来说则提高了算法设计难度。

(2) 虚拟结构法

为了在多个无人机之间形成并维持特定的编队队形,无人机之间保持刚性架构,其中无人机的整体行为就像嵌入在刚性结构中的粒子一样,如图 6.8 所示。该方法能够实现高精度的运动,但集群的容错性下降。此外,该算法不像其他协作控制策略那样需要领航者的选择,并且该方法可以灵活地保持固有的各种几何形状。

该算法通常包括四个步骤:

① 定义虚拟结构中的粒子期望动态,并使粒子与当前无人机的位置保持一致;

② 将虚拟结构中粒子按给定方向移动;

③ 计算个体无人机轨迹,当无人机移动导致出现轨迹误差时,将无人机移动到期望的粒子点;

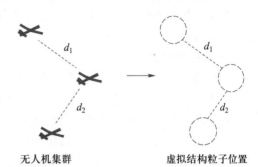

图 6.8 虚拟结构法示意图

④ 调整无人机速度,使其遵循所需的轨迹,同时保持移动无人机之间的刚性几何关系。

该算法重复执行上述四步,直到无人机集群编队到达所需位置。

控制一群四旋翼无人机保持固定相对编队或在不同编队间过渡时进行敏捷交错机动的方法可以防止集群内的碰撞以及四旋翼无人机和场景中的静态障碍物之间的碰撞。该方法建立在现有虚拟结构概念的基础上,将虚拟结构的概念与基于差分平面的反馈控制相结合,以规划和执行复杂的交错航迹;基于分层结构的编队协作算法根据无人机集群在空间上的分布将其分成若干簇,定义每个分簇的移动航迹,从而将每个无人机分簇的移动转化为每个无人机的期望移动航迹。

实时性虚拟结构集群控制方案使得固定翼无人机编队能够沿预定编队轨迹飞行。此算法用来计算编队变化参考轨迹,其中每一个轨迹都由一个扩展轨迹控制方案执行。该动态编队控制方案使编队能够沿计划的轨迹稳定飞行。

虚拟结构法的主要优点是,它可以很容易地制定整个集群的协调行为,并通过使用反馈给集群增加一种稳健性。因此,在飞行时可以很好地保持队形。不足的地方是需要构成一个刚性架构,限制了在其他方面的应用。到目前为止,该方法仅适用于二维环境。

(3) 基于行为法

基于行为的编队控制算法通过采用混合矢量加权控制函数来解决编队控制问题,能够根据不同编队任务生成不同的控制命令。根据不同的任务需求,共有四种不同行为编队控制方案:向目标点移动、静态障碍物防碰撞、智能体之间防碰撞、队形保持。每个行为根据不同的任务需求和应用环境存在一个权重系数,并且最终的编队控制方案由这些行为的加权组合来决定,可表示为

$$w = w_1 u_1 + w_2 u_2 + w_3 u_3 + w_4 u_4 \tag{6.1}$$

其中,u_1、u_2、u_3 和 u_4 分别代表 4 种不同的行为;w_1、w_2、w_3 和 w_4 则分别表示不同行为的权重。基于行为的编队控制算法不仅可以实现编队的生成与保持,还可以实现编队的避障,因此该算法在实际应用中优于其他控制方法。由于基于行为的编队控制方法的系统稳定性十分复杂,这也使得从理论上证明这种方法的性能比较困难,但是许多研究仍然采用了这种方法。

（4）图论法

图论法利用拓扑图上的顶点来描述单个无人机,用两点之间的边来表述无人机间的关联约束拓扑关系,例如感知、通信或控制连接等,将控制理论引入图中,可以构建编队控制策略。刚性图论在编队中的应用取得了比较大的进展。一般来讲,刚性图处理的对象是无向图,即无人机之间的联系是双向的。在很多实际情况中,为了简洁通信量,多无人机系统常常利用有向图表示。

（5）一致性法

所谓一致性是指智能体利用与之通信的邻居智能体的状态信息更新自身的状态,并最终使所有智能体状态达到一致。采用一致性理论进行多无人机编队控制研究,基于分布式网络实现无人机之间信息感知与交互,可以实时应对突发情况,提高编队安全性。该概念最早出现在计算机分布式计算网络化的动态系统中。

基于一致性进行分布式大规模编队具有良好的灵活性和适应性,编队鲁棒性也不会因某架无人机损伤或损毁而降低。分布式控制不依赖某一控制单元,并且某架无人机发生故障对整体队形不会有太大影响。但是分布式控制算法比较复杂,对通信信道容量及通信时延的要求较高,目前所设计的编队控制器不能长时间保障所有无人机收敛到一致状态。为了避免几种方法的缺点,人们提出了很多综合多种方法优点的改进方法以提高无人机编队飞行过程中机间信息共享的可靠性和吞吐量。

6.3　基于虚拟势场法的协同避障算法

6.3.1　虚拟势场法

6.3.1.1　基本原理

人工势场法（APF）又称为虚拟势场法,最早由 Khatib 在 19 世纪 80 年代提出。虚拟势场法自提出以后,大多被应用于机器人导航的相关研究中。其思想是把智能体所在的环境进行抽象化,成为一个虚拟的势场,智能体受到势场中力的作用而移动。它的基本原理是通过对智能个体所受的引力矢量和斥力矢量进行叠加形成合力,从而计算出智能个体运动的方向与速度大小。个体在合力的作用下向着目标点运动,无人机受力原理如图 6.9 所示。

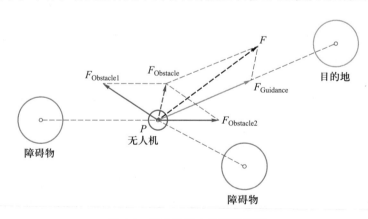

图 6.9　无人机受力原理示意图

在虚拟势场中,对无人机影响最大的是目的地对其产生的导航力 F_{Guidance},无人机正是在导航力的作用下向着目标任务地点运动。其次是避障力,当无人机进入障碍物一定范围内时会受到障碍物对其产生的斥力 F_{Obstacle} 的作用,在斥力的影响下,无人机节点会朝着远离障碍物的方向移动,当障碍物不在节点探测范围内或检测到此时障碍物距离无人机较远时,该节点不会受到障碍物的斥力。

综合上述介绍,虚拟势场中的无人机在位置 P 时,该无人机在此势场中所受的合力 F_{Total} 可表示为

$$\overrightarrow{F_{\text{Total}}(P)} = \overrightarrow{F_{\text{Guidance}}(P)} + \sum_{i=1}^{n} \overrightarrow{F_{\text{Obstacle}i}(P)} \tag{6.2}$$

其中,n 为虚拟势场中障碍物的个数。

6.3.1.2　虚拟力

智能个体在虚拟势场所受的引力 F_{Guidance} 和斥力 F_{Obstacle} 由无人机当前位置、目的地位置以及障碍物所在位置求解得出。但是,在大规模无人机集群场景中,由于无人机的运动速度较快,集群中无人机数量庞大,集群拓扑结构快速变化导致实际场景复杂多变,仅仅是引力与斥力无法满足对集群中单架无人机的受力情况进行准确描述。本节在原有引力、斥力的基础上,对无人机集群里单架无人机可能受到的力的种类重新进行划分,将单架无人机受到的虚拟力分为导航力、拓扑力和避障力三个部分,三种力相叠加则为该无人机最终受到的合力,合力方向即为无人机的运动方向。最后,对单个无人机节点所受的合力进行归一化计算,得出该无人机的运动速度大小和运动方向。

(1) 导航力

在整个无人机飞行的过程中,集群运动的终点或者路径规划中某个临时的目标点对无人机产生的导航力是始终驱使无人机向目的地运动最主要的控制力。如图 6.10 所示,某无人机已规划出一条运动路径,该无人机当前处于 P 点,其坐标可以描述为 $P(x_P, y_P, z_P)$,下一时刻应处于 $P'(x_{P'}, y_{P'}, z_{P'})$ 的位置。

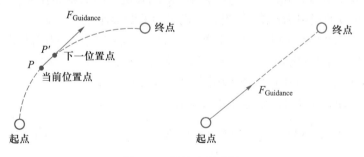

图 6.10　导航力示意图

此时导航力可表示为

$$\overrightarrow{F_{\text{Guidance}}(P)} = k_{\text{Guidance}} \sqrt{(x_P - x_{P'})^2 + (y_P - y_{P'})^2 + (z_P - z_{P'})^2} \tag{6.3}$$

上式中 F_{Guidance} 为导航力,力的方向为 P 到 P' 的矢量方向,k_{Guidance} 为导航力增益系数。由式(6.3)可以看出,导航力和导航力增益系数与欧式距离(欧几里得距离,即欧几里得度量,是指在 m 维空间里两个点之间的真实距离或者向量的自然长度)有关。导航力在开始运动

时最大,当其接近中间临时点 P' 时会逐渐变小,以便在进行下一步移动之前形成良好稳定的网络拓扑关系。若无人机没有提前进行路径规划,则会受到来自终点的导航力的作用,直接向终点运动。

(2) 拓扑力

无人机集群由大量节点组成,两架在一定范围内的无人机会产生相互作用力。该作用力可称为"拓扑力"。拓扑力一方面维持无人机集群的拓扑结构,另一方面也可以有效地避免无人机之间因距离过近而产生的碰撞,对无人机的集群避障有着重要的影响。不同距离下无人机之间拓扑力示意图如图 6.11 所示。

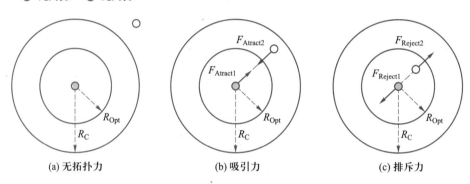

图 6.11　无人机之间拓扑力示意图

在图 6.11 中,定义单架无人机 u 的邻居节点集合为 $N(u)$,坐标为 (x_u, y_u, z_u),其通信距离是 $R_C (R_{Communication})$,当无人机 u 与邻居节点集合中的无人机 v 之间的距离小于等于 R_C 时,即在对方的通信范围内时,它们之间会产生拓扑力,距离大于 R_C 则不会产生拓扑力。定义无人机之间的最佳距离为 $R_{Opt} (R_{Optimal})$,即当两架无人机之间的距离在 R_{Opt} 到 R_C 之间时,它们会因为受到对方的吸引力而靠近;当无人机之间的距离小于 R_{Opt},此时它们会受到对方的排斥力而远离。当两架无人机之间的距离为 R_{Opt} 时,它们之间的吸引力与排斥力相互抵消,则此时不受对方拓扑力的影响。对于无人机 u 而言,其邻居节点集 $N(u)$ 中任意一个无人机 $v(x_v, y_v, z_v)$ 不会对无人机 u 同时产生吸引力和排斥力的作用。

无人机之间的吸引力与排斥力可分别表示为

$$\overrightarrow{F_{Atract}(u,v)} = k_{Atract}\left[\sqrt{(x_u - x_v)^2 + (y_u - y_v)^2 + (z_u - z_v)^2} - R_{Opt}\right], \quad R_{Opt} \leqslant D(u,v) \leqslant R_C$$

(6.4)

$$\overrightarrow{F_{Reject}(u,v)} = k_{Reject}\left[R_{Opt} - \sqrt{(x_u - x_v)^2 + (y_u - y_v)^2 + (z_u - z_v)^2}\right], \quad 0 \leqslant D(u,v) \leqslant R_{Opt}$$

(6.5)

其中,k_{Atract} 和 k_{Reject} 分别为引力增益系数和斥力增益系数,$D(u,v)$ 为无人机 u 与 v 的欧几里得距离,$D(u,v)$ 在三维模型中的表达式为

$$D(u,v) = \sqrt{(x_u - x_v)^2 + (y_u - y_v)^2 + (z_u - z_v)^2}$$

(6.6)

此时,对于无人机 u 而言,它所受的拓扑力可以表示为

$$\overrightarrow{F_{\text{Topology}}} = \alpha_{\text{A}} \sum_{v \in N(u)} \overrightarrow{F_{\text{Atract}}(u,v)} + \alpha_{\text{R}} \sum_{v \in N(u)} \overrightarrow{F_{\text{Reject}}(u,v)} \tag{6.7}$$

其中,引力权重 $\alpha_{\text{A}}(\alpha_{\text{Atract}})$ 和斥力权重 $\alpha_{\text{R}}(\alpha_{\text{Reject}})$ 满足

$$\begin{cases} 0 \leqslant \alpha_{\text{A}}, \quad \alpha_{\text{R}} \leqslant 1 \\ \alpha_{\text{A}} + \alpha_{\text{R}} = 1 \end{cases} \tag{6.8}$$

通过调整引力权重 α_{A} 和斥力权重 α_{R} 之间的大小关系,可以在不同的集群环境下获得最佳的拓扑力效果。

(3) 避障力

当无人机集群运动在空旷无障碍的场地时,只需将导航力与拓扑力二者进行矢量叠加就可以较好地描绘出单架无人机的受力情况。但是在真实的任务场景下,无人机集群在飞行途中经常会遇到如山峰、建筑等障碍物。同时,无人机集群在执行军事任务时,需要有效地避开敌方设置的电磁干扰区域。此时,避障力的存在就可以很大程度上提高无人机的生存能力,减少经济损失。其基本原理与拓扑力类似,如图 6.12 所示。

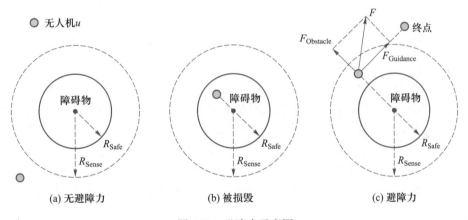

图 6.12　避障力示意图

在虚拟势场法中,将对无人机集群有威胁的区域抽象成为几何化的障碍物,对无人机集群飞行造成的阻力,定义为避障力,即对于无人机而言,障碍物所在的位置不能靠近,需要避开绕行。一旦无人机进入到障碍物的最小区域范围内,则认为该架无人机已被损毁。与拓扑力中两架无人机距离小于 R_{Opt} 时产生排斥力类似,避障力同样以斥力的形式作用于无人机上。

如图 6.12 所示,在虚拟势场中,定义无人机 u 周围的障碍物集合为 $O(u)$。定义障碍物的安全距离为 R_{Safe},即无人机与障碍物中心的距离需要保持大于等于 R_{Safe}。当无人机运动到与障碍物的距离小于等于 R_{Safe} 时,认为无人机已被损毁。定义避障力的作用范围为 R_{Sense},即当无人机运动至距离障碍物中心小于 R_{Sense} 时,无人机能够检测到障碍物的位置,受到来自障碍物的斥力,斥力会使无人机向远离障碍物的方向运动。当无人机与障碍物中心的距离大于 R_{Sense} 时,则认为此时无人机不会受到来自障碍物的斥力。对于单架无人机 u 而言,它所受来自附近其中一个障碍物 $O(x_o, y_o, z_o)$ 的避障力 F_{Obstacle} 可以表示如下,避障力的

方向为 u 到障碍物中心的相反方向

$$\overrightarrow{F_O(u,O)} = k_O\left[R_{\mathrm{Sense}} - \sqrt{(x_u - x_O)^2 + (y_u - y_O)^2 + (z_u - z_O)^2}\right], \quad R_{\mathrm{Safe}} \leqslant D(u,v) \leqslant R_{\mathrm{Sense}} \tag{6.9}$$

其中,k_O 为避障力增益系数,$D(u,O)$ 为当前无人机与障碍物中心的欧式距离。则无人机 u 所受避障力总和为

$$\overrightarrow{F_O} = \sum_{O \in O(u)} \overrightarrow{F_O(u,O)} \tag{6.10}$$

本小节对虚拟势场法和虚拟力进行了详细的阐述,并给出了在无人机集群中每个无人机所受的导航力 F_{Guidance}、拓扑力 F_{Topology} 和避障力 F_{Obstacle} 的计算公式。将上述三种力进行矢量相加,则可以计算出无人机在虚拟势场中 P 位置时最终受到的虚拟力合力

$$\overrightarrow{F_{\mathrm{RS}}(P)} = \beta_G \overrightarrow{F_{\mathrm{Guidance}}(P)} + \beta_T \overrightarrow{F_{\mathrm{Topology}}(P)} + \beta_O \overrightarrow{F_{\mathrm{Obstacle}}(P)} \tag{6.11}$$

其中,β_G、β_T 和 β_O 分别为导航力权重系数、拓扑力权重系数以及避障力权重系数。三个系数的值均在 0 到 1 之间,它们的和为 1,即

$$\begin{cases} 0 \leqslant \beta_G, \beta_T, \beta_O \leqslant 1 \\ \beta_G + \beta_T + \beta_O = 1 \end{cases} \tag{6.12}$$

在不同的任务场景中,可以通过改变 β_G、β_T 和 β_O 三者之间的比值关系,为无人机集群规划出最优的行动路径。虚拟力作为一种虚构的概念,其力的大小无法被直观地感受,却与各节点之间的距离息息相关。由上述定义可知,虚拟势场中的无人机最终受到的虚拟力合力 F_{RS} 范围是从 0 到正无穷的。无人机的运动速度却是有限制的,在 $[0, V_{\max}]$ 范围之间,$V_{\max}$ 为无人机运动速度的最大值。需要将无人机所受的虚拟力大小映射到对应的速度大小上。为了完成这种映射,需要先对虚拟力的大小进行归一化计算。此处使用反正切函数 arctan 进行归一化操作。反正切函数 arctan 是反三角函数的一种,其定义域为全体实数 $\mathbf{R}$,其值域为 $(-\pi/2, \pi/2)$。对于无人机 u,其所受虚拟力与速度的映射关系可表示为

$$v_u = \frac{\pi}{2} \cdot \arctan(|\overrightarrow{F_{\mathrm{RS}}}|) \cdot V_{\max} \tag{6.13}$$

取合力 F_{RS} 的模长这一标量代入 arctan 函数中,所得结果乘以 π/2 化为有理数,得到的值乘以最大速度 $V_{\max}$,便可以计算出映射速度 v_u。

反正切函数图象如图 6.13 所示,其中横轴变量对应力 F_{RS},纵轴变量对应速度 v_u。它能够较好地满足虚拟力到速度的映射有以下几个原因:① 反正切函数是单调递增函数,速度随着 F_{RS} 的增大而变大,符合实际情况;② 当虚拟力的大小为 0 时,其映射的速度大小也为 0,符合实际情况;③ 当虚拟力较大时,速度对虚拟力大小的增加敏感度较低,可以避免因无人机速度过快而难以调控。

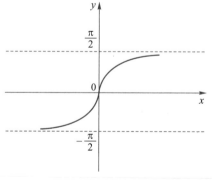

图 6.13　反正切函数图象

6.3.1.3 局部最小点问题

虚拟势场法现在多用于智能机器人避障运动与路径规划的相关研究中,它能够为智能个体规划出一条可以快速到达目的地并有效避开虚拟势场中障碍物的路径,具有规划速度快、实时性好的优势。但当智能个体的运动环境中存在着形状较为复杂的障碍物,或者障碍物距离目的地很近时,虚拟势场中可能会出现局部最小点。当智能个体运动到局部最小点附近时,会出现"目标不可达"或"来回震荡"的现象。

由图 6.14 可以看出,当障碍物处在智能个体与目的地中间或在中间的两侧对称时,会出现智能个体在当前点受力平衡的情况。这种情况下,智能个体会在当前点来回震荡或停滞不前,此时智能个体无法避开障碍物到达目的地,导致路径规划失败。

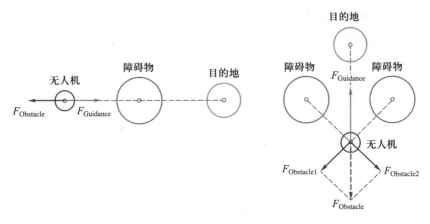

图 6.14 局部最小点位置示意图

针对上述问题,研究人员开展了大量的研究工作,以解决容易陷入局部最小点而无法到达目标点的问题。研究人员引入"虚拟障碍物"概念,借此来改变原始虚拟势场的分布。当智能个体运动至局部最小点附近时,系统会产生虚拟障碍物,虚拟障碍物所产生的虚拟排斥力将作用于受控对象上,从而帮助智能个体离开局部最小点,并及时移除虚拟障碍物。

6.3.2 基于虚拟势场法无人机集群协同避障

目前,许多无人机集群算法都使用了虚拟势场法进行研究,虚拟力为研究无人机运动的速度大小和运动方向提供了关键思路。其中,无人机集群飞行中最常见的两种场景为集群飞行和协同避障。协同避障是在集群运动场景的基础上,考虑了行进路线中存在障碍物的情况下对无人机集群运动的研究。

在经典的集群运动中,集群会首先对飞行路线进行规划。路径规划包括无人机集群具体的运动路线、下一时刻目的点、运动起点以及运动终点等运动信息,这些运动信息会及时被无人机集群所知晓。根据运动信息被知晓的范围不同,可以把集群运动分为无领航者模式和领航者-跟随者模式。下面将对这两种模式进行简单的概述。

(1) 无领航者模式

无领航者模式下,集群中所有的无人机知晓集群的运动路径。此时每一个无人机所受的导航力均来自终点或下一个目的节点。每个人无人机之间的运动相对独立。由于无领航者模式相对简单且易于实现,这种模式在民用领域得到了广泛的应用。

在进行无领航者模式的运动中,每架无人机受到来自终点或下一个目的节点的导航力、探测范围内的其他无人机的拓扑力以及可能存在的避障力作用。可以通过动态地改变引力权重 α_A 和斥力权重 α_R 的比例关系,实现节点间的拓扑控制。当发现集群中无人机的平均距离大于无人机最佳距离 R_{Opt} 时,可以通过增大引力权重 α_A 和斥力权重 α_R 的比值,增大拓扑力中引力的比重。当集群中无人机平均距离小于无人机最佳距离 R_{Opt} 时,可以减小引力权重 α_A 和斥力权重 α_R 的比值,从而增加排斥力的作用。这种机制可以有效地防止无人机与集群断开连接,同时能够和周边邻居节点保持所需的最佳距离。如果无人机与周围的邻居节点的拓扑关系非常稳定,则可以通过增大虚拟力合力 F_{RS} 中导航力权重系数 β_G,使得导航力的作用增大,也可以有效地增大无人机向目的地移动的速度。如果无人机感知到周围邻居节点因障碍物较多或其他原因发生变形,为了保证集群拓扑的稳定性,可以增大虚拟力合力 F_{RS} 中拓扑力权重系数 β_T 的值以增大拓扑力的影响。在虚拟力机制的作用下,无人机集群既可以保持高速的移动,又可以保持较为稳定的网络拓扑结构。

(2) 领航者 – 跟随者模式

在一些军事任务中,为了避免信息泄露,无人机集群的运动信息并不会告知所有无人机节点。同时,由于战场局势的变化,无人机的运动路径需要实时地发生变化。如果此时使用无领航者模式,将更新的运动信息告知每一个无人机节点将导致较大的开销。在这种情况下,通常会把更新的运动信息实时地告知其中某个领航的无人机。该无人机被称为"领航者",集群中其他的无人机被称为"跟随者",跟随者通过跟随领航者而运动。这种集群运动方法被称为领航者 – 跟随者模式,这种模式经常在鸟群中出现。

在领航者 – 跟随者模式下,当无人机集群数量较大时,受到通信范围的限制,将所有跟随者直接与领航者对接显然是不切实际的,所以此时需要一种新的方法来解决运动信息不足的问题。纳吉(Nagy)等研究人员提出了集群分级制度,按照跟随者到领航者距离的远近,把跟随者划分成不同的层级,如图 6.15 所示。领航者仍然受到来自下一个目的节点的导航力、周围节点的拓扑力以及避障力的影响。然而此时跟随者会失去导航力的作用,仅受到低层级节点的吸引力、周围节点的排斥力以及避障力的作用。

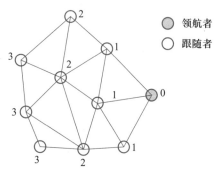

图 6.15　无人机集群层级划分示意图

6.3.3　虚拟势场法的避障性能

利用对无人机集群运动的初始状态、运动中的瞬时状态以及集群运动路径描绘展示无人机集群避障算法的作用。同时,对不同导航力系数、拓扑力系数以及避障力系数下的集群运动场景进行比较。为便于观察改进后虚拟势场法避障作用的效果,将无人机集群初始位置设置在左下方,目的地设置在右上方,其间连线处布置能阻碍飞行的障碍物。

假设仿真实验场景中存在一个节点数量为 30 的无人机集群,有 3 个需要躲避的障碍物和 1 个目标地点。初始位置及无人机间的拓扑状态如图 6.16 所示,无人机集群中各个节点的初始位置为左下角的随机点。节点之间的连线表示无人机之间互相存在拓扑力的作用。

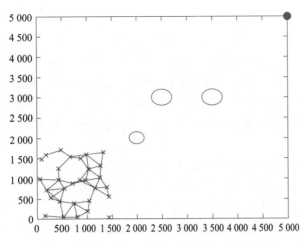

图 6.16 初始位置设置及无人机间的拓扑状态

实心圆点表示目的地,空心圆圈表示场景中的障碍物,障碍物形状大小可进行设置。

图 6.17 展示了无人机集群在虚拟势场作用下的运动过程。在图 6.17(a)中,无人机受

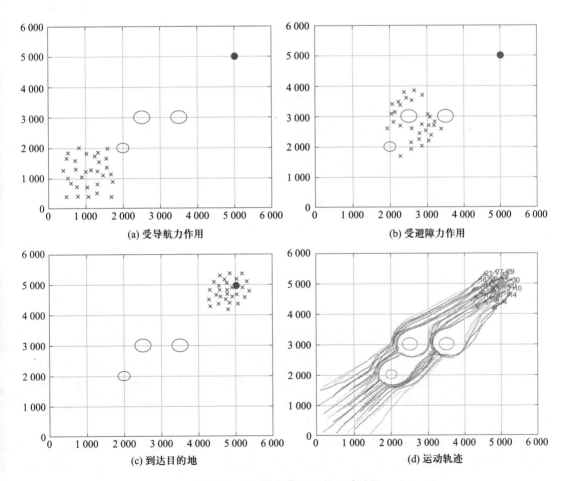

图 6.17 虚拟势场作用下的运动过程

到目的地对其导航力的作用,驱使无人机集群向着右上方运动。在图 6.17(b)中,无人机集群受到避障力的作用,从这个时刻开始,无人机集群的运动将受到障碍物的影响,改变队形,拓扑结构发生变化。无人机集群受到障碍物的排斥力影响,能够有效地避开障碍物,同时继续朝着目的地的方向运动。图 6.17(c)为无人机集群到达目的地示意图,所有存活无人机与目标地的距离都到达了设置半径范围以内,此时认为无人机集群运动结束。图 6.17(d)为无人机集群中所有节点的运动轨迹。从运动轨迹可以明显地看出避障力对于集群运动的作用效果。

在分配导航力权重 β_G、拓扑力权重 β_T、避障力权重 β_O 时,需要对这三个参数进行合理的设置。如果三个系数设置不够合理,会出现无人机撞毁的情况。

图 6.18 展示了另一个场景下的无人机集群飞行情况,在该场景下,初始坐标设置不变,增大导航力权重因数,减小避障力权重因数,从无人机集群的运动路径可以很明显地看出最终有多架无人机撞上障碍物损毁。无人机损毁不但会造成经济损失,同时也会影响最终作战任务的完成。所以,将虚拟力权重因数进行合理分配是十分重要的。

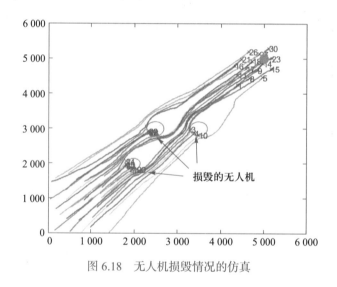

图 6.18　无人机损毁情况的仿真

图 6.19 展示的是三维坐标情况下无人机集群、障碍物、目的地的初始位置设置以及无人机集群的拓扑状态。

图 6.20 展示了无人机集群在三维环境中的虚拟势场作用下的运动过程。同样,图 6.20(a)展示的是无人机刚开始受到目的地对集群的导航力作用,驱使无人机集群向着目的地运动的场景;在图 6.20(b)与(c)所示场景中,无人机计算虚拟力,运动状态发生变化,运动将受到障碍物的影响,改变队形,拓扑结构发生变化,主动避开障碍物,继续朝着目的地的方向运动;图 6.20(d)为无人机集群到达目的地示意图,所有无人机与目的地的距离都在设置的半径范围以内,此时认为无人机集群运动结束。

图 6.21 绘制出了无人机集群中所有节点在仿真场景下的运动轨迹。图 6.21(a)为整体避障效果展示,图 6.21(b)为障碍物区域放大后的路径展示,从无人机放大后的运动轨迹来看,所有无人机都有效地避开了障碍物。

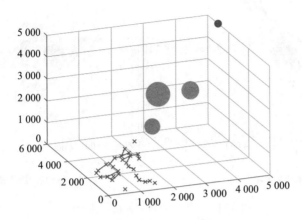

图 6.19 无人机集群、障碍物、目的地的初始位置设置
以及无人机集群的拓扑状态

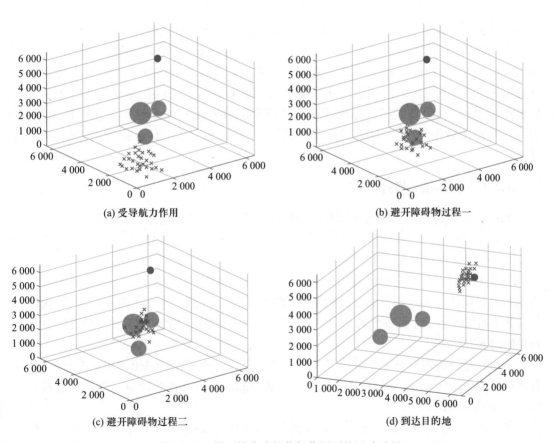

(a) 受导航力作用

(b) 避开障碍物过程一

(c) 避开障碍物过程二

(d) 到达目的地

图 6.20 三维环境中虚拟势场作用下的运动过程

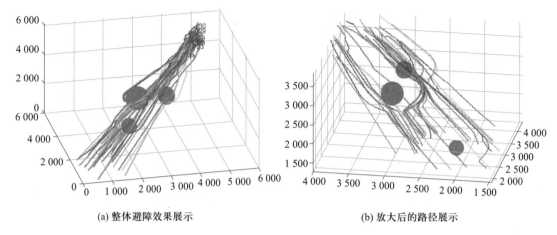

(a) 整体避障效果展示　　　　　　　　(b) 放大后的路径展示

图 6.21　三维无人机集群运动轨迹

6.4　基于 Dubins 路径的航迹规划算法

传统无人机航迹规划算法应用在突发威胁区域场景中存在路径扩展点冗余、实时性较差的问题,本节介绍的多因素 Dubins 航迹规划算法(multiple factors Dubins algorithm,MFDA)则能很好地优化以上问题。该算法首先根据无人机自身性能约束及突发威胁区域的位置,并且考虑无人机的起始和最终位置,利用传统的 Dubins 路径找到有效的路径扩展点;然后结合启发式搜索思想建立基于路径长度和威胁的路径扩展点评估函数;最后通过路径评估函数计算,比较路径点的代价值,选取每一步的路径扩展点,规划出较优路径。

6.4.1　Dubins 路径

Dubins 路径是在满足转弯半径和设定的起始点与目标点的速度方向的限制下,连接两个二维平面(即 x-y 平面)的最短路径,被广泛应用在智能机器人的路径规划上,并且 Dubins 路径比直线路径更接近无人机的实际飞行轨迹。

假设无人机保持恒定的高度和速度,并且受到转弯速度的限制,则 Dubins 路径是一种为无人机寻找从起始点到目标点最短路径的策略。Dubins 路径由三个路径段组成,这些路径段基于直线或给定半径的圆弧。由两条曲线段和一条直线段组成的四种不同类型 Dubins 路径如图 6.22 所示。

Dubins 路径的四种情况分别是:右转 - 直线 - 左转(right straight left,RSL)、左转 - 直线 - 右转(left straight right,LSR)、右转 - 直线 - 右转(right straight right,RSR)、左转 - 直线 - 左转(left straight left,LSL)。

在节点 (x_i, y_i, ψ_i) 中,其中 x_i 表示无人机在 x 平面映射的横坐标,y_i 表示在 y 平面映射的纵坐标,ψ_i 表示无人机的航向。通过对上述四种 Dubins 路径的分析,可以发现,在航迹规划过程中,除了考虑无人机的起始和目标位置信息,在添加起始位置航向以及目标位置航向的基础上,当无人机跨越威胁区域飞行时,Dubins 路径是最短路径。

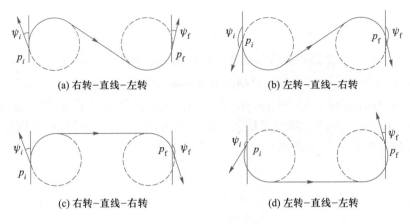

（a）右转-直线-左转　　　　　　　（b）左转-直线-右转

（c）右转-直线-右转　　　　　　　（d）左转-直线-左转

图 6.22　Dubins 路径

6.4.2　路径扩展点的选择

MFDA 算法将直线航迹与威胁区域圆的切点作为算法的下一步扩展节点，如图 6.23 所示。

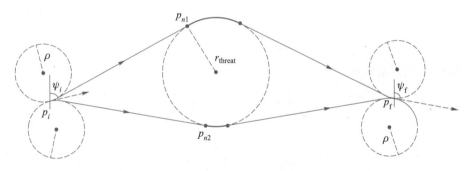

图 6.23　扩展点选择

无人机的最小转弯半径为 ρ，即无人机最小以转弯半径为 ρ 的圆调整航向。起始点位置为 p_i，航向为 ψ_i，目标点位置为 p_f，航向为 ψ_f。在无人机起始位置和目标位置之间存在一个半径为 r_{threat} 的威胁区域。由前述分析可知，在最小转弯半径和航向的限制条件下，Dubins 路径是从起始位置到达目标位置的最短路径。另一方面，将威胁区域表示为 $(x_{threat}, y_{threat}, r_{threat}, G_{threat})$，其中 (x_{threat}, y_{threat}) 代表威胁区域的中心坐标，r_{threat} 代表威胁区域半径，G_{threat} 代表威胁级别，威胁等级越大，表明对无人机可能造成的伤害程度越高，并且无人机距离威胁区域越近，遭遇威胁的可能性越大。从图 6.23 中可以看出，有两条 Dubins 路径可以绕过威胁区域到达目标点位置，分别是路径 $p_i p_{n1} p_f$ 和路径 $p_i p_{n2} p_f$，它们分别属于 LSR 类型和 RLS 类型。因此将直线路径与威胁区域圆的切点作为 A* 算法的下一步扩展节点，将节点 p_{n1} 和节点 p_{n2} 均加入进 Open 表中，通过评估函数分别计算两个节点的代价值并进行比较，选择出代价值最小的节点作为下一步的路径扩展节点，同时将此节点添加到 Closed 表中。通过不断的循环计算，可以规划出一条在突发威胁场景中从起始点到目标点的无人机飞行航迹。

6.4.3　路径扩展点的代价计算与选取

MFDA 算法同时考虑路径代价和威胁代价对无人机轨迹的影响,估价函数为

$$f(n) = g(n) + h(n) \tag{6.14}$$

其中,$g(n) = w_1 \cdot Distance + w_2 \cdot Hazard$,$w_1$ 表示距离代价的影响因子,w_2 表示威胁代价的影响因子,$w_1 + w_2 = 1$。路径由两端弧长和一段直线构成,如图 6.24 所示,分别计算 LSR 和 RLS 两种类型的 Dubins 路径距离。

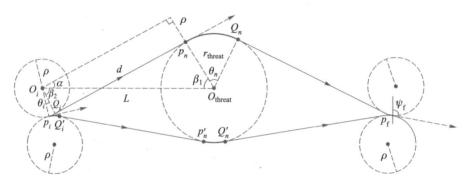

图 6.24　Dubins 路径分析

起始节点为 (x_i, y_i, ψ_i),求解圆 O_i 和圆 O_{threat} 的切线 $Q_i p_n$ 的坐标。

计算圆 O_i 的圆心坐标。

$$x_{O_i} = x_i + \rho \cos\left(\psi_i + T_i \cdot \frac{\pi}{2}\right) \tag{6.15}$$

$$y_{O_i} = y_i + \rho \sin\left(\psi_i + T_i \cdot \frac{\pi}{2}\right) \tag{6.16}$$

威胁区域 O_{threat} 的圆心坐标已知。

生成直线航迹 $Q_i p_n$。

$$L = \sqrt{(x_{O_{\text{threat}}} - x_{O_i})^2 + (y_{O_{\text{threat}}} - y_{O_i})^2} \tag{6.17}$$

$$\alpha = \arcsin\left(\frac{\rho + r_{\text{threat}}}{L}\right) \tag{6.18}$$

$$\beta_1 = \frac{\pi}{2} - \alpha \tag{6.19}$$

因此,向量 $O_{\text{threat}}O_i$ 逆时针旋转 β_1 角度与向量 $O_{\text{threat}}p_n$ 重合,向量 $O_{\text{threat}}O_i$ 的模 L 已知,之后按照比例 $\dfrac{r_{\text{threat}}}{L}$ 进行缩放可以得到向量 $O_{\text{threat}}p_n$,从而计算出切点 p_n 坐标,同理可得到切点 Q_i 坐标。

当无人机位置为 p_i,航向为 ψ_i,准备绕过威胁区域 O_{threat} 时,选择切点 p_n 或者 p_n' 作为 A^* 算法的下一步路径扩展节点,因此需要对 p_n 和 p_n' 节点的代价值通过估价函数进行计算。在这里计算 p_n 节点的代价值,p_n' 同理可计算得到。首先计算 $g(n)$

$$Distance = \widehat{p_i Q_i} + Q_i p_n \tag{6.20}$$

其中节点 Q_i、p_n 的位置由前述步骤计算可知,因此 $\widehat{p_i Q_i}$ 和 $Q_i p_n$ 的长度也可计算得到。接下来计算 $Hazard$,距离威胁区域越近,所受到的威胁就越大,假设把不经过威胁区域的航迹路径所受到的威胁设置为 0,因此只有绕威胁区域飞行的圆弧段航迹才会受到威胁。从当前节点到下一个扩展节点的威胁代价值为

$$Hazard(p_{n-1}p_n) = Hazard(\widehat{p_{n-1}Q_{n-1}}) + Hazard(Q_{n-1}p_n) \tag{6.21}$$

因此 $Hazard(\widehat{Q_{n-1}p_n})=0$,$Hazard(p_{n-1}p_n) = Hazard(\widehat{p_{n-1}Q_{n-1}})$,其中

$$Hazard(\widehat{p_{n-1}Q_{n-1}}) = \int_0^{\theta_i} \frac{G_{\text{threat}}}{r_{\text{threat}}} \mathrm{d}\varphi \tag{6.22}$$

从而

$$g(p_n) = w_1 \cdot (\widehat{p_i Q_i} + Q_i p_n) + w_2 \cdot \int_0^{\theta_i} \frac{G_{\text{threat}}}{r_{\text{threat}}} \mathrm{d}\varphi \tag{6.23}$$

计算 $h(n)$,同样将距离代价和威胁代价的预评估影响因子分别用 w_1、w_2 表示。当无人机以 p_n 或 p_n' 点切入威胁区域时,无人机分别由 $p_n Q_n p_f$ 路径或 $p_n' Q_n' p_f$ 路径以指定位姿到达目标点,则 $\widehat{p_n Q_n}$ 和 $\widehat{p_n' Q_n'}$ 分别预示了无人机绕过威胁区域的飞行轨迹,所以 $h(n)$ 表示为

$$h(p_n) = w_1 \cdot Distance'(p_n p_f) + w_2 \cdot Hazard'(p_n p_f) \tag{6.24}$$

其中

$$Distance'(p_n p_f) = \sqrt{(x_f - x_n)^2 + (y_f - y_n)^2} \tag{6.25}$$

$$Hazard'(p_n p_f) = \int_0^{\theta n} \frac{G_{\text{threat}}}{r_{\text{threat}}} \mathrm{d}\varphi \tag{6.26}$$

通过上述代价值的计算与比较,选择代价值较小的节点作为 MADA 算法的下一步路径扩展点。因此,根据上述 MFDA 算法的路径扩展点选取过程,通过不断地循环计算,可以规划出一条在突发威胁场景中从起始点到目标点的无人机飞行航迹。

6.4.4 MFDA 算法路径规划流程

(1) MFDA 算法路径规划过程

MFDA 算法路径规划过程如图 6.25 所示。多因素 Dubins 路径算法重新建立基于路径长度代价及威胁代价作为路径评估因素的评估函数,在当前路径扩展点选择下一步路径扩展点的过程中,根据 Dubins 路径的特性,待选路径扩

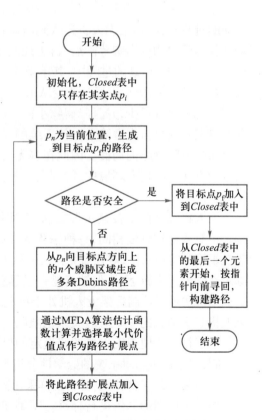

图 6.25 MFDA 算法路径规划过程

展点中最多只会存在两个选择,并且 Dubins 路径只作与威胁区域相切的曲线,那么从起始点到目标点的整个路径规划过程中路径扩展点的数量会大幅度降低,另外 Dubins 路径是在满足最小转弯半径和设定的起始点和终点的速度方向的限制下,连接 x 和 y 平面的最短路径,那么最终通过 MFDA 算法得到的规划路径长度也会减小。

(2) 算法路径规划步骤

① 首先将起始点当作当前路径扩展点,生成到目标点的路径。如果在此方向上不存在威胁区域,则将目标点 p_f 加入 Closed 表中,构建一条从起始点到目标点的路径曲线,算法运行结束。如果在此方向上存在威胁区域,则生成当前路径扩展点到威胁区域的多条 Dubins 路径。

② 通过 MFDA 算法估价函数计算并选出代价值最小的点作为下一步的路径扩展点,将此路径扩展点加入到 Closed 表中。

③ 将步骤②中选取的路径扩展点作为当前的位置,然后重新执行步骤①的操作。之后重复上述过程,不断产生新的路径扩展点,直到到达目的点,构建出完整路径。

由上述 MFDA 算法路径规划过程可知,路径搜索过程也就是通过计算不同 Dubins 路径的代价值从而选取路径扩展点的过程。

6.5　无人机集群威胁区域躲避协同控制算法

无人机集群遇到障碍时有两种策略:第一种是自主避障,自主避障指的是无人机集群在运动的过程中,某单架无人机进入到障碍物的影响范围时,进行脱离编队躲避障碍物,当运动到脱离障碍物的影响范围后,自主地回到编队中去;第二种是协同避障,协同避障指的是当无人机集群在运动的过程中,某单架无人机进入到障碍物的影响范围时,通知所有无人机都要躲避障碍物,既可以通过改变队形绕行,也可以通过整体维持原队形绕行。自主避障仅适用于无人机数量少,并且障碍物小而且少的情况。如果环境复杂,障碍物体积大并且多,那么单架无人机自主避障无法使后续的无人机继续沿着原来的航迹飞行,后续的无人机还是得面临避障绕路的局面。因此在多无人机复杂环境下,协同避障更适合作为无人机集群的避障方法。在现实环境中,特别是在低空巡检任务中,地形地貌十分复杂,障碍物的类型也是多样的。

无人机编队队形控制主要方法有:跟随领航者法、虚拟结构法、基于行为法、人工势场法。跟航迹规划算法相同,每种编队队形控制方法都有各自的优缺点。跟随领航者法的优势在于算法实现简单,对领航无人机的航迹规划完成后,其他跟随无人机只需根据一定的规则跟着领航无人机运动,但缺点是一旦领航无人机发生故障,整个无人机集群都无法运动。虚拟结构法可以控制每架无人机处于特定的相对位置,使得集群保持严格的固定队形,但是无人机与虚拟点的一一对应关系也限制了集群队形的灵活变动,并且不利于集群规模的扩大。基于行为法使得无人机按照设定的控制指令执行特定的行为,因此集群系统可以分布式控制,但是这也给对系统的数学性分析带来了困难,无法给出理论验证。

在实际中,某些场景也需要集群采用固定队形行动,例如狼群在围捕猎物时常常由头狼统一指挥采用圆形队伍进行捕杀。军事和民用方面,无人机集群也广泛地采用固定队形完成一些特定的任务,例如采用 V 形编队可以有效地减少空气阻力,降低能量消耗;采用圆形编队能更大程度上提高对信息的侦察范围,在建筑物的尺寸测量和地形测绘方面多有应用。本节介绍基于虚拟控制网络的无人机集群圆环形编队算法,实现无人机的编队控制与协同避障。

无人机集群圆环队形的形成是由多架无人机由起始位置或初始队形逐渐形成特定无人机编队队形的过程。结合第 6.4 节提出的 MFDA 算法,当仅存在少量无人机时构建一个虚拟领航者,真实无人机则作为跟随者,采用跟随领航者模式进行编队飞行。飞行过程中,虚拟领航者使用 MFDA 算法在突发威胁区域场景中进行航迹规划,并在每个路径扩展点上计算以虚拟领航者为圆心的虚拟集群参考网络,构建真实无人机对应的虚拟控制点。真实无人机则采用人工势场法完成威胁区域躲避,结合实际环境,将虚拟结构点作为次目标点,目标点对无人机的引力修正为虚拟结构点的引力,同时真实无人机还受到无人机之间的斥力与障碍物的斥力,在合力的作用下以圆环形编队避开威胁区域的同时到达目标点。当无人机集群形成队形后,无人机处于稳定状态,此时无人机在以虚拟领航者为圆心的圆环上均匀分布,并且各个无人机之间保持相同的距离。另外,当存在大量无人机时,单个无人机编队无法适应复杂的作战环境,将无人机划分为多个编队队形则可以解决这个问题。因此当存在多个无人机时,将无人机集群进行分簇处理,给每一个簇构建一个虚拟领航者,并将每个簇的簇成员按照虚拟集群参考点进行编队控制,在各个无人机集群编队飞行过程中,则存在编队之间的防碰撞问题。

6.5.1 单集群编队避障控制

在无人机防碰撞算法中,传统的人工势场法应用较为广泛,但是无法达到保持集群拓扑的效果。另一方面,虚拟结构法虽然能够很好地对无人机集群拓扑进行约束,但是需要无人机与虚拟点一一对应,使得无人机集群无法灵活地进行队形变换,集群规模也会受到限制。本节将介绍一种无人机集群威胁区域规避与协同控制算法,首先建立虚拟控制网络,之后将其与人工势场法、MFDA 算法进行融合,以跟随领航者模式达到无人机集群以固定编队队形进行威胁区域躲避的效果。

(1) 虚拟集群控制点

为了更好地与 6.4 节提出的 MFDA 算法相结合,建立圆环形的虚拟控制网络,并设置相应的虚拟集群控制点。首先要了解"虚拟中心点"的概念,即以 Dubins 路径为核心的路径扩展点。在无人机集群飞行过程中,采用跟随领航者模式,将虚拟中心点看作领航者,使用 MFDA 算法进行突发威胁区域航迹规划,在此基础上建立的路径扩展点作为领航者下一步的位置点,并在每一个路径扩展点上建立以虚拟中心点即领航者为圆心,半径为 R_{vir} 的圆形,虚拟集群控制点在圆上均匀分布,如图 6.26 所示。

图 6.26 中方形代表虚拟集群控制点 $p_i'(i=1,2,3,\cdots,n,n$ 为集群中无人机的数量),因此每个虚拟集群控制点与 x 轴的夹角可以表示为

$$\varphi=\frac{2\pi(i-1)}{n}, \quad i=1,2,3,\cdots,n \tag{6.27}$$

从图 6.26 可以看出,虚拟中心点即领航者通过 MFDA 算法避开 $O_{threat1}$ 和 $O_{threat2}$ 两个威胁区域,并建立 Dubins 路径,当领航者沿着建立的航迹进行飞行时构建圆环形集群编队队形,计算圆形上各个虚拟集群控制点的坐标位置,之后跟随者即集群无人机沿虚拟集群控制

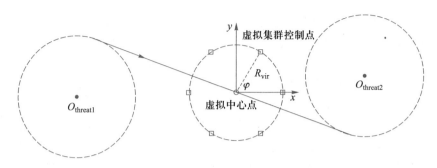

图 6.26　虚拟集群控制点示意图

点方向飞行,达到固定编队队形飞行的目标。当跟随无人机沿虚拟集群控制点方向飞行时,采用人工势场法控制无人机飞行路径,无人机会受到包括虚拟集群控制点引力在内的多种力,因此要先对人工势场函数进行设计。

(2) 人工势场函数设计

人工势场法由于其数学表达式简单,计算量小,因此在无人机与无人机之间的防碰撞及对自然环境中障碍物防碰撞中都有着广泛的应用,而在人工势场法的使用过程中,人工势场函数的设计至关重要。人工势场法实际上是将环境中障碍物的分布情况、其他无人机的位置信息、目标点的位置情况反映到所设置的势场中。在使用人工势场法进行避障时,将无人机看作是一个质点,障碍物看作是圆形区域。当无人机按照人工势场法运动时,需要根据当前位置的势能来决定飞行的方向和速度。一般来说,人工势场法遵循“近距排斥,远距吸引”的原则。在本节所提出的算法中,跟随无人机受到的斥力来自两个方面,一方面是障碍物对无人机的斥力,另一方面是无人机与无人机之间为了避免碰撞所产生的的斥力,而引力则只来源于虚拟集群控制点的引力,并且满足斥力与距离成反比,引力与距离成正比。当无人机在各种力的合力下运动时会逐渐达到平衡态,此时每个无人机会占据圆环形集群编队队形上的一个虚拟集群控制点,在此位置所建立的势场也是最小的。

(3) 单集群编队控制算法流程

集群中每一个无人机选择在虚拟中心点为圆心上均匀分布的虚拟集群控制点,并设计合适的人工势场函数使得真实无人机受到虚拟集群控制点的引力,最终在合力的作用下形成固定的队形。无人机集群在编队过程中与其他无人机保持安全的距离,避免无人机之间的碰撞,同时利用虚拟控制网络中虚拟集群控制点的引力使得无人机集群保持稳定的队形。

单集群编队控制算法流程如图 6.27 所示。首先需要根据集群无人机的位置确定虚拟中心点的位置信息,之后虚拟中心点需要根据威胁区域的分布情况通过 MFDA 算法做出航迹飞行路径。在确定当前路径点和下一步路径点的位置后,形成以虚拟中心点为圆心的圆环形队形。在确定圆环形队形的位置后,虚拟集群控制点均匀分布在圆环上,无人机根据“最近距离”原则选择对应的虚拟集群控制点,根据设定的人工势场函数计算虚拟集群控制点对无人机的吸引力,在集群中存在其他无人机的情况下,为防止无人机之间的碰撞还需要考虑其他无人机产生的斥力,同时,仍需要计算威胁区域产生的斥力,在三个方向的力都计算完成之后根据合力计算下一步的位置,如果当前位置与下一步位置之间的距离过大则要对之间的路径进行划分,无人机集群沿划分后的路径飞行,如果到达目标点则仿

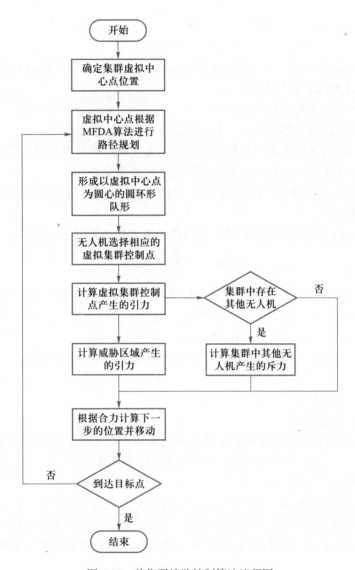

图 6.27 单集群编队控制算法流程图

真结束,否则集群虚拟中心点继续根据 MFDA 算法进行航迹规划,重新按照上述步骤进行算法运行。

6.5.2 多集群编队避障控制

当集群中仅存在少量无人机时,单集群编队控制算法能达到固定编队队形并规避威胁区域的目的,但是当无人机数量规模增加时,单无人机编队不仅不利于无人机集群规避威胁区域,而且当无人机规模较大时虚拟控制网络的计算量将显著增大。因此本节提出一种多集群编队控制算法,通过分簇算法对无人机进行分簇,形成多个独立的无人机集群,每个无人机集群按照单集群编队控制算法运动,防止编队间的碰撞。

(1) k-means 算法

k-means 算法是一种无监督的分簇算法,通过聚类计算来处理无类标数据。在进行分簇之前,k-means 算法开始并不知道数据的正确分簇结果,根据算法发掘数据自身的信息特点,然后对多个数据进行分簇。由于 k-means 算法易于实现并且计算效率较高,因此其应用范围也十分广泛,在分簇完成后单个簇内相似度高,簇与簇之间的相似度则较低。k-means 算法的实现,主要分为以下五个步骤:

① 算法运行开始设置分簇个数 k;

② 从所有样本集合中随机选取 k 个样本作为 k 个初始簇的簇中心;

③ 将集群中的每个样本点根据距离划分到距离它最近的簇中心所代表的簇中;

④ 使用每个簇中的所有样本点重新计算每个簇的簇中心点;

⑤ 重复步骤③和步骤④,直到簇中心不再出现改变或者达到仿真设置的计算次数,或者在设定的容错范围内。

在上述 k-means 算法中,常用欧几里得距离的平方作为距离衡量的标准

$$d(p,q)^2 = \sum_{i=1}^{n} (p_i - q_i)^2 \tag{6.28}$$

其中,p 和 q 分别代表不同的样本点,n 表示样本特征的数量。在对无人机集群进行分簇时,由于需要形成圆环形固定编队队形,因此在仿真过程中仅根据无人机的位置信息进行分簇,分簇的个数 k 根据具体的无人机数量进行设定。分簇完成后,对于每个簇使用簇中所有无人机的位置坐标求平均作为单集群编队控制算法中虚拟中心点起始坐标。无人机集群分簇完成后,每个无人机集群按照单集群编队控制算法飞行,在此过程中需要通过编队间防碰撞算法实现每个集群编队之间的避障。

(2) 编队间防碰撞算法

在设计无人机集群编队间防碰撞算法之前要分析单架无人机之间的冲突碰撞情况。为了保证无人机自主飞行过程中的安全,对无人机的安全距离建模。以两架无人机在二维空间中飞行为例,无人机的飞行轨迹存在以下三种可能性。

如图 6.28 所示为两架无人机飞行轨迹关系图,只有图 6.28(b) 所示的飞行轨迹才有发生碰撞的可能性,另外两种情况均为飞行远离。因此,只有当两架无人机在飞行轨迹上靠近时才会有发生碰撞的可能性,而图 6.28(b) 中最为危险的碰撞即是两架无人机相向而行。

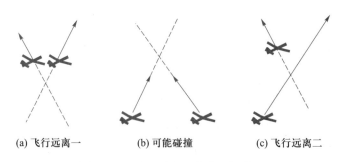

(a) 飞行远离一　　　　(b) 可能碰撞　　　　(c) 飞行远离二

图 6.28　两架无人机飞行轨迹示意图

在讨论完两架无人机的碰撞情况后,具体分析多集群编队之间的碰撞情况。多集群编队之间发生碰撞主要存在图 6.29 和图 6.30 两种情况。

图 6.29 表示两个无人机集群在同一威胁区域发生碰撞的情况。如图 6.29 所示,存在

一个半径为 R_{vir} 的威胁区域,两个无人机集群的虚拟集群圆环形队形半径分别为 R_{vir1}、R_{vir2}。在虚拟集群中心点 O_1 和 O_2 根据 MFDA 算法作路径规划时,与威胁区域圆的切点分别为 p_1、p_2,从图中可以看出以 p_1 和 p_2 为圆心的虚拟结构圆存在重叠部分,意味着两个无人机集群在朝着虚拟集群控制点飞行时会存在碰撞的情况。

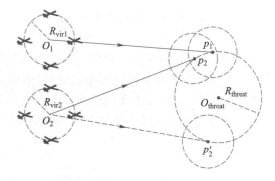

图 6.29 同一威胁区域发生碰撞

图 6.29 中也给出了相应的解决方案,即无人机集群之间会共享速度矢量,如果发现存在碰撞的情况,则无人机集群会重新根据 MFDA 算法规划出新的无人机飞行路径。例如,虚拟中心点 O_2 最初选定的路径扩展点为 p_2,发现会产生碰撞后,重新选择 p_2' 作为新的路径扩展点,因此就避免了两个无人机集群之间发生碰撞。

图 6.30 表示两个无人机集群在规避不同威胁区域时发生碰撞。如图 6.30 所示,两个威胁区域圆的半径分别为 $R_{threat1}$ 和 $R_{threat2}$,两个无人机集群的虚拟集群圆环形队形半径分别为 R_{vir1}、R_{vir2}。在虚拟中心点 O_1 和 O_2 根据 MFDA 算法做路径规划时,与两个威胁区域圆的切点分别为 p_1、p_2,从图 6.30 中可以看出以

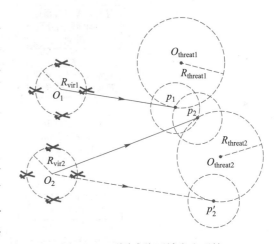

图 6.30 不同威胁区域发生碰撞

p_1 和 p_2 为圆心的虚拟结构圆存在重叠部分,意味着两个无人机集群在朝着虚拟集群控制点飞行时会存在碰撞的情况。同样,可以采用速度矢量共享的方法避免无人机集群之间的碰撞,虚拟中心点 O_2 重新根据 MFDA 算法进行路径规划,选择 p_2' 作为路径扩展点。

编队间防碰撞共享速度矢量算法主要集中在两点:一是路径是否相交,二是路径扩展点之间的距离。如图 6.30 所示,两个无人机集群之间在一段路径上不会发生碰撞需要满足两个条件:条件一是线段 O_1p_1 和线段 O_2p_2 不相交,二是 p_1 和 p_2 两点之间的距离大于两个虚拟结构圆的半径之和。条件一可以通过式(6.29)判断是否满足,当无人机集群之间满足此方程则在此段路径当中集群之间不会发生交叉碰撞的情况。

$$\begin{cases} (\overrightarrow{O_1p_1} \times \overrightarrow{O_1O_2})(\overrightarrow{O_1p_1} \times \overrightarrow{O_1p_2}) < 0 \\ (\overrightarrow{O_2p_2} \times \overrightarrow{O_2O_1})(\overrightarrow{O_2p_2} \times \overrightarrow{O_2p_1}) < 0 \end{cases} \tag{6.29}$$

条件二可以通过下式判断

$$\left\| \overrightarrow{p_1p_2} \right\| = \sqrt{(x_{p1} - x_{p2})^2 + (y_{p1} - y_{p2})^2 + (z_{p1} - z_{p2})^2} > R_{vir1} + R_{vir2} \tag{6.30}$$

同时满足上述两个条件,则认为两个无人机集群之间在一段路径中不会发生碰撞。

(3) 集群编队控制算法流程

多集群编队相比于单集群编队的问题主要集中在无人机集群规模的扩大以及编队间的碰撞问题,通过 k-means 分簇和编队间防碰撞算法解决。算法流程如图 6.31 所示。

首先对无人机集群进行分簇处理,然后对每个簇通过簇内所有的无人机位置信息计算虚拟中心点位置,每个簇的虚拟中心点根据 MFDA 算法进行路径规划,之后各个无人机分簇之间通过速度矢量共享的方式判断是否会发生碰撞,如果发生碰撞则通过 MFDA 算法重

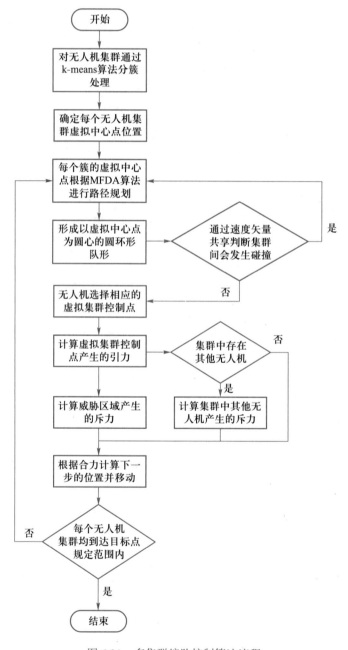

图 6.31 多集群编队控制算法流程

新选择路径扩展点,否则集群中无人机选择相应的虚拟集群控制点,并分别计算威胁区域的斥力、其他无人机的斥力、虚拟集群控制点的引力,在三者合力的作用下向虚拟集群控制点方向飞行,最后如果每个无人机集群都到达了设定的目标点附近则仿真结束,否则每个集群虚拟中心点继续根据 MFDA 算法进行路径规划,重新按照上述步骤进行算法运行。

6.6 基于深度强化学习的协同航迹规划

6.6.1 系统模型

假设任务区域中有 N 个无人机、M 个障碍物和 1 个目标。每架无人机都配备有 GPS 设备,并能识别自己的位置。无人机之间可以通过无线收发器通信,以交换位置和速度等信息。无人机的位置和速度分别表示为 $U_t = (u_{1,t}, u_{2,t}, u_{3,t}, \cdots, u_{N,t})$ 和 $V_t = (v_{1,t}, v_{2,t}, v_{3,t}, \cdots, v_{N,t})$,障碍物和目标的位置表示为 $O = (o_1, o_2, o_3, \cdots, o_M)$ 和 G。根据预设条件,无人机最初位于起始点随机分布,并计划沿着实时规划轨迹移动到目标点。障碍物在任务区域中随机分布。当无人机与障碍物之间的距离小于传感器的感知距离时,无人机就可以通过传感器确定障碍物的位置。为了满足强化学习的要求,采用离散时间尺度。此时,无人机的轨迹可以表示为 $T_r = \{U_1, U_2, U_3, \cdots\}$。每架无人机的可调速度范围为 $[v_{\min}, v_{\max}]$,当 $v_{\min} = v_{\max}$ 时,无人机以恒定速度移动。假设无人机的机动性遵循如下运动模型

$$\begin{cases} v_{i,t+1} = \dfrac{clip\left(\left\| v_{i,t} + \dfrac{F_{i,t}}{m}\Delta t \right\|_2, v_{\min}, v_{\max}\right)}{\left\| v_{i,t} + \dfrac{F_{i,t}}{m}\Delta t \right\|_2} \left(v_{i,t} + \dfrac{F_{i,t}}{m}\Delta t \right), \\ u_{i,t+1} = u_{i,t} + v_{i,t+1}\Delta t \end{cases} \tag{6.31}$$

其中 $F_{i,t}$ 表示外部控制输入,m 表示无人机的默认质量,Δt 是时间步长,$clip()$ 表示截断函数。

无人机集群协同航迹规划的主要目标可概括为如下三个子目标。

首先,无人机集群系统的航迹规划行程应尽可能小。假设需要 T 步才能达到目标点,则上述目标等于最小化

$$\sum_{t=1}^{T-1}\sum_{i=1}^{N}\left\| U_{i,t+1} - U_{i,t} \right\|_2 \tag{6.32}$$

其次,要求无人机能够自主避开障碍物及其邻居节点。假设无人机 i 和无人机 j 之间的安全距离为 d_1,无人机 i 和障碍物之间的安全距离为 d_3,无人机 i 的位置必须满足

$$\begin{aligned} \left\| u_{i,t} - u_{j,t} \right\|_2 &\geq d_1, \forall j \in \mathcal{N}_i \\ \left\| u_{i,t} - o_m \right\|_2 &\geq d_3, \forall m \in \mathcal{O} \end{aligned} \tag{6.33}$$

其中 $\mathcal{N}_i$ 表示无人机 i 的邻居集合,$\mathcal{O}$ 表示障碍物的集合。

最后,两个无人机之间的距离必须小于最大通信距离。假设无人机的最大通信距离为 d_2,无人机 i 的位置应满足

$$\left\| \boldsymbol{u}_{i,t} - \boldsymbol{u}_{j,t} \right\|_2 \leq d_2, \forall j \in \mathcal{N}_i \tag{6.34}$$

6.6.2   马尔可夫决策过程

在强化学习理论中,要解决的问题被描述为马尔可夫决策过程(Markov decision process,MDP)。MDP 必须满足马尔可夫性,也就是过程的下一个状态仅取决于过程的当前状态和决策者选择的动作。如果将无人机作为决策者,则集群协同航迹规划过程也满足马尔可夫性。集群协同航迹规划过程的下一个状态仅取决于集群航迹规划过程的当前状态和无人机选择的动作。因此,我们可以使用强化学习来解决集群协同航迹规划问题。

MDP 通常用元组 $(\mathcal{S}, \mathcal{A}, \mathcal{P}, \mathcal{R})$ 定义,其中

$\mathcal{S}$ 是状态集合,称为状态空间;

$\mathcal{A}$ 是动作集合,称为动作空间;

$\mathcal{P}$ 表示执行动作 a 后,状态 s 转换为状态 s' 的概率;

$\mathcal{R}$ 表示执行动作 a,从状态 s 转换为状态 s' 后的奖励。

考虑离散时间序列 $t = 0, 1, 2, \cdots$,智能体观察到环境中的一个状态 $s_t \in \mathcal{S}$,并且基于当前时间 t 的状态 s_t 选择了一个动作 $a_t \in \mathcal{A}$。然后智能体以 $p_{s_t, s_{t+1}}^a \in \mathcal{P}$ 的概率转移到下一个状态 s_{t+1},并获得奖励 $r_t \in \mathcal{R}$。s_t 和 a_t 之间的映射关系表示为策略 π,其中 $\pi_t(s|a)$ 表示当 $s_t = s$ 时 $a_t = a$ 的概率。强化学习的目标是学习一个策略 π,以使累计折扣报酬最大化

$$G_t = r_t + \gamma r_{t+1} + \gamma^2 r_{t+2} + \cdots = \sum_{k=0}^{\infty} \gamma^k r_{t+k} \tag{6.35}$$

式中,$\gamma \in [0, 1)$ 表示折扣因子。通常,我们将在策略 π 下,在 s 状态执行动作的价值(即预期回报)作为动作值函数

$$Q_\pi(s, a) = \mathbb{E}_\pi(G_t) = \mathbb{E}_\pi\left(\sum_{k=0}^{\infty} \gamma^k r_{t+k} \mid s_t = s, a_t = a\right) \tag{6.36}$$

根据贝尔曼的最优性原则,最优策略等价于最大化动作值函数

$$\pi_*(s) = \arg\max Q_\pi(s, a) \tag{6.37}$$

对于大多数马尔可夫决策问题,环境的转移概率对于智能体是未知的。智能体需要对动作值函数进行近似来学习最优策略。目前,最广泛使用的近似方法是时间差分(temporal difference,TD)法,其动作值函数的更新规则为

$$Q_\pi(s, a) = Q_\pi(s, a) + \alpha\left[r + \gamma \max_a Q_\pi(s', a') - Q_\pi(s, a)\right] \tag{6.38}$$

其中,α 是学习率,$r + \gamma \max_a Q_\pi(s', a')$ 称为 TD 目标,$r + \gamma \max_a Q_\pi(s', a') - Q_\pi(s, a)$ 称为 TD 误差。动作值函数在每个时间步更新一次,直到收敛。利用收敛的动作值函数并根据贝尔曼最优性原则即可确定最优策略。

6.6.3   状态和动作空间设计

对于 MDP 问题,状态信息通常指智能体和环境的所有可能性。然而,在航迹规划场景中,由于传感器和通信的限制,每个无人机无法感知环境的全部信息。因此,集群航迹规划

是一个部分可观测马尔可夫决策过程（partial observation Markov decision process，POMDP）。无人机 i 在时间步 t 的观测信息 $s_{i,t}$ 由三部分组成。第一部分是目标状态信息，表示了集群航迹规划任务的目标。为了削弱模型对目标绝对位置的敏感性，采用相对位置 $\{G - u_{i,t}\}$ 而不是绝对位置 G 作为输入。第二部分是障碍物状态信息。假设无人机 i 的感知距离内部有 k 个障碍物，无人机 i 在时间步 t 的障碍信息为 $\{o_1 - u_{i,t}, o_2 - u_{i,t}, \cdots, o_k - u_{i,t}\}$。第三部分是邻居信息，包括位置和速度。无人机 i 在时间步 t 的邻居信息为 $\{u_{1,t} - u_{i,t}, u_{2,t} - u_{i,t}, \cdots, u_{j,t} - u_{i,t}\}$，其中 $j \in \mathcal{N}_i$。综上，无人机 i 在时间步 t 的状态空间可以表示为 $s_{i,t} = \{G - u_{i,t}, o_1 - u_{i,t}, o_2 - u_{i,t}, \cdots, o_k - u_{i,t}, u_{1,t} - u_{i,t}, u_{2,t} - u_{i,t}, \cdots, u_{j,t} - u_{i,t}\}$。

为了使无人机的飞行轨迹更加平滑，模型采用连续动作空间。考虑到任务区域限制在二维平面内，无人机 i 在时间步 t 的动作为 $a_{i,t} = \{v, \theta\}$，其中 v 表示速度的大小，取值范围为 $[v_{\min}, v_{\max}]$，θ 表示速度的方向，受到无人机最大转向角的限制。

6.6.4 奖励函数设计

奖励信号将加强智能体的行动。一个好的奖励函数可以缩短算法的收敛时间。对于无人机集群系统的航迹规划，其主要目的包括三个方面：尽快到达目标点，不与障碍物和邻居节点发生碰撞，与邻居节点保持适当的距离。基于上述目的，奖励函数定义如下。

接近目标奖励：该奖励用于指导无人机朝着目标方向飞行。其基本思想是，在每一个时间步中，朝向目标方向的移动距离尽可能大。因此，无人机 i 在时间步 t 的接近目标奖励函数定义为

$$r_1 = \omega_{\text{appro}} \left\| u_{i,t} - G \right\|_2 \tag{6.39}$$

其中 ω_{appro} 是一个正常数。

避免碰撞奖励：该奖励用于引导无人机与障碍物和邻居节点保持安全距离。无人机 i 在时间步 t 的避免碰撞奖励函数定义为

$$r_2 = -r_{\text{obs}} - r_{\text{nei}} \tag{6.40}$$

其中

$$r_{\text{obs}} = \begin{cases} \omega_{\text{obs}} & ,\text{如果} \left\| u_{i,t} - o_m \right\|_2 < d_3, \forall m \in \mathcal{O} \\ 0 & ,\text{其他} \end{cases} \tag{6.41}$$

$$r_{\text{nei}} = \begin{cases} \omega_{\text{nei}} & ,\text{如果} \left\| u_{i,t} - u_{j,t} \right\|_2 < d_1, \forall j \in \mathcal{N}_i \\ 0 & ,\text{其他} \end{cases} \tag{6.42}$$

其中，$\mathcal{O}$ 表示障碍物的集合，$\mathcal{N}_i$ 表示无人机 i 的邻居集合，ω_{obs} 和 ω_{nei} 为正常数。

连通性维护奖励：该奖励是引导无人机与邻居保持连通性，以便在集群航迹规划过程中更好地实现邻居间的协同。无人机 i 在时间步 t 的连通性维护奖励函数定义为

$$r_3 = \begin{cases} \omega_{\text{connec}}, d_1 \leqslant \left\| u_{i,t} - u_{j,t} \right\|_2 \leqslant d_2, \forall j \in \mathcal{N}_i \\ 0 & ,\text{其他} \end{cases} \tag{6.43}$$

其中是 ω_{connec} 一个正常数。

除了上述与航迹规划目标密切相关的奖励函数外，还定义了另外两个奖励函数引导无

人机更好更快地完成任务。一个是引导无人机用更少的时间完成航迹规划任务的奖励,其函数定义为

$$r_4 = -\omega_{\text{step}} \tag{6.44}$$

其中 ω_{step} 是一个正常数。另一个是当无人机离边界太近时给予惩罚的边界奖励,其函数定义为

$$r_5 = \omega_{\text{hor}}\left[d_{\text{hor}} - 0.05(x_{\text{e}} - x_{\text{s}})\right] + w_{\text{ver}}\left[d_{\text{ver}} - 0.05(y_{\text{e}} - y_{\text{s}})\right] \tag{6.45}$$

其中,ω_{hor} 和 ω_{ver} 为正常数,x_{s}、x_{e}、y_{s} 和 y_{e} 为任务区域的边界横纵坐标,d_{hor} 和 d_{ver} 为无人机 i 的位置到水平和垂直边界的最小距离,且当它们大于边长的 0.05 倍时,设置为零。

综上,无人机 i 在时间步 t 的奖励函数可以表示为

$$r_{i,t} = r_1 + r_2 + r_3 + r_4 + r_5 \tag{6.46}$$

6.6.5　BCDDPG

深度确定性策略梯度(deep deterministic policy gradient,DDPG)算法是一种为了解决连续动作空间问题而提出的算法。本节将在 DDPG 的基础上,介绍一种基于行为耦合的深度确定性策略梯度(behavior-coupling deep deterministic policy gradient,BCDDPG)算法,用于更好地解决具有连续动作空间的集群航迹规划问题。

BCDDPG 算法的决策框架如图 6.32 所示。BCDDPG 采用演员 – 评论家(actor-critic,AC)网络架构,不使用 Q 网络来输出所有可能动作的动作值,而是使用 Actor 网络(参数为 θ^u)直接输出预期动作。Actor 网络在当前状态和特定动作之间建立映射,使 BCDDPG 能够处理连续的动作空间。也就是说,Actor 网络就是策略网络。因为输出动作在每一步中是确定的,随机策略 π 变为确定性策略 μ,这也解释了 BCDDPG 中"确定性"的含义。为了训练

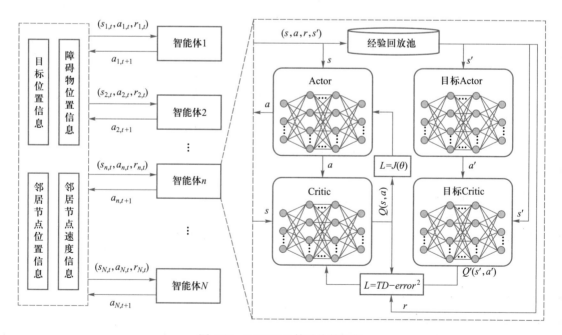

图 6.32　BCDDPG 算法决策框架

Actor 网络,BCDDPG 采用 Critic 网络(参数为 θ^Q)的网络来逼近动作值函数 $Q(s,a)$。Critic 网络用于评估 Actor 网络生成的动作的质量,并根据贝尔曼的最优性原则加强 Actor 网络以输出更好的动作。

采用梯度下降法训练 Critic 网络。定义损失函数

$$L\left(s,a\,|\,\theta^Q\right)=\left[r+\gamma\max_{a'}Q\left(s',a'\right)-Q\left(s,a\,|\,\theta^Q\right)\right]^2 \tag{6.47}$$

通过最小化损失函数来更新 Critic 网络的参数

$$\theta^Q=\theta^Q+\alpha\nabla_\theta L\left(s,a\,|\,\theta^Q\right) \tag{6.48}$$

Actor 网络的参数通过将链式规则应用于起始分布 J 的预期收益来更新

$$\nabla_{\theta^\mu}J=\mathbb{E}\left[\nabla_a Q\left(s,a\,|\,\theta_Q\right)|_{s=s_t,a=\mu(s_t)}\cdot\nabla_{\theta^\mu}\mu\left(s\,|\,\theta^\mu\right)|_{s_t}\right] \tag{6.49}$$

但是,如果只使用一个神经网络来逼近 $Q(s,a)$,可能会使得策略不稳定。这是因为网络 $Q(s,a\,|\,\theta^Q)$ 的更新可能会对 TD 目标值过估计,并最终导致模型的振荡或发散。为了提高策略的稳定性,不再使用 AC 网络而是使用目标网络(即目标 Actor 网络和目标 Critic 网络)计算目标值。目标网络与 AC 网络具有相同的网络结构,通过对学习到的 AC 网络参数进行缓慢的跟踪来更新这些目标网络的参数,即

$$\begin{cases}\theta^{\mu'}\leftarrow\tau\theta^\mu+(1-\tau)\theta^{\mu'}\\\theta^{Q'}\leftarrow\tau\theta^Q+(1-\tau)\theta^{Q'}\end{cases} \tag{6.50}$$

其中 $\tau\ll 1$。此时,目标网络参数受 AC 网络的约束而缓慢变化,大大提高了模型的稳定性。

BCDDPG 中使用的另一个有用的技巧是经验回放机制。众所周知,神经网络的样本集必须是独立同分布的,否则,可能会导致模型精度变低甚至发散。BCDDPG 将样本数据集存储在回放缓冲区中,然后采用随机抽样的方法进行训练,大大降低了数据之间的相关性,提高了模型的稳定性。

受自然界中动物集群行为的启发,BCDDPG 的 Actor 网络由多个子 Actor 网络组成。对于集群航迹规划问题,无人机的状态信息可分为三类:

① 目标在当前时间步的位置。它确定下一时间步无人机的主要前进方向,表示为 s_f。

② 无人机的邻居节点在当前时间步的位置和速度。它确定无人机是否应靠近其邻居以避免落后,或远离其邻居以避免碰撞,并驱动无人机尽可能与邻居保持一致的速度。换言之,它有助于无人机与其邻居保持连接,表示为 s_c。

③ 当前时间步障碍物的位置。它确定无人机是否应远离障碍物以避免碰撞,表示为 s_o。

无人机的最终行为取决于这三类状态信息的综合影响。在航迹规划过程中,影响权重是时变的。如果我们直接将所有的状态信息输入到一个 Actor 网络中,可能很难正确区分它们,并会输出一些低质量的策略。事实上,无人机的最终行为可以被视为三种行为的耦合,即前进行为、连通性维护行为和避障行为。如图 6.33 所示,BCDDPG 使用三个不同的子 Actor 网络来处理三类状态信息。子 Actor 网络 1、2 和 3 分别以 s_f、s_c 和 s_o 作为输入,并分别输出 a_f、a_c 和 a_o 作为相应的动作。然后,子 Actor 网络 4 将 a_f、a_c、a_o 和 s 组合成一个新向量作为输入,并输出最终动作 a。这种先分解后耦合的方法可以帮助 Actor 更好地了解无人机的环境状态,从而生成更高质量的策略。因此,将该方法称为基于行为耦合的 DDPG。

正确预测邻居节点的轨迹对于无人机与邻居之间保持连接非常重要。然而,相邻无人

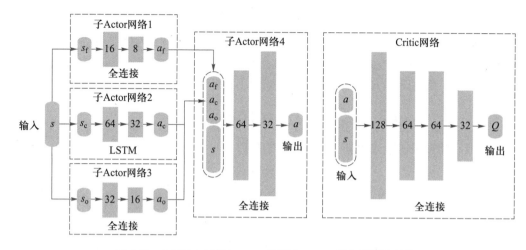

图 6.33　BCDDPG 算法 Actor 网络和 Critic 网络的网络结构

机的轨迹预测不仅依赖于其先前的状态信息,而且与其历史状态信息相关。BCDDPG 在 Actor 网络中还使用了循环神经网络(recurrent neural network,RNN),提高对历史数据中时间信息的挖掘能力。为了避免使用反向传播学习循环神经网络时出现的梯度消失问题,采用了长短期记忆(long short-term memory,LSTM)网络,该网络引入了门机制来控制特征流从而缓解梯度消失问题。如图 6.33 所示,在子 Actor 网络 2 中使用了 LSTM 网络,而其他子 Actor 网络仅使用全连接网络。针对不同的子状态信息采用不同的网络结构,进一步提高了 Actor 网络对状态信息的理解能力,从而产生更好的策略。

6.7　本章小结

　　航迹规划是无人机集群技术中的重要组成部分,是一个 NP 难问题,既需要得到最短长度的路径,又要保证路径规划时间较短。本章首先对航迹规划进行了综述性的介绍,并列举了一些当今最常见的航迹规划算法。虽然每种算法都存在各自的缺点,但是通过将多重算法进行结合可以很好地将各算法的优点发挥出来。例如人工势场法极易陷入局部最小点,但由于其实时性较优,所以能够用来进行在线航迹规划;而 A* 算法计算简单,可用于全局航迹规划,但实时性较差,因此可通过将算法融合来满足各种性能指标。6.2 节对无人机集群编队控制的基础进行介绍,6.3 节与 6.4 节分别具体地介绍了人工势场法与 MFDA 两种航迹规划方法,其中人工势场法为应用最普遍的避障方法,被分为导航力、避障力、拓扑力分别进行介绍。人工势场法与 MFDA 算法为 6.5 节协同避障奠定了基础。6.6 节介绍了基于深度强化学习的协同航迹规划算法。

　　航迹规划对于提高无人机的生存能力和任务的成功率意义重大,实际应该在具体问题具体分析的基础上,考虑采用混合规划策略,在不同的规划阶段使用不同的方法;或者通过分析提取规划问题中的关键因素,设法降低问题的难度,还可以考虑利用并行计算机技术,发展高效的并行或分布式的决策规划方法。不论采取什么算法,很重要的一点是如何将航迹规划问题合理有效地描述成适合算法操作的形式。

　　近年来航迹规划问题越来越强调无人机飞行中的实时重规划能力,提出用运动规划

（motion planning）的概念来代替路径规划（path planning）。简单地说,就是提出了在运动的环境中如何运动的问题。另一方面,自主无人机逐渐成为无人机主要的研究方向,而自主控制系统的任务就是在无人干预的情况下,面对不确定性近实时地解决复杂的优化问题。所以无人机在飞行过程中遇到突发事件时的重规划能力实际上是对其自主能力的要求,同时也对航迹规划的算法提出了新的挑战。要明确的是,实际最优的航迹是不可能得到的,因为不管采取什么方法,面对复杂环境时的种种考虑,如威胁模型的建立、代价评估函数的选取等都是人为近似规定的,和实际情况总有差距,所有航迹规划的目标都是本着快速、有效的原则,规划出一个次优可行的方案。

经过长期的研究,现代智能算法在航迹规划上的应用中出现的缺陷已基本被完善,现在的研究重心更多的是放在针对具体的环境特点缩短航迹规划长度、减少航迹规划时间上。

第 6 章习题

1. 在无人机航迹规划的过程中需要考虑到的限制因素有哪些?
2. 理想的航迹规划算法应具备哪些特点?
3. 常见的无人机编队队形有哪些?
4. 航迹规划算法可以如何分类? 并列举当今常用的航迹规划算法。
5. 简述虚拟势场法的基本原理,指出其优点和缺点。
6. 虚拟力可分为哪些力? 简述每种力的作用。
7. 拓扑力和避障力在什么情况下会产生? 这两种虚拟力有什么共同点?
8. 什么是局部最小点? 当无人机运动到局部最小点时会出现什么现象?
9. A^* 算法有哪些优缺点?
10. 用 MFDA 算法进行航迹规划有哪些步骤?
11. 单集群编队控制算法的流程是什么?
12. 多集群编队控制算法的流程是什么?

第 6 章
习题答案

第7章 无人机集群协同搜索

协同搜索是无人机集群协同控制的重要能力之一,无论是在军用还是民用领域都有着广阔的应用前景,例如战场目标侦察打击、航行船只跟踪监测、灾难现场目标搜救等。协同搜索的实现过程可表述为无人机依靠各自的机载传感器探测任务区域,然后通过机间或空地通信网络交互环境感知信息,不断加强对任务环境的认知,最终使无人机集群能够快速、准确地搜索到目标。但是协同搜索存在两大难点:一方面,决策难度随着无人机数量的增加呈几何增长趋势;另一方面,搜索任务的高动态性和不确定性使得搜索过程变得非常困难。因此,如何建立一套高效的搜索决策方法,以保证无人机集群系统在尽可能短的时间内降低对搜索区域的不确定程度,发现各种未知目标,是协同搜索面临的关键问题。

近年来,随着无人机智能化和自动化的不断提升,无人机集群目标搜索在更多复杂场景中得到应用。因此,本章从任务环境建模方法、协同体系结构及协同搜索算法等方面对无人机集群协同搜索展开介绍与分析。本章首先概述了无人机集群协同搜索任务,包括协同搜索分类与性能评价指标。接着对集群协同搜索任务进行描述,包括搜索区域环境模型、传感器探测模型以及状态空间模型。然后介绍了无人机集群协同搜索的三种典型控制系统结构。最后详细地介绍了几种典型的无人机集群协同搜索算法。

7.1 无人机集群协同搜索任务

在执行搜索任务时,工作环境往往非常复杂和严峻,特别是在军事应用中尤其如此。如果采用单架无人机进行作业,一旦该无人机突发故障,将导致任务失败。而如果重新派出无人机进行补充,往往又会延误军情。另一方面,对于多目标搜索的场景,单架无人机获取的信息有限,且情报回传的效率相对较低,难以保证高效地完成搜索侦察任务。同时,单无人机工作方式往往会因为获取的信息量有限,从而陷入局部最优解。

正是由于单架无人机在一些大规模复杂环境中的应用存在局限性,所以无人机集群协同搜索受到了极大关注。许多研究人员不断提出无人机集群协同搜索的方法,通过多机信息融合提升无人机集群的整体搜索能力。

无人机集群在未知区域进行目标搜索是决策和规划相结合的问题。如图 7.1 所示,无人机集群协同搜索主要研究内容是在一个未知区域环境下,多架无人机以分布式协同的方式,依靠自身搭载的传感器对区域中的多目标进行搜索。无人机集群对区域多目标搜索要考虑多种决策和规划问题,如区域覆盖、目标监视、协同搜索和障碍物规避等问题。这些问题被划分为多个方向进行研究,并且使用不同的描述形式、假设条件和数学方法来解决。

无论是在军用还是民用领域,无人机集群协同搜索都有广泛应用,能够提高协同搜索效

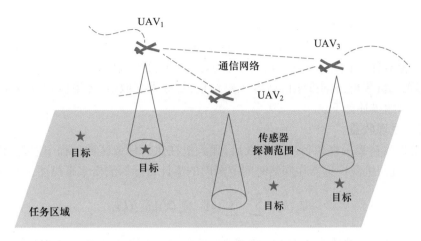

图 7.1　无人机集群协同搜索示意图

率。在战场作战中,无人机集群目标搜索是实现后续态势感知、目标干扰和目标攻击等作战任务的关键。在抢险救灾中,由于无人机受地势影响小,可以在任务区域上方迅速部署,通过无人机集群协同搜索,可做出应急响应,减少人员伤亡。下面介绍协同搜索的分类及效能。

7.1.1　协同搜索的分类

集群协同搜索问题通常可分为区域覆盖问题和目标搜索分配问题两大类。前者旨在最大化任务区域的覆盖面积,同时使无人机集群能够以最短时间到达指定位置;而后者旨在实现协同搜索任务时,兼顾无人机集群的飞行代价和任务效率两个性能指标。区域覆盖与目标搜索分配问题之间的先验关联较少,但在实际应用中,这两个问题往往又在多无人机、多目标场景中同时处理,极大地增加了系统的复杂度。因此,同时考虑两类问题的研究具有更高的实用性。

目前,国内外针对无人机集群协同搜索问题已开展了大量研究,从搜索模型来看,最初研究的是穷举覆盖模型,主要以扫描式模型、内螺旋式模型等方法为代表;从搜索任务约束来看,通常考虑搜索区域、通信条件以及威胁障碍等约束条件;从搜索目标的状态来看,通常分为静态目标和运动目标。其中,静态目标在区域中位置相对固定,不会随着时间发生改变。针对静态目标搜索问题通常采用全覆盖区域搜索策略,再通过优化算法来处理。全覆盖区域搜索需要保证无人机能够无遗漏地覆盖待搜索区域。而运动目标在给定探测区域中可以任意地随机运动,其位置和数量都会随时发生变化,因此,实时规划无人机在搜索过程中的航迹十分关键。近年来,构造搜索区域概率模型的方法受到大量研究人员的青睐。在此基础上结合优化方法来协同搜索运动目标,更加符合实际情况并且算法效果较好。随着搜索环境日益复杂以及搜索的目标越来越智能化,针对动态目标的协同搜索问题亟待深入研究。

7.1.2　协同搜索的效能

无人机集群协同搜索的目标是在尽可能短的时间内,获取更多的环境信息和目标信息,以较少的代价发现尽可能多的目标。评价协同搜索算法的性能通常要考虑完成搜索目标数量、搜索任务所需时间、区域覆盖率、能量损耗、无人机航迹长短和集群规模等。构造目标函数时,主要考虑的优化目标包括以下几个方面:①使无人机集群发现目标概率最大;②使无人机集群环境信息不确定性最低;③使无人机集群协同搜索代价最小。

因此,无人机集群协同搜索的效能主要包括:目标发现收益、环境搜索收益和协同搜索代价等。具体的描述如下。

(1) 目标发现收益

目标发现收益表示在执行决策输入后,无人机在执行任务区域过程中发现目标的可能性,通过无人机的机载传感器在探测时间范围内的累计目标探测概率来描述,如下式所示

$$J_{\mathrm{T}}(k) = \sum_{i=1}^{N_v} \sum_{(m,n)\in R_i^n} [1 - b_{mn}^i(k)] \, p_{mn}^i(k) \tag{7.1}$$

式中,$p_{mn}^i(k)$ 为 UAV_i 的搜索图在 k 时刻栅格 (m,n) 的目标存在概率,与 UAV_i 在搜索图上的位置 $x_\mathrm{p}(k)$ 相关;R_i^n 表示 UAV_i 的探测区域范围,N_v 表示无人机的数量;$b_{mn}^i(k)$ 判断是否发现目标,即当 $p_{mn}^k(k)$ 大于设定阈值 δ_p 时,则表示无人机发现目标,$b_{mn}^i(k)$ 定义如下

$$b_{mn}^i(k) = \begin{cases} 1, & p_{mn}^i(k) \geqslant \delta_\mathrm{p} \\ 0, & \text{其他} \end{cases} \tag{7.2}$$

(2) 环境搜索收益

通过无人机集群协同搜索和传感器观测,无人机获取到更多搜索区域的信息,每架无人机的搜索图也不断更新,因此,环境搜索收益 J_E 定义为无人机传感器在 $[k, k+N_v-1]$ 时间内所探测区域 R_i^n 的目标信息不确定性的减少量,通过信息熵来描述,如下式所示

$$J_\mathrm{E}(k) = \sum_{i=1}^{N_v} \sum_{(m,n)\in R_i^n} [e_i(k) - e_i(k+1)] \tag{7.3}$$

式中,信息熵 $e_i(k)$ 描述了第 i 架无人机对当前目标信息的不确定度。由第 i 架无人机在 k 时刻的搜索图可知,栅格 (m,n) 的信息确定度为 $\chi_{mn}^i(k)$,则信息熵 $e_i(k)$ 表示如下

$$e_i(k) = -\sum_{m=1}^{L_x} \sum_{n=1}^{L_y} [1 - \chi_{m,n}^i(k)] \cdot \ln[1 - \chi_{m,n}^i(k)] \tag{7.4}$$

(3) 协同搜索代价

协同搜索代价 J_S 定义为无人机集群协同搜索过程中的综合消耗,可表示为协同过程中的时间或燃油消耗,并采用下式进行预估

$$J_\mathrm{S}(k) = \sum_{i=1}^{N_v} \sum_{q=0}^{N-1} \left\| x_v^i(k+q) - x_v^i(k+q+1) \right\| / v_i(k+q) \tag{7.5}$$

综上,无人机集群系统在状态 $X(k)$ 下采用决策输入 $U(k)$ 后的整体搜索效能 $J[X(k), U(k)]$ 定义为

$$J[X(k), U(k)] = w_1 J_\mathrm{T}(k) + w_2 J_\mathrm{E}(k) - w_3 J_\mathrm{S}(k) \tag{7.6}$$

式中,$w_i(i=1,2,3) \in (0,1)$ 为权重,分别表示目标发现收益、环境搜索收益和协同搜索代价在搜索效能函数中的不同影响程度。在具体应用时需要根据任务要求选择合适的取值,先对上述各项收益和代价归一化,然后再进行加权求和。

7.2 无人机集群协同搜索任务描述

研究无人机集群协同搜索任务是为了实现无人机自主地进行分布式搜索、多机协同决策并进行任务路径规划,使得无人机在有限的续航能力约束下,尽可能搜索到更多的目标。由于搜索效率的高低与传感器设备的探测和搜索算法等方面密不可分,接下来主要从环境搜索图模型、传感器探测模型和状态空间模型三个方面描述无人机集群协同搜索任务。

7.2.1 环境搜索图模型

(1) 搜索环境

无人机集群协同搜索问题可以描述为:搜索区域 $E \in \mathbf{R}^2$ 内分布着 N_T 个未知目标。按照对环境是否具有先验知识,可将无人机集群协同搜索的环境分为两类:已知环境和未知环境。构造的环境信息模型准确性将直接影响无人机集群协同搜索的性能。

在环境信息已知的条件下,无人机集群协同执行任务时,可根据先验信息对区域内的目标进行搜索,并做出决策。已知环境信息模型是由无人机自身所维护的一种特殊数据,描述了无人机对当前环境信息的理解和认知。通过对已知环境信息进行合理的建模,能够提升集群搜索能力。搜索图是一种表示无人机对环境信息和目标分布认识过程的离散地图。随着搜索过程的进行,无人机不断加强对任务环境的认知,搜索图通过不断更新,实时表征环境和目标信息。

在环境信息未知且动态变化的情况下,通常采用概率模型来描述目标的位置状态。针对多无人机协同搜索过程中的环境不确定性,通常引入多种搜索图。例如,目标存在概率图、不确定图和信息素地图等。目标的概率图表征任务区域内目标存在的分布情况,以提高发现目标可能性;不确定图描述了无人机对环境认知程度,旨在提高目标搜索效率;信息素地图则表示无人机集群的搜索状态,目的是提高无人机间的协同效率。

(2) 概率地图模型

下面详细介绍概率地图模型的构建方法。在协同搜索任务中,通常以概率地图模型来表示任务区域内目标的分布情况。首先对环境区域进行栅格化处理,然后对每个栅格都赋予一定矢量信息表示不同时刻状态下的环境信息,包括目标存在的可能性以及位置信息等。因此,所有栅格的矢量信息构成了整个任务区域的目标概率地图。通过无人机不断探测任务区域,利用机载传感器获取的探测信息来实时更新目标概率地图。目标概率地图作为无人机实时记录搜索信息的关键载体,也是与其他无人机进行信息交互的基础。概率地图的构建具体分为以下三个步骤:地图栅格化、概率地图初始化和概率地图更新。

① 地图栅格化

无人机集群在执行搜索任务的过程中,通过目标概率地图来描述任务环境中目标存在情况。由于目标概率地图本质上是连续的,但这不利于对信息的处理,同时,无人机的决策过程也是分阶段的若干个过程,因此,需要对目标概率地图进行栅格化处理。如图 7.2 所示,将搜索任务区域划分成 $L \times W$ 个栅格,将栅格的中心点位置坐标表示成栅格坐标,假设每个栅格在任一时刻只能存在一架无人机。栅格数量应根据搜索任务区域大小进行调整,栅格划分过多能够提升搜索的精细度,但是会增加无人机的决策过程时间及资源消耗。相反,栅

格数量过少会降低搜索的精度。此外,栅格大
小至少要保证小于无人机传感器的探测视场范
围,即在无人机的视野范围内至少容纳一个栅
格,也可包含多个栅格。

② 概率地图初始化

在无人机执行任务之前,已知的先验信息
通常并不十分准确,甚至可能严重失真。已知
目标先验位置信息,由于信息的不准确性,其位
置分布可以看成一个随机量。一般的搜索场景
下,认为目标位置服从以先验位置 (x_0,y_0) 为中
心的二维高斯分布 $N(0,\sigma^2)$,并且在 x 方向和 y
方向上的变量是相互独立的。在概率地图中,
位置概率密度函数表达式为

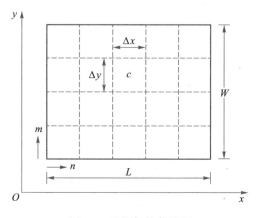

图 7.2　地图栅格化处理

$$f(x,y) = \frac{1}{2\pi\sigma_x\sigma_y} e^{-\left[\frac{(x-x_0)^2}{2\sigma_x^2} + \frac{(y-y_0)^2}{2\sigma_y^2}\right]} \tag{7.7}$$

式中, $f(x,y)$ 为栅格 (x,y) 处存在目标的概率; x_0,y_0 表示初始位置的先验信息; σ_x,σ_y 分别
为 x,y 方向标准差。

③ 概率地图更新

无人机在执行任务的过程中,根据初始的概率地图进行搜索路径的规划,并动态地更新
概率地图。然后在下一时刻任务执行时,根据新的概率地图再进行规划,整个更新过程是迭
代进行的。

每个栅格 (m,n) 取值 $P_{mn}(k) = [p_{mn}(k), \chi_{mn}(k)]$ 为矢量信息结构,其中 $p_{mn}(k) \in [0,1]$
为目标存在概率,表示 k 时刻在栅格 (m,n) 处目标存在的可能性。若 $p_{mn}(k)=1$ 表示目标
存在概率最大。 $\chi_{mn}(k) \in [0,1]$ 为环境确定度,描述了无人机对栅格 (m,n) 处信息的确定
性程度。若 $\chi_{mn}(k)=1$ 表示无人机完全清楚该处的目标信息,而 $\chi_{mn}(k)=0$ 则表示无人机完
全不清楚该处的目标信息。此时,无人机的搜索图 $M(k)$ 定义为

$$M(k) = P_{mn}(k) | m \in \{1, 2, \cdots, L_x\}, \ n \in \{1, 2, \cdots, L_y\} \tag{7.8}$$

随着无人机集群对搜索任务的不断推进,同时考虑到传感器观测的不确定性,根据贝叶
斯概率公式更新目标存在概率,可表示为

$$p_{mn}(k+1) = \begin{cases} \tau p_{mn}(k) & , \ \text{未探测} \\ \dfrac{P_D \cdot p_{mn}(k)}{P_F + (P_D - P_F) \cdot p_{mn}(k)} & , \ \text{已探测且} \ b(k)=1 \\ \dfrac{(1-P_D) \cdot p_{mn}(k)}{1 - P_F + (P_F - P_D) \cdot p_{mn}(k)} & , \ \text{已探测且} \ b(k)=0 \end{cases} \tag{7.9}$$

式中, P_D 为探测概率; P_F 为虚警概率; $\tau \in [0,1]$ 表示目标存在概率的动态信息系数,当无人
机一直未探测栅格,则该栅格处的目标存在概率会降低。如果有无人机访问栅格 (m,n),则
$p_{mn}(k)$ 的更新与探测变量 $b(k)$ 相关。当某个栅格被多次探测,无人机逐渐加深对该栅格处

的信息认知情况,因此任务区域离散化后栅格的确定度不断变化,可表示为

$$\chi_{mn}(k+1) = \begin{cases} \chi_{mn}(k) + 0.5[1 - \chi_{mn}(k)], & \text{探测} \\ \tau_{c}\,\chi_{mn}(k), & \text{未探测} \end{cases} \tag{7.10}$$

式中,$\tau_c \in [0,1]$ 表示确定度的动态信息系数,当无人机一直没有访问到栅格 (m,n),该栅格的信息确定度会逐渐降低。

7.2.2　传感器探测模型

在协同搜索任务中,分析传感器的探测模型是研究集群协同搜索问题的关键。传感器性能优劣,直接影响了无人机集群搜索目标的效果。无人机搜索任务区域内目标,其本质是通过机载传感器获取环境信息来探测目标,获取的信息越充分则越有利于无人机决策执行搜索任务。因此,通过对传感器建模,建立无人机探测范围和探测精度的关系,能够进一步建立无人机对未知环境下目标搜索的概率地图。

目前,无人机搭载的传感器有高分辨率摄像头、合成孔径雷达和激光雷达等。高分辨率摄像头可以获取更多的区域信息细节,也可以通过深度学习等技术进行目标识别。通过深度学习进行行人重识别,在几毫秒内从上亿目标库中迅速找到目标人物的信息。合成孔径雷达和激光雷达等可以在能见度极低的恶劣环境下得到高分辨雷达图像。合成孔径雷达利用与目标作用相对运动的小孔径天线,对不同地点接收的多个回波进行融合处理,从而得到较高分辨率的图像,其优点是分辨率高,能在不同的环境条件下进行全天候工作,识别遮掩物和穿透覆盖物,近年来被广泛应用于遥感和测绘。激光雷达采用激光束代替电磁波,通过激光的反射时间以及接收到的光波波长,能够完整绘制 3D 图像,即使在夜晚仍能够保持较好的识别率,并且激光雷达的识别精度相比于其他方式更高,目前已应用于无人驾驶领域中。由于高精度影像技术的快速发展,目前,携带照相设备的无人机在目标探测、环境监测及目标追踪等多个领域内得到广泛的应用。

当面对复杂恶劣的作战环境时,传感器的性能也会受到不同程度的影响。在对目标进行搜索时可能会出现虚警概率升高、探测概率降低等问题,进而降低无人机探测目标的性能。在描述传感器探测模型时,通常采用如下简化的传感器探测模型来表示无人机对搜索目标的探测与发现关系

$$p_{mn}(b(k)\,|\,d_k) = \begin{cases} P_{\mathrm{D}}, & d < d_{\min} \\ P_{\mathrm{D}} - \dfrac{(P_{\mathrm{D}} - P_{\mathrm{F}})(d - d_{\mathrm{in}})}{d - d_{\mathrm{in}}}, & d_{\min} < d_k \leq d_{\max} \\ P_{\mathrm{F}}, & d_k < d_{\max} \end{cases} \tag{7.11}$$

式中,$p_{mn}(b(k)|d_k)$ 表示传感器 k 时刻的探测概率;$b(k) \in \{0,1\}$,当 $b(k)=1$ 时表示在探测范围内,机载传感器探测到目标,则 $b(k)=0$ 表示传感器未探测到目标。P_{D} 表示传感器探测概率。P_{F} 表示传感器虚警概率。$d_{\min}$ 表示传感器的最佳探测距离的上限,$d_{\max}$ 表示传感器的最大有效探测距离。

7.2.3　状态空间模型

考虑无人机在实际飞行过程中的转弯半径约束,假定无人机下一时刻有三种可能航向:

①航向直行;②左转 45°;右转 45°,即 $d_i(k+1)\in\{d_i(k)-1,d_i(k),d_i(k)+1\}$mod 8,其中 mod 8 表示结果对 8 取模以保证无人机方向始终在 0 到 7 之间。可采用八链码方向表示无人机可行的方向,即 $d\in\{0,1,2,3,4,5,6,7\}$,如图 7.3 所示。当初始航向为 1 时,图中右侧空心箭头表示 k 时刻的航向,实心箭头表示 $k+1$ 时刻的三种可行航向。前进方向 $\Delta d(k)\in\{-1,0,1\}$ 为三个实际可行航向角增量,其中 –1 为左转 45°,0 为正向前进方向,1 为右转 45°。

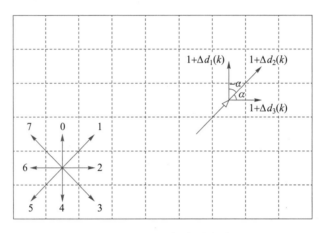

图 7.3   无人机航向示意图

　　假定在搜索任务区域内,无人机集群以相同高度飞行,通过调整偏航角来完成避障、航线修正等工作,以机载传感器获取探测信息。由于只关注无人机的运动轨迹,为简化建模,将无人机视为二维空间中匀速运动的质点。因此,可建立无人机搜索任务决策的离散状态空间,确定无人机的离散位置坐标与航向角,控制无人机的下一步运动速度和航向。在 k 时刻,UAV_i 的状态方程可以写为

$$f_i(k+1)=\begin{bmatrix} xp_i(k+1) \\ \psi_i(k+1) \end{bmatrix}=\begin{bmatrix} xp_i(k)+f_s[\psi_i(k),v_i(k),\Delta\psi_i(k)] \\ \psi_i(k)+\Delta\psi_i(k) \end{bmatrix} \tag{7.12}$$

式中,$xp_i(k)=(m,n)$ 表示 UAV_i 在搜索图上的离散位置坐标;$\psi_i(k)$ 表示 UAV_i 在 k 时刻的航向角;$v_i(k)$ 表示 UAV_i 的速度,$\Delta\psi_i(k)$ 为航向偏转角度,二者为 UAV_i 的决策输入;f_s 表示状态转移函数,记为 $\mathbf{R}\times\mathbf{R}\times\mathbf{R}\rightarrow\mathbf{Z}\times\mathbf{Z}$。根据无人机的当前决策输入计算未来一段时间内无人机的飞行距离,并将该距离映射为搜索图坐标下的距离增量 $(\Delta m,\Delta n)$,可表示为

$$\begin{cases} \Delta m=\text{In}[v_i(k)\cdot\Delta t\cdot\cos(\psi_i(k)+\Delta\psi_i(k))] \\ \Delta n=\text{In}[v_i(k)\cdot\Delta t\cdot\sin(\psi_i(k)+\Delta\psi_i(k))] \end{cases} \tag{7.13}$$

式中,算子 In 表示取整操作,在一个决策时间步长 Δt 内,通过栅格增量 $(\Delta m,\Delta n)$ 表示无人机在该时刻内的飞行距离。决策输入需要满足最大转弯角速度限制等飞行性能约束,即满足

$$\Delta\psi_i(k)\in[-\Delta\psi_i(k)_{\max},\Delta\psi_i(k)_{\max}] \tag{7.14}$$

式中,$\Delta\psi_i(k)_{\max}$ 为最大转弯角,无人机速度 $v_i(k)$ 应满足速度限制 $v_i(k)\in[v_{\min},v_{\max}]$。

7.3 无人机集群协同搜索控制架构

合理的协同搜索控制架构对实现协同搜索任务十分重要。目前,主要包括集中式、分布式和集散式三种协同搜索控制架构。在早期研究中,由于受到无人机硬件性能条件的限制,大多采用集中式控制架构。该架构对通信的可靠性要求较高,而且由于是通过中心节点从全局角度来协调和优化搜索问题,在实际作战中若中心节点被摧毁,则整个系统无法正常工作,因此系统的鲁棒性不强。

近年来,随着硬件水平的提升以及各种人工智能框架的出现,采用分布式控制架构已经成为无人机集群应用的趋势。该架构通过自主协作的方式,将单个复杂求解的问题划分为多个子问题,由各个无人机分别处理,并在无人机之间建立通信,互相交互信息。分布式控制架构能够发挥各无人机的自主能力,系统的鲁棒性和稳定性都大幅增强,但是各无人机之间的通信量较大。集散式控制架构综合了前两种架构的优点,具有集中式管理操作和分布式控制调节的特征,对无人机的智能化程度要求更高。本节将详细介绍集群协同搜索任务的三大协同控制架构。

7.3.1 集中式搜索控制架构

无人机集群协同搜索决策最早的研究大多基于集中式控制架构,根据当前所有无人机的状态,求解所有无人机的最优搜索路径。无人机只需要执行搜索任务,将传感器的数据进行简单处理发送给控制中心,并由控制中心判断和指导控制无人机的下一步行动。控制中心可以是地面站,也可以是空中指挥平台,所有无人机均与其进行通信,但是各个无人机之间不直接建立通信链路。

集中式控制架构主要表现为中心节点对无人机集群的统一控制,只需从全局角度对集群搜索问题进行协调和优化。图 7.4 所示为无人机集群协同搜索的集中式交互示意图。在实际作战环境中,由于控制中心易受摧毁,因此集中式控制系统鲁棒性不强。此外,对通信时延和可靠性提出了更高的要求。

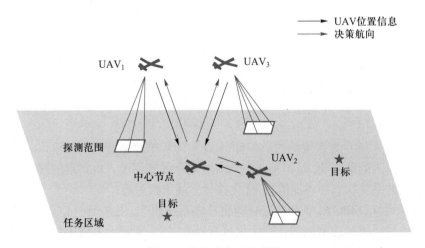

图 7.4 集中式交互示意图

集中式搜索控制典型算法是基于模型预测控制(centralized model prediction control, MPC)模型,其核心思想是滚动时域控制(receding horizon control, RHC)思想,要求无人机集群能够实时动态调整其任务和航迹,尤其是在动态变化和未知的环境中执行搜索任务。如图 7.5所示为无人机集群决策过程。

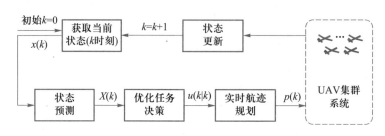

图 7.5　无人机集群决策过程

(1) 搜索决策过程

在每个离散决策时刻,通常分为以下三个步骤来描述无人机集群的搜索决策过程:①系统状态预测;②优化任务决策;③实时航迹规划。在步骤①中,通过结合当前时刻 k 系统的状态和系统动态模型,来预测系统未来 N 阶段的状态;在步骤②中,为使搜索效率等指标达到最优,利用步骤①得到预测状态来确定优化控制的 N 个序列,然后将其中第一项作为当前优化决策;在步骤③中,根据先前步骤②得到的优化决策,实时规划无人机执行下一时刻搜索任务的航迹。优化决策过程采用时域滚动的方式迭代进行,即在不同时刻内不断更新系统状态,直至无人机完成所有的搜索任务。

(2) 滚动优化求解

MPC 的核心思想是滚动优化求解,通过结合系统的状态方程和目标函数来构建 N 步预测的无人机集群系统滚动优化模型。设 $k+q$ 时刻系统状态为 $x(k+q|k)$,控制输入预测为 $u(k+q|k)$。用 $X(k)$ 表示 k 时刻 N 步预测状态,$U(k)$ 表示控制输入,则 N 步预测后系统的搜索效能记为

$$J[X(k), U(k)] = \sum_{q=0}^{N-1} J[x(k+q|k), u(k+q|k)] \tag{7.15}$$

在 k 时刻,可将求解系统最优任务决策的优化模型表示为

$$U^*(k) = \operatorname{argmax}\ [J[X(k), U(k)]], \text{ st.} \begin{cases} x(k+q|k) = f[x(k+q|k), u(k+q|k)] \\ q = 0,1,2,\cdots,N-1 \\ x(k|k) = x(k) \\ G[X(k), U(k)] \leqslant 0 \end{cases} \tag{7.16}$$

式中,$G[X(k), U(k)] \leqslant 0$ 为系统的约束条件,$U(k)^*$ 为所求解的最优控制输入。k 时刻任务决策为最优控制输入的第一项,即 $u(k) = u^*(k|k)$,进而在线规划无人机集群的搜索航迹,在不同时刻根据更新的系统状态和环境信息,优化迭代上述求解过程。

综上分析可知,MPC 模型通过统一构建整体系统模型,由某个中心节点根据所有无人机的状态所维持系统的搜索地图计算优化目标函数,然后求解无人机集群系统的最优决策。无人机集群协同搜索任务的集中式控制架构实现方式较为简单,全局性强,执行高效,全局

控制与决策能力相对较高。但是当控制中心一旦被击毁,整个集群系统将完全失去作用,因此系统的鲁棒性难以保证。另外,对大规模无人机集群来说,控制中心的计算复杂度及通信负荷很高,易出现通信拥塞和中心反应停滞等问题,难以实现实时决策任务。

7.3.2 分布式搜索控制架构

当面对复杂多样的搜索场景时,并不是简单的增派无人机就能够提升协同搜索的性能。在搜索场景中,无人机集群搜索容易出现搜索区域的重叠和搜索盲区,只有设计有效的多机协同方案,才能减少这种情况出现的概率。研究分布式无人机集群区域目标技术对突破当前无人机协同搜索性能瓶颈,开拓更多应用场景具有重大意义。

与集中式控制架构不同,分布式控制架构取消了控制中心,集群中个体之间相互平等,在共同的搜索目标驱动下,个体之间通过相互通信、相互协作及自主协商的方式完成集群协同搜索任务。

在分布式控制架构中,无人机之间地位平等,可以相互通信协作。可将分布式集群视为一个多智能体系统,集群中个体具有一定的智能性和自主能力,能够刺激响应和协商决策。由于分布式控制架构具有计算代价小、鲁棒性好、能够实时通信与决策等优势,适用于解决大规模集群和实时处理要求较高的搜索任务场景。

为使无人机在执行搜索过程中能够相对独立地执行任务,即使信息传输中存在差错,或群体中的若干架无人机发生故障,也不会影响其他无人机对任务的执行,这就需要无人机具备一定的自主决策能力。图 7.6 所示为无人机集群协同搜索的分布式交互示意图。分布式搜索控制架构代表性算法是分布式模型预测控制(distributed model prediction control, DMPC),其主要思想是将大规模的集中式在线优化问题转化为分布式优化问题,并通过每架无人机来独立控制和优化决策。分布式控制架构有着较好的控制指标、优异的处理约束能力和极强的鲁棒性,可以更好地达到实时处理动态控制问题的要求,其由建立预测模型、实时滚动优化、设计反馈校正三部分组成,借助基于反馈的滚动时域优化方法来替代一次性的全局优化,在降低计算复杂性的同时,也可以更好地处理未知外界扰动对系统的影响。

由于无人机集群系统是由多个独立的无人机个体构成的,各架无人机的动态满足解耦

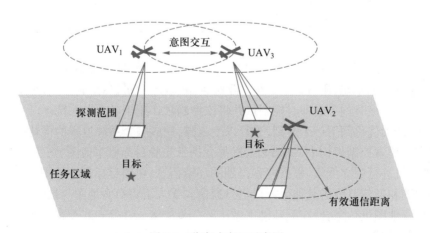

图 7.6 分布式交互示意图

的特性,即分布在任务区域的不同无人机相对独立,只是通过共同的任务需求和控制约束发生作用。同时,无人机之间可进行通信,能够相互交换信息并进行协调。

基于 DMPC 的无人机集群分布式控制架构如图 7.7 所示,每架无人机采用局部模型预测控制器,通过通信网络进行状态信息或局部模型预测控制的解信息交换,以实现多无人机间协同控制。

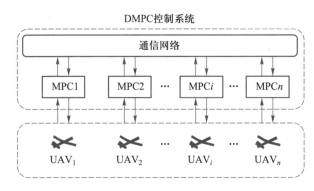

图 7.7　无人机集群分布式控制架构图

在 DMPC 架构下,所有子系统来共同表示整个系统的行为。在该框架下可将优化问题分解为多个局部有限时域优化问题,其中每个优化问题由每架无人机独立求解。由于无人机集群子系统之间可进行信息交换,在网络通信保障的前提下,其他无人机的状态信息和控制输入信息可以通过网络通信获得,因此,某一个子系统的局部优化问题只与本地状态和控制输入相关,求解该优化问题即可相应获得该无人机的控制输出,该方式减少了优化问题的规模。

分布式模型预测控制算法的具体步骤如下。

第一步:将一个复杂的大规模控制系统划分为 M 个子系统,并对其当前时刻下的最优控制增量进行初步的预测求解,得到

$$\Delta \boldsymbol{u}_{i,M}^l(k)=[\Delta u_i^l(k),\Delta u_i^l(k+1),\cdots,\Delta u_i^l(k+M-1)]^{\mathrm{T}} \tag{7.17}$$

其中,$\Delta u_i^l(k)$ 为系统 k 时刻的控制增量,i 表示第 i 个子系统,l 表示 l 时刻。同时子系统也将自身的控制量相互传递给其他的子系统。

第二步:针对划分完成后的子系统,各自求解相应的性能指标,获取当前时刻的迭代最优解。

第三步:借助纳什最优策略的思想,判断前后两个迭代周期内的最优解的差值是否满足纳什迭代的精度。若满足,则进行下一步。否则令 $\Delta \boldsymbol{u}_{i,M}^*(k)=\Delta \boldsymbol{u}_{i,M}^{l+1}(k)$,$i=1,\cdots,M$,返回上一步。

第四步:求解该时刻下的即时控制量并将该控制量作用于各个子系统。

第五步:滚动优化到下一个时刻,重复以上步骤,完成整个系统过程的优化控制。

在分布式搜索控制架构中,每架无人机都会携带先验目标概率地图,到达指定的目标区域之后,无人机进行独立搜索,根据搜索得到的环境信息,更新目标概率地图,并将更新后的目标概率地图和通信范围内其他无人机进行通信。无人机将自身地图与接收的其他通信无人机目标概率地图进行融合,在此基础上做出下一步决策。在分布式搜索控制架构中,即使有无人机发生故障或者通信时延、丢包,也只会影响局部的搜索精度,不会对系统造成致命

的打击。同时,系统对信息处理和路径规划的计算需求,都分布在各无人机上,当任务需求增加时,只需要增派无人机即可。因此,采用分布式搜索控制架构鲁棒性强,可以满足远距离、多目标搜索的任务需求。

综上,通过多机协同决策的方式执行无人机搜索任务,无人机主要根据具体搜索环境获得的信息进行自主决策,其行动与其他无人机是相互独立的。分布式控制架构通过减少优化问题的规模,降低了无人机在线计算的复杂性,从而优化决策的时间大为缩短。其适用于动态变化的战场环境中,能够提升无人机集群的实时应对和自主控制能力。

7.3.3 集散式搜索控制架构

集散式搜索控制架构有机结合了分布式和集中式两种控制架构,既有对全局性的考虑,又兼顾通信负荷、计算负荷、集群鲁棒性和生存力等问题。集散式控制架构相对符合集群技术发展现状,也会成为未来常态的实用化架构。采用集散式控制架构时,需要对无人机集群进行分簇,簇内的无人机间采用分布式控制架构,通过簇首与其他各个簇进行通信,中心节点与各个簇首之间采用集中式控制架构。基于自治协同的集散式控制架构示意图如图7.8所示,通过自治和协作的方式来解决全局控制问题。

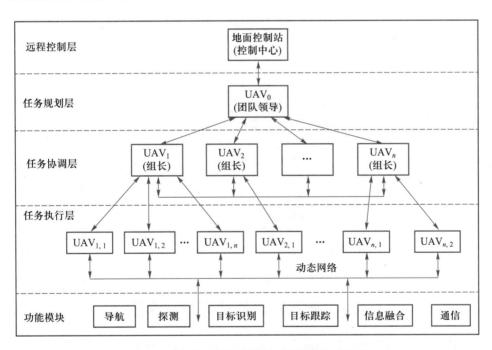

图7.8 基于自治协同的集散式控制架构示意图

该集散式控制架构由四层组成,分别为远程控制层、任务规划层、任务协调层和任务执行层。其中,地面控制站主要负责对无人机集群的搜索情况下达指令,对无人机进行远程控制;在任务规划层,将无人机集群分成若干组,按照一定的规则从每组中选出一架无人机作为组长,无人机集群从领队中按照相关规则或随机选取团队领导来执行任务规划层的职能;任务协调层的主体是各个无人机组的组长,负责成员之间的信息交流和协调;任务执行层的无人机执行搜索任务,利用内部的功能模块,如探测、通信、信息融合模块对搜索信息进行处理,再由决策模块自主决策,最后经过任务协调层优化决策结果后执行搜索目标任务。但是由于盲目搜索易造成资源的浪费,同时,所有的无人机很可能集中搜索同一区域。因此,无人机集群系统的决策过程会随着规模的增加而增大,对计算和通信的要求更高,集群搜索效率提升有限。

在无人机集群集散式控制架构下,协同分区搜索的方法可以有效提高多无人机集群协同搜索的效率。图 7.9 为无人机集群协同分区搜索的实现过程。协同搜索集散式控制架构对无人机智能化程度提出了较高要求。该系统为一个开放、可伸缩的系统,可支持无人机的动态加入和退出,有利于无人机在不同任务之间进行灵活转换,而且系统具有较高的鲁棒性,即使地面控制站与无人机之间的通信中断,仍能够自组织完成搜索任务。

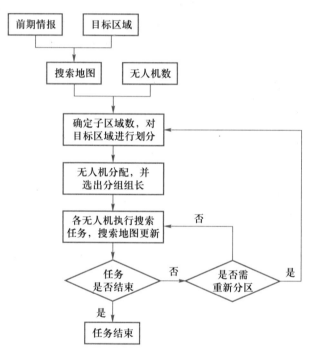

图 7.9　无人机集群协同分区搜索的实现过程

7.4　无人机集群协同搜索算法

协同搜索是无人机集群的关键应用领域之一,提供高效、准确的算法对完成无人机集群协同搜索任务非常重要,无人机集群协同搜索任务的动态和实时不确定性使问题变得非常困难,因此大量研究学者对无人机集群协同搜索问题展开了大量研究。对无人机集群协同搜索任务研究一般包括在已知环境中的目标搜索和在未知环境中的目标搜索,考虑到真实的任务环境大多是动态变化的,针对未知、不确定环境下的无人机集群协同搜索得到了广泛关注。近年来,随着计算机技术和智能优化算法的飞速发展,许多协同搜索算法被提出来解决这一问题。

协同搜索算法主要分为传统算法和人工智能算法,如图 7.10 所示。传统类算法主要基

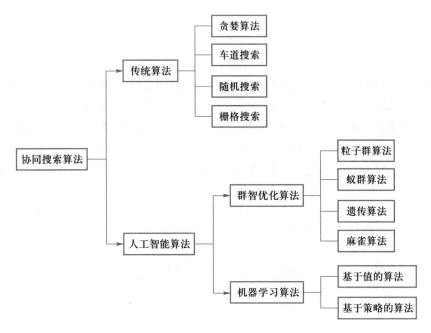

图 7.10 无人机集群协同搜索方法分类

于搜索论,预先规划集群协同最优搜索航线,通常最大化任务区域的覆盖范围,以找到尽可能多的目标,适用于解决在已知环境中的目标搜索问题。传统算法典型代表包括贪婪算法、随机搜索等,但随着问题规模扩大,求解时间和空间复杂度会更复杂,无法获得理想的求解效果。人工智能算法通过模拟人的思维方式提高无人机的智能性和自主性,面对复杂动态环境能够实时应对突发情况,更加高效准确地搜索到目标。该类算法主要包括两类:群智优化算法和机器学习算法。其中,群智优化算法通过构造协同搜索问题的目标函数再进行优化,典型算法有蚁群算法、粒子群算法等。机器学习算法主要通过构造在线奖惩来求解问题的最优价值或策略,例如基于值的算法、基于策略的算法等。相比传统算法,人工智能算法在解决未知环境下无人机集群协同搜索问题上更具优势。因此,利用人工智能算法解决无人机集群协同搜索问题,具有更高的研究意义和现实价值。下述内容将重点介绍基于人工智能算法的协同搜索,分别是基于粒子群算法的协同目标搜索、基于并行蚁群算法的协同搜索、基于麻雀算法的协同搜索和基于机器学习的协同搜索。

在介绍基于人工智能的协同搜索算法之前,首先简单介绍几种应用于搜索任务的传统算法,以贪婪算法、随机搜索、车道搜索和栅格搜索为例。贪婪算法是一种遵循启发式求解问题的算法范式,核心思想是在每个阶段进行局部最优选择,以求全局最优。求解协同搜索问题的基本思想包括以下几个步骤:①建立描述协同搜索问题的数学模型;②将要解决的协同搜索问题按照一定的规则划分为若干子问题;③求解子问题的局部最优解;④将求解子问题得到的局部最优解组合成原协同搜索问题的解。当无人机经过任意栅格时,若该栅格未被搜索,则将其从未被搜索集合删除并加入已搜索集合。当所有无人机计算完成后,统一移动,直至找到目标。由于贪婪式搜索策略是在选择下一步时,尽可能选择当下时刻判断存在目标可能性最高的位置,未考虑整体搜索效率。因此该算法在合理的时间内通常得到局部最优解,但是一般难以产生全局最优解。

随机搜索的示意图如图 7.11 所示,无人机朝着不同的方向移动,同时,由于搜索区域是不规则的,无人机对先前搜索路径没有记忆。当求解协同搜索问题时,随机搜索算法以随机方式在候选解中选择出下一步无人机航向。随机搜索是一种非协同搜索策略,在区域搜索目标时未考虑目标实时探测情况及集群无人机之间的协同,搜索效能有待提升。

车道搜索策略可将搜索区域划分为一组车道,每架无人机都被分配一个唯一的车道,无人机利用这些车道来探测目标。当一个车道上的搜索任务完成时,无人机将被分配一个新的车道。当部分无人机完成任务且没有新的航线时,就会被转移到搜索的中心进行闲逛。在搜索过程中,当一个目标被探测到时,无人机开始执行长机任务。当集群形成时,集群成员将当前位置存储在各自的车道上作为返回点。这种策略使无人机在任何需要形成集群的时候都能很容易地找到目标,能够最小化区域的重复搜索问题。

栅格搜索是将任务区域离散化为一组均等大小的栅格,如图 7.12 所示。该方法对任务区域进行目标搜索,每个栅格的标记初始值均为相同值,当栅格在无人机的传感器覆盖范围内,栅格值发生变化。在搜索过程中整个任务区域划分为已覆盖栅格和未覆盖栅格,在执行决策时无人机尽可能选择未覆盖栅格作为下一步位置。无人机沿着未覆盖的栅格进行搜索,类似于基于边界的栅格搜索。在此过程中,一旦栅格被覆盖,其数值将被标记。每当更新栅格值时,此信息将广播给集群中的其他无人机。栅格搜索方法通过构建二维离散搜索覆盖图,反映探测过程中环境区域的覆盖情况。

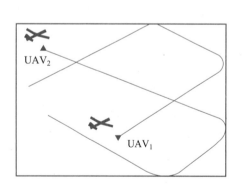

图 7.11　随机搜索示意图

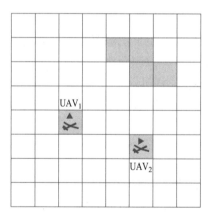

覆盖网格

图 7.12　栅格搜索示意图

综上所述,传统方法主要通过将搜索空间分解成尽可能多的区域,并根据观察区域进行更新,其中,随机搜索并未考虑重复搜索相同区域的情况,车道搜索和栅格搜索需要明确获知任务区域大小,提前划分车道和栅格。因此,当面对大规模无人机集群协同搜索问题时,存在计算复杂度高的问题,难以获得全局最优解。另一方面,由于各无人机在划分的任务区域内独立执行搜索任务,集群之间缺乏实时的信息交流与协同合作,容易导致集群资源严重浪费、搜索效能低等问题。因此,传统算法并不适用于在山地、丘陵等复杂环境中的无人集群协同搜索。

融合无人机之间的探测信息对于提升无人机集群协同搜索效率十分重要,尤其在执行分布式协同搜索任务时,通过确定协同和信息交换能够减小搜索时间和探测错误,有助于更加高效地搜索目标。人工智能算法在解决集群协同搜索任务时,集群内无人机的信息交流和融合是关键,目前许多研究中已经提出采用不同表征环境搜索地图的方式,来融合无人机之间的探测信息,以提升无人机对环境整体信息的认知情况。因此,本章在讨论基于人工智能算法的集群协同搜索内容前,首先详细介绍基于概率融合的协同目标搜索算法。

考虑到无人机的感知和通信距离受限问题,采用栅格占用概率表示目标存在情况,通过无人机局部观测并与其他无人机交互融合探测信息来更新。构建任务环境模型时,将搜索区域划分为具有 M 个均等大小的栅格,用 $m=(x,y)$ 标记位置,其中 x 和 y 是中心坐标。每个二维栅格中存储目标占用概率,可视为搜索地图,假设一个目标最多占据一个栅格。在整个搜索任务中,将目标占用概率建模为服从贝努利分布,当 $x_c=1$ 时表示目标出现在栅格 c 中,概率为 P_c,而当 $x_c=0$ 时表示栅格 c 中不存在目标,概率为 $1-P_c$。当 $P_c=1$ 表示栅格 c 中一定存在目标,当 $P_c=0$ 则表示一定不存在目标。

假定有无人机集群在搜索区域上方以固定高度移动,每架无人机维护自身搜索地图。在每个时间步,无人机可以移动到不同的栅格并进行独立观察。UAV_i 在时间步 t 处搜索的地图栅格坐标表示为 $c_{i,t}=(x_{i,t},y_{i,t})$。除此之外,假定每架无人机具备以下特性:①每架无人机上都装载有位置传感器,以便无人机随时了解其在单元分辨率范围内的位置;②存在一个无线通信单元,用于与无人机之间信息交互;③具有用于执行本地地图更新的计算单元。将 UAV_i 在 t 时刻栅格 c 中的独立传感器观测值表示为 $O_{i,c,t}$,为每个栅格定义两个观测结果,即 $O_{i,c,t}=0$ 或 $O_{i,c,t}=1$。假设所有栅格和无人机是部分感测,利用参数 p 和 q 分别表示传感器的探测概率和虚警概率,即 $P(O_{i,c,t}=1|x_c=1)=p$ 和 $P(O_{i,c,t}=1|x_c=0)=q$。每当 UAV_i 访问栅格时在搜索地图中更新与该单元 P_c 相关的信息。

考虑离散的时间轴,假定在离散时间步长作出决策。UAV_i 在 t 时刻的速度方向为 $O_i(t)=\{0,1,2,3,4,5,6,7\}$,由于无人机的速度限制和转向限制,在每一时间步长可向左、向右、向前、向后移动,或在当前栅格位置保持不动。假设给定无人机移动的预定义路径,并且不会因任务期间获得的信息而使无人机的机动度产生偏差。由于在实际环境中无人机通信范围存在限制,只有当无人机在通信范围内时才能交换信息。进一步假设,一旦无人机在这个范围内,通信不会出现延迟或故障。

每架无人机均通过装载的传感器来观测,由于无人机位置不同、机载传感器存在探测误差、栅格访问次数不同和通信范围受限问题,不同无人机对同一栅格具有不同目标探测概率。因此,需要融合各无人机对栅格的独立观测概率,以计算最能代表该单元中目标存在信息的概率。利用来自其他无人机的信息,无人机可以通过两种方式改进搜索:①通过考虑其他无人机的观察,提高搜索区域的可观测性;②通过融合其他无人机对探测栅格的目标存在概率,提高其对环境信息的认知情况。

当任务开始时,将 N 架无人机各自搜索地图中的栅格初始数值设置为 $P_{i,c,0}=0.5$,表示未探测前无人机完全不确定或缺乏对搜索区域的先验知识。图 7.13 描述每个时间步的无人机集群协同搜索信息融合过程。

如图 7.13 所示,集群中每架无人机开始在其当前位置进行传感器观测,并基于传感器观测 $O_{i,c,t}=0$ 和当前栅格 c_i 中的先验概率 $P_{i,c,t-1}$,更新自身维护的搜索地图中占用概率为

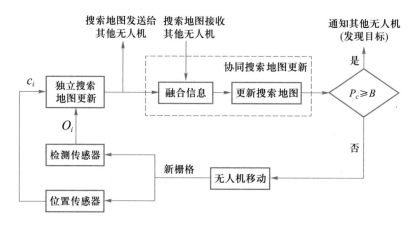

图 7.13　无人机集群协同搜索信息融合过程

$P_{i,c,t}$。每架无人机搜索地图的更新取决于机载传感器的探测概率和虚警概率。然后,无人机将更新的信息共享给集群中其他无人机。根据通信范围,无人机在时间 t 时刻最多有 N 个访问 c_i 值。融合策略考虑了在 t 时刻访问 c_i 相对应的所有值,并确定新的占用概率,该概率最能表示每架无人机当前栅格中目标的存在。然后,每架无人机移动到搜索区域中的下一个栅格,并在新栅格继续融合过程。任何一个无人机探测栅格时;当探测概率大于设定探测阈值时则停止搜索。

　　假定在任务区域内存在一个目标,在通信范围内有三架无人机构成局部通信链路。三个无人机的局部 4×4 搜索地图和融合地图如图 7.14 所示。共享和融合信息的结果是在每个单独的搜索地图中最多有 N 个栅格更新。UAV_1 与近邻其他无人机融合信息后的搜索地图如图 7.15 所示。为避免混淆,使用符号 c_i 表示 UAV_i 的位置,并使用 P_{i,c_j} 表示 UAV_j 在 UAV_i 位置处的占用概率($j=1,2,\cdots,N$)。每架无人机在每个时间步进行两种不同观测地图的更新:独立地图更新和协同地图融合。独立地图更新只需要局部信息,并导致"不协同"的占用概率。协同地图融合将无人机自身的本地独立概率与其他无人机的信息结合起来,并计算存储在搜索地图中的实际概率 P_{i,c_i}。

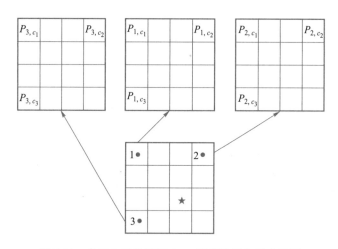

图 7.14　多无人机的局部 4×4 搜索地图与融合地图

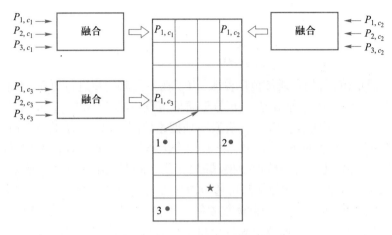

图 7.15 多无人机信息融合搜索地图

下面将详细介绍独立地图更新和协同地图融合策略。

(1) 独立地图更新

使用贝叶斯规则更新当前栅格 c 中的概率,该规则使用传感器特征(p 和 q)、传感器观测 $O_{i,c,t}$ 和栅格 c 中先验概率,搜索地图更新如下式所示

$$P_{i,c,t} = \begin{cases} \dfrac{pP_{i,c,t-1}}{pP_{i,c,t-1}+q(1-P_{i,c,t-1})} & , \quad O_{i,c,t}=1 \\[3mm] \dfrac{(1-p)P_{i,c,t-1}}{(1-p)P_{i,c,t-1}+(1-q)(1-P_{i,c,t-1})} & , \quad O_{i,c,t}=0 \end{cases} \tag{7.18}$$

式中,$P_{i,c,0}, p, q \in (0,1)$。如果 $P_{i,c,0}=1$,则 $P_{i,c,t}=1$;如果 $P_{i,c,0}=0$,则 $t>0$ 时 $P_{i,c,t}=0$。如果 $p=0$,UAV$_i$ 获得等于 1 的传感器观测值,$P_{i,c,t}$ 为 0,无论将来观测值如何它都将保持不变。

(2) 协同地图融合

① 信息更新

UAV$_i$ 计算栅格 c_i 的占用概率,将其存储在搜索地图中,并将更新后的概率值共享给其他无人机。所有接收到此信息的无人机都会替换其搜索地图中 c_i 处的先前概率值。因此,UAV$_i$ 从其他无人机接收更新信息并更新其搜索地图,可表示为

$$P_{i,c_j} = P_{j,c_j} \tag{7.19}$$

其中,$j=1,2,\cdots,N$,假设集群内无人机不会同时访问同一个栅格。

② 平均值

每架无人机计算栅格 c_i 的独立占用概率,将其存储在其搜索地图中,并将更新后的概率值广播给其他无人机。接收到栅格更新值的无人机根据栅格之前的值更新自身携带的搜索地图。如果先前的概率值为 0.5,则 UAV$_j$ 将接收到的值覆盖栅格 c_i 中的占用概率,并将其替换为自身搜索地图和接收到信息值的平均值。只要 UAV$_j$ 在该栅格中有信息,UAV$_i$ 必须完全共享给定栅格的 UAV$_j$。否则,UAV$_i$ 根据自身搜索地图和 UAV$_j$ 提供的信息求平均。UAV$_i$ 通过以下方式更新其地图

$$P_{i,c_j} = \begin{cases} P_{j,c_j} & , \quad P_{j,c_j} = 0.5 \\ \dfrac{1}{n}\sum_{k=1}^{n} P_{j,c_j} & , \quad \text{其他}\ (n \leqslant N) \end{cases} \tag{7.20}$$

式中，n 取决于通信范围，如果通信范围受限，由于在不同时间步进行更新，本地搜索地图中 c_j 的概率值可能不同。在这种情况下，n 等于通信范围内具有不同 c_j 值的无人机数量。如果通信范围不受限制，则所有 UAV 都拥有其本地搜索地图中以 c_j 表示的概率值的最新信息。

在自然环境的不断刺激下，生物群体凸显出令人震撼的群体智能。例如，候鸟迁徙过程中不仅不会发生碰撞，还能进行队形变换；蝙蝠在狭小的洞穴中还能安全地来回蹿飞；蜂群采蜜过程中，没有高精密的导航设备却可通过协作发现远处的花蜜；蚁群通过个体间团结协作可搬动数千克食物。诸如此类的群体现象还有很多，虽然生物个体很简单，但是通过自组织协作具备群体智能行为，在环境中表现出自主性、自适应性和学习性，这为解决复杂问题提供一种新的求解思路。

受到自然界生物群体智能启发，通过模拟这些生物群体的自组织协调机制，研究学者提出仿生群智优化算法，如遗传算法（genetic algorithm，GA）、蚁群算法（ant colony optimization，ACO）、鸽群算法（pigeon-inspired optimization，PIO）、粒子群算法（particle swarm optimization，PSO）、人工蜂群（artificial bee colony，ABC）、麻雀算法（sparrow search algorithm，SSA）等。其中 GA 借鉴达尔文关于生物进化的思想，通过自然选择、进化和变异等作用机制提高个体的适应性，是目前应用较为广泛的群智优化算法。ACO 通过模拟蚁群觅食行为，个体之间利用信息素进行信息交互，从而实现整体智能行为。PSO 源于研究学者对鸟群觅食行为的研究，将粒子视为优化问题的一个候选解，每个粒子在整个决策空间中运动，并通过与群体间其他粒子合作和竞争实现进化。下面主要对基于 ACO、PSO 和 SSA 的群智优化算法实现无人机集群协同目标搜索展开介绍。

7.4.1 基于粒子群算法的协同搜索

无人机集群协同搜索是一个求解过程信息量大、维数高的复杂优化控制问题，如何实现无人机之间的有效协同是关键。生物群体智能的去中心化、自学习和自组织等特点，与无人机集群的局部性、分布式和鲁棒性等需求紧密契合，为解决无人机集群分布式协同搜索问题提供一条切实可行的新途径。另一个重要问题是如何满足搜索决策策略在复杂环境中对实时性和安全性的要求。鉴于基于生物进化的智能优化算法的灵活性及其在求解高维问题上的优势，同时考虑到 RHC 采用基于滚动窗口的在线任务优化方法，能够快速响应环境变化，满足动态搜索目标的需求。因此，本节将介绍一种仿生群智优化和滚动时域控制的混合策略，以解决无人机集群协同搜索问题，首先采用 PSO 算法求解优化问题，为满足实时性要求，进一步结合 RHC 技术进行局部优化。

为实现无人机集群整体搜索优化决策，DMPC 迭代求解中的关键问题是获得子系统的控制输入序列，需要对每架无人机子系统的局部优化问题进行求解。对于 k 时刻 UAV_i 预测状态向量为 $x_i(k)$，控制输入向量为 $u_i(k)$，在其通信范围内接收到其他无人机的状态向量为 $\tilde{x}_i(k)$ 和控制输入向量为 $\tilde{u}_i(k)$。则 UAV_i 的局部滚动优化模型可表示为

$$u_i^{*}(k) = \underset{u_i(k)}{\arg\max}\, J_i[x_i(k), u_i(k), \tilde{x}_i(k), \tilde{u}_i(k)] \tag{7.21}$$

PSO 算法源于对鸟群觅食行为的研究,每个粒子具有一个速度和位置向量,分别决定其迭代优化的方向和距离。在该算法中,首先初始化一群随机粒子,将每个粒子视为优化问题的一个随机解,并将其延伸到 N 维空间,每个粒子在寻优过程中都会存储历史搜索记录,同时根据记录的个体最优值和全局最优值,来决策粒子下一时刻位置。通过不断迭代优化最终得到最优解。利用 PSO 算法求解协同搜索问题的关键是将问题和粒子进行合理映射,所有粒子都有一个适应度值,由构建问题优化目标函数决定。与其他群智优化算法相比,PSO 算法简单且易实现,参数少且易调整,可以有效求解非线性和非凸的优化问题。鉴于上述优势,采用 PSO 算法优化求解决策输入向量。粒子群算法流程图如图 7.16 所示。

粒子根据个体极值以及在其邻域内所获得的全局极值更新速度,速度更新如下

$$v_i^{k+1} = w^k v_i^k + c_1 r_1 (p_{i\text{best}}^k - x_i^k) + c_2 r_2 (g_{\text{best}}^k - x_i^k) \tag{7.22}$$

进一步,粒子在搜索空间中的位置更新满足

$$x_i^{k+1} = x_i^k + v_i^{k+1} \tag{7.23}$$

式中,k 表示迭代次数,惯性权重 w 表示在速度更新过程中自身经验相对重要性的权值;$p_{i\text{best}}^k$ 为粒子 i 的个体最优位置,g_{best}^k 表示邻域内所有粒子的群体最优位置。c_1 和 c_2 表示学习因子;r_1,$r_2 \in (0,1)$ 为均匀分布的随机数,以增加解的多样性。

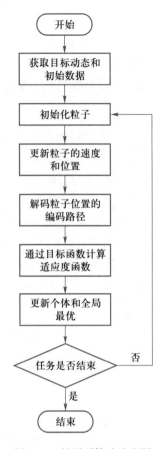

图 7.16　粒子群算法流程图

利用 PSO 算法求解协同目标搜索优化问题的关键问题是建立问题变量与算法中粒子之间的映射关系。在该协同搜索问题中,将每个粒子视为一个可行的搜索决策输入,根据状态空间模型,UAV_i 的控制输入为 $\boldsymbol{u}_v^i(k) = [\Delta\psi_i(k), v_i(k)]$,粒子编码方式如图 7.17 所示,一个粒子结构表示为 $2 \times q'$ 维大小的矩阵,q' 表示预测时间窗,第一维

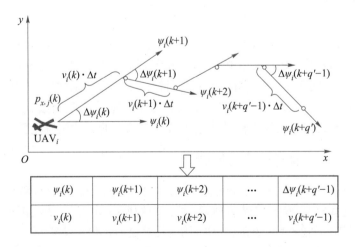

图 7.17　决策变量到 PSO 粒子结构的映射

$\Delta\psi_i(k)$ 表示无人机的航向偏转角度,第二维 $v_i(k)$ 表示无人机的速度。

粒子的每一维中数值取值为 $[-1,1]$ 范围内实数,分别表示为 r^w 和 r^v,为保证控制输入决策变量的取值在可行范围之内,满足下述约束条件

$$\begin{cases} \Delta\psi_i(k) = r_i^w(k)\cdot\eta_{\max}\cdot t_s & , \quad r_i^w(k)\in[-1,1] \\ v_i(k) = r_i^v(k)\cdot(v_{\max}-v_{\min})+v_{\min} & , \quad r_i^v(k)\in[-1,1] \end{cases} \quad (7.24)$$

其中, t_s 表示时间间隔。采用上述编码方式,粒子每一位的取值直接对应不同时刻无人机位置的方向偏差和距离偏差,解码后可以得到一组无人机的飞行方向调整角度指令,从而计算出一组对应的目标点序列,相关计算非常简单。同时,只要限制粒子的取值范围,就可以保证相邻状态满足最大偏转角、飞行速度等性能约束,能够有效提高优化决策的效率。

滚动优化过程如图 7.18 所示,整个控制过程分为一系列优化区间,称为滚动窗口或后退水平。在 RHC 中,当前控制动作是通过在线求解每个采样时刻的有限水平最优控制问题得到的,以系统当前状态为初始状态;优化产生一个最优控制序列,并且只有该序列中的前几个控制输入被实施到系统中。对于每个预测周期,局部优化目标与全局优化代价函数一致。

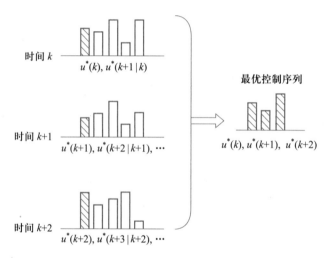

图 7.18　滚动优化过程

基于滚动时域窗的在线任务规划方法,通过在线优化和滚动,能够使得无人机集群在搜索过程中快速响应环境变化。采用 RHC 技术能够满足多架无人机搜索过程的实时性和安全性。在无人机搜索问题中,搜索路径规划的目标是生成目标函数最大化的有效搜索轨迹。基于 PSO 算法解决多无人机协同区域搜索的关键是确定适应度函数,对于基于 RHC 的协同搜索问题,目标函数与每架无人机的当前位置和跟踪点的后续位置相关。

7.4.2　基于并行蚁群算法的协同搜索

蚁群算法通过模拟蚁群在觅食过程中利用信息素进行信息交互以找到最优路径,其核心机制包括:①选择机制,信息素浓度越高,被选中的概率就越大;②更新机制,路径上的信息素浓度会随着蚂蚁的经过而变化;③协调机制,蚂蚁通过信息素形成一种通信机制,协同过程中所有信息基本都以不同种类信息素的方式呈现。鉴于蚁群在觅食过程中具备正反馈

机制、隐式并行性,为解决集群协同搜索问题提供了一种切实可行的途径。本节将介绍一种基于并行蚁群算法的无人机集群协同搜索方法。

大多数无人机协同搜索研究都是针对已知环境信息展开的,针对任务环境完全未知且动态变化情况的研究相对较少。在实际任务环境中,尤其是在分布式通信环境下,如何通过构建无人机集群之间的协同信息,增强对任务环境的全局认知情况,对提升系统整体搜索效能有着重要的作用。由于无人机集群协同搜索与并行蚁群觅食行为有着很大相似作用,两者映射关系如表 7.1 所示。

表 7.1　无人机集群协同搜索与并行蚁群觅食行为映射关系

映射内容	无人机集群协同搜索	并行蚁群觅食行为
行为主体	无人机	蚂蚁
行为空间	任务区域	觅食空间
具体行为	搜索目标	寻找食物

每只蚂蚁对应一架无人机,有独立的计算单元,具备感知、交流、移动和更新的能力,同时受到平台机动性和避障避碰的制约。无人机的搜索决策对应蚂蚁的状态转移,蚂蚁之间通过信息素进行通信。在栅格化的任务区域中,蚂蚁在各个栅格间的转移构成无人机的搜索路径。由于每只蚂蚁表示实际无人机,应首先考虑无人机的当前位置、航向和最大偏转角。并行蚁群算法的原理图如图 7.19 所示。

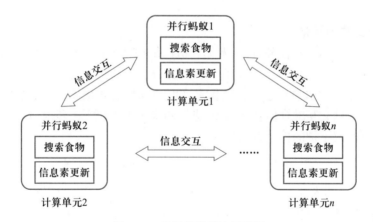

图 7.19　并行蚁群算法原理图

在通信范围内的无人机可以交换和更新各自携带的信息素地图,信息素地图动态变化能够实时引导无人机集群的协同搜索行为,提高整体搜索性能。基于并行蚁群的无人机集群协同搜索方法主要包括初始化本地信息素结构、构建目标函数、设计状态转移规则和建立信息素更新机制。其中,构建目标函数通常考虑目标搜索收益、环境不确定度收益、协同信息素收益等性能指标,前文已经详细介绍,本节不再关注具体表达形式。

为解决多架无人机执行协同搜索任务时环境信息的动态变化问题,提出了基于并行蚁群算法的多无人机协同区域搜索方法,通过实时更新信息素地图指导无人机路径点的动态选择。首先,初始化搜索区域所有栅格信息素,再将全部蚂蚁放在所在种群的路径初始点,同时在任务区域内搜索。每一次循环,蚁群中各蚂蚁根据状态转移规则选择相邻的可行栅格进行移动,直至全部蚂蚁完成一次路径搜索。通过释放不同的信息素表示蚂蚁种群之间的合作与互斥以及环境信息的影响,状态转移函数取决于信息素浓度、种群信息素和环境信息等因素。循环完成后依据各只蚂蚁经过路径进行全局信息素更新。重复上述过程,直至求出最优搜索路径。基于并行蚁群算法的协同搜索框图如图 7.20 所示。

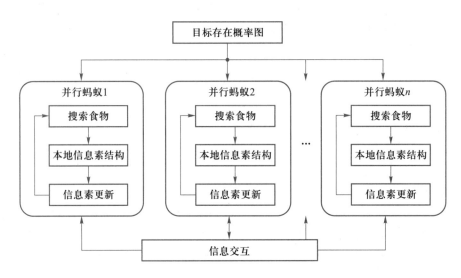

图 7.20　基于并行蚁群算法的协同搜索框图

(1) 信息素结构初始化

在执行分布式协同搜索任务时,每架无人机都维护其本地信息素地图,其构成为任务区域内某一时刻所有栅格的信息素浓度值,表征无人机在该时刻对任务环境的认知情况。无人机在搜索过程中根据机载传感器探测信息实时更新信息素地图,当满足通信条件时与集群中其他无人机信息交互融合信息素地图,进一步决策无人机下一步航向。

记任意时刻蚂蚁维护的信息素结构为

$$\tau_{k,(x,y)}(t) = \{\tau_{k,(x,y)}(t)\}, \quad x = 1, \cdots, N_x, y = 1, \cdots, N_y \tag{7.25}$$

式中,$\tau_{k,(x,y)}$ 表示无人机 k 在 t 时刻维护的信息素地图中坐标 (x,y) 处的栅格信息素浓度值。

为了充分利用现有目标概率信息,提高每个蚁群中蚂蚁的搜索效率,将信息素初始化为如下函数

$$\tau_{i0} = P_i \tau_0, \quad i = 1, \cdots, N \tag{7.26}$$

式中,τ_0 是栅格 i 中的信息素浓度,P_i 是栅格 i 的目标概率值。该式将信息素初始值与目标存在概率图相关联,同前文,这里不再介绍目标存在概率图的具体定义。

(2) 状态转移选择策略

采用并行蚁群算法的关键在于状态转移规则的设计。无人机初始时刻被放置在随机选择的航路点上。在每一步,无人机 k 利用概率行为选择规则,以决定下一个访问的路径点。在集群协同搜索过程中,无人机下一时刻运动到相邻栅格或者保持静止状态的转移概率由自身信息素、其他种群信息素浓度以及目标总收益函数决定。无人机 k 从栅格 i 移动到可

行栅格 j 的转移概率如下式所示

$$p_{ij}^k(t) = \begin{cases} \dfrac{\tau_{jk}^\alpha(t)\eta_{jk}^\beta(t)(t)\Gamma_{jk}^\gamma(t)}{\sum_{j' \in J_i^k}\tau_{j'k}^\alpha(t)\eta_{j'k}^\beta(t)\Gamma_{j'k}^\gamma(t)} & , \quad j \in J_i^k \\ 0 & , \quad j \notin J_i^k \end{cases} \tag{7.27}$$

式中,α 为信息素的相对重要因子;β 为启发式函数的相对重要性系数,表示其他种群信息素对路径点选择的影响;γ 为其他蚁群信息素的相关重要性因子,表示其他种群信息素对路径点选择的影响,可以避免不同无人机之间路径点的重复选择造成的无效搜索;J_i^k 为无人机 k 在栅格 i 时下一步允许选择栅格的集合;$\tau_{jk}(t)$ 为 t 时刻 j 栅格蚁群 m 中蚂蚁 v 的信息素浓度;$\eta_{jk}(t)$ 为通过构建的目标函数表示的启发式函数;$\Gamma_{jk}(t)$ 为栅格中除蚁群 m 以外的其他蚁群信息素的浓度。

(3) 面向任务协同的信息素更新机制

在动态变化环境中,信息素更新机制可实时更新无人机对任务环境的认知情况,有利于提升集群搜索效能。设无人机 k 在 t 时刻掌握整个无人机集群的状态信息为

$$\begin{cases} Info_m(t) = \{Info_{m,n}(t_{m,n}), V_j \in V\} \\ Info_m(t) = \{(x_{m,n}(t_{m,n}), y_{m,n}(t_{m,n})), \psi_{m,n}(t_{m,n})\} \end{cases}, \quad t_{m,n} \leqslant t \tag{7.28}$$

式中,$Info_{m,n}$ 表示 UAV_n 在 t 时刻获知 UAV_m 的状态信息,包括位置坐标信息 $(x_{m,n}(t_{m,n}), y_{m,n}(t_{m,n}))$ 和航向信息 $\psi_{m,n}(t_{m,n})$。

当选择栅格 j 后,蚂蚁在该栅格中沉积信息素,对应栅格的信息素浓度发生变化,另一方面,信息素随着时间的推移会发生挥发作用。这样,其他栅格中的信息素数量将大大低于大多数探测栅格中信息素浓度。每次迭代之后,蚂蚁需要对自身维护的信息素地图进行更新,以作为下一步决策的基础,信息素更新机制如下

$$\tau_j^{vm}(t+1) = (1-\rho)\tau_j^{vm}(t) + \rho\Delta\tau_j^{vm}(t+1) \tag{7.29}$$

式中,ρ 是挥发系数;$\tau_j(t)$ 和 $\tau_j(t+1)$ 分别表示路径点 j 更新前后信息素浓度;$\Delta\tau_j^{vm}(t+1)$ 表示信息素变化量,如下所示

$$\Delta\tau_j^{vm}(t+1) = \sum_{k=1}^m \Delta\tau_j^{vm}(t, t+1) \tag{7.30}$$

式中,$\Delta\tau_j^{vm}(t, t+1)$ 表示在 t 次迭代后蚁群 v 中蚂蚁 m 对栅格 j 产生的信息素变化量,可表示为

$$\Delta\tau_j^{vm}(t, t+1) = \begin{cases} w_1 o_{vm} J_{vm} Q & , \quad m \in [1, u] \\ -w_2 o_{vm} J_{vm} Q & , \quad m \in [u+1, M] \end{cases} \tag{7.31}$$

式中,$o_{vm} = u_{vm}/v_{vm}$ 是种群 v 的路径与其他蚂蚁种群的路径之间的重叠度;u_{vm} 为搜索 t 次迭代后种群 v 中蚂蚁 m 的信息素总量;v_{vm-} 表示其他种群信息素的总量,该值越大,表示与栅格 j 中其他群体的重叠越少;J_{vm} 是完成搜索后种群 v 中蚂蚁 m 的搜索成本,并对该蚁群中所有蚂蚁的目标函数值排序;Q 为信息素增强系数;w_1 和 w_2 分别表示搜索收益权重系数。当 $m \in [1, u]$ 表示蚂蚁 m 的信息素浓度增加,而当 $m \in [u+1, M]$ 表示蚂蚁 m 的信息素浓度降低。

为避免算法陷入局部最优,将栅格中信息素浓度限定为 $[\tau_{\min}, \tau_{\max}]$,以在增加搜索空间的同时保证算法快速收敛速度,可表示为

$$\tau_j(t) = \begin{cases} \tau_{\min}, & \tau_j(t) < \tau_{\min} \\ \tau_j(t), & \tau_{\min} \leqslant \tau_j(t) \leqslant \tau_{\max} \\ \tau_{\max}, & \tau_j(t) > \tau_{\max} \end{cases} \tag{7.32}$$

综上所述,不确定环境下利用并行蚁群算法的流程图如图 7.21 所示,求解无人机集群协同搜索的步骤如下。

步骤 1:采用栅格地图离散化任务区域,初始化构建的目标概率图;

步骤 2:设置蚁群算法参数,初始化 N 只蚂蚁的位置以及各蚂蚁的本地信息素结构;

步骤 3:各蚂蚁确定待选栅格集合,基于式(7.27)计算各栅格的状态转移概率,并按照状态转移规则选出下一时刻栅格;

步骤 4:蚂蚁转移到下一栅格并对周围环境进行搜索;

步骤 5:计算目标函数,并根据自身及邻居蚂蚁位置分布,按照式(7.29)~式(7.32)的信息素更新规则对本地信息素结构进行更新,同时更新目标存在概率图;

步骤 6:判断是否达到最大循环次数,若是则算法结束,否则返回步骤 3。上述算法步骤经过多次迭代后,能够生成各无人机的搜索航路点序列,进行航迹平滑后即可得到无人机的可飞航迹,从而实现无人机集群的协同区域搜索。

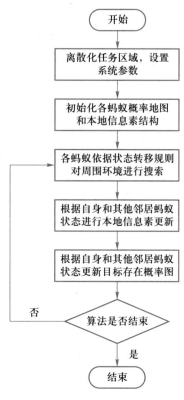

图 7.21 并行蚁群算法流程图

7.4.3 基于麻雀算法的协同目标搜索

在不确定环境下,无人机集群协同搜索是研究热点,同时也是当前亟待解决的应用难点问题。特别是当无人机受到通信距离和通信干扰的限制时,保证无人机集群的目标搜索能力和区域覆盖能力是至关重要的。为此,针对上述问题,本节针对无人机局部通信网络目标搜索展开研究,以提高无人机在不确定环境下的自主协作能力。麻雀算法是一种有效的仿生智能优化算法,是根据麻雀觅食和躲避觅食者的行为设计和实现的。麻雀算法具有收敛速度快、优化能力强的特点,能满足搜索模型时效性要求。为规划无人机集群协同搜索的最优飞行路径,本节介绍基于麻雀算法的分布式集群协同目标搜索方法,并通过数字信息素引导策略预测下一时刻无人机的搜索位置。图 7.22 为基于麻雀算法的协同搜索框架,主要包括局部通信网络建立、优化目标函数构建和优化模型求解。

(1) 局部通信网络建立

在实际飞行过程中,由于受到集群内无人机之间距离和环境中障碍物的影响,无法保证全局通信网络的有效性和稳定性。因此,为了满足实际搜索任务的要求,需根据无人机之间的距离建立局部通信网络,并在这些网络中共享无人机的位置和目标搜索信息。本节研究通信受限前提下的分布式协同搜索,首先确定当前无人机集群的网络链路,并根据集群内无人机之间的距离建立本地通信网络。然后,在每个通信网络中设计具有优化函数和约束条件的协同搜索模型。在此基础上,利用麻雀算法求解优化模型,以获得当前网络环境下

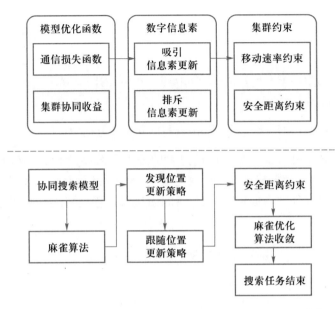

图 7.22 局部通信网络下基于麻雀算法的协同目标搜索系统框架

每架无人机的最优搜索位置。为了清楚地说明无人机集群的通信链路关系,利用有向图 $G=<N,D>$ 表示当前的实时通信网络,其中 N 为无人机集群数量,D 表示无人机集群内无人机之间的距离,相邻通信矩阵 A 可以表示为

$$A(G) = (a_{ij})_{N \times N}$$

$$a_{ij} = \begin{cases} 0, d_{ij} > d_{com} \\ 1, d_{ij} \leq d_{com} \end{cases} \tag{7.33}$$

式中,d_{com} 为范围阈值,d_{ij} 为无人机 i 与无人机 j 的欧几里得距离。A 表示无人机集群的实时通信拓扑关系,如果 $a_{ij}=1$,则表示无人机 i 到无人机 j 是连通状态,可以相互发送位置信息。反之则通信不可达。

(2) 优化目标函数构建

鉴于在实际协同搜索过程中,无人机处理能力和通信网络的局限性,在构造优化目标函数时,应考虑通信成本和协同效益,以最小化每架无人机的飞行轨迹,从而最大化无人机集群整体协同搜索的有效性。成本函数可表示为

$$JS_t = J_{com} + J_{clu} \tag{7.34}$$

其中,J_{com} 为通信距离成本,J_{clu} 为搜索范围成本。对于目标搜索任务,一方面,需要最小化无人机之间的通信距离,以确保下一时刻这些距离仍小于无人机最大航行距离;另一方面,为快速完成对任务区域的搜索,需要最大化无人机集群的搜索范围,扩大区域覆盖范围。

为了降低能量成本,确保无人机集群协同搜索的效益,引入了数字信息素策略。数字信息素构成包括吸引信息素和排斥信息素两部分,通过为目标区域分配信息素值来构造人工势场,以协助无人机集群进行路径规划决策,并利用每架无人机的实时飞行位置来更新信息素分布,从而完成目标搜索过程。在未被搜索区域释放吸引信息素,以引导无人机搜索该区

域。类似地,在最后时刻搜索的区域释放排斥信息素,从而防止重复搜索路径,两种信息素的更新可表示为

$$
\begin{cases}
a_i(t) = (1 - E_a)\left[(1 - S_a)[a_i(t-1) + \delta^{\frac{1}{f_i}} d_a(t)] + g_a(t)\right] \\
r_i(t) = (1 - E_r)\left[(1 - S_r)[a_i(t-1) + \delta^{\frac{1}{f_i}} d_r(t)] + g_r(t)\right]
\end{cases}
\tag{7.35}
$$

式中,E_a 和 E_r 分别表示吸引信息素和排斥信息素的挥发系数;S_a 和 S_r 为相应的传播系数;$\delta \in (0,1)$ 是调节因子;$d_a(t)$ 为栅格 i 自主释放的吸引信息素;f_i 为最后一次访问栅格 i 到当前的周期数;$g_a(t)$ 和 $g_r(t)$ 分别为栅格 $(t-1, t]$ 时间内从邻近栅格传入的吸引信息素和排斥信息素。则有

$$
\begin{cases}
g_{a_i}(t) = \sum_{i' \in Ne_i} \frac{S_a}{N_{i'}} a_{i'}(t-1) + d_a(t) \\
g_{r_i}(t) = \sum_{i' \in Ne_i} \frac{S_a}{N_{i'}} r_{i'}(t-1) + d_r(t)
\end{cases}
\tag{7.36}
$$

式中,$N_{i'}$ 为相邻栅格总数,Ne_i 为邻近栅格。将不同信息素浓度分配给不同搜索路径,以避免同一网络中无人机之间重复搜索,从而最小化每架无人机的飞行轨迹。局部通信下的集群协同效益表示为

$$
JP_t = \sum_{k=1}^{N'} \sum_{i=1}^{n} \left[e^{\frac{1-i}{n}} [S_a(t+i) - S_r(t+i)] \right]
\tag{7.37}
$$

式中,N' 表示当前通信网络下无人机数量,n 为预测步骤,$S_a(t)$ 为当前通信网络中无人机位置在 t 时刻的吸引信息素强度,$S_r(t)$ 为 t 时刻的排斥信息素强度。

综上所述,基于麻雀算法的协同搜索模型的目标优化函数可以定义为

$$
\max J = \max[\lambda_1 JP_t - \lambda_2 JS_t]
\tag{7.38}
$$

式中,JP_t 为协同收益,JS_t 为通信成本,λ_1 和 λ_2 分别表示权重归一化系数。如前所述,协同收益还包括目标存在概率、区域覆盖率等指标,本节不关注具体的表达形式,这里不再展开介绍。

考虑集群协同约束是无人机集群协同搜索模型求解的重要组成部分,它直接决定了搜索任务的成功完成。基于无人机的动力学约束,建立运动速度和集群安全距离的约束。其中,大多无人机集群协同搜索方法主要基于以下假设:目标是静止的;目标轨迹已知;目标的初始位置已知,并且以恒定速度移动。然而,在未知环境中有许多未知和随机因素。例如,由于速度和方向的不断变化,无法准确获得目标轨迹。因此,假设搜索过程中目标的轨迹是未知的,考虑无人机变速运动。利用数字信息素的预测步骤来约束每架无人机的移动速度。在无人机集群协同搜索过程中,由于无人机分布在同一高度,一旦无人机的飞行距离不受限制,就存在碰撞风险。为了克服这个问题,需要设定安全距离来保证集群协同之间的安全。

(3) 优化模型求解

麻雀种群是一种聪明的社会群居生物,具有良好的记忆力,在觅食过程中具有一些生物

学特征:麻雀种群通常分为探索者和追随者两种类型,探索者有更大的搜索空间来寻找食物来源,而追随者则根据生产者的引导来寻找食物;麻雀具有较强的抗觅食者能力,在觅食过程中随机选择部分麻雀作为侦察者,从而避开觅食者;探索者和追随者可以动态转化,以获得更好的食物来源;追随者总能找到探索者提供的更好的食物来源,一些追随者甚至会监视探索者获取更多食物。麻雀觅食过程主要包括三个步骤:探索者寻找食物;追随者争夺食物;种群边缘个体发现觅食者并发出被觅食警报。麻雀觅食模式已被证明是一种非常有效的方式,鉴于麻雀行为提出的麻雀算法的流程框图如图 7.23 所示。

下面将对其步骤进行具体描述。

步骤 1:初始化种群中有 N 只麻雀,位置空间为 D 维。其中麻雀的位置可以定义为 $\boldsymbol{x}_i=(x_{i1},x_{i2},\cdots,x_{iD})$ $(i=1,2,\cdots,N)$,具有较大适应度值的麻雀作为探索者,位置更新策略如下

$$\boldsymbol{x}_i^{t+1} = \begin{cases} \boldsymbol{x}_i^{t+1}\cdot\exp\left(-\dfrac{i}{\varsigma\cdot t_{\max}}\right), & R_2 < S \\ \boldsymbol{x}_i^{t+1}+\kappa\cdot\boldsymbol{H}, & R_2 < S \end{cases} \tag{7.39}$$

其中,t 为当前迭代次数;$t_{\max}$ 为最大迭代次数;ς 为随机数($\varsigma\in(0,1]$);$\boldsymbol{H}$ 为 $1\times D$ 大小的全 1 矩阵;κ 为正态分布的随机数;R_2 为预警值($R_2\in(0,1]$);S 为安全值($S\in(0.5,1]$)。

步骤 2:同样,将其余麻雀作为跟随者,位置更新如下

$$\boldsymbol{x}_i^{t+1} = \begin{cases} Q\cdot\exp\left(-\dfrac{\boldsymbol{x}_w^t-\boldsymbol{x}_i^t}{i^2}\right), & i>N/2 \\ \boldsymbol{x}_b^{t+1}+|\boldsymbol{x}_i^t-\boldsymbol{x}_b^{t+1}|\cdot\boldsymbol{A}^+\cdot\boldsymbol{H}, & i<N/2 \end{cases} \tag{7.40}$$

其中,$\boldsymbol{x}_b$ 和 $\boldsymbol{x}_w$ 分别为当前麻雀的最优和最差位置;$\boldsymbol{A}^+=\boldsymbol{A}^{\mathrm{T}}(\boldsymbol{A}\boldsymbol{A}^{\mathrm{T}})^{-1}$,$\boldsymbol{A}$ 为大小为 $1\times D$ 的矩阵,其中每一维数值随机从 $\{1,-1\}$ 中选取。当麻雀在寻找食物时,其中一些麻雀将负责看守。

步骤 3:当其他觅食者靠近时,麻雀会做出反觅食行为,放弃现有的食物,探索新的位置。为了意识到危险,随机选择麻雀作为侦察者,侦察者的位置更新如下

$$\boldsymbol{x}_i^{t+1} = \begin{cases} \boldsymbol{x}_b^t+\eta\cdot|\boldsymbol{x}_b^t-\boldsymbol{x}_i^t|, & f_i\neq f_b \\ \boldsymbol{x}_i^t+k\cdot\dfrac{|\boldsymbol{x}_w^t-\boldsymbol{x}_i^t|}{f_i-f_w+\varepsilon}, & f_i=f_b \end{cases} \tag{7.41}$$

式中,η 是满足正态分布的随机数;k 是随机数($k\in[-1,1]$);f_i 是当前适应值,f_b 和 f_w 分别为迭代周期中的最佳和最差适应值;ε 为避免无效解的常数。

为符合实际应用需求,本节研究的局部通信条件下的协同优化问题具有重要意义。由于全局网络无法连接,全局信息素和位置信息无法实时共享。建立一个面向局部网络的协同搜索模型,该模型利用现有的局部位置信息,在当前网络下利用基于麻雀算法的最大化优

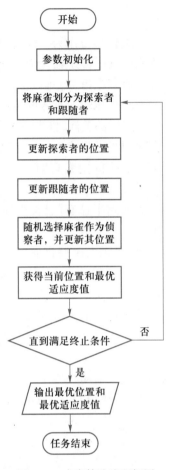

图 7.23 麻雀算法流程框图

化指标,能够提高无人机集群协同搜索能力。

7.4.4　基于深度强化学习的协同目标搜索

强化学习作为一种交互式学习方法,通过智能体和环境之间的持续交互试错来最大化累积回报。传统强化学习在解决复杂动态环境下的集群搜索问题时,由于高维状态矩阵导致计算复杂度高,难以保证获得最优求解策略。近年来,得益于深度学习强大的特征表达能力和强化学习有效的策略学习能力,深度强化学习算法在一系列复杂序列决策问题中得到了广泛的关注,极大地提高了强化学习解决大规模复杂问题的能力。因此,越来越多的研究利用深度强化学习算法来解决动态未知环境下的协同搜索问题,基于深度强化学习的协同搜索框图如图 7.24 所示,考虑到每架无人机探测半径有限,首先通过传感器从环境中获取观测数据,并更新本地观测地图。然后,每架无人机接收通信半径范围内近邻无人机的本地地图,将其与本地地图融合,获取更多环境信息。最后,通过深度强化学习

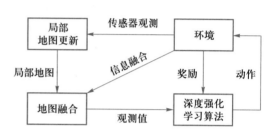

图 7.24　基于深度强化学习的协同搜索框图

算法输出动作来确定无人机下一时刻决策,并在下一个时间步接收奖励。目前较为典型的深度强化学习算法有深度 Q 网络(deep Q-network,DQN)、近端策略优化(proximal policy optimization,PPO)等。

针对未知环境下搜索多动态目标的问题,本节介绍一种基于结合双 Q 学习(double-DQN)和噪声 Q 学习(noisy-DQN)的多智能体深度强化学习算法 DNQMIX,来解决无人机集群协同搜索问题。首先建立搜索环境模型,并提出无人机探测信息线性融合方法。然后构建观测空间,并设计符合环境约束的动作空间和奖励函数。最后,通过深度强化学习算法 DNQMIX 在线生成无人机集群协同搜索路径。

(1) 构建搜索环境模型

如图 7.25 所示,将搜索区域 Ω 划分为 $L_x \times L_y$ 个大小相等的离散网格,网格的中心点坐

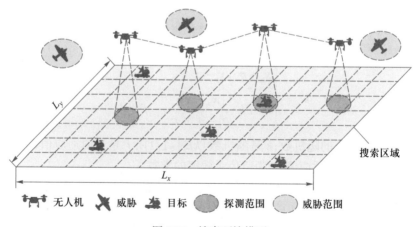

图 7.25　搜索环境模型

标定义为 $c_{x,y}=(x,y)\{x=1,2,\cdots,L_x;y=1,2,\cdots,L_y\}$ 作为标识。每个目标只能占用一个网格,将网格内目标存在的概率建模为伯努利分布,即 $\tau_{x,y}=1$(存在目标),概率为 $P_{x,y}$,$\tau_{x,y}=0$(不存在目标),概率为 $1-P_{x,y}$。同样,假设搜索区域 $\varOmega$ 中有 N_o 个随机分布的威胁。威胁 k 的坐标表示为 $z_k=(x,y)$,$1\leq k\leq N_o$。

无人机集群系统 $U=\{U_1,U_2,\cdots,U_i,\cdots,U_{Nu}\}(1\leq i\leq N_u)$ 包含 N_u 个同构无人机。为了便于分析,任务周期离散为 T 个时间步,无人机仅在每个时间步的开始时做出移动决策。无人机 i 在时间步 $t(1\leq t\leq T)$ 处的坐标表示为 $u_{i,t}=(x,y)$。每个无人机都配备有一个传感器,无人机 i 只能在时间步 t 和探测半径 R_s 下观察探测区域 $\varTheta_{i,t}$ 内的网格。无人机 i 在时间步 t 对网格 $c_{x,y}$ 的观测结果表示为 $\varPhi_{x,y}^{i,t}$,$\varPhi_{x,y}^{i,t}=1$ 表示在网格 $c_{x,y}$ 检测到目标,$\varPhi_{x,y}^{i,t}=0$ 表示在网格 $c_{x,y}$ 未检测到目标。考虑到噪声、传感器的检测能力受限等因素,传感器模型检测结果的条件概率可表示为

$$P\left(\varPhi_{x,y}^{i,t}\mid\tau_{x,y}\right)=\begin{cases}P\left(\varPhi_{x,y}^{i,t}=1\mid\tau_{x,y}=1\right)=p\\P\left(\varPhi_{x,y}^{i,t}=0\mid\tau_{x,y}=1\right)=1-p\\P\left(\varPhi_{x,y}^{i,t}=1\mid\tau_{x,y}=0\right)=q\\P\left(\varPhi_{x,y}^{i,t}=0\mid\tau_{x,y}=0\right)=1-q\end{cases}\tag{7.42}$$

其中 p 和 q 分别表示探测概率和虚警概率。为了确保在噪声环境中能够执行有效探测,探测概率 p 和虚警概率 q 分别设置在 $[0.5,1]$ 和 $[0,0.5]$ 的区间范围内。

每架无人机 i 在时间步 t 都维护了一个单独的关于搜索区域 $\varOmega$ 的概率信息图 $P_{i,t}\triangleq\{P_{x,y}^{i,t}\mid\tau_{x,y}=1\}$,并采用贝叶斯准则根据观测结果更新概率图,即

$$P_{x,y}^{i,t+1}=\begin{cases}\dfrac{pP_{x,y}^{i,t}}{pP_{x,y}^{i,t}+q\left(1-P_{x,y}^{i,t}\right)}&,\varPhi_{x,y}^{i,t}=1\\\dfrac{(1-p)P_{x,y}^{i,t}}{(1-p)P_{x,y}^{i,t}+(1-q)\left(1-P_{x,y}^{i,t}\right)}&,\varPhi_{x,y}^{i,t}=0\\P_{x,y}^{i,t}&,其他\end{cases}\tag{7.43}$$

无人机根据传感器检测结果更新概率图后,向其邻居广播检测结果进行信息融合。将无人机 i 的邻居定义为

$$H_i=\{U_j\mid\left\|u_{j,t}-u_{i,t}\right\|\leq R_c,j\neq i,j=1,2,\cdots,N_u\}\tag{7.44}$$

其中,R_c 表示通信范围。无人机记录每个网格的正检测次数 $N_{x,y}^{i,t}(+)$(从任务开始时 $\varPhi_{x,y}^{i,t}$ 为 1 的总次数)和负检测次数 $N_{x,y}^{i,t}(-)$(从任务开始时 $\varPhi_{x,y}^{i,t}$ 为 0 的总次数)。使用正检测次数和负检测次数作为交互信息,信息融合后,无人机 i 在时间步 t 处的正探测次数和负探测次数可表示为

$$\begin{cases}N_{x,y}^{i,t}(+)=\max\left(N_{x,y}^{i,t}(+),\max\left\{N_{x,y}^{j,t}(+)\right\}\right),U_j\in H_i\\N_{x,y}^{i,t}(-)=\max\left(N_{x,y}^{i,t}(-),\max\left\{N_{x,y}^{j,t}(-)\right\}\right),U_j\in H_i\end{cases}\tag{7.45}$$

结合概率图贝叶斯更新准则，无人机 i 在时间步 t 认为网格 $c_{x,y}$ 中目标存在的概率可以表示为

$$\Gamma_{x,y}^{i,t} = N_{x,y}^{i,t}(+)\ln\frac{q}{p} + N_{x,y}^{i,t}(-)\ln\frac{1-q}{1-p} \tag{7.46}$$

(2) 观测空间与动作空间

对于无人机集群协同侦察问题，无人机只能感知传感器检测范围内的区域是否存在目标和威胁，并且由于通信距离的限制，只能与邻居交换感知信息。如果直接使用智能体存储的整个任务区域的信息图作为输入，将会有大量的无效信息导致训练速度变慢。因此在每个时间步，无人机仅提取与视场范围相对应的整个任务区域信息图的局部信息部分，作为智能体的网络输入，提取的信息可分为三类。

目标存在概率：从无人机的局部概率图中提取并根据贝叶斯概率更新，其中边界外的目标存在概率水平假设为 0。

访问次数信息：如果一架无人机在某个时间步探测某个网格，则该网格访问次数加 1，边界外的访问次数假定为 0。

邻居和威胁信息：视野中的威胁表示为 0.5，视野中的其他无人机表示为 1，空网格或边界外的网格表示为 0。

无人机的位置也会添加到观测向量中，以帮助其了解自身的状态。这些局部信息构成了智能体的观测空间并帮助无人机确定下一步行动。在每个时间步，无人机根据其当前位置最多有四个候选动作可用。这四个动作对应四个运动方向：北、南、东、西。如果某个移动方向将导致无人机在下一时间步移出边界，则该方向将从候选动作中丢弃。

(3) 设计奖励函数

将无人机的视场范围（field of view，FOV）定义为以自身为中心的正方形区域（边长为 L_{f}）。在每个时间步，无人机提取 FOV 内的局部信息，作为智能体策略网络的输入。提取的信息包括目标存在概率信息图 ρ_1、访问次数信息图 ρ_2、邻居和威胁信息图 ρ_3 以及自身位置信息图 ρ_4。目标存在概率信息图 ρ_1 从无人机的局部概率图中提取，其中边界外的目标存在概率为 0。访问次数信息图 ρ_2 表示无人机对网格的总访问次数，边界外的访问次数假定为 0。邻居和威胁信息图 ρ_3 中的威胁表示为 0.5，其他无人机表示为 1，空网格或边界外的网格表示为 0。综上，无人机 i 的观测空间定义为

$$O_i = \left[\rho_{1,i}, \rho_{2,i}, \rho_{3,i}, \rho_{4,i}\right] \tag{7.47}$$

无人机集群协同侦察问题旨在尽快发现未知目标、最小化环境的不确定性以及避免与威胁发生碰撞。基于上述目的，设计奖励函数

$$r_t = r_{1,t} + r_{2,t} + r_{3,t} + r_{4,t} \tag{7.48}$$

其中

$$\begin{cases} r_{1,t} = \omega_1 \sum_{i=1}^{N_u} \sum_{x=1}^{L_x} \sum_{y=1}^{L_y} 1_{P_{x,y}^{i,t-1} < \xi \le P_{x,y}^{i,t}, P_{x,y}^{j,t} < \xi(\forall j \ne i)} \\ r_{2,t} = \omega_2 \sum_{x=1}^{L_x} \sum_{y=1}^{L_y} \left(J_{x,y}^{t-1} - J_{x,y}^{t} \right) \\ r_{3,t} = \omega_3 \sum_{i=1}^{N_u} \frac{1}{N_{x,y}^{\text{visited}}}, \quad (x,y) = u_{i,t} \\ r_{4,t} = -\omega_4 \sum_{i=1}^{N_u-1} \sum_{j=i+1}^{N_u} 1_{\|u_{i,t} - u_{j,t}\| \le d_{\text{safe},1}} - \omega_5 \sum_{i=1}^{N_u} \sum_{k=1}^{N_o} 1_{\|u_{i,t} - z_k\| \le d_{\text{safe},2}} \end{cases} \quad (7.49)$$

其中,$\omega_1 \sim \omega_5$ 表示正常数,ξ 为预定义阈值,$J_{x,y}^{t-1}$ 表示网格 $c_{x,y}$ 在时间步 t 时的目标存在概率信息熵,$N_{x,y}^{\text{visited}}$ 表示无人机对网格 $c_{x,y}$ 的总侦察次数,$d_{\text{safe},1}$ 表示无人机与无人机之间的安全距离,$d_{\text{safe},2}$ 表示无人机与威胁之间的安全距离。

(4) 基于深度强化学习的协同搜索算法

对于无人机集群协同搜索任务而言,深度强化学习的目标是学习一个联合策略从而最大化累计折扣奖励

$$G_t = r_t + \gamma r_{t+1} + \gamma^2 r_{t+2} + \cdots = \sum_{k=0}^{\infty} \gamma^k r_{t+k} \quad (7.50)$$

通常,将联合策略 π 下的动作值函数表示为

$$Q_\pi(s,a) = \mathbb{E}_\pi(G_t) = \mathbb{E}_\pi\left(\sum_{k=0}^{\infty} \gamma^k r_{t+k} \mid s_t = s, a_t = a \right) \quad (7.51)$$

其中,a 是联合动作。最优联合策略 π 可根据贝尔曼最优原则最大化动作值函数得出,即

$$\pi_*(s) = \arg\max_a Q_\pi(s,a) \quad (7.52)$$

然而,由于无人机集群协同搜索任务的部分可观测性,使得 $Q_\pi(s,a)$ 的学习非常困难,且无法在分布式的决策框架下使用。因此,将 $Q_\pi(s,a)$ 替换为

$$Q_\pi(s,a) = Q_\pi(o_1, a_1, o_2, a_2, \cdots, o_N, a_N) \quad (7.53)$$

如果直接使用深度神经网络学习上述动作值函数,学习难度将随着智能体数量的增加呈几何增加,最终导致维数灾难。本质上,联合状态、动作值函数和单个智能体动作值函数之间必然存在某种映射关系,即

$$Q_\pi(s,a) = f\left[Q_{\pi_i}(o_i, a_i) \right], i = 1, 2, \cdots, N \quad (7.54)$$

然而,通常很难确定这种映射关系,需采用值函数分解的方式估计联合动作值函数。为了缓解多智能体环境的不稳定性,使用动作观测历史 $\delta_t = (a_1, o_1, a_2, o_2, \cdots, a_{t-1}, o_{t-1})$ 代替智能体的观测结果。此时,值函数可以表示为

$$Q_\pi(s,a) \approx Q_{\text{tot}}(\delta,a) = f\left(Q_i(\delta_i, a_i | \theta_i) \right) \quad (7.55)$$

其中,θ_i 表示深度神经网络的参数。事实上,需要确保全局 Q_{tot} 上的 argmax 操作应产生与每个 Q_i 上的一组单独 argmax 操作相同的结果即可确保学习策略的一致性,即

$$\operatorname*{argmax}_{a} Q_{\text{tot}}\left(\delta, a\right) = \begin{pmatrix} \operatorname*{argmax}\limits_{a_1} Q_1\left(\delta_1, a_1\right) \\ \vdots \\ \operatorname*{argmax}\limits_{a_N} Q_N\left(\delta_N, a_N\right) \end{pmatrix} \tag{7.56}$$

为了满足上述约束,如图 7.26 中的 DNQMIX 网络结构所示,使用混合网络来学习映射关系 f,智能体网络通过 argmax 操作输出单个智能体动作值函数 $Q_i(\delta_{i,t}, a_{i,t})$。接下来,将每个智能体的动作值函数输入混合网络。为了确保决策一致性约束,混合网络的权重由单独的超网络表示,从而确保权重非负。全局环境状态 s_t 也被作为超网络的输入,以提高 Q_{tot} 估计的准确性。

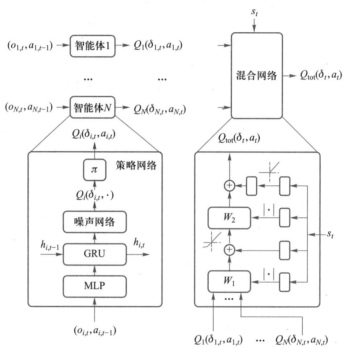

图 7.26　DNQMIX 的网络结构

7.5　本 章 小 结

协同目标搜索是无人机集群协同控制的一个重要方面,是实现战场态势感知、目标干扰和打击等任务的基础,是目前研究的热点问题。国内外学者已经对战场环境建模方法、协同控制架构、搜索策略及智能化的搜索算法展开了众多研究,这对提高无人机执行侦察搜索任务效率具有重要意义。

未知动态环境下的集群协同搜索问题通常分解为区域覆盖问题和目标搜索任务分配问题。通过构造搜索区域概率模型,并结合优化方法来解决协同搜索运动目标问题,是当前较为常用的一类算法。如何评价协同搜索算法性能优劣也是一个重要问题,包括完成区域搜索所需时间、区域覆盖率以及能量损耗等。通常来说,较为具有代表性的评价指标有目标发现收益、环境搜索收益和协同搜索代价。

无人机集群协同搜索任务本质是实现无人机自主地进行分布式搜索,多机协同决策并进行任务路径规划,使得无人机在有限的续航能力约束下,尽可能搜索到更多的目标。搜索任务能否成功以及搜索效率高低与目标本身特性、传感器探测性能、搜索算法等紧密相关。本章主要从环境搜索地图模型、传感器探测模型、状态空间模型、无人机集群协同搜索算法等多个方面展开介绍。

无人机集群在执行协同搜索任务时需要建立一种协同搜索控制架构来实现对搜索任务和航路的协调控制。协同搜索控制架构分为集中式、分布式和集散式三种类型。其中,分布式搜索控制架构能够发挥各无人机的自主性,系统健壮性更强,采用分布式搜索控制架构实现无人机集群协同搜索任务已经成为无人机应用的一大热点。

协同搜索算法主要划分为传统算法和人工智能算法两大类。前者基于搜索论,通过预先规划集群协同最优搜索航线,以最大化目标发现概率为目标,同时最大化覆盖搜索任务区域。智能算法处理区域搜索问题的方法主要分为两大类:一类是应用较为广泛的群智能算法,该类算法通过构造目标函数然后再进行优化;另一类是深度强化学习算法,通过构造在线奖惩来求解最优价值或策略。协同搜索算法中应用较为广泛的群智优化算法,包括蚁群算法、粒子群算法以及麻雀算法等。与传统方法相比,该类算法经济性更高,评价具有更加全面丰富的指标。而深度强化学习具备不断试错搜索、时延奖赏的优势,使得无人机集群更加适应于相对复杂变化的决策任务。

从当前研究现状来看,针对未知环境的目标搜索问题,要在实现多平台协调控制的同时,满足无人机集群在线避障、防撞等多约束条件,在复杂环境下兼顾处理静态和动态目标,实现分布式无人机集群协同搜索仍然是一项技术难题。为快速提升多无人机协同作战能力,结合无人机自主控制的发展趋势,研究动态变化的复杂战场环境中,使多无人机自主完成协同搜索、打击等任务将是未来的研究重点之一。同时,随着人工智能算法研究愈加深入,尤其是深度强化学习方法,在提升无人机集群协同搜索任务的实时性和最优性时具有巨大潜力。因此,利用人工智能方法实现协同搜索任务是未来集群协同控制的一大研究趋势,需重点攻破深度强化学习当前存在难点问题,提出更加全面、更加智能、性能更优、效率更高的集群协同搜索策略。

第 7 章习题

1. 无人集群协同搜索算法主要分为哪几种类型?
2. 为什么采用人工智能算法解决无人机集群协同搜索问题?
3. 无人机集群协同搜索主要存在哪些难点和关键问题?
4. 无人机协同搜索控制架构可以分为哪几种类型?
5. 为什么利用深度强化学习算法实现无人机集群协同搜索?
6. 基于人工智能算法的无人机集群协同搜索的有哪几种?
7. 用于协同目标搜索的粒子群算法的原理和特性是什么?
8. 无人机集群协同搜索问题与蚁群觅食行为的映射关系是什么?
9. 采用分布式协同搜索方法的思想和优势是什么?

第 7 章
习题答案

第8章 无人机集群任务分配

无人机集群任务分配是提高无人机自主性的重要手段。无人机集群任务分配是指在满足任务类型、时间序列、无人机作战能力和有效载荷等各种约束条件下,以整体作战效能最优或次优为目标,合理分配有效的任务序列给无人机,同时确保无人机集群在执行多任务过程中的协同性。因此,无人机集群任务分配是一个约束条件众多、复杂且耦合的多目标优化与决策问题,需要综合利用运筹学、智能计算以及计算几何等理论和技术以降低问题求解难度。此外,在面临复杂环境中的许多突发情况时,如何实时实现高效的动态任务分配极为重要。研究无人机集群任务分配问题主要存在两大难点:其一,从不同角度建模真实的任务场景;其二,设计高效的任务分配算法以获得合理高效的分配策略。

本章从无人机集群任务分配的基本理论、无人机集群任务分配的模型和控制结构,以及不同任务环境下无人机集群的任务分配算法等方面对无人机集群任务分配展开介绍与分析。本章首先概述了无人机集群任务,包括任务类型和任务分配过程;接着对集群任务分配问题的求解进行描述,包括无人机集群任务分配模型、集群控制结构;然后介绍了集中式无人机集群动态任务分配算法;最后详细地介绍了分布式无人机集群动态任务分配算法。

8.1 无人机集群任务

8.1.1 无人机集群任务类型

无人机集群任务是指需要由多架无人机协同完成的任务,该任务拥有足够的时间资源允许多架无人机顺序工作,或者拥有充足的空间资源容纳多架无人机同时配合工作。并且无人机集群执行的任务往往不是单一的,而是一组任务序列。首先根据任务的耦合关系,将无人机集群任务分为紧耦合任务和松耦合任务两类。

① 紧耦合任务

紧耦合任务是指任务在时间或空间上存在相互依赖、相互嵌套的关系。紧耦合任务又分为两种:时间紧耦合任务与空间紧耦合任务。时间紧耦合是指任务内部存在着执行次序的关联,突出表现为时间上的耦合关系,任务可以分为多个环节,各个环节必须按照严格的时间顺序依次执行,执行任务的多架无人机之间可以采取分工模式,但必须满足各自的时间要求。空间紧耦合是指任务密不可分,必须由多架无人机相互配合同时执行。各单架无人机作用不尽相同,均不可替代,缺少任一架无人机均会导致任务失败。

② 松耦合任务

松耦合任务是指任务没有时间或空间上的约束,往往由多项可分割的子任务组成。松耦合任务也分为两种:顺序松耦合任务与无序松耦合任务。顺序松耦合任务指任务分为多项子任务,各项子任务间存在一定的顺序要求,某项子任务达到一定的进度,其他子任务才可执行,对进度的程度没有严格要求。无序松耦合任务指任务被分为多项子任务,各项子任务之间相互独立,没有次序要求,每项子任务均是全局任务的比例缩小。

无人机集群任务复杂多样,根据任务的内容,无人机集群的任务可以分为以下三类。

① 协调控制类

协调控制类任务是在多架无人机运动时,为了尽量避免产生碰撞现象而需要执行的任务。该类任务分配问题实际上是一种时间、空间资源的调度问题,如快递运输、电力巡查等任务。通过考虑无人机所处的环境因素,利用局部或全局信息,合理地加入运动规则或者运用通信交互可以解决这类问题。

② 协同工作类

协同工作类任务一般在空间上存在较强的耦合性,如农业植保、环保监测、军事打击、防空反导等,是需要多架无人机同时配合才可完成的任务。

③ 搜索侦察类

搜索侦察类任务是无人机搜寻分散在空间中目标的任务,如搜救、放哨、侦察等任务。这类任务没有太强的时间和空间上的约束,可由单无人机完成,也可由无人机集群完成,因此是一种能体现无人机集群性能与效率的任务。

根据上述描述可以看出,无人机集群在执行任务时,各无人机之间表现出合作和竞争两种行为。无人机集群是多无人机协同自主完成任务的复杂智能系统,协同合作是无人机集群的主要特征之一。然而,无人机集群表现出的并不是简单的合作关系,各无人机之间还存在着竞争关系。例如为了提高任务完成效能,需要无人机之间相互配合,合作完成任务,达到 1+1>2 的效果,此时无人机之间表现出合作关系。而由于多类型无人机之间功能不同或同类型无人机之间状态的差距,一般不会将相同任务平等地分配给不同能力的无人机,往往根据无人机的能力或状态来分配任务,此时无人机之间表现出竞争关系。因此,又可以将无人机集群中各无人机之间的关系分为合作关系与竞争关系。

无人机集群的竞争关系和合作关系具体定义如下。

① 竞争关系

竞争关系是指无人机集群中两个或两个以上单架无人机(或无人机组),在特定的机制、规则下,为达到同一目标而进行竞争,产生不同无人机获得不同利益结果的一种无人机之间的互动形式。处于竞争关系的多架无人机,首先必须具有单独完成任务的能力,竞争关系使无人机在选取任务的过程中相互竞争,能力强的无人机会优先选择适合自己的任务。在一定的规则中,适度的竞争可以提高无人机集群执行任务的效率。但过度的竞争关系会造成无人机集群选取不恰当的任务,降低系统的效率。

② 合作关系

合作关系是指无人机集群中两个或两个以上单架无人机(或无人机组),在特定的机制、规则下,为达到共同的目标而相互配合,实现共同目标的一种无人机之间的互动形式。多架无人机相互合作不仅可以更加高效地完成单架无人机可以完成的任务,也可以完成单架无人机无法完成的任务。多无人机合作比单架无人机运行复杂得多,因此,过度的合作会使简单的问题复杂化,降低系统的性能。

竞争关系考虑的是一种局部最优策略,能充分发挥单架无人机的能力,单架无人机能够获得最大自身效益。合作关系考虑的是一种全局最优策略,能够充分发挥多架无人机的潜力,利用不同能力无人机的优势,形成更为强大的工作能力。因此充分考虑无人机集群之间各无人机之间的关系,有助于快速求解无人机集群任务分配问题。

8.1.2　无人机集群任务分配问题

(1) 无人机集群任务分配问题描述

无人机集群任务分配问题(cooperative multi-task assignment problem,CMTAP)可以定义为:基于一定的环境知识(如任务目标位置、威胁区域位置等),综合考虑无人机性能、到达时间、油耗、威胁及空域管制等约束条件,为集群中的各无人机分配一个或一组有序的任务集,包括目标集合、执行任务的类型以及不同任务的执行顺序和时间等,确保无人机集群在多任务执行过程中的协同性,并尽可能完成最多的任务,实现最高的无人机集群执行任务的整体效率。无人机任务分配问题的解是任务集中各任务的一个排列,带有明显的离散空间组合优化特征,因此一般求解无人机任务分配问题的关键是建立可数学表达的目标函数并有效地处理各项约束。

那么如何描述一个无人机集群任务分配问题呢? 下面给出一个比较泛化通用的描述方法,其具体如下。

给定一个无人机集群 U,它包含 N 架无人机,可表示为 $U=\{U_1,U_2,\cdots,U_N\}$。为简化问题,假设无人机集群在一个二维平面执行任务,每架无人机都是一个具有恒定速度的质点,即不考虑无人机的动力学特性,只考虑运动学特性,则在任意时刻 t 无人机 U_i 的位置可表示为 $(x_i^U(t),y_i^U(t))$。无人机的属性可以用一个七元素组来表述,即 $<ID^U,Pos^U,S^U,V^U,\Theta,P^U,Q^U>$,分别表示无人机的编号、位置、性能、价值、任务集合、顺利完成任务的概率和最大完成任务的数量。同时,在任务集合内包含有限数目的待执行任务,可表示为 $T=\{T_1,T_2,\cdots,T_{NT}\}$,$NT$ 为任务的数量,其属性用一个六元素组来表述,即 $<ID^T,Pos^T,S^T,V^T,R^T,P^T>$,分别表示目标编号、位置、状态、价值、威胁半径和顺利完成的概率,其对应水平位置为 (x_i^T,y_i^T)。需要注意的是,不同的任务允许有相同的水平位置。在任务分配前,以上的信息都是已知的。无人机集群任务分配的结果就是为集群中的每一架无人机 U_i 分配一条任务执行路线

$$P_i = \{(x_i^U(0),y_i^U(0)),(x_{i_1}^U(t),y_{i_1}^U(t)),\cdots,(x_{i_m}^U(t),y_{i_m}^U(t))\} \tag{8.1}$$

其中, $(x_i^U(0),y_i^U(0))$ 表示无人机 U_i 的出发位置,也就是说,对应无人机 U_i,需要制定一个有序任务集 $\Theta_i=\{T_1^i,T_2^i,\cdots,T_m^i\}$。

图 8.1 显示了一个典型的无人机任务分配问题示意图,较为直观地展示了任务分配问题的基本内容。首先设置任务集和无人机集,其中包含了四个待执行任务和两架用于执行任务的无人机;然后设计无人机航线路径和任务执行顺序来完成待执行的任务。图中每个带箭头直线上方的数字表示无人机在该段航

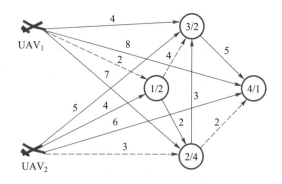

图 8.1　一个典型的无人机任务分配问题示意图

路上所花费的时间,四个待执行任务用四个圆圈表示。圆圈斜线左边的数字表示的无人机任务集中任务的序号,斜线右边的数字表示完成这个任务需要的时间。以任务的执行顺序为约束条件,花费时间最少为任务目标。图 8.1 给出了一种任务执行方案——两架无人机分别沿着虚线依次完成四个任务,可以看到,通过这种方法任务被顺序执行,而且时间花费较小。

(2) 无人机集群任务分配中的约束条件

无人机集群任务分配用于建立无人机与任务之间的关联和映射关系,是一个约束条件众多、复杂且耦合的多目标优化与决策问题,对求解算法提出了任务执行完整性、时间约束、路径可行性等任务要求。任务执行完整性是指任务分配方案中,每一个目标的每一项任务都必须得到执行,且只能执行一次。时间约束是指特定任务必须在规定的时间范围内完成,以符合不同任务之间的协同要求。路径可行性是指求解得到的无人机飞行路径应能满足无人机的机动性能约束,且不同无人机之间不能存在时空上的冲突。在无人机集群的任务分配中,通常需要考虑以下约束条件。

① 最大执行能力

无人机存在有限的任务能力。比如在反恐中,攻击无人机的载弹数目受到无人机的载重限制,在实际的攻击过程中,机载弹药也在不断消耗。对于其他类型的无人机,它们拥有不同的任务执行能力,但均存在着一个执行能力的上限。假设无人机 U_i 的任务执行集合为 P_i,则该任务集合的总能力消耗 $Q(P_i)$ 应小于该无人机的最大执行能力 $Q_i^{\max}$,此约束可表示为

$$Q(P_i) \leqslant Q_i^{\max}, \forall U_i \in U \tag{8.2}$$

② 最大航程

受机载燃油或电源的限制,无人机只能进行有限距离的连续飞行。与航迹规划问题一样,该约束在任务分配问题中同样存在。假设无人机 U_i 的任务执行集合为 Θ_i,对应的无人机飞行总距离为 L_i,应小于无人机的最大航程 $L_i^{\max}$,此约束可表示为

$$L_i \leqslant L_i^{\max}, \forall U_i \in U \tag{8.3}$$

③ 每个任务都能被分配到

所有的任务都需要被分配执行,此约束可表示为

$$\cup \Theta_i = T \tag{8.4}$$

④ 同一个任务不能分配给多架无人机

同一个任务只能分配给一架无人机,这可以避免任务的重复执行,对于需要多架无人机共同执行的任务,可将其分解为多个子任务,将每个子任务分配给一架无人机。此约束可表示为

$$\Theta_i \cap \Theta_j = \varnothing, \forall i \neq j, i,j \in \{1,2,\cdots,N_U\} \tag{8.5}$$

⑤ 任务时序约束

如果不同任务 T_i 和 T_j 必须按照特定顺序完成,表示 T_i 和 T_j 之间存在任务时序,如果 T_i 必须在 T_j 前先执行,则 T_i 为 T_j 的前序任务,T_j 的前序任务集合为 $Prev(T_j)$,T_j 是 T_i 的后序任务,记为 $Next(T_i)$。任务约束就可以表示为一种偏序关系 $(MS, \prec)$,MS 为具有该偏序关系的任务集合。在多无人机多任务分配问题中,任务之间的时序约束通常包括以下两类。

a. 各个目标上不同类型的任务之间必须满足的时序约束条件，即

$$Enforce(\{T_{i1},T_{i2},T_{i3}\},\prec), \quad i=1,2,\cdots,T_{NT} \tag{8.6}$$

b. 不同目标的任务之间存在的时序约束，如当 T_i 对 T_j 具有保护作用时，则 T_j 的任务必须在确认了 T_i 的任务完成之后才能执行，即

$$Enforce(\{T_{i1},T_{j2}\},\prec) \tag{8.7}$$

⑥ 多机协同约束

任务集合中的任何一个任务只能被完成一次，除非在预先的任务需求中对某个特定的目标指定了多次任务或者该任务没能顺利完成。设 $x_{i,j}\in\{0,1\}$ 为决策变量，其值满足

$$x_{i,j}=\begin{cases}0,\text{无人机}U_i\text{被分配执行任务}T_j\\1,\text{无人机}U_i\text{未被分配执行任务}T_j\end{cases} \tag{8.8}$$

则多机协同约束可以表达为

$$\sum_{i=1}^{N_U}x_{i,j}=1, \quad j=1,2,\cdots,N_T \tag{8.9}$$

通过上述内容可知，无人机集群任务分配是一个具有多约束条件的复杂多目标优化问题，而且不同约束条件之间还可能存在着耦合关系，这更增加了求解无人机集群分配问题的难度。另外，在求解无人机集群任务分配问题时，除了必须满足上述众多约束条件外，为了尽可能地提高无人机集群的整体效率，无人机集群任务分配一般遵循以下原则：

a. 无人机的利益最大化，最有利于任务完成的无人机将优先分配到任务目标；

b. 尽量缩短任务的执行时间或者缩短无人机的总航程；

c. 考虑目标的优先级，具有较高价值的目标应该首先被分配执行；

d. 要考虑不同无人机之间的任务均衡性。

8.1.3　无人机集群任务过程

无人机集群协同执行任务是一个复杂、连续的过程，一般可划分为离线任务预规划、巡航飞行、在线任务重规划、任务实施和返航等五个阶段。

(1) 离线任务预规划

在无人机集群起飞前，指挥控制中枢根据任务计划和目标环境信息为无人机进行静态环境下的最优载荷配置、目标分配和参考航迹规划，并将任务计划装载到无人机的机载计算机中。

(2) 巡航飞行

无人机成员以编队的形式进行巡航飞行，指挥控制中枢上的引导操纵员根据参考航迹和无人机集群的状态信息，以一定的更新频率向无人机发送远距引导指令和目标指示信号，无人机集群进行自主控制，保持与变换队形。

(3) 在线任务重规划

由于任务环境具有动态特性，所以会出现很多无法预料的情况，例如，临时改变任务计划、无人机损毁，以及在巡航飞行过程中存在预先未知的突发威胁等，都有可能导致预先配置的任务载荷、预先分配的目标和预先规划的参考航迹不再最优甚至失效。因此，需要在线

动态调整无人机集群的任务与航迹,实现多无人机动态协同响应不同的突发事件。在线任务重规划一方面要求规划出较为优质的行动方案,另一方面还要求快速规划,二者之间的矛盾随着无人机集群的规模和协同问题复杂性的增加而加剧,因此在线任务重规划需要在解的优劣性和求解时间之间进行折中处理。

(4) 任务实施

进入目标区域后,无人机集群按照预先定义的功能角色和协同方案展开任务,实时评估任务完成的进程与质量,并在地面控制中心的指令控制下修正或更改执行计划。

(5) 返航

完成既定任务后,无人机集群计算剩余可用燃油(或剩余可用电量),选择最佳着陆点并规划返航航迹。

8.2 无人机集群任务分配问题的求解

无人机集群任务分配问题的求解过程一般分为两个步骤:无人机集群任务分配问题的建模和问题模型的求解算法设计。具体做法是:首先建立无人机集群任务分配问题的数学模型和建立无人机及任务场景的模型,包括无人机物理模型、无人机任务基本模型、任务模型分类、任务绩效模型、无人机碰撞威胁模型,以及禁飞区威胁模型等。然后,设计组合优化算法来求解模型。建立合适的无人机任务分配问题模型可以降低求解难度,减少计算量,有助于提高无人机集群任务分配的正确性和实时性。接下来,我们首先介绍一下常用的无人机集群任务分配模型。

8.2.1 无人机集群任务分配模型

无人机集群任务分配建模通常采用的方法是对问题进行适当简化后,使用经典优化问题进行建模。现阶段常用的任务分配模型包括多旅行商问题(multiple traveling salesman problem,MTSP)模型、通用分配问题(generalized assignment problem,GAP)模型、车辆路径问题(vehicle routing problem,VRP)模型、混合整数线性规划(mixed integer linear programming,MILP)模型、多无人机协同任务分配问题(cooperative multiple task assignment problem,CMTAP)模型等。

(1) 多旅行商问题模型

一般来讲,泛化的 MTSP 定义为:给定 n 个城市集合,让 m 个旅行商各自从一个城市出发,每位旅行商访问其中一定数量的城市,最后回到其出发城市。要求每个城市至少被一位旅行商访问一次并且只能访问一次,问题的目标是求得访问 m 条环路的代价最小访问次序,其中代价可以是距离、时间、费用等。

使用 MTSP 模型对无人机任务分配问题建模:假设由 a 架无人机构成的无人机集群,有 b 个目标任务的任务集,无人机集群从同一个基地出发,沿着预先设定的飞行航路,完成所有的任务,每个任务只能被完成一次,最后考虑无人机的总航程、无人机完成任务的时间、无人机消耗的能力、完成任务的价值利益等。该模型适用于多无人机单任务分配情形。

(2) 通用分配问题模型

GAP 属于一种背包问题,描述为将 n 个物品分配到给定的 m 个背包。每个背包的容量固定,表示为 $C_i(i=1,2,\cdots,m)$。每个物品的属性包括质量 $\omega_{i,j}$ 和收益 $u_{i,j}$,分别表示当物品 j 分配到背包 i 中占用背包 i 的质量和给背包 i 带来的收益。优化目标是找到一种合理的分配方式,使所有背包整体收益达到最大。

使用 GAP 模型对无人机任务分配问题建模:考虑将 m 个任务分配给 n 架无人机,每个任务只能给一架无人机执行,并且单架无人机的资源,如最大任务数、最大航程受到限制。

(3) 车辆路径问题模型

VRP 是一类具有重要实用价值的组合优化问题:假设有 m 辆货车,每辆车的负载能力不同,它们从同一个基地出发,为 n 个目标点输送货物,每个目标点需要送达的货物数量不同,最后所有货车回到出发点。VRP 问题模型要考虑送达的时间、货物送达的消耗、完成输送的价值等,并保证所有的货物安全送达。VRP 模型可分为静态 VRP 模型和动态 VRP 模型,其中静态 VRP 模型指在车辆、时间、人员、顾客需求等信息都确定的情况下安排车辆路径;而动态 VRP 模型指车辆、时间、人员、顾客需求等信息都不确定,同时,有些信息还会处在不断变化的状态,需要根据不断更新的系统信息动态地安排车辆路径。该模型适用于多无人机单任务分配情形。

(4) 混合整数线性规划模型

MILP 是利用线性化函数建立模型,该模型描述简洁、直接,有助于提高无人机任务执行效率和生存能力,不但达到了任务分配的目的和初衷,而且可以通过对约束条件的修正来满足实际问题的需求。国外有研究为多无人机对地面目标执行攻击任务问题建立了对应的 MILP 模型,此模型中每个目标必须要按序执行确认、打击和评估三项任务,并且定义了这些任务之间存在使能约束、时序约束等多种约束条件;国内有研究从目标优化的角度出发,考虑各种约束条件建立了多无人机协同任务分配的多目标 MILP 模型。但是,MILP 模型受限于问题的规模,如果问题规模过大将导致计算量呈指数型增长,任务分配的实时性得不到保证。该模型适用于多无人机多任务分配情形。

(5) 多无人机协同任务分配问题模型

随着无人机能力的不断增强,无人机执行任务的复杂程度也随之增大,不同任务之间存在着复杂的时序以及时间约束。对于这一类复杂的任务集合,目前大多数任务分配模型无法对其进行有效的描述,基于此原因,CMTAP 模型被提出。该模型充分考虑一组无人机完成一系列针对地面目标的连贯任务,包括任务目标的识别、攻击、毁伤评估等。国外的一些研究建立的 CMTAP 模型对不同类型任务之间的约束考虑得更多,通过优化无人机完成任务的总时间或者飞行的总距离实现无人作战飞机(unmanned combat air vehicle,UCAV)的任务分配;而国内的一些研究首先分别建立了 UCAV 损耗最小化模型、目标价值毁伤最大化模型及无人机消耗时间最短模型的目标函数,然后通过加权求和将多目标优化问题转化成了单目标优化问题建立任务分配模型。CMTAP 模型适用于多无人机多任务分配情形。

随着研究工作的深入,在上述经典问题模型的基础上结合各种特定约束和要求的扩展模型不断出现。如以多 UAV 执行侦察任务为背景,基于 MTSP 和 VRP 模型研究多 UAV 的任务指派和路由问题,通过引入 UAV 任务的时间窗约束,建立了带时间窗的不同能力 VRP 模型,并将其应用于无人机侦察任务规划问题的建模;针对一类低成本 UCAV 的对地攻击问题,在网络流优化模型的基础上进行扩展,建立了多 UCAV 任务分配的动态网络流优化模型,该模型将多 UCAV 任务分配看作一个商业供需网络物流优化问题,以 UCAV 为供应商,任务为供需网络上的物流,任务分配计划则作为需求,UCAV 执行任务的代价或收益即为任务在网络中的流量代价,由此建立相应的供需网络模型,通过对网络流量的最小化实现多 UCAV 的任务分配;在多 UAV 分布式任务分配建模中,以背包问题模型为基础,结合多 UAV 任务分配问题的特点进行扩展,将其描述为多维多选择背包问题进行求解。

8.2.2　无人机集群控制结构

无人机集群控制结构是指无人机集群之间进行信息传输时节点之间的通信控制方式。无人机集群在执行任务时,面对的任务环境常常是动态的、复杂多变的,各无人机之间需要时时共享任务信息以及实际资源载荷等信息,若缺乏科学、高效的通信控制策略,无人机之间可能存在时间、空间和任务层面上的矛盾,造成冲突、碰撞的危险,无法完成既定任务,从而无人机集群将难以发挥协同的优势。因此,必须建立一种高效的无人机集群管理和控制结构,来应对复杂、动态、不确定的外部环境,最大化地发挥无人机集群协同作用。无人机集群系统的控制结构主要有集中式控制结构、分布式控制结构和基于多智能体的分层集散式控制结构三种。

(1) 集中式控制结构

图 8.2 展示了一种集中式控制结构的示意图。集中式控制结构中存在一个唯一的中心控制节点,即图中的"中心控制 UAV"。一般中心控制无人机拥有较强的计算能力,负责制定无人机集群的任务分配方案和具体飞行路线。中心控制节点也可以是地面控制站,此时地面控制站对无人机集群进行统一调度。集群中的其他无人机不需要很高的计算能力,但是必须具有完全机械地执行中心控制节点下发的任务指令的能力。在这种控制结构下,集群中的无人机将收集到的外部环境信息和自身状态信息等局部信息发送给中心控制节点,中心控制节点将所有数据进行融合、分类得到全局信息,然后根据全局信息进行分析和决策,将决策结果以控制指令的形式发送给各无人机。显然在集中式结构中,中心控制节点和其他无人机是主从关系,中心控制节点只需要进行任务决策,不参与任务执行;而其他无人机只执行任务而不参与任务决策,相互之间也没有任何直接交流。集中式控制结构的优点是分配算法实现简单,其可以收集到各无人机提供的局部信息,综合考虑所有约束条件,然后根据全局信息对问题求解,一般可以产生全局最优解。该种控制结构适用于已知确定环境和规模较小的系统。

然而,采用集中式控制结构时,各无人机之间的协同控制也存在以下问题。

① 实时性差

集中式控制结构要求中心控制节点对无人机集群中各无人机发送的多种类型数据信息

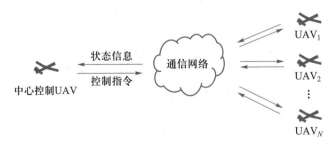

图 8.2　集中式控制结构示意图

进行汇总、计算与分析。因此,当约束条件较多、信息量较大时,任务分配的计算时间也会拉长,不易满足实时性要求。而对于具有多任务类型的无人机集群而言,例如无人机集群中不同无人机的任务类型不同,执行任务的能力也不同,该问题的严重性就越发明显。

② 鲁棒性差

中心控制节点是整个系统的核心决策单元,负责集群内所有无人机的任务决策。一般情况下,中心控制节点只有一个,一旦该中心控制节点出现故障,则整个集群将失去执行任务的能力,最终不可避免地导致任务失败。同时,如果某些无人机因故障而失效,或发现新的目标,或外部环境发生变化时,则先前的任务决策可能不符合当前的任务需求,此时需要在原有基础上重新分配任务。然而,任务再分配将耗费较长时间,在此期间,无人机集群无法做出自主行为,这将会大大地影响任务的完成效率。

(2) 分布式控制结构

相对于集中式控制结构,分布式控制结构不需要一个中心节点作为全局调度中心,集群中的所有无人机地位平等。集群中的每一架无人机不仅具备通信能力,还具有较强的计算能力和独立自主能力。相比较于集中控制结构而言,由于任务的分配不需要中心节点进行计算,而是多架无人机同时参与计算与执行,因此降低了求解的复杂度,减少了计算时间,实时性更好。另外,当某架无人机出现故障时,可以将当前无人机的任务移交给其他无人机执行,这极大地提高了系统的鲁棒性和容错性。然而,分布式控制结构也存在一些缺点。由于无人机的通信范围有限,各无人机仅能获取到自身附近无人机的信息,集群中各无人机的信息很难达到全局一致,因此各无人机的求解容易陷入局部最优,同时最终的任务分配方案可能会发生冲突。而且该结构中所有无人机之间都要进行信息交互,系统中的通信数据量是相当大的,并且数据量会随着无人机的数量增加呈指数型增长,通信控制的开销极大。因此分布式控制结构极大地限制了无人机的数量,在该结构下,往往只能控制3~5架无人机。

分布式控制结构主要适用于动态环境和中大型系统。目前,存在两类分布式控制结构:一类是完全分布式控制结构,另一类是部分分布式控制结构。

① 完全分布式控制结构

完全分布式控制结构是一种依靠单无人机的自主性和无人机间相互合作特征的控制架构。因为无人机任务分配问题的复杂性,直接对问题整体求解是不易做到的。一种解决这个问题的思路是尝试将复杂的问题分解为相对简单的小问题,再把这些小问题分配给各架无人机。然后,各架无人机上完成自己的部分运算工作之后,共享各架无人机的信息,从而完成对整个任务分配的求解,达到解决复杂性问题的目的。

图 8.3 展示了一种完全分布式控制结构的示意图,在该控制结构中,每架无人机都是一个具有决策能力的智能体。因此无人机的任务分配问题就可以转化为各智能体之间的任务分配和决策问题。在完全分布式控制结构中,各无人机都具有较强的自主性,它可以收集和分析任务集的信息和自身的状态信息,并与其他无人机共享这些信息,在此基础上,通过信息协商的方式制定任务分配计划,然后按照制定出的计划将任务集分配给无人机集群中的每一架无人机。最后,通过数据链与

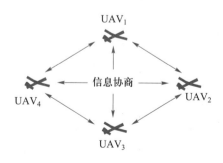

图 8.3 完全分布式控制结构示意图

其他无人机进行实时交互,协同完成所需要执行的任务。

② 部分分布式控制结构

完全分布式控制结构是一种实时性较强的控制结构,能够快速地对任务信息进行收集和分析,得到解决任务分配问题的解。然而,这个解往往是局部最优解。事实上,分布式控制结构也很难得到全局最优解。相反,集中式控制结构将所有任务信息发送到中心控制节点进行汇总,可以进行全面细致的规划,得到的方案一般是全局最优方案。而部分分布式控制结构结合了集中式控制结构和完全分布式控制结构的优点,对求解无人机集群任务分配问题更加合理。

如图 8.4 所示为一种部分分布式控制结构的示意图。在该控制结构中,每一架无人机都是一个具有独立决策能力的智能体。在静态环境中,各无人机将所收集的信息发送给任务控制站,任务控制站对无人机发送的信息进行汇总和分析,求解无人机集群的初始任务分配方案。在动态环境中,无人机状态的变化或外部环境的变化都会导致任务的再分配。此时,无人机集群中的无人机将发挥自主能力,自动收集和分析任务目标信息,并与编队中的其他无人机进行信息共享。虽然任务控制站会在特定时间向无人机集群发送任务指令,但是大部分时间依赖于无人机集群本身的协同分配。地面控制站的操作员始终监视着各无人机的状态信息,并保留随时干预的权力,但也只是在任务环境发生重大变化时才进行任务的全局调整。这样不仅可以提高实时性,而且可以显著减少任务控制站的任务量,最终得到的任务分配方案也是合理的。

图 8.4　部分分布式控制结构示意图

(3) 基于多智能体的分层集散式控制结构

针对多类型无人机协同作战任务的特点,在集中式和分布式控制结构的基础上,研究人员提出了一种基于多智能体的分层集散式控制结构。借鉴多智能体系统的概念,将任务控制站控制系统的人机界面与无人机自主控制系统相结合,建立了分层多智能体系统,搭建多类型无人机集群的集散式控制结构。在该结构中,任务控制站体现了其集中控制部分:任务控制站中的指挥员可以与控制系统进行交互,直接参与整个无人机系统的集中任务分配,以及对任务执行过程的实时监控和随时干预。分布式控制体现在两个方面:一是在预分配阶段,各无人机从任务控制站接收到初始任务分配信息后,协同完成分配任务;二是在任务执行阶段,当突发事件发生时,无人机系统采用分布式协商模式,及时调整分配方案,以响应外部环境的变化。

如图 8.5 所示是一种基于多智能体的多类型无人机系统分层集散式控制结构的示意图。从图 8.5 可以看出,该控制结构把任务控制站控制系统和每架无人机自主控制系统的功能模块划分为以下两个部分。

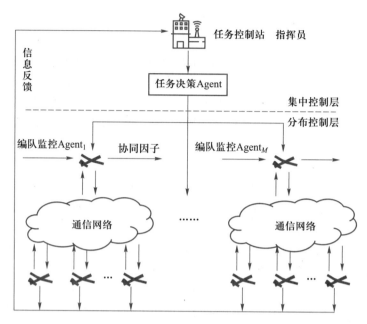

图 8.5　基于多智能体的多类型无人机系统分层集散式控制结构示意图

　　① 集中控制层:该部分实现的是任务控制站的集中控制功能。首先,任务控制站的指挥员根据已知的目标信息,通过人机交互界面将当前需要完成的任务集输入控制系统,然后,任务决策 Agent(代理人)根据各无人机的载荷、状态信息等多个综合性能指标,将不同的任务集依次分配给不同的无人机组。这样,任务决策 Agent 实现了多类型无人机系统的集中任务分配功能。

　　② 分布控制层:每个编队的编队监控 Agent(team supervisory agent,TSA)实现无人机组内各无人机之间的通信与任务协调。当外部环境发生变化时,各无人机组通过 TSA 相互通信,重新分配任务。一个组内包含多个 UAV Agent。TSA 与 UAV Agent 之间的关系体现在组内 TSA 对组内 UAV Agent 的指挥功能上。组内 TSA 把目标任务分解成若干子任务,然后把子任务分配给组内的各架 UAV Agent。同时,UAV Agent 也将信息反馈给任务控制站中的指挥员,有助于指挥员及时了解任务分配情况和任务执行情况。

8.3　集中式无人机集群动态任务分配算法

　　因为无人机任务分配问题的解是任务区域各任务(或目标位置)的一个排列,所以其具有明显的优化组合特征。因此求解无人机任务分配的有效方法是设计出能在合理的计算时间内找到最优或近似最优解的算法。传统的多无人机集群任务分配的数学模型包括多旅行商问题、车辆路径问题模型等,这些模型一般可以推广应用于无人机集群,但随着无人机数量和任务类型增多,以及对实时性的更高要求,分配问题的描述变得愈发复杂,无法满足当今无人机集群的任务分配需要。所以,本节主要介绍满足现今无人机集群任务分配的启发式算法。启发式算法的基本思想是在算法时间和求解结果之间进行调节,在能够接受的时间内求得局部最优解或满意解。这类算法通常具有较强的稳定性,适合分布式计算机制,也能够与多类其他算法结合,但缺乏严谨的数学基础,没有对应的深刻的、具有普遍意义的理论分析,对其机理的数学解释薄弱,也缺乏规范化的、针对算法优化性能的评价标准。尽管如此,启发式算法及其改进算法凭借其优势依然广泛地应用于无人机集群任务分配中。典型启发式算法有聚类算法和群智能类算法。群智能类算法的应用在无人机集群任务分配上相对普遍,尤其以粒子群算法和遗传算法居多。

8.3.1 基于协同粒子群算法的任务分配

群算法主要模仿自然界中各种生物的群体化行为,例如虫群和狼群。这里简单说明群算法的具体特点,昆虫群的群体行动指的是昆虫个体根据一些规律进行个别的运动,从而导致整个群体显现出一种运动规则,在运动中昆虫主要遵循三个准则:第一,实时监测与邻近个体距离,防止产生交叉冲突,即防止和其他个体产生碰撞;第二,采集邻近个体的信息,如速度、位置等;第三,保证和其他昆虫的距离,不能太远而脱离群体。昆虫以上这些行为都是个体的行为,不是群体的运动,如果所有的个体都执行这些准则,就会产生整体的运动趋势。下面主要介绍典型的粒子群算法。

在传统粒子群算法的基础上,接下来以多飞行器协同与多个地面目标的交互任务分配问题为例,更为详细地介绍 PSO 算法在无人机集群任务分配中的应用。

现假设共有 N 架无人机和 M 个地面目标,无人机数量远小于目标数。需要对每个目标执行一次交互任务,因此有 M 个任务。每个交互任务需要一架或多架无人机来执行。每个单交互任务只需要一架无人机攻击相应目标;而每个多交互任务需要多架无人机同时与相应的目标交互。无人机完成任务会获得的综合收益由交互的价值、交互时间、完成交互的飞行距离等因素决定。每架无人机的载荷有限,因此只能完成有限个数的任务,即与有限个数的目标交互。

在粒子群算法中,约束条件具有很重要的作用,从根本上讲,粒子群算法是一种无导数的全局最优解算器,在粒子群算法的可行解中,利用约束条件划出符合要求的可行域,才能得到贴合实际的最优解。

根据以上设定的场景,不妨设置如下的约束条件:

① 飞行器执行任务时的总航程 D;

② 飞行器的载荷上限 Q;

③ 飞行器的飞行路程不能超过最大航程 L_{max};

在约束条件确定以后,我们需要考虑至少三个问题来设计适应度函数:

① 飞行器要尽可能避免发生损毁和失联,记为飞行器损耗 C;

② 飞行器要尽可能减少资源消耗,记为航程消耗 L;

③ 飞行器要尽可能地与价值高的目标进行交互,记为交互收益 H。

在上述分析后,我们可以得出该交互场景下,无人机的任务分配问题的数学模型,即在尽可能地减少无人机损耗和飞行资源消耗的同时,取得最高的交互收益,并满足约束条件。在这里可以为上述三个问题分配合适的权重,以适应不同的场景。

接下来我们开始利用 PSO 算法进行求解。

① 初始化一群大小为 m 的粒子,每个粒子都有其个体极值 P,包括它的位置和速度。为每个粒子建立分配向量,使得对应的解满足约束条件①~③,并计算个体极值和全局极值。

② 为适应度函数中的参数设置合适的权重,然后利用适应度函数评价每个粒子的适应度大小。计算每个粒子适应度指标,如果好于该粒子当前个体极值,则更新该个体极值;如果某个体极值好于当前的全局极值,则更新全局极值。

③ 对每个粒子,将适应值与 P 做比较,如果较好,将它作为新的 P。

④ 根据迭代公式,改变粒子的位置和速度。

⑤ 如达到结束条件(有足够好的适应值或者达到预设的迭代次数),则结束;否则,返回步骤②。

⑥ 算法结束。

相对于其他任务分配算法,粒子群算法有很多的优点,但是万事都有利有弊,粒子群算法在存在优势的同时还存在许多不足之处。粒子群算法具体有以下四个优点和四个缺点。

四个优点:

① 随机性强,即不依赖于问题信息,并采用实数进行任务分配问题的求解,因此具有较强的通用性;

② 因其结构简单、易于实现的特性,因此可以对较大规模的实际问题进行求解;

③ 逻辑简单,收敛速度相比于其他启发式算法更快,更适用于简单的任务判断;

④ 在搜索过程中的全局搜索能力更强,更容易找到任务分配问题的全局最优解。

四个缺点:

① 实时性差,很难确定具体时间;

② 理论依据不够充分,粒子群算法的理论基础很薄弱,许多行为无法解释;

③ 得到的解不一定是最优的,即容易陷入局部最优问题;

④ 该算法只能对同一种类的无人机进行分析,而对于多类型的无人机不适用。

粒子群算法主要基于每个单体的行动,而每个单体的结构和功能是完全一样的,或称为同质的,因此具有天然的分布性,而目前无人机协同系统结构的发展方向正是分布式系统,从这点来说粒子群算法是有优势的,但同时一个编队中的不同无人机往往有不同的装备和功能,所以粒子群算法由于其同质性可能不方便直接应用。粒子群算法虽然基于单体行动,但是其最终解却是由总体趋势决定的,因此多一些单体或少一些单体对该算法没有明显的影响,即粒子群算法对问题规模的变化不敏感,这是其一个优势。因此将粒子群算法应用在无人机集群上是非常有效的,我们可以灵活地调整无人机集群的规模,也不用过于担心无人机的损耗问题,但是由于这种方法的不确定性,我们始终没有一个明确的理论依据能够准确地得知无人机是否能够找到目标并进行交互,也无法得知无人机找到目标的时间,因此不适用于一些时效性比较强的交互任务。

8.3.2　基于遗传算法的最优化选择任务分配

进化理论算法是一种仿照自然界中生物种群进化过程,以优胜劣汰的进化原则,将相对优秀的生物个体通过遗传保留下来,而将相对差一点的个体剔除出种群的优化算法。而遗传算法又是这一大类算法中使用最多、最为有名的算法。本节主要介绍基于遗传算法的任务分配算法。

遗传算法仿照生物进化理论,采用染色体编码方式进行任务分配方法的最优化选择。遗传算法的一大特点是以决策变量的编码作为运算对象,而传统的优化算法往往直接采用决策变量的实际值。因此基于无人机集群多任务分配问题特定染色体编码方式,遗传算法采用三种进化操作:选择操作、交叉操作和变异操作。

(1) 遗传算法基本步骤

遗传算法流程框图如图 8.6 所示,基本步骤如下:

① 设置演化代数 N_{gen}、种群规模 N_{pop}、繁殖池子大小 S、交叉概率 P_c、变异概率 P_m;

② 随机生成大小为 N_{pop} 的种群;

③ 评价无人机集群任务分配种群中的每一个个体;

④ 如果满足终止,转到第⑫步,否则,进入第⑤步;

⑤ 利用选择轮盘在种群中选取 S 个个体组成繁殖池子;

⑥ 按交叉概率 P_c,采用部分映射交叉(partially mapped crossover,PMX)方式进行交叉操作;

⑦ 按照变异概率 P_m,进行变异操作;

⑧ 将新生成的个体加入种群中;

⑨ 计算新个体的适应值;

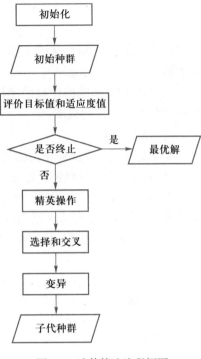

图 8.6 遗传算法流程框图

⑩ 将扩展种群最差的 S 个个体删除,使其恢复原来种群的大小;

⑪ 转到第④步;

⑫ 从种群中选出最好的个体作为所求航迹,进化过程结束。

(2) 染色体编码方法

染色体表现形式与问题越接近,遗传算法越能够生成更好的解,对于最基本的任务分配方法,采用了如下染色体编码方法:进化种群中每个个体用一个长度为 l 的任务点排列表示,这里 l 表示所有的任务点的数目。染色体的每个基因座上随机设定一个任务点的顶点。同时对于无人机集中的所有 $UAV_i(i=1,\cdots,N_U)$,此染色体还对应一个随机产生的非负整数 N_i 的集合,集合中的元素表示该 UAV_i 分配到的任务点的数目,并保证

$$\sum N_i \leqslant l \tag{8.10}$$

图 8.7 给出了任务分配中某染色体编码示意图。该染色体表示:2 个无人机组成的飞行编队,其中 UAV_1 的航路为 3→2,$N_1=2$;UAV_2 的航路为 4→5→1,$N_2=3$。

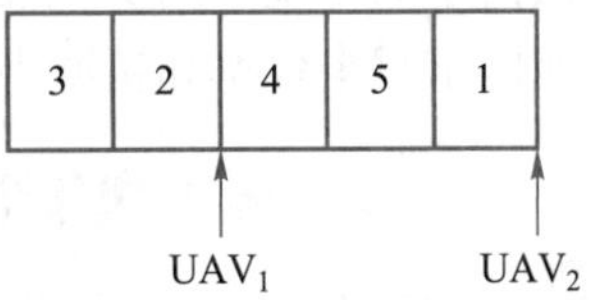

3	2	4	5	1

UAV_1　　　　UAV_2

图 8.7 染色体编码示意图

(3) 进化操作

基于无人机集群任务分配问题特定的染色体编码方式和适应度函数,本节介绍如下的进化操作。

① 选择操作

算法的选择是建立在对个体适应度的评价基础之上的,本节介绍实现该操作的经典比例选择算子。比例选择是一种有退还的随机采样方法,其基本思想是:每个个体被选中的概

率与其适应度大小成正比。其具体的执行过程如下:

a. 计算出种群中每一个个体的评价函数的值,得到它们的总和;

b. 分别计算种群个体评价函数值的相对值,即各个个体被选中作为父代遗传到下一子代的概率;

c. 再使用类似赌博轮盘的操作(即产生 0~1 之间的随机数),从而分别确定每个个体被选中遗传到下一代的概率。

② 交叉操作

本节介绍的交叉操作使用的是 PMX 算子。无人机集群任务分配问题对交叉算子的设计要求是,对任意两条染色体进行交叉操作后,能得到两条新的且具有实际意义的染色体序列。

PMX 算子的主要思想是,整个交叉过程分两步完成:首先对个体编码进行常规的双点交叉操作,然后根据交叉区域内各基因值的映射关系来修改交叉区域之外的各基因座的基因值,按照染色体的编码,种群中的任一染色体表示为

$$T = (t_1, t_2, \cdots, t_n) \tag{8.11}$$

由父代染色体 T_x、T_y 按照 PMX 方法产生两个新子代染色体算法步骤:

a. 随机选取两个基因插入点 i 和 j 后的位置为交叉点,即将第 $i+1$ 个基因插入点和第 j 个基因插入点之间的各个基因点定义为相交区域;

b. 定义相交区域内的各个基因插入点为 $p(p=i+1, i+2, \cdots, j)$,在个体 T_x 中求出 $t_q^x = t_p^y$ 的基因座 q,在个体 T_y 中求出 $t_r^y = t_p^x$ 的基因座 r,然后互换基因值 t_q^x 和 t_p^x、t_r^y 和 t_p^y 所得结果为 T_x' 和 T_y'。

③ 变异操作

在无人机集群任务分配的混合搜索算法中,将细菌觅食算法中的迁徙操作作为改进进化算法中的变异算子使用,称之为迁徙变异算子。迁徙变异算子首先进行迁徙操作,以概率 P_e 随机选择种群中评价函数值较差的染色体,作为变异的初始染色体,然后以概率 P_m 随机抽取初始染色体中的一位进行变异操作。

遗传算法的优点有三个:a. 以评价函数值为依据进行判断,不需要引入其他数学方法对数据进行处理;b. 因为有多个基因插入点,所以具有很强的随机性;c. 存在变异概率,可以跳出局部最优。

遗传算法速度快,通常很快就能得到比较好的局部最优解。但是因为遗传算法中变异的概率很小,所以很难跳出局部最优解而得到全局最优解,这是其主要缺点。同时,遗传算法由于其本质上的随机性,求解过程中存在较多劣质搜索过程,导致其在大规模组合优化问题的求解中效率和精度不高。

8.3.3　无人机集群任务动态再分配

实际上,无人机集群任务分配一般分为两个阶段:预分配阶段和再分配阶段。预分配阶段是指在执行任务前,根据掌握的环境信息,对所需要执行的任务有一个初步的了解,根据已有资源预先对所需要执行的任务进行分配;再分配阶段是指按照既定任务分配方案执行过程中,出现突发情况,如发现新目标或无人机损毁等情况,已有的任务分配方案不能完成既定任务和新任务,需要对当前情况下根据现有的资源对所需要执行的任务再分配。从任

务分配不同阶段的特点分析,预分配阶段对任务分配的优化性和多样性要求较高,而对算法的快速性和消耗时间的要求较低;而再分配阶段对任务分配的时间要求较高,需要一定的实时性,对任务分配的优化性和多样性要求没有预分配阶段高。

无人机任务再分配也称为任务协调,是指在无人机执行任务的过程中,出现无人机损毁、环境变化、敌方目标变化以及总体任务变化等情况时,无人机任务规划系统对这些不确定性事件做出应对措施,包括重新编排飞行队列、调整任务次序、重新指派各无人机任务等。在具体环境中,由于环境的动态性和不确定性以及协同控制的复杂性,任务集、无人机集和环境可能随时发生改变,所以在无人机静态任务分配的基础上,必须存在任务动态再分配机制,根据环境变化和集群状态的变化快速调整无人机的任务计划,通过动态重调度实现无人机之间的任务再分配,以适应复杂的任务执行环境。无人机任务再分配的一般策略是整个编队在局部调整分组基础上的完全再分配。无人机集群任务再分配主要考虑的是任务再分配的实时性。

(1) 任务动态再分配的触发条件

任务预分配使编队中的每架无人机分配到一个有序任务集,它们通过在时间和空间上的协调,共同配合完成任务。随着任务的执行,战场环境以及无人机集群的状态可能发生改变。

① 任务改变。无人机集群在执行任务过程中,其任务集并不一定是固定不变的。例如,一些在任务执行前未被发现的新目标出现,如果这些新出现的任务被确认为应纳入无人机集群的优先任务时,则需进行任务再分配。又如,编队中的侦察机发现了新的危险,这时需要对无人机进行航线再规划,如果新规划的航线导致原先制定的任务分配不能执行时,需要进行任务再分配。

② 无人机状态改变。由于各种不确定因素(如无人机损毁等),编队中的某架无人机可能退出任务的执行,而原先分配给它的任务需要分配给其他无人机,这时需要进行任务再分配。

③ 地面控制站。地面控制站可在任何时刻对正在执行的任务进行干预而触发任务再分配。

(2) 任务动态再分配采用的策略

存在以下三种形式的任务动态再分配。

① 整个编队的完全再分配。此种方案如同起飞前的任务静态分配。其优点是保证了全局最优;缺点是问题规模较大时,计算时间长。

② 局部调整。此种方案是任务再分配针对每架无人机的单独调整。优点是任务再分配速度快,缺点是最优性难以保证。

③ 分组基础上的再分配。此种方案是上述两种方案的折中,它首先对无人机和任务进行分组,然后进行组内任务再分配。

(3) 任务动态再分配的流程

任务分配完成后,系统处于稳定的任务执行状态,这时的任务不会发生变更。当条件发生变化,一些任务需要变更时,将触发任务再分配,之后系统又回到稳定状态,等待整个系统任务完成或下一次再分配。整个再分配过程中系统状态发生变化,同时系统中各执行者的状态也将受到影响。任务再分配流程如图 8.8 所示。

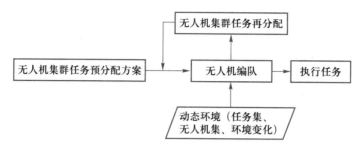

图 8.8　任务再分配流程图

(4) 任务动态再分配需要考虑的因素

假设任务动态再分配只在现有无人机集群中进行,即不给现有无人机集群增加新的无人机。这时,需要考虑的因素包括以下几点。

① 编队中现有可执行任务的无人机的种类及数量。主要考虑编队中现有可执行任务的无人机的种类及数量是否满足任务分配的要求,例如,需要执行新的攻击任务时,若当前编队中现有可执行任务的无人机中没有攻击机,则不能完成任务,当然也无须再进行任务分配工作。

② 编队中现有可执行任务的无人机的当前位置和续航时间。当①的条件满足时,根据编队中现有可执行任务的无人机的当前位置和新的任务目标位置重新规划新的航线,并估计各架无人机完成任务并正常返航所需的时间,与续航时间进行比较,确定是否继续进行任务分配工作。

③ 待执行的任务目标位置和时间窗口。当①和②的条件都满足时,任务动态再分配可以完成。这时,还需对已规划任务的时间窗口与待执行任务的时间窗口进行比较,确定是否执行已完成分配的新任务。

(5) 任务改变时的任务动态再分配算法

任务改变时的任务动态再分配算法如下:

① 首先确定参加新任务的无人机;

② 被确定参加新任务的无人机停止执行现行任务,原地等待;

③ 选择任务动态再分配策略;

④ 对所有参加新任务的无人机指派任务和规划航线;

⑤ 如果规划的新航线满足执行新任务的要求,则将任务集发送给对应的无人机,并启动执行;

⑥ 收到任务集后,参加新任务的无人机结束等待,并启动执行。

(6) 无人机状态改变时的任务再分配

当某一架无人机状态异常时的任务动态再分配算法如下。

① 安排该架无人机返航并着陆。

② 确定该架无人机状态改变使该无人机不能继续执行的任务是哪一个任务。

③ 判断该编队小组中是否有同类无人机可以替代退出的无人机,若有,转④;否则,转⑤。

④ 对该编队小组的无人机进行任务再分配。

⑤ 判断是否可能从编队中的其他小组抽调一架同类无人机替代退出的无人机。若有,

转下一步；若无，则不能继续按原计划执行该任务。这时，由地面控制站操作人员确定该任务是否继续执行。例如，某侦察救援小组的侦察机发生故障，侦察机退出，这时，应由地面控制站操作人员确定攻击机是否继续执行任务；如果是攻击机发生故障，则该任务不能由该编队小组继续执行，这时，对整个编队来说，相当于增加了一个新任务，按任务改变时的任务动态再分配算法进行。

⑥ 涉及的两个编队小组进行任务再分配。

8.4　分布式无人机集群动态任务分配算法

在分布式控制结构中，无人机集群内部或者无人机集群之间的每一架无人机都是具有独自决策能力的智能体，它们具有很强的协同能力和自治性。无人机之间以数据链技术为支撑，对无人机所处环境信息、任务目标集信息、无人机状态信息进行交互，综合考虑各种因素，提出具体的解决任务分配问题的方案和具体步骤。较之于集中式控制结构，无人机个体在分布式控制结构下具有实时性较强、抗干扰能力强、计算量小、计算复杂度小等优点，主要适用于动态环境和中等至大规模系统中。

分布式无人机集群的任务分配问题与市场机制中的资源分配有一定的相似性。市场经济能够利用自由的市场行为，进行自主的资源调配与流动。市场中有许多客户，每个客户依据自己的投资能力和预期效益对市场中的项目进行投资，个别客户个体无法改变整个市场的走势，但是把所有的客户看作一个统一的大集合，就可以通过投资对整个市场的走势产生决定性的作用，即市场的发展或者市场的消退。典型的算法包括合同网协议和拍卖算法。

8.4.1　基于合同网协议的动态任务分配

合同网协议(contract net protocol，CNP)是分布式环境下广泛采用的较为成熟的协商机制。1980 年，首次提出了使用合同网协议经济学模型控制多智能体系统的概念。其主要思想是：当一个任务可以被执行时，这个任务就被公开招标，等待执行该任务的所有个体参与投标，最后中标的个体就是最适合完成该任务的个体，获得完成这个任务的合同并开始执行。

合同网算法流程中一般有三种角色，分别是：招标者、投标者、中标者。基于合同网协议的动态任务分配主要过程是将一次任务分配分为招标阶段、投标阶段、中标阶段和签约阶段四个阶段，三种角色都依照合同网协议来调整各自的行为，从而将任务分配给最合适的个体执行，依次来保证任务执行的整体效益最大化。

① 招标阶段：招标者发送任务信息给投标者，包括任务数量、任务完成期限等；

② 投标阶段：投标者对招标者发送的任务信息实时监测，并对自己感兴趣的任务进行投标成为投标者；

③ 中标阶段：招标者在一定的时间段内对所收集的应标进行评估，根据评估结果向其满意的投标者分配任务；

④ 签约阶段：招标者向中标者发送中标信息，中标者确认招标者提出的任务分配合同，形成承诺监督关系。

接下来我们介绍两种经典的应用在多无人机任务分配中的买卖合同。

① 基于买卖合同的任务分配

买卖合同是合同网中最基本的合同类型,拍卖过程中各无人机通过"买-卖"关系来实现任务的迁移。

买卖合同可以描述为四元组 $(V_i, V_j, T_{i,j}, U_{i,j}^{\text{sale}})$,其中 $T_{i,j}$ 是 V_i 迁移给 V_j 的任务,$U_{i,j}^{\text{sale}}$ 是 $T_{i,j}$ 迁移后系统整体效能的变化。设主持拍卖的 V_i 将其任务集 S_i 中的任务 T_k^i 向市场公布,标底为该任务出售后对自己效能的影响

$$U_i^-(T_k^i) = U_i(S_i \setminus \{T_k^i\}) - U_i(S_i) \tag{8.12}$$

针对任务 T_k^i,V_j 买入该任务后效能的变化通过以下公式进行计算

$$U_j^+(T_k^i) = U_j(S_j \cup \{T_k^i\}) - U_j(S_j) \tag{8.13}$$

V_j 参加竞标时对任务 T_k^i 的最高出价即为 $U_j^+(T_k^i)$,如果 $U_j^+(T_k^i) > U_i^-(T_k^i)$,$V_j$ 向 V_i 发送买卖合同竞标。V_i 收到 V_j 的竞标信息后,计算接受竞标后系统整体效能的变化

$$U_{i,j}^{\text{sale}}(T_k^i) = U_j^+(T_k^i) + U_i^-(T_k^i) \tag{8.14}$$

如果 $U_{i,j}^{\text{sale}}(T_k^i) > \delta^{\text{sale}}$,$\delta^{\text{sale}} > 0$ 为可设置的阈值,对 V_j 而言,针对该任务的投标在针对 S_i 中所有任务的投标中能最大程度提高系统整体效能,则 V_i 将任务 T_k^i 转交给 V_j 执行。

② 基于交换合同的任务分配

仅依靠买卖合同在一些特殊的情况下难以有效实现任务分配。以图 8.9 为例,当前 V_i 分配的任务是 T_2,V_j 分配的任务是 T_1,而实际上更为合理的分配应是 V_i 与 V_j 互相交换彼此的任务,但买卖合同中任何一方买入对方的任务都将与任务的均衡性原则发生冲突而导致合同不可能发生。因此,需要引入交换合同,使无人机可以通过交换彼此之间的任务提高整体效能。

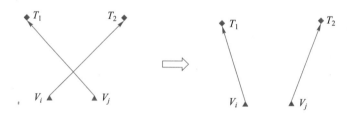

图 8.9　交换合同示意图

交换合同可以描述为五元组 $(V_i, V_j, T_{i,j}, T_{j,i}, U_{i,j}^{\text{swap}})$,其中 $T_{j,i}$ 是 V_i 迁移给 V_j 的任务,$T_{j,i}$ 是 V_j 迁移给 V_i 的任务,$U_{i,j}^{\text{swap}}$ 是任务交换后系统整体效能的变化。

以图 8.9 为例,收到 V_i 宣布的任务 T_k^i 后,如果 V_j 已无法提出有效的买卖合同竞标,便开始转入进行交换合同竞标,提出用其任务 T_l^j 与任务 T_k^i 进行交换的交换合同竞标,同时在标书中附上交换实现后的效能变化

$$U_j^{\text{swap}}(T_l^j, T_k^i) = U_j((S_j \cup \{T_k^i\}) \setminus \{T_l^j\}) - U_j(S_j) \tag{8.15}$$

V_i 接收到标书后,首先计算该交换实现后自己的效能变化

$$U_i^{\text{swap}}(T_k^i, T_l^j) = U_i((S_i \cup \{T_l^j\}) \setminus \{T_k^i\}) - U_i(S_i) \tag{8.16}$$

接下来判断交换实现后系统整体效能的变化

$$U_{i,j}^{\mathrm{swap}}(T_k^i,T_l^j)=U_i^{\mathrm{swap}}(T_k^i,T_l^j)+U_j^{\mathrm{swap}}(T_l^j,T_k^i) \tag{8.17}$$

如果 $U_{i,j}^{\mathrm{swap}}(T_k^i,T_l^j)>\delta^{\mathrm{swap}}$，$\delta^{\mathrm{swap}}>0$ 为可设置的阈值，并且在本轮所有投标中能最大程度提高系统整体效能，则该交换合同成立。

下面介绍一种把合同网协议应用于无人机集群多任务动态分配的具体方法。

如图 8.10 所示为一种基于合同网协议的无人机集群任务分配的示意图，图中箭头方向代表通信方向，其具体过程描述如下。

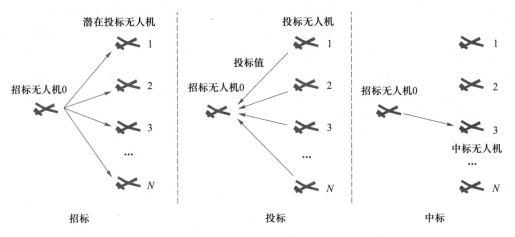

图 8.10　基于合同网协议的无人机集群任务分配示意图

① 当无人机集群中的某架无人机有任务需要其他无人机的能力来完成时，则启动一个任务招标，该架无人机就自动成为了招标无人机，其他无人机就自动成为潜在投标无人机。

② 在启动招标前，该无人机首先通过自己下层的路径规划系统计算出自己执行该任务的损失，生成一个带权重的损失向量，向量元素包括与目标的接近程度、任务的危险性、武器和油的存储量，以及该任务的优先级等，权重由当时该无人机的实际情况动态设定。然后这个损失向量被广播给所有无人机作为参考，即向潜在投标无人机发布任务请求，即所谓的招标行为。

③ 其他所有收到任务请求信息的潜在投标无人机检索自己的预定路线，也计算出一个自己的损失函数，作为"投标值"发还给招标无人机，即所谓的投标行为。

④ 招标无人机设定一个时间期限，在截止后评估当前各"投标值"，选出一个最优者作为中标无人机，并通知其接受任务。如果在给定时间内最优者由于种种原因没有回应，则发给次优者，以此类推。

⑤ 一旦中标的投标无人机回应了招标无人机，则该任务的执行权就由招标者交给了中标者，即建立了相应的合同。任何获得任务执行权的无人机有责任完成该任务。按合同执行任务的中标无人机若不能独立完成任务，就需扮演投标者角色，将任务进行分解，并按合同网方式进行分配。如此进行下去，直到所有任务都能顺利完成。

通过持续地将任务分配给损失最小的无人机，虽然每一次可能不是全局最优的，但可以想象，整体解将逐步由局部最优趋向于全局最优，每个无人机的利益追求形成的正反馈即是寻找最优解的动力。

合同网协议方法中,由于不需要指定集群中无人机节点的角色,任何一架无人机都可以在自身资源不足以执行任务时成为招标者节点,将自身任务序列中的任务进行移交。其他无人机都可以根据接收到的招标信息判断自己是否可以成为投标者节点。合同网协议也允许一架普通的无人机节点同时具备多种角色,当某架无人机作为招标者节点在对自身任务序列中的某一个任务进行招标时,同时也可以参与到其他无人机的竞标流程中,成为投标者节点,这种并行任务的分配加快了任务分配中分布式协商的流程。

然而当集群中的无人机总数变多,任务数目增加,环境复杂时会出现以下问题。

① 合同网协议方法中招标者节点向其他节点发送招标信息是通过广播方式进行发布的,同时对集群中参与竞标的无人机节点个数并没有进行限制,集群中所有节点都可以进行竞标信息的投递,每一个接收到招标信息的节点既要计算自身的任务序列,又要负责将该招标信息进行转发从而确保集群中的所有无人机节点都可以接收到该招标信息,当无人机集群拓扑存在多跳的情况下,可能会造成通信信息的消耗随着集群节点数目的增加而增大,从而加重网络的通信负担,甚至可能导致整个无人机集群通信网络的阻塞和瘫痪。

② 合同网协议方法对集群中的无人机参与竞标的任务序列中的任务数目并没有进行限制,任务的招标过程只考虑系统总体效益,而没有考虑任务分配的均衡性,可能导致载荷资源较多的一架无人机把招标任务加入自己的任务序列中,从而造成该无人机任务序列中,总共执行任务数较多,执行任务时间过长,同时其他无人机也可能因为自身任务序列中的任务数目较少,一直处于等待状态。

③ 合同网协议方法对竞标节点进行竞标的时间并没有进行规定,因而当集群中的竞标节点较多并且存在多跳时,距离招标节点较远的无人机可能接收到招标信息的时间过长,竞标节点计算竞标信息的复杂度增大,同时也延长了算法的执行时间。

④ 当无人机招标节点将任务分配给中标节点后,合同网协议方法并没有对任务的执行情况进行监督,当中标节点由于自身载荷能力不足无法执行任务时,该中标节点必须重新作为招标节点进行招标,影响了系统任务的执行效率,或者当该节点遇到突发故障时,可能导致节点任务序列中所有任务的执行失败。

在实际应用中,针对不同的应用场景,可以对合同网协议进行不同的优化。通过分析影响任务分配的因素,进行不同的优化,从而提高算法的整体性能。

8.4.2 基于拍卖算法的实时任务分配

拍卖算法(auction algorithm)是一种在动态环境中解决无人机集群任务分配问题的分布式方法。在无人机集群执行任务的过程中,由于环境的动态变化,可能导致原先的任务分配方案不再适用当前的环境变化,此时有必要进行任务再分配,制定新的任务执行方案,提高整体效率。对于动态环境无人机集群任务分配算法,我们主要关心的还是算法的实时性,算法的实时性不是说完成任务的时间越短越好,而是当任务环境改变(包括任务集的改变和无人机集的改变)的时候,能够在较短的时间内给出满意的分配方案,而不一定要是最优的分配方案,拍卖算法恰恰具有这种能力。

(1) 拍卖算法的原理

拍卖算法的本质是模拟实际的拍卖过程,其中参与拍卖的各个个体都是一个智能体。在拍卖开始前,参与拍卖的各个个体计算每一个任务的收益、消耗的能力和选择函数等。拍卖算法首先随机生成一个竞拍的先后次序,各个个体按照次序去完成自己拍卖得到的任务集,一轮拍卖完成后得到一个整体的任务分配方案。如果时间和资源允许,在个体能力范围和约束条件之内,拍卖算法重新给出一个拍卖次序进行新一轮拍卖,根据评价函数评价新方案和旧方案,将较优的方案留下来。重复多轮拍卖过程,直到时间和资源超出限制,得到当前的最优解。

(2) 拍卖算法的制定

拍卖算法的关键是制定竞拍机制,或称拍卖机制。下面介绍一种用于解决动态环境下无人机任务分配问题的拍卖机制。

我们知道,在实际的竞拍机制中,每次拍卖只对一件物品进行拍卖。每次拍卖最终由一个拍卖主持者按照出价将拍卖物品给出价最高的竞拍者,完成本轮拍卖。在拍卖过程中,显然各个竞拍者之间存在着竞争关系。这里介绍的解决动态环境下无人机任务分配问题所采用的拍卖机制相对于传统的竞拍机制有较大的不同。该拍卖机制也存在一个拍卖主持者,拍卖主持者可以是地面站或者是计算能力较强的无人机,拍卖主持者只需要生成无人机参与竞拍的次序,显然在竞拍次序确定后,各无人机之间不存在竞争关系。该拍卖机制一次性对一组任务进行竞拍,各竞拍无人机按照竞拍顺序对一组竞拍任务进行出价,当所有无人机竞拍完毕后即实现了一组任务的分配。

为方便描述,假定无人机 U_i 完成的任务方案集可以表示为 $T_j=(T_{j1},T_{j2},\cdots,T_{jl})$,$T_j$ 为一个有序集,l 表示有序集 T_j 中元素的个数。竞拍中,主要考虑下面的两个函数。

① 无人机 U_i 完成任务 T_{jk} 的预期效益函数

$$Value_i(T_{jk}) = \sum p_{i,jk}\sigma_{jk} \tag{8.18}$$

其中,$p_{i,jk}$ 表示无人机 U_i 完成任务 T_{jk} 的概率;σ_{jk} 表示任务 T_{jk} 的重要程度。

② 无人机 U_i 完成任务 T_{jk} 的代价函数

$$\begin{cases} Cost_i(T_{jk}) = D_i(T_{jk}) \cdot v_i \\ D_i(T_{jk}) = \alpha_1 Plen_{iT_{jk}} + \alpha_2 Pthr_{iT_{jk}} + (1-\alpha_1-\alpha_2)r_{iT_{jk}} \end{cases} \tag{8.19}$$

其中,v_i 表示无人机 U_i 的价值;α_1、α_2 表示代价函数各项的权值,且 $\alpha_1+\alpha_2<1$;$Plen_{iT_{jk}}$ 表示 U_i 执行任务的路径代价;$Pthr_{iT_{jk}}$ 表示 U_i 执行任务的危险代价;$r_{iT_{jk}}$ 表示 U_i 执行任务时被击毁的概率。

图 8.11 描述了一种无人机集群分布协同拍卖目标任务分配的流程,具体描述如下。

① 拍卖开始前,所有竞拍者并行、独立地计算各自当前任务的代价,构建拍卖任务列表。

② 由拍卖主持者生成随机的本轮次竞拍次序。

③ 拍卖过程中各竞拍者按照生成的竞拍次序出价,如果某个任务已经被分配,下一个竞拍者需要更新该任务的代价值,并将计算的任务代价值更新到代价列表里,直到所有任务都被选择。每个竞拍者记录拍卖完成后本轮次任务分配总代价和执行关系。

④ 计算拍卖生成的方案目标函数,和之前的最优方案比较,若优于之前的方案,则将最优方案替换为本轮结果方案。

⑤ 如果时间和资源约束允许,转到第②步,否则转到第⑥步。

⑥ 输出拍卖后最低总代价的任务方案和竞拍者与任务的执行关系。

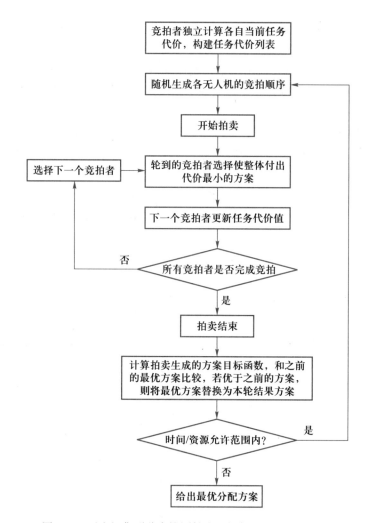

图 8.11　无人机集群分布协同拍卖目标任务分配的流程图

　　与传统的拍卖算法相比,这里介绍的分布协同拍卖算法有两个特点:一是允许一个竞拍者竞拍多个任务,而传统的拍卖算法中只给每个竞拍者分配一个任务;二是无人机集群协同目标分配问题不同于任务分配,任务分配问题规定一个任务只能由一个无人机执行,而无人机集群任务分配问题允许多个无人机执行同一任务,当一个无人机能力不足以完成任务时,可以让其他的无人机参与协同完成。

　　例如,对于多个无人机攻击同一个目标,且目标函数是非线性的情况,采用的处理方法是在拍卖的过程中,每个无人机竞拍到自己的攻击方案后,余下的无人机对当前维持的目标价值进行更新,已被竞拍目标的价值有所降低,这样可以避免多个无人机过于集中地攻击同一个目标,有利于获取更高的全局目标函数。

　　拍卖算法虽然不是确定性算法,不能得到最优解,但是在动态环境下的任务再分配中,具有较好的实时性,能够较快地得出新的分配方案。

8.4.3 基于深度强化学习的协同任务分配

深度强化学习算法将深度学习与强化学习结合,极大地提高了强化学习解决大规模复杂问题的能力,在无人机集群任务分配问题领域的应用上有很大优势,原因如下:①相比集中式优化求解任务分配算法,此类方法更适应于处理未知环境下的任务分配问题;②具有良好训练网络的深度强化学习算法是实时的;③它能够在与动态环境交互中,学习分配规则来处理完全不同的任务。在动态环境下求解无人机集群任务分配问题时,可以将无人机集群的任务分配建模为马尔可夫决策过程。然后,通过神经网络近似和经验重放,设计基于深度强化学习的无人机集群动态任务分配算法。在本节中,介绍一种基于深度 Q 网络的集群协同任务分配方法。

如图 8.12 所示,深度 Q 网络是一种经验驱动的无模型规划方法,通过结合卷积神经网络(convolutional neural network,CNN)处理大规模输入数据,提取特征并输出,并发现数据的内在规律;然后利用 Q–Learning 通过马尔可夫决策建立模型,持续更新神经网络的参数,以达到拟合 Q 表的目的。利用 DQN 解决无人机集群动态任务分配的思路如下。在使用 DQN 求解无人机集群任务动态分配问题时,每架无人机都是一个 Agent,在当前时刻每架无人机选择执行的子任务则为 DQN 中的动作,采取此动作所获得的任务收益则为 DQN 中的奖励,所有无人机执行任务的任务特征联合起来组成 DQN 中的状态,每架无人机在执行任务过程中感知环境的变化采取动作,并得到相应的奖励进行学习,直到学到最优的动态任务分配方案。

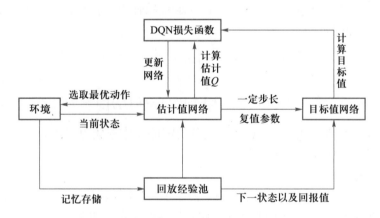

图 8.12 DQN 算法原理图

下面介绍基于 DQN 的无人机集群协同任务分配算法的流程。

(1) 任务分配场景建模

假设任务场景中有若干目标,每个目标都需要多架无人机来执行特定的任务,例如监视任务或攻击任务。可以根据目标的紧迫性和重要性来评估任务的优先级。假设任务之间不存在交互关系,即每个任务可以独立于其他任务执行。由于环境的复杂性和不确定性,可能会影响无人机的性能,进而影响任务完成的质量。我们的目标是考虑环境不确定性、无人机类型和目标特性的影响,为不同的优先任务分配一组异构无人机。

① 集群任务:设 $T=\{T_1, T_2, \cdots, T_N\}$ 是 N 个任务的集合,其中下标表示它们的优先级。

$\{att(T_k), def(T_k), ele(T_k)\}$ 分别表示完成任务 T_k 所需的攻击能力、防御能力和电子干扰能力。此外,这里考虑的环境不确定性是执行任务 T_k 时的局部天气 $env_k = \{w_k, r_k\}$,其中 w_k 和 r_k 分别表示风速和降雨量。

② 无人机集群:设 $U = \{U_1^j, U_2^j, \cdots, U_M^j\}$ 包含 M 架异构无人机,其中上标表示它们的类型。假设有 M_T 种类型无人机 $(j \in [1, M_T])$,并且不同类型无人机具有不同任务执行能力。设 $\{att(U^j), def(U^j), ele(U^j)\}$ 分别表示 j 型无人机的攻击能力、防御能力和电子干扰能力。环境的影响用 j 型无人机在局部环境 env_k 下的作战效率来表示,给出为 $efi(U^j \mid w_k, r_k)$。

③ 约束条件

$$
\begin{cases}
\sum_{i=1}^{m_k} efi(U_i^j \mid w_k, r_k) att(U_i^j) > att(T_k) \\
\sum_{i=1}^{m_k} efi(U_i^j \mid w_k, r_k) ele(U_i^j) > ele(T_k)
\end{cases}
\tag{8.20}
$$

$$
efi(U_i^j \mid w_k, r_k) def(U_i^j) > def(T_k)
\tag{8.21}
$$

其中下标 i 表示所选无人机的编号,m_k 表示第 k 个任务所需的无人机数目。式(8.20)是指为每项任务选择的无人机的总体作战能力应严格高于任务所需的作战能力。这个约束是为了确保任务的完成。式(8.21)表示为第 k 个任务选择的每架无人机都应满足的安全要求。因此,这里的约束条件式(8.20)、式(8.21)是为了保证为每项任务选择的无人机同时满足安全和效率要求。

④ 评估函数:由于无人机的资源限制,要求每项任务的资源消耗都在允许的范围内。因此,建立了以下评估函数

$$
J = \left[\left(\sum_{i=1}^{m_k} efi(U_i^j \mid w_k, r_k) att(U_i^j) - att(T_k) \right)^2 + \right.
$$
$$
\left. \left(\sum_{i=1}^{m_k} efi(U_i^j \mid w_k, r_k) ele(U_i^j) - ele(T_k) \right)^2 \right]^{\frac{1}{2}} < Th
\tag{8.22}
$$

其中,Th 是设置的阈值。式(8.22)意味着任务所需的总作战能力与所分配的无人机的总作战能力之间的差异必须小于一定的阈值。

(2) 马尔可夫决策过程

由于环境的不确定性,任务分配问题被建模为具有未知转移概率的马尔可夫决策过程。对于无人机集群的动态任务分配问题,其 MDP 的各部分定义如下。

① 状态空间 S:选择任务 T_k 和局部环境所需的作战能力作为状态向量 s

$$
s = (att(T_k), def(T_k), ele(T_k), w_k, r_k) \in S
\tag{8.23}
$$

初始状态是由随机采样的作战能力和用户定义范围内的局部环境生成的。

② 动作空间 A:选择无人机的类型作为动作 a

$$
a = U^j \in A
\tag{8.24}
$$

因此,动作空间 A 被定义为 UAV 类型的集合,即 $A = \{U^1, U^2, \cdots, U^{M_T}\}$。

③ 奖励函数 R:考虑到评估函数式(8.22)和约束条件式(8.20)、式(8.21),定义了以下奖励函数

$$R = \begin{cases} r & ,如果满足式(8.20)、式(8.21)、式(8.22) \\ 0 & ,如果满足式(8.20)、式(8.21),不满足式(8.22) \\ -1 & ,如果不满足式(8.21) \\ 1 & ,其他 \end{cases} \quad (8.25)$$

式(8.25)的第一行表示任务 T_k 的分配方案有效且合理。第二行显示了无人机的资源浪费情况。如第三行所示,当每架选定的无人机的防御能力不能满足要求时,分配方案对集群是破坏性的。此外,第四行设计用于选择尽可能少的无人机执行任务。

④ 状态转移概率 P:对于这里讨论的任务分配问题,状态转移概率用局部环境下的作战效率 $efi(U^j | w_k, r_k)$ 来表示。由于环境不确定性的影响,我们假设实际作战效率对应于根据经验作战效率变化的正态分布。

(3) 价值函数设计及更新

每个状态都用一个确定的值进行描述,以此判断该状态的价值。进而用价值函数来量化一个状态在 t 时刻的累计奖励,考虑折扣因子 γ,有

$$G_t = r_t + \gamma r_{t+1} + \gamma^2 r_{t+2} + \cdots = \sum_{k=0}^{\infty} \gamma^k r_{t+k} \quad (8.26)$$

动作价值函数直接衡量状态 s 下各动作的价值。当策略 π 在状态 s 下指定一个确定的动作时,$Q_\pi(s, a)$ 表示在状态 s 下执行动作 a 所获得的累计奖励

$$Q_\pi(s, a) = E_\pi[G_t | S_t = s, A_t = a] \quad (8.27)$$

由于直接求解最优动作价值函数非常困难,因此利用值迭代算法求出 Q 值,通过选择下一状态 s' 中最大的 Q 值来更新 Q 值函数,更新算法为

$$Q(s, a) \leftarrow Q(s, a) + \mu[R + \gamma \max_a Q(s', a) - Q(s, a)] \quad (8.28)$$

式中,μ 表示学习率,决定新获取的信息在多大程度上覆盖旧信息;γ 表示奖励的折扣因子。DQN 算法包含了估计值网络和目标值网络,其优化目标是使估计值网络输出的 Q 值接近目标值网络,此过程可通过损失函数表示

$$Loss(\theta) = E[((R + \gamma \max_{a'} Q(s', a'; \theta)) - Q(s, a; \theta))^2] \quad (8.29)$$

(4) 算法流程

无人机集群通过 DQN 算法进行任务动态分配,具体算法流程如下:

① 初始化回放经验池 D 的容量为 B,初始化动作价值函数 $Q(s, a; \theta)$、折扣因子 γ、估计值网络参数 θ 和目标值网络参数 θ^-;

② 输入任务的坐标、任务量、优先级、时间特征、各无人机的坐标;

③ 设定循环次数为 n,开始循环;

④ 初始化状态 s;

⑤ 使用 $\varepsilon-$ 贪婪算法随机选择一个动作 a_t,即无人机选择当前时刻任务需要的无人机类型;

⑥ 计算任务特征 η、转移概率 P;

⑦ 根据动作 a_t 计算相应的奖励 r_t,并转入下一个状态 s_{t+1};

⑧ 将 (s_t, a_t, r_t, s_{t+1}) 存储于 D 中;

⑨ 随机从 D 中选取适量的小批量样本 $(s_{t'}, a_{t'}, r_{t'}, s_{t'+1})$；

⑩ 使用随机梯度下降法训练网络结构；

⑪ 更新参数 θ、θ^-、$Q(s_t, a; \theta)$、$Q_{\text{target}}(s_t, a; \theta^-)$；

⑫ 结束循环；

⑬ 保存估计值 Q 网络结构；

⑭ 结束。

8.5　本　章　小　结

任务分配是无人机集群应用中的顶层应用,要根据任务环境态势、任务需求、自身特性等要求进行综合调度,从而建立无人机与任务的合理映射关系,维持无人机间合理协同的合作关系。

无人机集群任务是指需要由多架无人机共同完成的任务,该任务拥有足够的时间资源,允许多架无人机顺序工作,或者拥有充足的空间资源容纳多架无人机同时配合工作。面对不同的任务,无人机需要选取不同的策略。任务的耦合关系分为紧耦合任务和松耦合任务两类;无人机集群的任务内容可以分为协调控制类、协同工作类、搜索侦查类;无人机集群中无人机之间的关系分为竞争关系与合作关系两种。

在无人机集群的任务分配中,通常需要考虑的约束条件包括最大执行能力、最大航程、每个任务都能被分配到、同一个任务不能分配给多架无人机等。无人机集群任务分配方法的求解主要分为两方面:任务分配模型的建立以及具体的任务分配算法的设计。

根据任务分配建模分类,现阶段的模型主要有多旅行商问题(MTSP)模型、通用分配问题(GAP)模型、车辆路径问题(VRP)模型、混合整数线性规划(MILP)模型、多无人机协同任务分配问题(CMTAP)模型等。

由于无人机执行任务环境是动态的,不是固定不变的,所以无人机的任务分配控制结构也应该根据不同的任务环境而区别对待。无人机任务分配控制结构主要可以分为集中式控制结构、分布式控制结构和集散式控制结构三种类型。

按照任务环境、任务需求以及无人机不同可以将无人机集群任务分配环境分为静态环境和动态环境。静态环境指的是无人机集、任务目标集以及任务环境都保持不变。在具体环境中,环境的动态性和不确定性以及协同控制的复杂性,无人机、任务目标和周围环境都会发生改变,所以在无人机静态任务分配的基础上,必须根据战场态势和编队状态的变化快速调整无人机集群的任务计划,通过动态重调度实现无人机之间的任务再分配,以真正适应复杂的作战环境。

无人机任务再分配也称为任务协调,是指在无人机执行任务的过程中,出现无人机损毁、环境变化、敌方目标变化以及总体任务变化等情况时,无人机任务规划系统对这些不确定性事件做出应对措施,包括重新编排飞行队列、调整任务次序、重新指派各无人机任务等。

在集中式无人机集群动态任务分配算法中,启发式算法可以很好地满足实际无人机集群任务分配的动态性和实时性要求。启发式算法的基本思想是在算法时间和求解结果之间进行调节,在能够接受的时间内求得局部最优解或满意解。典型启发式算法有聚类算法和群智能类算法。群智能类算法的应用相对比较普遍,尤其以粒子群算法和遗传算法居多。

分布式控制结构中无人机集群中或者无人机集群之间的无人机是具有独自决策能力的智能体,它们具有很强的协同能力和自治性。分布式无人机集群的任务分配问题与市场机制中的资源分配有一定的相似性。无人机通过数据链技术相互传递信息,协商得出任务分配方案。典型的算法包括合同网协议和拍卖算法。在动态环境下求解无人机集群任务分配问题时,可以将无人机集群的任务分配问题建模为马尔可夫决策过程。然后通过神经网络近似和经验重放,设计基于深度强化学习的无人机集群动态任务分配算法,例如,基于 DQN 的无人机集群协同任务分配方法。

第 8 章习题

第 8 章
习题答案

1. 根据任务的耦合关系,将无人机集群任务分为哪两类?
2. 根据任务的内容,无人机集群的任务可以分为哪三大类?
3. 依据系统协作执行任务时无人机之间的关系,可以将无人机集群关系分为哪两种?
4. 简述无人机任务分配的一般原则。
5. 在无人机集群的任务分配中,通常需要考虑的约束条件有哪些?
6. 无人机集群任务分配方法的求解步骤是什么?
7. 根据任务分配建模分类,无人机集群任务分配模型有哪些?
8. 无人机任务分配控制体系结构主要可以分为哪三种类型?
9. 简述怎么判断无人机集群任务分配环境是静态环境还是动态环境。
10. 简述 PSO 算法解决无人机任务分配的基本思路。并分析说明粒子群算法的优缺点。
11. 简述遗传算法解决无人机任务分配的基本思路。
12. 简述合同网三大类任务执行角色,结合三类任务执行角色说明合同网算法解决无人机集群任务分配的过程。

参考文献

［1］周伟,李五洲,王旭东,等.多无人机协同控制技术［M］.北京:北京大学出版社,2019.

［2］梁晓龙,张佳强,吕娜.无人机集群［M］.西安:西北工业大学出版社,2018.

［3］沈林成,牛轶峰,朱华勇.多无人机自主协同控制理论与方法［M］.2版.北京:国防工业出版社,2018.

［4］段海滨,邱华鑫.基于群体智能的无人机集群自主控制［M］.北京:科学出版社,2018.

［5］唐成凯,张玲玲.四旋翼无人机集群协同关键技术［M］.西安:西北工业大学出版社,2021.

［6］宋祖顺,宋晓勤,宋平.现代通信原理［M］.3版.北京:电子工业出版社,2010.

［7］谢希仁.计算机网络［M］.8版.北京:电子工业出版社,2021.

［8］Nader F.Mir.计算机与通信网络［M］.北京:中国电力出版社,2010.

［9］邢彦辰.数据通信与计算机网络［M］.3版.北京:人民邮电出版社,2020.

［10］许骏,邱静怡.移动自组织网络:体系结构与路由技术［M］.北京:科学出版社,2019.

［11］Stefano Basagni,Marco Conti,Silvia Giordano,等.移动 Ad Hoc 网络:前沿研究方向［M］.北京:电子工业出版社,2018.

［12］陈昕,刘家佳,洪亮.无人机集群无线自组织网络［M］.西安:西北工业大学出版社,2020.

［13］任智,姚玉坤,曹建玲,等.无线自组织网络路由协议及应用［M］.北京:电子工业出版社,2015.

［14］李浩,范翔宇,金宏斌,等.基于群体智能的无人机集群作战任务规划研究［M］.北京:国防工业出版社,2019.

［15］沈林成,牛轶峰,朱华勇.多无人机自主协同控制理论与方法［M］.北京:国防工业出版社,2013.

［16］申培萍.全局优化方法［M］.北京:科学出版社,2006.

［17］毛红保,田松,晁爱农.无人机任务规划［M］.北京:国防工业出版社,2015.

郑重声明

高等教育出版社依法对本书享有专有出版权。任何未经许可的复制、销售行为均违反《中华人民共和国著作权法》，其行为人将承担相应的民事责任和行政责任；构成犯罪的，将被依法追究刑事责任。为了维护市场秩序，保护读者的合法权益，避免读者误用盗版书造成不良后果，我社将配合行政执法部门和司法机关对违法犯罪的单位和个人进行严厉打击。社会各界人士如发现上述侵权行为，希望及时举报，我社将奖励举报有功人员。

反盗版举报电话　（010）58581999　58582371

反盗版举报邮箱　dd@hep.com.cn

通信地址　北京市西城区德外大街 4 号　高等教育出版社法律事务部

邮政编码　100120

读者意见反馈

为收集对教材的意见建议，进一步完善教材编写并做好服务工作，读者可将对本教材的意见建议通过如下渠道反馈至我社。

咨询电话　400-810-0598

反馈邮箱　gjdzfwb@pub.hep.cn

通信地址　北京市朝阳区惠新东街 4 号富盛大厦 1 座　高等教育出版社总编辑办公室

邮政编码　100029

防伪查询说明

用户购书后刮开封底防伪涂层，使用手机微信等软件扫描二维码，会跳转至防伪查询网页，获得所购图书详细信息。

防伪客服电话　（010）58582300

网络增值服务使用说明

一、注册 / 登录

访问 http://abook.hep.com.cn/，点击"注册"，在注册页面输入用户名、密码及常用的邮箱进行注册。已注册的用户直接输入用户名和密码登录即可进入"我的课程"页面。

二、课程绑定

点击"我的课程"页面右上方"绑定课程"，正确输入教材封底防伪标签上的 20 位密码，点击"确定"完成课程绑定。

三、访问课程

在"正在学习"列表中选择已绑定的课程，点击"进入课程"即可浏览或下载与本书配套的课程资源。刚绑定的课程请在"申请学习"列表中选择相应课程并点击"进入课程"。

如有账号问题，请发邮件至：abook@hep.com.cn。